U0200348

全国文化名家暨"四个一批"人才计划资助项目

中国海洋环境治理研究

Zhongguo Haiyang Huanjing Zhili Yanjiu

沈满洪 钭晓东 陈琦 等\著

中国财经出版传媒集团
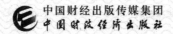
中国财政经济出版社

图书在版编目（CIP）数据

中国海洋环境治理研究／沈满洪等著．--北京：
中国财政经济出版社，2020.8
ISBN 978 - 7 - 5095 - 9894 - 8

Ⅰ.①中… Ⅱ.①沈… Ⅲ.①海洋环境－环境管理－
研究－中国 Ⅳ.①X834

中国版本图书馆 CIP 数据核字（2020）第 117427 号

组稿编辑：周桂元 责任校对：胡永立
责任编辑：周桂元 封面设计：卜建辰

中国财政经济出版社 出版
URL：http：// www. cfeph. cn
E - mail：cfeph @ cfeph. cn
社址：北京市海淀区阜成路甲 28 号 邮政编码：100142
营销中心电话：010 - 88191537
北京密兴印刷有限公司印刷 各地新华书店经销
成品尺寸：170mm × 240mm 16 开 28.25 印张 426 000 字
2020 年 11 月第 1 版 2020 年 11 月北京第 1 次印刷
定价：99.00 元
ISBN 978 - 7 - 5095 - 9894 - 8
（图书出现印装问题，本社负责调换）
本社质量投诉电话：010 - 88190744
打击盗版举报热线：010 - 88191661 QQ：2242791300

目　　录

第一章

导　论

　　党的十九大报告专门论及海洋强国和海洋环境："坚持陆海统筹，加快建设海洋强国。""加快水污染防治，实施流域环境和近岸海域综合治理。"而且，党的十九大报告系统阐述了"加快生态文明体制改革，建设美丽中国"。^① 海洋环境保护是海洋强国建设尤其是海洋经济强国建设的基础。没有美丽海洋就没有美丽中国。而现实的形势是，陆上生态环境总体出现改善趋势，海洋生态环境依然处于十分严峻的状态。海洋环境问题从表象上看是工程问题、技术问题，从实质上看是体制、机制和制度问题，是国家治理体系和治理能力问题。因此，研究海洋环境保护的公共治理创新具有重要的现实意义和理论意义。^②

---

　　① 习近平．决胜全面建成小康社会 夺取新时代中国特色社会主义伟大胜利——在中国共产党第十九次全国代表大会上的报告［N］．人民日报，2017 - 10 - 27．
　　② 本章的部分内容已经以"海洋环境保护的公共治理创新"为题在《中国地质大学学报（社会科学版）》2018 年第 2 期发表，并被中国人民大学复印报刊资料《生态环境与保护》2018年第 8 期全文转载。

一、海洋环境危机呼唤海洋环境治理

（一）海洋环境危机

在生态文明建设进程中，我国海洋环境状况有所改善，但是，总体情况依然堪忧。东海海域是中国海洋环境状况最为严峻的，比较具有代表性。从表1-1可见，在2001—2017年，东海近岸海域一类与二类海水的占比从19%上升到45%，四类与劣四类海水的占比从72%下降到40.7%。从统计数据看，优质海水占比总体提升，劣质海水占比总体下降，这说明海洋环境保护成绩可嘉。但是，以2017年为例，仍有40.7%的海水属于四类与劣四类，足见海洋环境污染问题之严峻。

表1-1　2001—2017年中国东海近岸海域各类海水质量占比情况　　单位:%

年份	一类与二类海水占比	三类海水占比	四类与劣四类海水占比
2001	19.0	9.0	72.0
2002	20.5	13.9	65.6
2003	30.4	15.2	54.4
2004	17.2	21.5	61.3
2005	35.5	11.8	52.7
2006	41.5	6.3	52.2
2007	28.4	15.8	55.8
2008	38.9	17.9	43.2
2009	45.2	7.4	47.4
2010	30.6	18.9	50.5
2011	36.9	8.4	54.7
2012	37.9	6.3	55.8
2013	30.5	7.4	62.1

续表

年份	一类与二类海水占比	三类海水占比	四类与劣四类海水占比
2014	29.5	9.4	61.1
2015	36.8	11.6	51.6
2016	44.3	15.0	40.7
2017	45.0	14.3	40.7

数据来源：中国近岸海域环境质量公报（2001—2017）［R］. http://www.zhb.gov.cn/hj-zl/shj/jagb/.

海洋生态破坏与环境污染的主要表现有：一是主要河流（长江、珠江、黄河、闽江、钱塘江等河流）入海污染物总量总体呈波动式上升趋势，我国近岸海域一半以上受到污染，而海湾是污染最严重的海域。二是沿海地区"排海工程"肆虐，入海污染物持续递增，全国沿海地区"排海工程"几乎"普及化"。三是围海工程、围涂工程等涉海工程严重失序，港口建设不顾区域共享，由此使得海洋生态功能弱化。四是捕捞手段野蛮，运用"光学原理"（强光照射捕鱼）、"声学原理"（噪音干扰捕鱼）、"电学原理"（电鱼）、"药学原理"（毒鱼）等手段捕鱼，导致生物多样性降低。五是海洋作业风险，石油开采、海洋运输和港口储备过程中的泄漏风险等。

海洋生态破坏和环境污染导致严重的生态灾难。以浙江为例，赤潮发生频率及覆盖面积均居高不下，其中，2017年浙江近岸海域赤潮及有害赤潮发生的次数均再次达到一个峰值（见表1-2）。赤潮是海洋生物的克星，赤潮频发是海洋环境危机的标志。

表1-2　　　　　2007—2016年浙江近岸海域赤潮情况

年份	近岸海域发现赤潮次数（次）	赤潮累计面积（平方千米）	有害赤潮次数（次）	有害赤潮面积（平方千米）
2007	40	8500	—	—
2008	29	10725	—	—
2009	24	4330	—	—
2010	22	3682	—	—
2011	20	1502	—	—

续表

年份	近岸海域发现 赤潮次数（次）	赤潮累计面积 （平方千米）	有害赤潮次数（次）	有害赤潮面积 （平方千米）
2012	17	1502	10	452
2013	18	1417.4	1	—
2014	18	1720	5	242
2015	12	837.5	3	78.5
2016	27	2615	2	95
2017	33	2068	12	1276

数据来源：2007—2017 年浙江省国民经济和社会发展统计公报［R］. 浙江统计信息网，http：//www. zj. stats. gov. cn/tjgb/gmjjshfzgb/201003/t20100305_122159. html.

（二）海洋环境治理危机

海洋环境危机的根源是海洋环境治理危机，包括体制性危机、机制性危机和制度性危机。就机制性危机而言，在极端的情况下，还面临着市场机制、政府机制和社会机制等三个机制同时失灵的危险。

1. 市场机制失灵风险

海洋资源的公共性、海洋环境污染的负外部性、海洋生态保护的正外部性等特征，均决定着海洋生态环境问题比陆上更加严峻的市场失灵风险。大量微观经济主体往往把海洋视作可以肆意排放的纳污池，可以随意排放、随意侵占，由此导致"公地的悲剧"。全国各地普遍实施的"排海工程"就是一个"公地的悲剧"的例证。

2. 政府机制失灵风险

围海工程、围涂工程、填海工程等实际上均是政府批准的项目，这些涉海工程从一个方面带来了好处，如增加了土地面积，实现了耕地占补平衡，从另一个方面却带来了坏处，形成一批有害环境的涉海工程。这是典型的"重陆地、轻海洋"的思维和做法。多部门管理海洋且缺乏有效的协调机制，产生了"多龙治海"甚至"多龙闹海"等导致的政府机制失灵。

3. 社会机制失灵风险

在海洋生态建设和环境保护领域，缺乏公众及非政府组织等社会主体的培育；缺乏海洋生态环境信息的披露，导致公众难以参与海洋治理；缺乏海洋环境协商机制，存在"政府办社会"的现象，由此导致社会机制失灵。海洋环境治理中社会机制明显是一条"短腿"。

（三）海洋环境治理创新

面对海洋环境危机，面对海洋环境治理中的市场机制失灵、政府机制失灵及社会机制失灵，通过政策和治理是否可能扭转这种局面？无论是其他国家的海洋环境治理实践还是公共治理理论成果均表明，只要体制安排得当，机制设计合理，制度建设到位，海洋环境治理是完全可能成功的。

党的十九届四中全会明确提出了"坚持和完善中国特色社会主义制度，推进国家治理体系和治理能力现代化"。结合我国海洋环境治理，就需要解决三个问题：一是要完善我国海洋环境保护制度；二是要推进海洋环境治理体系现代化；三是要推进海洋环境治理能力现代化。因此，本书定名为《中国海洋环境治理研究》。

二、海洋环境治理现代化的可能结构

（一）物品的属性及其可能的治理结构

1. 物品的分类

综合经济学家对物品分类的研究，大致上可以把所有物品分成四个类型：一是具有竞争性和排他性的纯私人物品，如渔民的渔获量；二是

5

具有非竞争性和非排他性的纯公共物品，如大海中的灯塔；三是具有竞争性和非排他性的共有物品或公共池塘资源，如局部海域的渔业资源；四是具有排他性和非竞争性的俱乐部物品，如海岛高尔夫球场。① 不同物品属性是不同治理机制的基础。因此，分析海洋环境的物品属性很有必要。

2. 从管理走向治理

管理和治理均是社会组织为了实现预期的目标，以人为中心进行的协调活动，包括行政管理或政府治理、社会管理或社会治理、企业管理或企业治理等，管理一般用英文单词 Management 或 Government 表示；治理一般用英文单词 Governance 表示。

党的十八届三中全会通过的《中共中央关于全面深化改革若干重大问题的决定》明确提出："全面深化改革的总目标是完善和发展中国特色社会主义制度，推进国家治理体系和治理能力现代化。"② 由此可见，从管理转向治理是全面深化改革的追求。何谓治理呢？"治理是各种公共的或私人的机构管理其共同事务的诸多方式的总和。它是使相互冲突的不同利益得以调和并且采取联合行动的持续的过程。它既包括有权迫使人们服从的正式的制度和规则，也包括各种人们同意或以为符合其利益的非正式的制度安排。"③

治理与管理的区别，首先表现在主体上，管理仅仅是指政府单一中心，停留在政府如何控制的单向上，政府是管理者，企业和公众是被管理者，是不平等的主动与被动的关系；治理的主体是多中心的、多元化的，除政府这一主体外，还包括企业、公众、非政府组织等主体，政府、企业和公众均是平等主体，均是治理者，是主动与主动的关系。在权力的运行方向上，管理的权力运行是自上而下的，运行依靠的是基于政府权威或法律法规的命令—服从方式；治理是平行的互动的，是基于民主

6

① 沈满洪，谢慧明. 公共物品问题及其解决思路 [J]. 浙江大学学报（人文社科版），2009（12）：133-144.
② 中共中央关于全面深化改革若干重大问题的决定 [N]. 人民日报，2013-11-12.
③ Michael Mcguire. Intergovernmental Management: A View from the Bottom [J]. Public Administration Review, 2006（05）：677-679.

对话的协商方式。在价值取向上，管理强调当局统治和社会秩序的稳定，治理强调将人民福祉作为出发点和落脚点。在保障机制上，管理强调政府机制的至高无上，治理强调政府机制、市场机制、社会机制各有侧重且相互制衡。

正是基于环境管理的固有缺陷及环境治理的明显优势，党的十九大报告指出："构建政府为主导、企业为主体、社会组织和公众共同参与的环境治理体系。"① 可见，中央高度重视从环境管理向环境治理的转变。海洋环境是环境保护的重要组成部分，当然也不例外。

3. 不同物品治理结构的差异性

不同物品具有不同的物品属性，与此对应具有不同的治理结构。一般而言，私人物品的治理主体是企业，治理机制是市场机制，理论依据是亚当·斯密的《国民财富的性质及原因的研究》②；俱乐部物品的治理主体是企业与公众，治理机制是市场机制和社会机制，理论依据是布坎南的《公共物品的需求与供给》③；共有资源和共有物品的治理主体是公众和企业，治理机制是社会机制和市场机制，理论依据是埃莉诺·奥斯特罗姆的《公共事物的治理之道——集体行动制度的演进》④；公共物品的治理主体是政府、企业与公众，治理机制是政府机制、市场机制和社会机制，理论依据是保罗·萨缪尔森的公共物品理论⑤。这就是说，治理往往是公共治理，是针对公共物品和准公共物品的。

---

①　习近平. 决胜全面建成小康社会 夺取新时代中国特色社会主义伟大胜利——在中国共产党第十九次全国代表大会上的报告 [N]. 人民日报，2017 – 10 – 27.

②　[英] 亚当·斯密. 国民财富的性质及原因的研究（下卷）[M]. 北京：商务印书馆，1974：27.

③　[美] 詹姆斯·M. 布坎南. 公共物品的需求与供给 [M]. 马珺译. 上海：世纪出版集团、上海人民出版社，2009：94 – 116.

④　[美] 埃莉诺·奥斯特罗姆. 公共事物的治理之道——集体行动制度的演进 [M]. 余逊达，陈旭东译. 上海：上海三联书店，2000：219 – 318.

⑤　P. A. Samuelson, The Pure Theory of Public Expenditure, The Review of Economics and Statistics, Vol. 36, No. 4（1954）：387 – 389. P. A. Samuelson, Diagrammatic Exposition of a Theory of Public Expenditure, The Review of Economics and Statistics, Vol. 37, No. 4（1955）：350 – 356.

4. 海洋环境的物品属性及其可能治理结构

海洋环境是一个极为复杂的系统。人们往往认为，海洋环境是一个公共物品，其实不然。海洋环境也要区别对待。对于滩涂养殖的使用权而言，一般可以认定为私人物品（不同于私有财产），可能的治理机制是"市场机制为主，政府机制和社会机制配合"；对于海岛高尔夫球场而言，一般可以认为是俱乐部物品，可能的治理机制是"社会机制为主，市场机制和政府机制配合"；对于特定海域的渔业资源而言，一般可以认为是共有物品，可能的治理机制是"社会机制为主，市场机制和政府机制配合"；对于公共海域环境而言，一般可以认为是公共物品，可能的治理机制是"政府机制为主，市场机制和社会机制配合"。因此，海洋环境治理具有不同的可能机制和模式。

（二）海洋环境治理结构的可能趋势

1. 从单中心管理模式转向多中心治理模式

海洋环境是一个复杂的生态系统，海洋经济是一个复杂的经济子系统，海洋社会是一个复杂的社会系统。实施海洋强国战略，必须做到海洋经济、海洋环境、海洋社会三个子系统的可持续发展且三个子系统之间的相互协调。在发展海洋经济中采取"政府办企业"的做法是行不通的，在海洋环境保护中采取"政府办社会"的做法也是行不通的，还是要共同发挥政府、企业、公众（非政府组织）的作用。

在以往的海洋环境保护中，往往坚持政府单中心管理的思维。这有其特定的时代背景：一是问题认识上的局限性。总以为海洋环境问题属于公共物品或具有外部效应，公共物品就需要政府管理或政府供给，外部效应就需要政府管理或政府矫正。随着新制度经济学等新兴学科的快速发展，传统理论认为的"市场失灵"的领域未必采取政府管理手段，市场机制同样可能矫正"市场失灵"。二是技术水平的局限性。以往海洋环境污染到什么程度、主要污染物是哪些、谁在污染等问题是模糊不清的。随着技术的进步，这些问题逐渐清晰而且可以监控、可以检测、可以计量。技术的进步、信息的披露，使得企业和公众逐渐具备了参与治理的条件。

随着科学思维的突破和科学技术的进步，这些时代背景均已发生巨大的变化。因此，海洋环境保护不可固守传统的单中心管理模式，而要转向多中心治理模式。所谓"多中心治理"就是要采取以政府为主体的政府机制、以企业为主体的市场机制、以公众和非政府组织为主体的社会机制形成三个主体、三种机制、三足鼎立、相互协同、相互制衡的格局。

2. 从单一管理模式转向多元化治理模式

一般而言，海洋环境就是公共物品，公共物品面临"公地的悲剧"——每个人追求自身利益最大化导致整个社会人人遭殃的后果。[①]一个自然的逻辑就是，"公地的悲剧"需要政府拯救。确实，在很多场合，公共物品需要政府供给，但是，也有不少场合，公共物品需要"多中心治理"。而且，海洋环境未必都是公共物品。它可能是私人物品，也可能是俱乐部物品和共有物品。因此，要根据海洋环境的物品属性采取多元化治理理念、机制和模式。对于私人物品属性的海洋环境，就应该采取市场机制的模式，这是被古典经济学和新古典经济学所反复证明了的；对于具有俱乐部物品属性的海洋环境，就应该采取市场机制和社会机制相结合的模式，俱乐部内部是一个"小社会"，俱乐部相对于外部是一个市场主体；对于具有共有物品属性的海洋环境，就应该采取社会机制和市场机制相结合的模式，由社会主体解决资源配置的高效化；对于具有典型公共物品属性的海洋环境，就应该采取政府机制、市场机制和社会机制相互配合的模式。

模式的借鉴和移植只能是适用于相同的内外部条件和环境。一旦外部条件和环境发生变化，就要进行模式创新。海洋环境的物品属性的多样性，决定了海洋环境保护必须从单一管理模式转向多元化治理模式。

---

① G. Hardin, The Tragedy of the Commons, Science, Vol. 162, No. 3859 (1968): 1243 - 1248.

3. 从碎片化管理模式转向系统性治理模式

碎片化管理必然导致条块分割、相互扯皮。按照"山水林田湖是一个生命共同体"① 的理念进行治理，就需要系统论指导。海洋是一个巨大的生态系统，也是一个生命共同体！但是，这个生命共同体被碎片化管理了。在陆域，存在"九龙治水"的现象；在海域，在相当长的时间内存在"五龙治海"的现象。我国海洋环境管理及其执法主要包括五大主体：隶属国家海洋局的中国海监大队；隶属农业农村部的中国渔业渔政局；隶属海关总署的海关缉私局；隶属交通部的中国海事局；隶属公安部边防管理局的公安海警。事实上，1998 年中央机构改革之后，部分部门进行过裁撤，有所调整，但直到现在，除"五龙"外，还有国家海洋局海监系统、沿海公安边防管理系统、农业农村部渔政渔港监督管理系统和渔船检验系统、交通部门港务监督系统、海事法院、海军和海关等十余个部门。这从侧面反映出我国的海洋管理存在高度的分散化。由于中国海监、中国海事、中国渔政、中国海警和中国海关五部门都具有海上执法权力，其职能存在很大的交叉，造成各部门之间利益博弈，有利则互不相让，无利则互相推诿。因而在具体执法过程中，五个执法部门经常发生扯皮现象，呈现由"五龙治海"到"五龙闹海"的分散型治理格局。② 2013 年，我国海洋管理部门做了适当的调整，国家海洋局与国家海警局合署办公，部分解决了"五龙治海"问题，但是，海洋环境治理的体制性安排依然模糊。"五龙闹海"还主要局限于"条"与"条"之间的问题，其实，海洋环境治理还涉及"块"与"块"之间的问题。例如，陆域环境治理与海洋环境治理的冲突、这个海域与那个海域之间治理的矛盾。

因此，只有按照生命共同体的理念建立起既有相对统一又有相互制衡的系统性治理模式，才有可能以比较低的成本实现比较好的治理效果。

---

① 习近平. 关于《中共中央关于全面深化改革若干重大问题的决定》的说明 ［N］. 人民日报，2013 – 11 – 12.

② 吕建华，高娜. 整体性治理对我国海洋环境管理体制改革的启示 ［J］. 中国行政管理，2012（05）.

三、海洋环境治理的体制机制与制度

（一）海洋环境治理的体制创新

1. 海洋环境治理的体制问题分析

在海洋环境治理方面至少存在三个体制性问题：一是行政区划的体制壁垒，导致缺乏统筹协调，例如，从港口资源的充分利用和有效配置角度，应该推动沪、甬、舟港口一体化，但是，由于行政壁垒的体制性弊端，导致上海向浙江购买洋山岛建设属于上海的洋山港。二是陆海分离的体制障碍，出现排海工程、围海工程、围涂工程等"重陆地、轻海洋"的举措，严重损害了海洋生态环境安全。三是条块分割的体制壁垒，出现"条"与"条"的矛盾、"块"与"块"的矛盾及"条"与"块"的矛盾。

2. 海洋环境治理的体制创新构想

海洋环境治理的体制创新需要从多个角度切入。首先，要按照陆海统筹的理念推进海洋环境体制建设。坚持监管机构陆海统筹，解决"五龙治海、各自为政"的行政壁垒问题；坚持环境规划陆海统筹，实现"多规合一"及入海污染物逐年递减前提下的总量控制；坚持环境监测陆海统筹，实现陆海环境监测的规模经济效果及陆海环境信息的共享共用；坚持治理手段陆海统筹，利用市场机制实现海洋环境治理成本的最小化。

其次，以海洋功能定位及规划确定海洋环境的体制性分工。不同海洋及其同一海洋不同海域的功能定位是不同的，因此，要按照各个海域的功能定位，进行海洋环境治理的体制性安排。对于海洋生态保护区、海洋生态红线区等特定的海域，坚持以"有效发挥政府作用"的体制为

11

主；对于入海污染物的排放，采取总量控制前提下的排污权交易制度，"让市场机制在环境资源配置中发挥决定性作用"。

再次，以"大部制"涉海机构改革扫除"五龙治海"弊端，或者建立海洋环境管理委员会等协调性机构。如果可能，尽量把涉及海洋环境保护的职能归于一个部门管理；如果难以做到"一龙治海"，也可以考虑在各个涉海机构基础上建立"海洋环境治理委员会"，以加强各个部门之间的统筹和协调。

最后，推动海洋环境监测体制改革，建立垂直为主的海洋环境监测体系，推进海洋环境信息公开和共享，避免多头投入、多头监测、信息封锁、数据不一等问题。

（二）海洋环境治理的机制创新

1. 海洋环境治理的机制问题分析

治理机制的构建需要充分考虑以企业为主体的市场机制、以政府为主体的政府机制、以公众和非政府组织为主体的社会机制的职责分工及其相互制衡。目前，海洋环境治理中存在四个方面的问题：一是"市场机制在资源配置中发挥决定性作用"的先决条件有缺失。如海洋生态产权、海洋环境产权等尚未明确界定，由此导致海洋环境财税制度和海洋环境产权制度难以有效运行。二是"有效发挥政府作用"事与愿违。既存在政府机构过于强大而出现的"无所不包"的现象，又存在政府职能没有充分履行的失职现象，如海洋环境科学普及、海洋环境协商制度没有建立。三是社会机制这条"第三条道路"没有正常发挥作用。海洋环境信息披露不足、海洋环境参与机制缺乏导致社会机制成为一条"短腿"。四是三大机制的相互协调和相互制衡不足。由此导致整个机制的运行不是系统完整的，而是零敲碎打的。

2. 海洋环境治理的机制创新构想

首先，政府机制创新。要建立海洋环境治理中的"有限政府、有效政府"。避免"政府办企业、政府办社会"的无所不包、无所不能的现象。同时，要切实履行好政府职能：加强海洋主体功能规划及海洋环境规划，划定海洋生态红线；加强对滩涂和海域等海洋资源的确权登记，建立归属清晰、权责明确、保护严格、流转顺畅的现代海洋资源资产产权制度；建立入海污染物总量控制制度，并实施逐年递减的总量控制制度，直至海洋环境质量达到理想的程度等。

其次，市场机制创新。充分发挥市场机制作用，优化配置海洋资源，高效配置海洋资源。既要打破"市场神话"，又要相信市场可以发挥决定性作用。探索海洋生态产权和海洋环境产权的界定问题，在产权明晰的前提下鼓励产权交易；完善海洋生态保护补偿机制，做到"谁保护，谁受益"；建立海洋环境损害赔偿机制，做到"谁损害，谁赔偿"；探索海洋生态保护补偿与海洋环境损害赔偿的耦合机制，实现互补性机制"1 + 1 > 2"的效果。

再次，社会机制创新。培育海洋环境保护的非政府组织等社会主体，避免主体缺失；加强海洋环境信息披露，创造社会主体参与海洋环境治理的信息条件；探索海洋生态建设与环境保护的政府——企业——公众协商机制。

最后，机制协同创新。按照海洋环境治理理念发挥不同机制的优势，形成扬长避短的治理机制。真正树立"治理不是管理"的理念，建立起政府、企业、公众与非政府组织之间的海洋环境协商机制。

（三）海洋环境治理的制度创新

1. 海洋环境治理的制度问题分析

从海洋环境治理的角度审视，至少存在三个制度性问题：一是制度选择的偏向性。政府往往从管理角度看问题，偏好管制性制度而忽视选择性制度；从环境经济手段角度看，政府往往偏好海洋环境财税制度而忽视海洋环境产权制度。二是制度耦合的欠缺性。政府是由部门组成的，各个部门往往"单打一"而非系统性思考问题。由此出现"制度拥挤"、"制度摩擦"等问题。三是制度实施条件的不足性。由于海洋环境制度没有充分考虑信息披露、公众参与等实施机制导致大量制度无法落地。

2. 海洋环境治理的制度创新构想

海洋环境治理特别需要强化的制度有：一是海洋生态红线制度、入海污染物总量控制制度、海洋功能规划制度、领导干部海洋环境离任审计制度等别无选择的强制性制度。二是海域和海岛有偿使用制度、海洋生态保护补偿制度、海洋环境损害赔偿制度等基于庇古理论①的绿色财税制度及其海洋资源产权制度、海洋环境产权制度、海洋气候产权制度等基于科斯理论②的绿色产权制度等权衡利弊的选择性制度。三是海洋环境科学教育制度、海洋环境文化培育制度、海洋生态道德教化制度等道德教化的引导性制度。

从总体上看，海洋环境治理不是"制度缺少"而是"制度拥挤"，而制度数量并非越多越好，关键看制度绩效。可以说，从生态文明制度建设的角度看，别国用过、试过的制度我国基本也尝试了，如排污权制度；别国没有用过、试过的制度我国也尝试了，如领导干部自然资源资产离任审计制度。在制度种类比较齐全的情况下，提高制度绩效的主要途径是：

第一，根据制度的替代性，进行制度的优化选择。制度也类似于商品，具有可替代性，如海洋环境财税制度与海洋环境产权制度之间就具有可替代性。对于具有可替代性的制度，往往两者选其一。如果选择环境财税制度，环境产权制度就"靠边站"；如果选择环境产权制度，环境财税制度就"靠边站"。需要注意的一点是政府往往偏好环境财税制度。

第二，根据制度的互补性，进行制度的耦合强化。制度也类似于商品，具有互补性，如入海污染物总量控制与海洋环境产权交易制度、海洋生态保护补偿制度与海洋环境损害赔偿制度就具有互补性。对于具有互补性的制度，往往应该耦合强化。理论分析及仿真模拟均可表明，制度耦合可以带来"1 + 1 > 2"的制度绩效。③

① ［英］庇古．福利经济学［M］．金镝译．北京：华夏出版社，2007：134 – 157.
② ［美］R. H. 科斯．社会成本问题，见［美］R. H. 科斯、A. A. 阿尔钦、D. C. 诺斯等．财产权利与制度变迁［M］．刘守英译．上海：上海三联书店、上海人民出版社，2005：3 – 58.
③ 李玉文，沈满洪，程怀文．基于 SD 方法的水资源有偿使用制度生态经济效应仿真研究——以浙江省为例［J］．系统工程理论与实践，2017（03）.

第三，加强制度推行中的实施机制建设。没有配套的实施机制，制度往往成为一纸空文。因此，要推进海洋环境监测的信息披露、培育海洋环境保护的绩效评价、促进海洋环境保护的奖优罚劣等实施机制的建设，确保海洋环境保护制度落到实处。

四、本书的逻辑结构及可能创新

（一）本书的逻辑结构

本书共由十二章组成，除了第一章导论外，其他各章主要内容为：

第二章 中国海洋环境治理的历史回顾。主要回顾中国海洋环境治理的大致历程，总结中国海洋环境治理的主要成就，提炼中国海洋环境治理的基本经验。本章是研究的起点。

第三章 中国海洋环境治理的突出问题。主要论述中国海洋环境保护的突出问题，揭示中国海洋环境治理的主要问题，剖析中国海洋环境及治理问题的根源。本章是问题导向的集中体现，为后续研究奠定基础。

第四章 中国海洋环境治理的体系构建。主要分析中国海洋环境治理的主体与客体、中国海洋环境治理的体制与机制、中国海洋环境治理的结构与条件、中国海洋环境治理的评价与监督。本章在问题分析的基础上对中国海洋环境治理体系做出了总体构建。

第五章 中国海洋环境治理的主体分析。主要阐述中国海洋环境治理的政府职责、中国海洋环境治理的企业责任、中国海洋环境治理的社会义务、中国海洋环境治理的主体协同。本章从治理主体及其相互关系的角度做了深入分析。

第六章 中国海洋环境治理的重点领域。主要包括：中国海洋环境治理的源头控制（陆源污染控制、海源污染控制、海洋生态规划、海洋生态红线等）；中国海洋环境治理的过程监管（海洋环境监测、海洋信息传递、涉海项目监管等）；中国海洋环境治理的末端处置（海洋生态保护补偿、海洋生态损害赔偿、海洋污染责任追究等）；中国海洋环境治理的全程配合。

第七章 中国海洋环境治理的体制改革。本章在分析中国海洋环境治理体制的历史沿革的基础上，描述了新一轮海洋环境治理体制改革特征，提出了进一步优化中国海洋环境治理体制的设想。

第八章 中国海洋环境治理的机制设计。本章着重分析中国海洋环境治理"市场失灵"的矫正、中国海洋环境治理"政府失灵"的矫正、中国海洋环境治理"社会失灵"的矫正，进而阐述从"三个失灵"到"三个有效"的机制构建。

第九章 中国海洋环境治理的制度创新。本章系统阐述了中国海洋环境治理的管制性制度建设、中国海洋环境治理的选择性制度建设、中国海洋环境治理的引导性制度建设，进而分析了中国海洋环境治理的制度矩阵及优化选择。

第十章 中国海洋环境治理的监督检查。本章在回顾中国海洋环境督查历史的基础上，总结了中国海洋环境督查的阶段性成果，展望了中国海洋环境督查的未来走向。

第十一章 中国海洋环境治理的法治实践。本章各节分别阐述了中国海洋环境治理的完善立法、中国海洋环境治理的严格执法、中国海洋环境治理的公正司法、中国海洋环境治理的自觉守法。

第十二章 中国海洋环境治理的能力建设。本章从中国海洋环境治理的队伍建设、中国海洋环境治理的科技创新、中国海洋环境治理的基础设施、中国海洋环境治理的公众参与等方面阐述了中国海洋环境治理的能力建设。

如果对上述十二章做一个概括，那么，第一章、第二章、第三章为基础篇，属于为后续研究做铺垫的；第四章、第五章、第六章为体系篇，属于海洋环境治理体系构建的范畴；第七章、第八章、第九章为制度篇，属于海洋环境治理制度建设范畴；第十章、第十一章、第十二章为能力篇，属于海洋环境治理能力建设范畴。因此，除了第一篇外，很好体现了中国海洋环境治理以制度建设为核心、以治理体系和治理能力建设为两翼的逻辑结构。

（二）本书的可能创新

第一，当前的中国海洋环境尤其是近岸海域环境污染情况依然十分严峻，主要是陆源污染控制不力。其根本原因是尚未建立起与海洋强国、美丽中国建设目标相适应的治理体系。在思想上，存在"重陆地轻海洋、重经济轻环保、重管理轻治理"的认识偏差；在体制上，中央层面存在"条条分割"或"条条交叉"现象，在地方层面存在"块块分割"现象，在央地关系上存在"条块分割"现象；在治理体系上，尚未形成政府、市场和社会公众相互耦合、有序互动的良性局面，存在"重政府轻市场、重政府轻社会、重单元轻多元"的现象。因此，中国海洋环境治理必须注重治理体系和治理能力现代化建设。

第二，海洋环境治理的主体与客体之间本质上是一种人与自然或社会与生态的复杂关系。为适应海洋环境治理客体的复杂性，政府、企业和社会公众（环保组织）等治理主体之间既需要发挥各自的角色作用，同时也要协调相互间的多重利益关系，以期形成治理合力。因此，海洋环境的治理政策不应相互割裂，需要立足系统理论视角，推动政府机制、市场机制和社会机制的协同配合。促进这一复杂系统有效运行的关键在于实现治理体系内部要素结构和外部支撑条件的有效协调。中国海洋环境治理的结构包括权力结构、社会结构和区域结构三个类型，其中厘清权力结构是根本基础、培育社会结构是重点任务，统筹区域结构是内在要求。

第三，中国海洋环境污染是"政府机制失灵""市场机制失灵"和"社会机制失灵"共同叠加交织所形成的结果。这也就表明任何一个单一主体都不能高效全面地完成海洋环境的治理任务。中国海洋环境治理成功的关键在于转变单一的"命令—控制"型治理方式，构建"政府＋市场＋社会"多元联结的海洋环境多中心协同治理模式。明确并切实履行政府、企业、社会公众和海洋环保 NGO 在海洋环境治理中的职责和义务，完善和解决各主体在海洋环境治理过程中的不足和问题。既要充分发挥政府在海洋环境治理过程中的调控作用，又要运用市场机制提高海洋环境治理过程中的资源配置效率，还要提高社会公众和海洋环保 NGO

17

在海洋环境治理过程中的参与度并有效发挥其监督作用。

第四，海洋环境治理可以分解为源头控制、过程监管和末端处置三个阶段。海域使用规划、海洋生态红线管控等源头控制手段具有强制性、前瞻性的特征，可为海洋环境治理提供全局的、基础的约束和规范；海洋环境监测、涉海项目监管等过程监管手段具有灵活性高、使用范围广等优势，据此可以及时、动态掌握海洋环境变化总体趋势并优化调整治理方案；海洋环境保护目标责任制、海洋生态补偿等末端处置手段具有针对性强、作用效力高等特征，能够从制度层面保障各主体间的责任落地和生态经济利益制衡。海洋环境的各个治理环节不是孤立的，而是相互补充、相互联系的，在协同配合中发挥各自优势和作用，共同推动生态环境的高效治理。立足中国海情，探索构建"海洋生态红线＋海洋生态保护补偿""海域排污总量控制＋海洋环境保护目标责任制""海洋信息传导＋X"三种创新模式是实现海洋环境治理全过程配合的重要突破口。

第五，中国海洋环境治理体制自 1949 年以来依次经历了重资源管理轻环境管理、海洋资源环境综合管理以及海洋资源环境综合治理三个阶段。中国海洋环境治理体制面临的困境主要是分散化管理与海洋环境系统性之间的矛盾、行政区划分割与海洋环境公地属性的冲突以及治理主体单一与海洋环境复杂性之间的矛盾。为此，中国海洋环境治理体制新一轮改革主要呈现出了由"条条分散"管理加快转向垂直综合治理的纵向改革特征，以及由"块块分割"管理逐步转向区域一体化治理的横向改革特征。应坚持陆海统筹不断优化中国海洋环境治理体制，进一步强化海洋环境垂直治理、加快打破地区分割推动区域联防联治以及构建"政府—市场—公众"联动的海洋环境综合治理体系。

第六，中国海洋环境治理失灵源自"三个失灵"：市场机制失灵——根源是海洋环境产权尚未明确界定、海洋资源的公共物品属性、外部性问题和自然垄断等；政府机制失灵——根源是信息不对称问题、寻租问题等；社会机制失灵——根源是公众海洋环境治理的意识的缺失、治理的途径有限、海洋环境信息披露机制的缺失和海洋环保组织的作用未充分发挥。构建有效的海洋环境治理机制，需要建立起政府主导、企业参与、公众监督的多中心治理模式。按照海洋是一个生命共同体的理念，海洋环境应坚持系统性治理模式，推进三大海洋环境治理机制形成既相对统一又相互制衡的系统，形成三个主体、三种机制、三足鼎立、相互协同、相互制衡的格局，其核心在于建立海洋环境治理共建共享机制。

第七，中国海洋环境治理的制度创新应遵循以点带面原则，重点推进关键制度创新，逐步完善各类海洋环境治理制度及相应配套制度，建立结构清晰、联系紧密、协调运作的海洋环境治理制度体系。在制度创新分类上，海洋环境治理制度包括管制性制度、选择性制度、引导性制度，制度创新在改革目标和创新举措上既有相通之处又有所区别，表现为总体举措相似、具体细节各异。在制度创新方向上，集中力量优先推进管制性制度中的入海污染物总量控制制度、选择性制度中的海洋产权交易制度、引导性制度中的海洋环境公众参与制度，并积极探索三种细分制度的组合实践。在制度创新方式上，可以构建政府、企业、公众"三制度三主体"的制度矩阵，明晰制度对主体的作用机理和可能效果，明确政府海洋环境治理的制度选择和优化工具箱，基于海洋环境治理制度之间的替代关系和互补关系丰富海洋环境治理制度创新思路。

第八，针对中国海洋环境督察标准过于分散和僵化问题，应明确海洋环境督察适用的法律依据，适当减少地方规范性文件和发展规划的适用，以提升督察效率。针对海洋环境督察责任追究机制的设计，明确责任追究涵盖的对象应包括督察机构内部工作人员和被督察人员两类主体，对督察机构内部工作人员的责任追究方式进行设计，并提出将被督察人员的督察责任与违纪违法责任有效衔接进行程序性规定，有利于加强对督察机构的监督制约，保障被督察人员的程序性权利。针对现阶段我国海洋环境督察采取以政府为主导的模式，基于党的十九届四中全会提出的"建设人人有责、人人尽责、人人享有的社会治理共同体"的命题，提出企业和公众参与海洋环境督察的路径与方法，以创建海洋环境督察的政府、企业与公众的协同治理新格局。

第九，中国海洋环境治理的法治创新要从立法、执法、司法和公众守法四个层面系统推进。在立法方面，就完善海洋环境治理法律体系、完善海洋环境协同治理相关法律、协调其他部门法的制定与完善公众参与的立法保障四个方面提出了自己的观点，提出需要在立法层面进一步完善海洋环境下的环境公益诉讼制度，使其与现有的海洋环境立法能够有效衔接。在执法方面，从如何明确海洋环境协同执法的范围、如何依据划分范围建立统一的海洋环境执法机构和如何设置利益分配与补偿机制三个方面对跨区域协同执法机制的构建提出了建议。在司法方面，在海洋环境刑事诉讼衔接程序与海洋环境公益诉讼启动程序的设置上给出了完善建议，提出要在制度层面解决侦查部门介入滞后问题、要加强海洋环保执法部门组织建设和要尽快明确海洋环境犯罪相关指标的评估方法，论证了在海洋环境公益诉讼中将检察机关作为首要适格原告的可行性。在公众守法方面，对与海洋环境下公众守法息息相关的，如何加强宣传教育，如何完善信息公开制度，如何完善监督机制、沟通机制与决策参与机制，如何扶持海洋环保组织和如何引导企业加大环保投入这五大问题进行了探讨，依托现有实践提出了相关建议。

第十，相对于海洋强国建设目标，我国的人才队伍、科技创新、基础设施、公众参与等方面均表现出海洋环境治理能力的相对不足。人才队伍和科技创新比较受人关注，基础设施和公众参与相对被人忽视。海洋环境基础设施具有基础性、服务型、长效性等三种特性。基础设施建设过程中存在三对矛盾，即供给与需求的矛盾、投入与产出的矛盾与长期效益与短期效益的矛盾。只有在全面认知海洋环境基础设施并了解发展中存在主要矛盾的基础上，才能充分发挥设施的作用，推动海洋生态环境高效化治理。在海洋环境治理中，相对于政府机制和市场机制，社会机制是一块短板。海洋环境治理之公众能力的提升，不仅需要提高公众认知能力、加大环境信息披露力度，而且需要扩大公众参与知情权、参与决策权与诉讼权。

第二章
中国海洋环境治理的历史回顾

　　海洋是蕴涵着巨大潜力的"蓝色国土"，我国拥有近300万平方千米的海域面积、1.8万千米长的海岸线，海洋经济在促进经济发展中扮演越来越重要的角色。《中国海洋经济统计公报》显示，2018年全国海洋生产总值占国内生产总值的比重为9.3%。由于对海洋经济利益的盲目追求和海洋环境保护的意识淡薄，沿海地区经济社会发展和海洋经济发展给海洋生态环境带来了巨大的压力，海洋环境污染严重、海洋生态灾害频发，阻碍了海洋经济的可持续发展。我国海洋环境治理过程是一个"摸着石头过河"的过程，经历了从无到有的初始阶段，逐渐进入法治化、规范化的发展阶段，到综合管理阶段和战略规划阶段，并取得了显著的成就和宝贵的经验。

一、中国海洋环境治理的总体历程

（一）起步阶段（1949—1978 年）

　　相对于悠久的海洋开发利用历史和海洋管理历史，我国对海洋环境进行保护与治理的历史相对短暂。在新中国成立后的相当长一段时间内，我国对海洋的治理几近空白。直到1963年5月，么枕生等29位专家学者致函国家科委并报党中央、国务院，提出《关于加强海洋工作的几点建议》。这份建议提出我国的海洋管理基础薄弱，对海洋情况知之甚少，不利于保障海上活动安全、不利于加强海洋资源开发、不利于海洋国防建设和海上作战。必须奋发图强，加快提高我国的海洋科学水平，缩小和其他沿海国家的差距，促进我国海洋事业的发展。因此，专家们建议成立国家海洋局，加强对全国海洋工作的组织领导。

1964年2月，中共中央同意了关于成立国家海洋局的建议："统一在国务院下成立直属的海洋局，由海军代管。"① 1964年7月，第二次全国人民代表大会常务委员会第124次会议批准成立国家海洋局，国家海洋局正式成立。国家海洋局宣布成立，结束了新中国成立以来没有海洋行政职能部门的历史，标志着我国有了专门的海洋工作管理机构，我国的海洋管理工作掀开了新的一页。国家海洋局直属国务院，成立之初由海军代管，在国家科委指导下，主要执行调查、科研任务，搜集海洋资源与环境的信息数据，为国民经济和国防建设提供基础数据资料。1965年，为了更好地开展工作，国家海洋局开始在一些地区设立分局和研究机构，分别在青岛、宁波、广州设立北海分局、东海分局、南海分局，在天津成立海洋情报资料中心和海洋仪器研究所，从而初步确定了国家海洋局及其所属机构人员编制。在这一时期，国家海洋局从全国各地引进了海洋专业研究人员，陆续充实到研究所、调查大队、海洋局机关。1980年，为了更好地促进海洋事业的发展，中央军委决定：从1980年10月1日起国家海洋局改由国家科委代管，并明确规定国家海洋局是国务院管理全国海洋工作的职能部门。

1972年，联合国在瑞典斯德哥尔摩召开了全球第一次环境会议，我国派代表参加，这次会议是唤醒我国环境保护意识的重要节点。联合国人类环境会议把各国共同参与保护全球生态环境提上了日程，会议通过了《人类环境宣言》，为世界各国制定本国环境法律法规提供了可借鉴的原则和规则，促进了各国关于海洋环境保护的立法及区域间海洋环境

---

① 严宏谟. 回顾党中央对发展海洋事业几次重大决定［N］. 中国海洋报，2014－10－08.

保护协定的制定，推动了全球国家和区域在海洋环境保护方面的合作。中国政府积极响应《人类环境宣言》，1974 年，国务院批准了《中华人民共和国防止沿海水域污染暂行规定》，该《规定》对沿海水域污染问题做了详细规定。这是我国第一部针对海洋环境污染的法规，标志着海洋环境立法的开端，是中国海洋环境保护历史上的重要转折点。

这个时期是我国开始对海洋进行管理的起步阶段，成立了海洋行政管理机构——海洋局。这一阶段海洋局的任务主要是调查海洋基本情况，对海洋环境的基础资料进行调查及搜集工作，为进一步开展海洋资源利用及海洋环境保护奠定了基础。这一阶段是海洋环境保护思想的萌芽时期，我国政府意识到了海洋环境保护的重要性和必要性，着手通过制定法律法规和组建管理机构实施海洋环境保护。《中华人民共和国防止沿海水域污染暂行规定》的颁布是我国历史上第一部专门关注海洋环境的法规，为后续制定其他海洋保护法律开了先河。

（二）发展阶段（1979—1991 年）

1979 年 9 月 13 日第五届全国人民代表大会常务委员会第十一次会议原则通过《中华人民共和国环境保护法（试行）》。这部法律是我国环境保护的基本法，该法确立了在保护自然环境、防止污染和其他公害方面的基本原则和制度。这部法律对海洋环境保护和污染防治做了原则性的规定，对维持海水水质、利用水生生物、围海造地做了一些规定。①《中华人民共和国环境保护法（试行）》的颁布奠定了我国环境保护的法制基础，从此我国的环境保护工作有法可依，提高了人们的环境保护意识，推进了防止污染、保护环境工作。

《联合国海洋法公约》于 1982 年通过，在此之前与海洋相关的国际公约都比较关注海洋权益问题，而该《公约》是第一个明确海洋资源合理利用与海洋生态保护的国际公约。这部公约内容涉及海洋主权归属、海洋资源利用、海洋环境保护等各个方面，单列第十二部分为海洋环境

① 第五届全国人民代表大会常务委员会第十一次会议原则通过. 中华人民共和国环境保护法（试行）[J]. 环境保护，1979（05）：1-4.

的保护和保全，第五部分规定了各国对各自的专属经济区范围内的生物资源进行养护的义务，第七部分规定了各国对公海生物资源养护的义务。总之，该《公约》的通过有利于在全世界范围内唤醒人们保护海洋生态的意识，保障了我国在公海领域行使保护海洋环境的权利。

与之相对应，我国立法机关几乎同时制定了《中华人民共和国海洋环境保护法》。1982 年 8 月 23 日，第五届全国人民代表大会常务委员会第二十四次会议通过《中华人民共和国海洋环境保护法》（以下简称《海洋环境保护法》）。该法律是我国海洋环境保护的基本法律，是我国第一部真正意义上专门为海洋环境保护的立法，标志着我国的海洋环境保护事业走上了法制化的道路，具有里程碑的意义。该法强调了陆源污染物、海岸工程建设、倾倒废弃物、船舶及有关作业活动对海洋环境造成的污染损害等有关内容。同年，国务院对国家海洋局隶属关系进行调整，国家海洋局不再由国家科学技术委员会代管，而成为为国务院直属机构，由国务院直接领导，成为管理全国海洋工作的职能部门。[1]

这一时期的国家海洋局的职能发生了变化，不再只是负责海洋科研工作，还包括组织协调全国海洋工作、海洋管理和海洋公益服务的具体工作，为国民经济建设和国防服务。1988 年 10 月，国务院审议并原则批准了国家海洋局"三定"方案，规定国家海洋局是国务院管理海洋事务的职能部门，赋予国家海洋局综合管理海洋事务的职能，除监测海洋情况、维护我国海洋权益、建设和管理海洋公共事业及其基础设施外，明确赋予国家海洋局协调海洋资源合理开发利用，保护海洋环境的职责。[2]从 1990 年 4 月开始，为满足有关部门和各级政府对海洋环境状况和海洋灾害状况的信息需求，国家海洋局决定通过海洋监测及调查等手段，于每年第一季度末发布上一年度的《中国海洋环境年报》，以便有关部门海上活动安全、海洋环境保护、海洋灾害防控、海上执法工作的顺利开展。在此基础上，于每年五月份发布内容更详细的《中国海洋灾害公报》《中国海平面公报》及《中国近海海域环境质量年报》。

---

① 张海柱. 理念与制度变迁：新中国海洋综合管理体制变迁分析 [J]. 当代世界与社会主义，2015（06）：162 - 167.
② 严宏谟. 回顾党中央对发展海洋事业几次重大决定 [N]. 中国海洋报，2014 - 10 - 08.

《中华人民共和国海洋环境保护法》规定："国家海洋管理部门负责组织海洋环境的调查、监测、监视，开展科学研究，并主管防止海洋石油勘探开发和海洋倾废污染损害的环境保护工作。"① 其中国家海洋管理部门指的就是国家海洋局，由此赋予了国家海洋局"负责海上巡航监测、监视管理、防止污染"的职责。我国拥有近300万平方千米的海洋面积和1.8万千米的海岸线，面积广阔，情况复杂，为了承担起法律赋予的责任和义务，"中国海监"队伍于1982年应运而生，时称中国海洋环境监视监测船队，受国家海洋局管理、领导，1983年开始在我国管辖海域（包括海岸带）实施巡航执法，查处侵犯海洋权益、违法使用海域、损害海洋环境与资源、破坏海上设施、扰乱海上秩序等违法违规行为，并根据委托或授权进行其他海上执法工作。

1982年，国家机构改革，在城乡建设环境保护部下设环境保护局。1983年第二次全国环境保护会议上提出三大政策：预防为主、谁污染谁治理、加强环境管理，把环境保护提到基本国策的地位。② 这把环境保护工作放到了前所未有的高度，人们对环境保护的认识有了较大程度的提升。1988年机构改革，国家环境保护局成为直属国务院的环境保护机构。国家环境保护局承担了一些宏观海洋环境治理的职责，与国家海洋局一起为减少海洋污染、维护健康海洋环境做贡献。

海洋环境污染主要来自船舶污染、陆源污染、海上工程建设污染等活动。自1982年《中华人民共和国海洋环境保护法》颁布以后，为了保证此法的落实，我国随后颁布了一系列法律法规来支撑海洋环境法律体系。1983年国务院为防止船舶污染海域发布《中华人民共和国防止船舶污染海域管理条例》，就船舶防污文书及防污设备、船舶油类作业及油污水的排放、船舶装运危险货物、船舶垃圾及倾倒废弃物等与海洋环境有关的船舶活动方面做了规定，规定主管防止船舶污染海域环境的机关是中华人民共和国港务监督。1985年国务院发布《中华人民共和国海洋倾废管理条例》，为严格控制向海洋倾倒废弃物，防止对海洋环境带来污染

---

① 1982年8月23日第五届全国人大常委会第24次会议通过. 《中华人民共和国海洋环境保护法》[J]. 海洋环境科学, 1982（2）: 1-5.

② 王玉庆. 中国环境保护政策的历史变迁 [J]. 环境与可持续发展, 2018, 43（04）: 5-9.

损害，保持海洋生态平衡，保护海洋资源，促进海洋事业的发展而制定的条例，对倾倒废物申请书、许可程序、监测与监督、处罚做出了规定。海洋倾倒废弃物的管理部门是国家海洋局及其派出机构。国务院于 1988 年发布《中华人民共和国防止拆船污染环境管理条例》，旨在防止拆船污染环境，保护生态平衡，促进拆船事业的发展，主要针对在我国管辖水域范围内从事岸边和水上拆船活动的单位和个人。防控拆船污染涉及的主管部门较多，需要各个部门合作监督，协调各方力量减少拆船污染。国务院于 1983 年 12 月发布《中华人民共和国海洋石油勘探开发环境保护管理条例》，旨在防止海洋石油勘探开发对海洋环境的污染损害，主管部门为国家海洋局及其派出机构。在企业或作业者编制海洋环境影响评价书、应急能力及计划、作业情况汇报、污染损害定责及赔偿等方面做了详细规定。国务院于 1990 年制定《中华人民共和国防治陆源污染物污染损害海洋环境管理条例》，针对从陆地向海域排放污染物以及可能会造成海洋环境污染损害的场所、设施等。由国务院环境保护行政主管部门和沿海县级以上地方人民政府环境保护行政主管部门联合负责防治陆源污染物污染损害海洋环境工作。国务院于 1990 年 6 月颁布《中华人民共和国防治海岸工程建设项目污染损害海洋环境管理条例》，旨在加强海岸工程建设项目的环境保护管理，严格控制新的污染。对建设海岸工程项目应符合的环保标准及不同类别海岸工程应符合的环保标准、建设海岸工程项目区域等方面做了规定。

  1980—1988 年，我国进行了为期七年的全国海岸带和海涂资源调查，由国家海洋局和国家科委等五部委联合组织，并成立了全国海岸带和海涂资源综合调查领导小组及其办公室负责此次调查工作，领导小组设立在国家海洋局，负责日常工作的协调与运行。此次调查在沿海省市政府设立"海岸带调查办公室"作为协助调查的临时性机构，成为沿海省市地方海洋行政管理机构的雏形。到 1988 年调查结束后，沿海各地的"海岸带调查办公室"经过改组便成为沿海各省级科委下属的管理当地海洋工作的海洋局（处、室），负责管理地方海洋事务，协调中央和地方海洋管理，中央与地方相结合的海洋管理机构体系初步成形。此外，1989 年，国家海洋局确定了北海、东海和南海分局 10 个海洋管区和 50 个海洋监察站的职责，海洋管区是所辖海区内的综合管理机构，海洋行政系统逐步建立起有理有序的行政管理体系，逐步趋向规范化和法制化。这次调查不仅取得了卷帙浩繁的调查资料，随着海岸带调查工作的开展和进行，宣传了海岸带开发与保护的相关知识，增强了公众的海洋保护意识，也全面推动了我国海洋行政体系建设，强化了海洋综合管理意识，地方海洋行政管理从此拉开帷幕。

这一时期我国的海洋环境治理事业开始迈上正轨，初步建立了中央和地方相结合的海洋行政管理机构，明确规定了国家海洋局有协调海洋资源合理开发利用，保护海洋环境的职责，为接下来海洋环境治理工作的进一步开展奠定了管理体制基础。这一时期制定了我国历史上第一部聚焦海洋环境的法律——《中华人民共和国海洋环境保护法》，为保障此法的有效实施，国务院及有关部门分别制定发布了船舶污染、海洋倾废污染、拆船污染、陆源污染、海岸工程建设污染方面的管理条例及其他一些行政规章，初步形成了我国海洋环境保护法体系，为推进海洋环境治理工作有序进行奠定法律基础。

（三）深化阶段（1992—2011 年）

联合国于 1992 年在巴西里约热内卢召开世界环境与发展会议，会上通过了《里约宣言》，对各国提高环境管理水平、减少环境污染、实现可持续发展提出了更高要求。宣言提出应把环境保护作为经济发展中的一个环节来考虑，而不应该孤立地来看待。这次会议之后，我国意识到不能走先污染后治理的老路子，必须寻求一条经济发展与环境保护相协调的新路子。为促进我国环境与经济的协调发展，更好地履行国际公约，我国政府发布了中国环境与发展的十大对策，提出从发展经济、考核政绩、研发环保科技等方面出发，协调经济发展和环境保护之间的关系，促进各行各业的绿色发展，把环境保护意识和可持续发展理念贯穿到经济建设、社会建设的每一个环节。

1996 年是我国颁布环境保护相关法规文件数量逐渐增加的一年。1996 年 3 月，第八届全国人民代表大会第四次会议批准《国家环境保护"九五"计划和 2010 年远景目标》，同年 6 月发表《中国的环境保护（1996—2005）》白皮书，同年 8 月颁布《国务院关于环境保护若干问题

27

的决定》。这些文件的发布表明我国对环境保护的认识进入了一个新的阶段，由以前零散的问题导向模式进入到综合治理模式，且注重提升全民的环境保护意识。这构成了海洋环境治理的大背景，随着环保意识的提升，海洋环境治理也日益受到重视并在海洋行政管理中具有越来越重要的地位。

1995 年 9 月，中央机构编制委员会办公室要求国家海洋局理顺各分局与地方海洋机构的关系，将海岛、海岸带及其近岸海域的海洋工作下放给地方政府，改变过去垂直单一领导的模式，加强国家的海洋环境综合管理职能。

1992 年，联合国环境与发展大会通过的《21 世纪议程》指出：海洋是全球生命支持系统的基本组成部分。为响应联合国《21 世纪议程》可持续地开发和利用海洋的号召，我国于 1996 年提出了《中国海洋 21 世纪议程》，包括海洋可持续发展的目标、战略及对策，旨在合理开发利用海洋资源的同时，切实保护海洋生态环境，以实现海洋资源、环境的可持续利用和海洋事业的协调发展。规划对促进海洋的可持续发展的各个方面如海洋产业的可持续发展、海洋及沿海地区的可持续发展、海岛可持续发展、海洋环境保护等做了详细规划，可以看出海洋环境保护在未来海洋事业发展中的重要地位。《中国海洋 21 世纪议程》是 21 世纪初指导我国海洋工作的行动纲领和指导性文件，为了保证其能够落地实施，国家海洋局发布了《中国海洋 21 世纪议程行动计划》，根据一定的遴选原则，把可以促进海洋经济可持续发展、控制海洋污染、可操作性强的项目皆纳入行动计划中。1998 年是联合国确立的国际海洋年，我国发布了介绍我国海洋事业发展状况的《中国海洋事业的发展》，前三个部分的标题分别是海洋可持续发展战略、合理开发利用海洋资源、保护和保全海洋环境，均直接与海洋环境相关。由此阐明了我国以促进海洋可持续发展为核心，坚持合理开发利用海洋资源、保护和保全海洋环境的政策和决心。

1999 年，中国海监总队正式挂牌成立，由国家海洋局领导。在我国管辖海域（包括海岸带）实施巡航监视，查处侵犯海洋权益、违法使用海域、损害海洋环境与资源等违法违规行为。随后，国家海洋局三个海区分局也成立了各自的海监总队。中国海监总队通过巡航监视及时预防和发现海洋污染及灾害，保护海洋生态。如在 2006 年组织开展涉海国家级自然保护区执法活动，对涉及海洋、渔业、环保等多个行政部门管理的涉海国家级自然保护区用海情况进行检查，确保核心区的自然环境免于开发活动的干扰、生态不会受到损害，对区内的各类违法活动如非法在保护区内捕捞等行为依法进行查处；监督重点入海口的海洋倾废情况；组织开展国家级海洋自然保护区专项执法行动，护卫海洋生态环境。中国海监总队的成立使国家海洋局可以依法查处威胁我国海洋安全、侵犯我国海洋权益、扰乱海洋秩序、损害海洋资源长期利用和海洋环境的违法行为，是我国蓝色国土的守护神。

《中华人民共和国海域使用管理法》由中华人民共和国第九届全国人民代表大会常务委员会第二十四次会议通过，并于 2002 年 1 月 1 日起正式实施，旨在促进海域的合理开发和可持续利用，规范了我国海域使用和资源开发，强化海洋综合管理。保护和改善生态环境是编制海洋功能区划的原则之一。把海洋环境保护的理念融合到海洋功能区划编制过程中，表明我国对海洋环境的保护意识已经上升了一个层级，海洋资源的利用与开发为经济建设服务的同时，也要保障海洋的持续健康发展。

国家海洋事业的发展、海洋环境保护的工作逐渐进入国家战略规划的顶层设计中。2003 年，国务院印发由国家发改委、国土资源部、国家海洋局共同编制的《全国海洋经济发展规划纲要》，提出建设"海洋强国"的目标，明确提出了要坚持经济发展与资源、环境保护并举，保障海洋经济的可持续发展的原则。2006 年 3 月，第十届全国人民代表大会第四次会议批准了《中华人民共和国国民经济和社会发展第十一个五年规划纲要》，指出了未来五年海洋环境保护工作的方向，包括强化海洋意识、保护海洋生态、综合治理重点海域环境、海洋综合管理等内容。2008 年 2 月，国务院批准并印发《国家海洋事业发展规划纲要》，这是新中国成立以来我国第一个指导全国海洋事业发展的纲领性文件，是"十一五"时期我国海洋事业发展的基本思路和主要指南，对促进我国海洋事业的全面协调可持续发展具有重大的指导意义。① 规划强调在海

---

① 王琪. 公共治理视域下海洋环境管理研究 [M]. 北京：人民出版社，2015：60.

洋资源开发过程中要同时考虑海洋生态环境保护，在海洋环境整治过程中要与陆源污染控制相结合，近岸海域资源环境以保护为主，从根本上创新资源节约和环境友好发展模式。强调了要通过弘扬海洋文化如开展各类海洋文化活动和教育，提高全民海洋意识，充分认识到海洋环境保护对我国实现海洋强国、促进经济社会发展的重要作用。① 2011 年公布的《中华人民共和国国民经济和社会发展第十二个五年规划纲要》提出"制定和实施海洋发展的战略"，标志着我国海洋发展开始纳入国家战略的整体设计层面。此纲要指出，要加快对海洋经济发展的转变，提高海洋防灾减灾和海洋监管方面的能力。

国务院办公厅于 2008 年 7 月 10 日发布《国务院办公厅关于印发国家海洋局主要职责内设机构和人员编制规定的通知》，提出国家海洋局（副部级）为国土资源部管理，授予国家海洋局综合协调海洋倾废、开发利用，保护海岛生态，保护海洋环境、管理中国海监队伍等十个方面的主要职责。② 此规定强化了国家海洋局综合管理职能，有利于从整体上履行保护海洋环境的职责。为履行综合保护海洋生态环境职责，海洋局设立海域和海岛管理司、海洋环境保护司。

这一时期我国的海洋事业走向了综合管理的道路，海洋环境治理向法治化、规范化、体系化、综合化的方向发展，国家在重视海洋经济发展的同时提出要促进海洋经济的可持续发展，促进海洋资源的可持续开发与利用，保护海洋生态。成立了中国海监总队，海洋执法力量不断强化，保障了海洋行政管理职能的实现，海洋环境保护法律体系不断充实，海洋环境保护在国家发展规划中的地位不断上升，成为社会经济规划中不可缺少的一部分，开始注重通过海洋文化宣传培养公民的海洋环保意识。总体而言，这一时期我国海洋环境治理摆脱了零而散的治理现状，在国家发展规划的领导下，在增强公民海洋环保

① 《国家海洋事业发展规划纲要（2006—2010 年）》，于 2008 年 2 月 7 日由国务院批复通过。https：//baike. baidu. com/item/国家海洋事业发展规划纲要% EF% BC% 882006—2010 年% EF% BC% 89/2586062？ fr = aladdin.

② 国务院办公厅. 国务院办公厅关于印发国家海洋局主要职责内设机构和人员编制规定的通知（国办发〔2008〕63 号），2008 年 7 月 10 日. http：//www. gov. cn/zhengce/content/2016 – 06/08/content_5080541. htm.

意识的基础上，以实现海洋环境综合管理为目标，强化国家海洋局的海洋环境保护职能，建设中国海监的海洋执法力量，提高海洋循环经济技术对海洋经济的贡献能力，全面实现海洋经济的可持续发展，为实现海洋强国奠定基础。

（四）战略发展阶段（2012 年——　　）

2012 年，为促进沿海地区海洋生态文明建设与经济建设、政治建设、文化建设、社会建设协调发展，减少入海污染物排放，加强培育海洋生态文明意识，国家海洋局向沿海各省市发布了《关于开展"海洋生态文明示范区"建设工作的意见》，意见提出到"十二五"末期建成 10 ~ 15 个国家级海洋生态文明示范区的目标。①

党的十八大报告提出"建设海洋强国"这一战略目标，指出："提高海洋资源开发能力，发展海洋经济，保护海洋生态环境，坚决维护国家海洋权益，建设海洋强国"②。党的十九大报告进一步强调"加快海洋强国建设"。大力发展循环型的海洋经济，提高海洋资源开发和利用效率，是我国生态文明建设的重要组成部分。在海洋生态文明方面，国家海洋局按照坚持规划用海、坚持集约用海、坚持生态用海、坚持科技用海、坚持依法用海，即"五个用海"的要求积极推动海洋资源的节约利用和海洋生态环境保护工作③。2013 年 1 月，国务院批准了《国家海洋事业发展"十二五"规划》（以下简称《规划》），在综合考虑海洋环境治理的历史经验及发展情况的基础上，《规划》提出"十二五"时期海洋环境治理事业要完成陆源污染得到有效治理、近海生态环境恶化趋势得到根本扭转、海洋生物多样性下降趋势得到基本遏制的总体目标。

2013 年 3 月进行国务院机构改革时，提出设立高层次议事协调机构

---

① 赵建东. 海洋局下发关于建设海洋生态文明示范区的意见［N］. 中国海洋报，2012 - 02 - 10（002）.

② 胡锦涛. 坚定不移沿着中国特色社会主义道路前进 为全面建成小康社会而奋斗［N］. 人民日报，2012 - 11 - 18.

③ 国家海洋局局长. 十八大报告首提"海洋强国"具有重要现实和战略意义［EB/OL］. 2012 - 11 - 10. http：//www. xinhuanet. com//politics/2012 - 11/10/c_113656731. htm.

即国家海洋委员会，负责研究制定国家海洋发展战略，统筹协调海洋重大事项。^① 国家海洋委员会的设立有利于提高国家海洋工作的综合协调能力。根据《国务院关于部委管理的国家局设置的通知》（国发〔2013〕15号），国家海洋局依旧由国土资源部管理，国家海洋局以中国海警局名义开展海上维权执法，接受公安部业务指导。国务院办公厅于2013年7月9日发布《国务院办公厅关于印发〈国家海洋局主要职责内设机构和人员编制规定〉的通知》，对国家海洋局的责任进行了调整和细化，在海洋生态环境保护方面，国家海洋局要制定海洋生态环境保护相关标准、规范和制度，承担海洋生态损害国家索赔工作，组织开展海洋领域应对气候变化相关工作。国家海洋局下设生态环境保护司，负责陆源污染物排海、海洋自然保护区和特别保护区、重大海洋生态修复工程等方面的海洋污染防控及生态保护方面的工作。^②

2013年7月30日，中共中央政治局就建设海洋强国研究进行第八次集体学习。习近平总书记提出从提高海洋资源开发能力、保护海洋生态环境、发展海洋科学技术、维护国家海洋权益等四个方面建设海洋强国。^③ 对保护海洋生态环境作出重要指示："要从源头上有效控制陆源污染物入海排放，加快建立海洋生态补偿和生态损害赔偿制度，开展海洋修复工程，推进海洋自然保护区建设。"^④ 海洋环境保护与海洋资源开发、海洋科学技术、海洋国家权益是不可分割的有机整体，海洋环境保护离不开其他三个方面的支持，健康的海洋环境也有利于其他三个方面的发展和维护。针对海洋生态环境保护的重要讲话指明了保护海洋生态环境的政策方向和美好蓝图。

2015年8月，为合理规划海洋空间、提高海洋空间利用率、提高海洋可持续开发利用能力，国务院印发了《全国海洋主体功能区规划》，

① 国务院办公厅. 国务院办公厅关于实施《国务院机构改革和职能转变方案》任务分工的通知（国办发〔2013〕22号），2013年3月26日. http://www.gov.cn/zhengce/content/2013-03/28/content_7601.htm.

② 国务院办公厅. 国务院办公厅关于印发《国家海洋局主要职责内设机构和人员编制规定》的通知（国办发〔2013〕52号），2013年6月9日. http://www.gov.cn/zhengce/content/2013-07/09/content_7585.htm.

③ 习近平. 在中共中央政治局第八次集体学习时的讲话［N］. 人民日报，2013-8-1.

④ 习近平. 在中共中央政治局第八次集体学习时的讲话［N］. 人民日报，2013-8-1.

提出把环境政策作为保障措施，一定要在海洋生态承载力范围内实施海洋开发利用活动。《规划》根据生态系统承载力、产业布局和经济发展要求，将海洋空间划分为优化开发区域、重点开发区域、限制开发区域、禁止开发区域。① 此规划是《全国海洋主体功能区规划》的重要组成部分，是推进形成海洋主体功能区布局的基本依据。

　　2015 年 5 月，中共中央和国务院联合印发《关于加快推进生态文明建设的意见》，提出改善近岸海域水环境质量的目标，指出要从海洋资源科学开发和生态环境保护两方面加强海洋生态文明建设，把海洋生态文明建设纳入生态文明建设之中。② 2015 年 4 月，国务院发布《水污染防治行动计划》即 "水十条"，改善近岸海域海水具体工作目标。③ 为贯彻落实 "水十条"，国家海洋局、环境保护部等十部委联合发布《近岸海域污染防治方案》，提出促进沿海地区产业转型升级、逐步减少陆源污染排放的措施，充分体现了以海定陆、陆海统筹的思想。同时指出要加强海上污染源控制、保护海洋生态、防范近岸海域环境风险。④ 陆地海洋两手抓，齐头并进减少海洋污染，提高近岸海水质量。

　　2016 年，《中华人民共和国国民经济和社会发展第十三个五年（2016—2020 年）规划纲要》中指出要牢固树立和贯彻落实创新、协调、绿色、开放、共享的新发展理念，在第四十一章拓展蓝色经济空间提出："要坚持陆海统筹，发展海洋经济，科学开发海洋资源，保护海洋生态环境，维护海洋权益，建设海洋强国。"⑤ 把开发海洋、经略海洋、保护海洋的思想融入 "十三五" 规划中。在 "十三五" 规划的统领下，为落实《关于加快推进生态文明建设的意见》和《水污染防治行动计

---

① 国务院. 国务院关于印发《全国海洋主体功能区规划》的通知（国发〔2015〕42 号）. 2015 – 08 – 01. http：//www. gov. cn/zhengce/content/2015 – 08/20/content_10107. htm.

② 中共中央 国务院. 关于加快推进生态文明建设的意见 [J]. 水资源开发与管理，2015（03）：1 – 7.

③ 国务院. 国务院关于印发《水污染防治行动计划》的通知（国发〔2015〕17 号），2015 年 4 月 2 日 . http：//www. gov. cn/zhengce/content/2015 – 04/16/content_9613. htm.

④ 环境保护部办公厅、发展改革委办公厅、科技部办公厅、工业和信息化部办公厅、财政部办公厅、住房城乡建设部办公厅、交通运输部办公厅 农业部办公厅、林业局办公室 海洋局办公室. 关于印发《近岸海域污染防治方案》的通知. 环办水体函〔2017〕430 号 . 2017 – 03 – 24. http：//www. mee. gov. cn/gkml/hbb/bgth/201704/t20170419_411769. htm.

⑤ 中华人民共和国国民经济和社会发展第十三个五年（2016—2020 年）规划纲要.

划》对海洋生态文明建设提出的要求，国家海洋局颁布《国家海洋局海洋生态文明建设实施方案》（2015—2020 年），从加强规划引导、完善制度设计、严格监管执法、加强宣传和公众参与等 10 个方面部署了海洋生态文明建设的 31 项重点任务，明确了推动任务实施的二十项重大工程项目。①

改善和维护海洋生态环境是建设美丽中国的重要组成部分。习近平总书记于 2017 年 10 月 18 日在中国共产党第十九次全国代表大会上向大会作了题为《决胜全面建成小康社会夺取新时代中国特色社会主义伟大胜利》的报告，在着力解决突出环境问题方面特别提到要"加快水污染防治，实施流域环境和近岸海域综合治理。"② 基于我国陆海国土开发缺乏统筹的严峻形势，国务院于 2017 年 1 月 3 日印发了《全国国土规划纲要（2016—2030 年）》，指出我国海洋国土规划与陆地国土规划具有同样重要的地位。提出了要坚持陆域开发与海域利用相统筹的原则，加强陆地与海洋在资源开发、环境保护和防灾减灾等方面的协同共治。③

根据 2018 年 3 月 21 日中共中央印发的《深化党和国家机构改革方案》，对国家海洋局进行改组，提出把国家海洋局并入自然资源部，对外保留国家海洋局的牌子；国家海洋局的海洋环境保护职责归生态环境部；海警队伍转隶武警部队，成立中国人民武装警察部队海警总队，称中国海警局。④ 此次机构改革将打通海洋和陆地的环境治理通道，有利于改善海洋污染治理隔靴搔痒的困局。海洋和陆地是两种生态环境，但是又具有统一性。我国海洋污染治理的"果"在海洋，但是"根"在陆地，但是过去由于在环境治理方面陆海分离，海洋环境的治理一直成本高，收益小。此次国家机构改革把原国家海洋局的环境保护职能划归给生态

---

① 国务院．国家海洋局海洋生态文明建设实施方案（2015—2020 年）（国海发〔2015〕8 号）．http：//www. gov. cn/zhengce/content/2015 – 04/16/content_9613. htm.

② 习近平．决胜全面建成小康社会 夺取新时代中国特色社会主义伟大胜利［EB/OL］. (2017 – 10 – 27) http：//www. 81. cn/sydbt/2017 – 10/27/content_7802497_9. htm.

③ 国务院．全国国土规划纲要（2016—2030 年）. https：//baike. baidu. com/item/全国国土规划纲要% EF% BC% 882016—2030 年% EF% BC% 89/20409097? fr = aladdin.

④ 中共中央．深化党和国家机构改革方案. 2018 – 03 – 21. https：//baike. baidu. com/item/深化党和国家机构改革方案/22404782? fr = aladdin#reference – ［1］ – 23018616 – wrap.

环境部，生态环境部统一管理陆海环境治理，真正做到了陆海统筹，综合规划，有利于从源头治理海洋环境污染。

这一时期我国对海洋事业有前所未有的重视程度，党的十八大提出要建设海洋强国的战略目标，"十三五"规划提出对海洋工作的要求，海洋事业的发展进入全国规划的战略层面，海洋环境综合治理已日趋成熟，2018 年党和国家机构改革，把国家海洋局环境保护的职责划给生态环境部，体现了海洋事业职能化发展趋向。地方建立了较为成熟的海洋行政机构和海洋执法机构，我国中央和地方相结合的海洋治理体系不断完善。重视将市场化的手段引入到海洋环境治理中来，促进公民海洋保护意识的觉醒，增强公民在海洋环保事业中的参与度。

二、中国海洋环境治理的主要成就

（一）海洋环境质量趋于好转

2019 年 5 月份，生态环境部发布了《2018 年中国海洋生态环境状况公报》，主要包括：海洋环境质量、海洋生态状况、主要入海污染源状况、海洋倾倒区和油气区环境状况、海洋渔业水域环境质量状况、海洋环境灾害状况、突发海洋污染事件、相关行动与措施，从八个方面描述了我国海洋环境现状。2018 年我国海洋生态环境总体稳中向好，海水质量总体得到改善。

《2018 年中国海洋生态环境状况公报》显示，"2018 年，夏季一类水质海域面积占管辖海域的 96.3%，劣四类水质海域面积为 33270 平方千米，较上年同期减少 450 平方千米。"① 说明总体而言我国海水水质治理成效显著，海水质量总体向好。

35

---

① 中华人民共和国生态环境部. 2018 年中国海洋生态环境状况公报 ［R］. 2019 年 5 月. http://www.mee.gov.cn/hjzl/shj/jagb/.

根据 2011—2017 年的《中国近岸海域环境质量公报》，绘制图 2-1。可以看出，在 2011—2017 年，我国近岸海域水质总体呈改善状态，一类水质海域面积在 2013 年面积减少，但随后一直在缓慢提升，到 2017 年时，一类水质海域面积已达 110493 平方千米，几乎是 2011 年的两倍。未达到一类水质的其他各类水质海域面积上下浮动，不太稳定。二类水质海域和三类水质海域上下浮动方向比较一致，呈一年上升一年下降的变化趋势，二类水质海域面积在 12000 平方千米上下浮动，三类水质海域面积在 16000—40000 平方千米范围内变化，变化幅度较大，且在 2017 年出现回升，但是总体呈下降态势。四类水质海域面积数量在 2015 年、2016 年大幅下降，海水质量明显改善，但是在 2017 年出现回升。劣四类水质海域面积在 2013—2017 年一直呈现下降态势，表明水质较差的海域环境治理颇有成效。

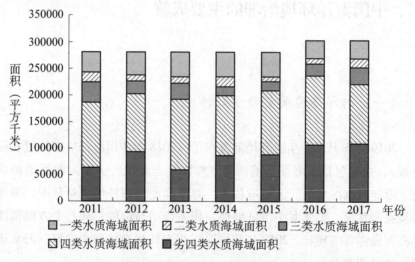

图 2-1　2011—2017 年中国近岸海域不同水质海域面积

　　根据《中国近岸海域环境质量公报》，用富营养化指数来衡量全国近岸海域平均富营养化程度，E≥1 为富营养化，1≤E≤3 为轻度富营养化，3<E≤9 为中度富营养化，E>9 为重度富营养化。由图 2-2 可以看出，我国近岸海域平均富营养化程度在 2012—2014 年期间呈上升态势，即富营养化程度加深，2014 年富营养化程度最重，达到 1.6，在 2012—2015 年，我国近岸海域平均富营养化程度一直处在 1.2—1.6 的区间内，处于轻度富营养化水平，2015 年富营养化程度开始下降，2016 年和 2017 年我国近岸海域平均富营养化指数开始下降到小于 1 的水平，表明我国近岸海域的富营养化程度得到了很好的控制，生态环境治理取得良好成效。

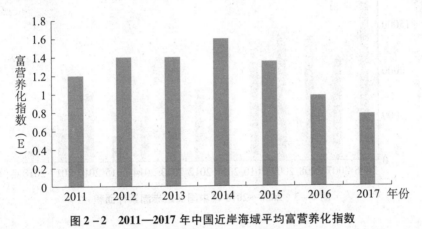

图 2 – 2　2011—2017 年中国近岸海域平均富营养化指数

　　图 2 – 3 显示了 2006—2018 年我国管辖海域范围内发现赤潮灾害的累计面积。从中可以看出赤潮灾害累计发生面积在明显减少，2007—2010 年赤潮累计面积在 10000—15000 平方千米范围内，从 2011 年开始出现明显减少，一直维持在 1000—8000 平方千米范围内，一些年份如 2013 年、2015 年、2017 年和 2018 年保持在 4000 平方千米以下，2018 年的时候赤潮累计面积只有 1406 平方千米，可见赤潮治理成绩斐然。在 2016 年和 2017 年赤潮发生次数较多的年份，赤潮发生的累计面积仍保持在 4000 平方千米之下。表明我国在赤潮治理方面已取得了一定的成绩，明显降低了赤潮累计面积。

　　为更直观地比较近年入海河流水质变化情况，可以绘制图 2 – 4 以显示我国 2006—2018 年入海河流断面水质类别比例。由图 2 – 4 可看出，Ⅰ类水质的入海河流在大多数年份几乎没有，Ⅱ类水质和Ⅲ类水质的入海河流比例呈稳步上升状态，尤其是Ⅲ类水质的入海河流比例。Ⅳ类水质的入海河流比例变化不明显，劣Ⅴ类水质的入海河流比例呈明显的下降趋势，表明我国对入海河流的水质治理有一定的成效。

　　图 2 – 5 显示了我国 2006—2018 年直排海的污水量。从图 2 – 5 可以

37

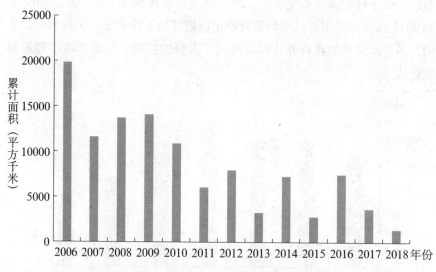

图 2 – 3　2006—2018 年中国海域赤潮累计面积

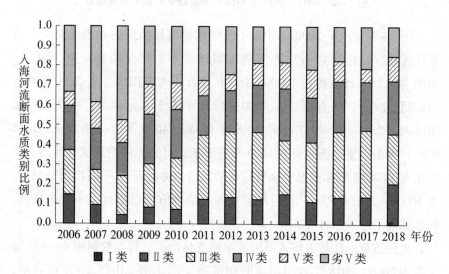

■ Ⅰ类　■ Ⅱ类　▨ Ⅲ类　▨ Ⅳ类　▨ Ⅴ类　■ 劣Ⅴ类

图 2 – 4　2006—2018 年中国入海河流断面水质类别比例

38

看出，直接排入海洋的污水总体上呈上升的趋势，排入海洋的污水可分为工业污水和生活污水。2006—2018 年，因良好的交通条件和经济基础，越来越多的工厂在沿海地区聚集，随之带来的是大量的人口涌入沿海城市。工业的发展和沿海城市人口的增加不可避免地带来了工业污水和生活污水排放量的增加。

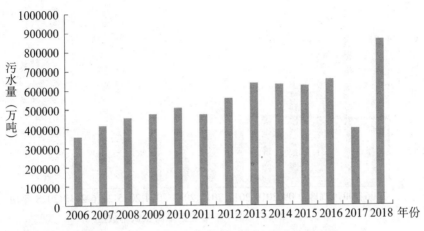

图 2-5　2006—2018 年中国直排海污染源污水量

　　氨氮是主要入海污染物之一。图 2-6 给出了 2006—2018 年我国管辖海域范围内氨氮的排放量。由图 2-6 可以看出，氨氮污染物排放量在 2007 年之后出现了断崖式的下降，表明我国在控制陆源污染物排放方面整治力度加强，这与 2007 年国务院发布的《国家环境保护十一五规划》有关，此规划强调了在"十一五"期间海洋环境保护要以削减陆源污染物排放为重点，主要任务是重点控制近岸海域污染。2017 年排放量明显下降，这与加强控制近岸海域污染有关。为响应《水污染防治行动计划》中对加强近岸海域环境保护的号召，原环保部等十部门联合印发《近岸海域污染防治方案》，此方案包括清理非法或设置不合理的入海排污口、沿海地级以上城市实施总氮总量控制等要求，"总氮总量控制"的要求有效降低氨氮的排放量。

　　可以看出，我国管辖海域范围内海水质量、污染物排放量和赤潮灾害发生频度都在不同程度上与国家各个部门及地方各级政府实施的海洋环境政策息息相关，政府直接干预可以起到立竿见影的效果。总体来说，我国海水质量总体呈现出逐渐变好的态势，且近岸海域一类水质海水呈上升趋势、劣四类水质海水呈下降趋势。经过治理，富营养化指数近年已达到小于 1 的良好水平。赤潮发现次数呈下降态势，偶有上升，但是赤潮累计发生面积明显下降，2018 年累计发生面积已不足 2006 年赤潮累

39

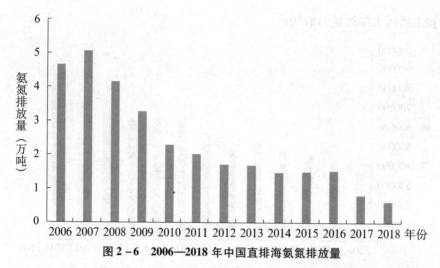

图 2-6 2006—2018 年中国直排海氨氮排放量

计发生面积的十分之一，治理成效明显。陆源污染物是影响海水水质的
重要因素，由于经济的发展，直排海污染源污水量呈上升态势，但是经
过直排海污染物治理，直排海各类污染物的排放量均呈下降态势，2018
年化学需氧量的排放量是 2006 年排放量的 30%，2018 年氨氮的排放量是
2006 年排放量的 13.3%，可以说，在治理陆源污染物排海方面成效显著。

（二）海洋环境法制体系成型

保护蓝色海疆是实施海洋强国战略的必然要求，也是守护地球生态
环境的职责所在。随着对海洋重视程度的提升和环保意识逐渐深入人心，
我国海洋环境立法工作不断推进。我国以《中华人民共和国宪法》（以
下简称《宪法》）为引领、以《环境保护法》为主导、以国务院各部门
及各省（市）地方行政机构颁布的法律法规为支撑的海洋环境保护法律
体系逐渐形成。

《宪法》是我国的根本大法，拥有最高的法律效力，一切法律都不
可以与《宪法》相违背。《宪法》规定："国家保护和改善生活环境和生
态环境，防治污染和其他公害。"[1] 海洋环境作为生态环境的组成部分，

---

[1] 全国人民代表大会. 中华人民共和国宪法（2018 年修正）第二十六条，2018 - 03 -
11. https：//baike. baidu. com/item/中华人民共和国宪法修正案/523199？ fr = aladdin#5.

《宪法》为进行海洋环境污染防治和生态保护提供了根本依据。

《环境保护法》规定了保护环境是我国的一项基本国策，适用于中华人民共和国领域和中华人民共和国管辖的其他海域，是进行海洋环境保护工作的法律基础。随着海洋经济对国民经济贡献度的提高，海洋污染也愈发严重，治理海洋环境越来越重要。2014 年修订的《环境保护法》增加了对海洋环境的保护要求："国务院和沿海地方各级人民政府应当加强对海洋环境的保护。"① 这是《环境保护法》中第一次明确各级政府负有保护海洋环境的责任，明确了进行会对海洋环境造成污染损害的人类活动时应符合相关法律法规。

我国海洋环境保护真正走上法制化的轨道是从《海洋环境保护法》的施行开始的。《海洋环境保护法》于 1982 年 3 月由第五届全国人民代表大会常务委员会第二十四次会议通过，于 2017 年 11 月 4 日进行第三次修正。《海洋环境保护法》从海洋环境监督管理、海洋生态保护、防治对海洋环境的污染损害三个方面对治理海洋生态环境、保护海洋生态资源做了规定。对海洋环境造成污染损害的活动主要包括五个方面：陆源污染物倾倒、海岸工程建设、海洋工程建设、废弃物倾倒、船舶及有关作业活动，《海洋环境保护法》对从事这五类作业活动须遵循的标准作出了详细规定，对指导开发海洋活动具有重要意义。

1. 综合性海洋环境保护法律体系

（1）海洋功能区划制度

1999 年修订的《海洋环境保护法》规定："国家根据海洋功能区划制定全国海洋环境保护规划和重点海域区域性海洋环境保护规划。"② 海洋功能区划是指综合考虑海域的自然情况和开发利用情况而划分的海洋功能类型区，以此来指导海洋的合理开发利用，促进海洋开发活动经济

---

① 全国人大常委会. 中华人民共和国环境保护法（2014 年修订）（中华人民共和国主席令第 9 号），2014 - 04 - 24. https：//baike. baidu. com/item/中华人民共和国环境保护法% EF% BC%882014 修订% EF% BC%89/22385511？ fr = aladdin.

② 全国人大常委会. 中华人民共和国海洋环境保护法（1999 年修订），第六条和第七条. https：//baike. baidu. com/item/中华人民共和国海洋环境保护法% EF% BC%881999 修订% EF% BC%89/22385345？ fr = aladdin.

效益、环境效益和社会效益相统一。

2002 年 9 月国家海洋局发布《全国海洋功能区划》，这是国家海洋局会同国家计委、国土资源部等 11 个部委及沿海 11 个省市人民政府共同制定的第一部全国性海洋功能区划。① 山东省率先完成《山东省海洋功能区划》的编制工作，成为《海域使用管理法》施行以来全国第一个由国务院批准的省级海洋功能区划，其他沿海省市的海洋功能区划也相继得到国务院的批准。国家海洋局于 2007 年 7 月发布《海洋功能区划管理规定》，对海洋功能区划的编制原则、编制任务划分、编制及审批等程序、实施工作等做了细致规定。

2012 年 3 月 3 日，国务院批准《全国海洋功能区划（2011—2020年)》，此规划在 2002 年《全国海洋功能区划》的基础上做了一些调整，期限为 2011—2020 年。不同类型的海洋开发利用活动在海洋功能区划的划分指导下分区进行，提高海洋空间利用率。划分出海洋保护区，指"专供海洋资源、环境和生态保护的海域，包括海洋自然保护区、海洋特别保护区。"② 海洋特别保护区的设立为保护海洋生物多样性、养护各类海洋资源、进行海洋科学研究提供了生态园。

（2）海洋主体功能区划制度

《全国主体功能区划》和 2016 年修正的《海洋环境保护法》均对编制全国海洋主体功能区规划做了明确规定，并要求在全国海洋主体功能区规划的基础上，拟定全国海洋功能区划，以推进科学合理地使用海域。③

本着"陆海统筹、尊重自然、优化结构、集约开发"的原则，2015 年 8 月 1 日，国务院印发《全国海洋主体功能区规划》，对我国海洋主体功能区进行划分，提出到 2020 年达到海洋可持续发展能力提升的主要目

① 马英杰，何伟宏. 中国海洋环境保护法概论［M］. 北京：科学出版社，2018：20.
② 国家海洋局会同有关部门和沿海 11 个省、自治区、直辖市人民政府编制.《全国海洋功能区划（2011—2020 年)》. 2012 - 03 - 03. http：//www. huaxia. com/zt/tbgz/12 -051/3125908. html.
③ 全国人大常委会. 中华人民共和国海洋环境保护法（2016 年修正），2016 - 11 - 07. https：//baike. baidu. com/item/中华人民共和国海洋环境保护法% EF% BC% 882016 修正% EF% BC% 89/22385566？ fr = aladdin.

标。根据城镇建设、农渔业生产、生态环境服务这三种不同的功能，把海洋空间划分为开发程度不同的四类区域。优化开发区域和重点开发区域是相对来说开发强度较大、对经济发展直接贡献较大的区域。限制开发区域是指主要用来提供海洋水产品的海域，包括用于保护海洋渔业资源和海洋生态功能的海域。禁止开发区域，是指对维护海洋生物多样性，保护典型海洋生态系统具有重要作用的海域，包括海洋自然保护区、领海基点所在岛屿等。

（3）环境影响评价制度和"三同时"制度

2002 年 10 月 28 日，全国人大通过了《中华人民共和国环境影响评价法》，2018 年 12 月 29 日对其进行了第二次修正。在我国领域和我国管辖的其他海域范围内建设对环境有影响的项目皆适用于此法。《中华人民共和国环境影响评价法（2018 年修正）》第二十二条规定海洋工程建设项目的海洋环境影响报告书的审批，依照《中华人民共和国海洋环境保护法》的规定办理。① 第三十一条提到建设单位没有依法报批、重新报批建设项目环境影响报告书、报告表或者没有得到批准就擅自开工建设的，要接受一定的处罚，对海洋工程建设项目来说，"海洋工程建设项目的建设单位有本条所列违法行为的，依照《中华人民共和国海洋环境保护法》的规定处罚。"②

《中华人民共和国海洋环境保护法（2017 年修正）》在第三章"海洋生态保护"第四十四条中明确提出："海岸工程建设项目的环境保护设施，必须与主体工程同时设计、同时施工、同时投产使用。环境保护设施应当符合经批准的环境影响评价报告书（表）的要求。"③ 这条规定也是"三同时"制度在海洋环境保护领域的体现。

---

① 第九届全国人民代表大会常务委员会第三十次会议通过. 中华人民共和国环境影响评价法（2018 年修正），2018 - 12 - 29. https：//wenku. baidu. com/view/200db5c377c66137ee06eff9aef8941ea66e4b9b. html.

② 第九届全国人民代表大会常务委员会第三十次会议通过. 中华人民共和国环境影响评价法（2018 年修正），2018 - 12 - 29. https：//wenku. baidu. com/view/200db5c377c66137ee06eff9aef8941ea66e4b9b. html.

③ 全国人大常委会. 中华人民共和国海洋环境保护法（2017 年修正），2017 - 11 - 04. http：//zrzy. jiangsu. gov. cn/xwzx/ztjc/dwggjxfr/xgflfg/2018/11/30163918794116. html.

国家海洋局于 2002 年 5 月 17 日发布了《海洋石油开发工程环境影响评价管理程序》，对在我国内水、领海、毗邻区、专属经济区、大陆架以及我国管辖的其他海域从事海洋石油开发的企业或作业者进行环境影响评价的程序做了明确规定。

2. 防治海洋污染法律体系

国务院于 1982 年发布的《海洋环境保护法》及各修订版本都对防治陆源污染物污染、防治海岸工程建设项目污染、防治海洋工程建设项目污染、防治倾倒废弃物污染、防治船舶及有关作业活动污染做了专章规定，此处逐一做详细说明。

（1）防治陆源污染物污染法律制度

海洋污染物大部分来源于陆地上的人类活动，来源范围广泛、治理难度大，为了防治陆源污染物给海洋带来的环境损害，我国颁布了一系列法律监督陆源污染物排放。《中华人民共和国海洋环境保护法（2017 年修正）》规定向海域排放污染物，须执行国家或地方的相关规定。[①] 对入海河流、入海排污口、大气和其他排向海洋的相关陆源污染物做了具体说明。

根据《中华人民共和国海洋环境保护法》[②]，我国针对陆源污染防治颁布的法律主要有《中华人民共和国防治陆源污染物污染损害海洋环境管理条例》《中华人民共和国防止拆船污染环境管理条例》等。

陆源污染，顾名思义是来自于陆地的污染，陆地上有许多环境保护的法律法规、部门规章也与治理陆源污染有关。如《环境保护法》《固体废物污染环境防治法》《水污染防治法》《水土保持法》《土地管理法》《渔业法》《水污染防治法实施细则》《水生野生动物保护实施条例》《渔业法实施细则》《陆源排污口邻近海域监测技术规程》，等等。因拆船污染有其自身特点，《防止陆源污染条例》第三条规定："防止拆船污染损害海洋环境，依照《防止拆船污染环境管理条例》执行。"与防治拆

---

① 全国人大常委会. 中华人民共和国海洋环境保护法（2017 年修正），2017 - 11 - 04. http：//zrzy. jiangsu. gov. cn/xwzx/ztjc/dwggjxfr/xgflfg/2018/11/30163918794116. html.
② 全国人大常委会. 中华人民共和国海洋环境保护法（2017 年修正），2017 - 11 - 04. http：//zrzy. jiangsu. gov. cn/xwzx/ztjc/dwggjxfr/xgflfg/2018/11/30163918794116. html.

船污染相关的规范导则有《绿色拆船通用规范》《船舶整体及部分拆解的环境无害化管理技术导则》等。

（2）防治海岸工程污染法律制度

国务院于 1990 年 6 月专门发布了《中华人民共和国防治海岸工程建设项目污染损害海洋环境管理条例》（以下简称《防止海岸工程建设污染条例》），并在 2007 年、2017 年和 2018 年分别进行了三次修正。

《防治海岸工程建设污染条例》要求新建、改建、扩建海岸工程项目应当符合环境影响评价制度和三同时制度，且规定了实施各类海洋工程项目时应采取相应的环境保护措施，对于不符合规定的应当按照《海洋环境保护法》予以处罚。

（3）防治海洋工程污染法律制度

《中华人民共和国海洋环境保护法（2017 年修正）》[①] 第六章对防治海洋工程建设对海洋环境造成污染做了专章规定，2006 年 9 月 9 日，国务院颁布了《防治海洋工程建设项目污染损害海洋环境管理条例》，以减少海洋工程建设项目对海洋造成的损害。先后于 2017 年和 2018 年进行了两次修订。海洋工程具体包括围填海工程、海洋矿产资源勘探开发等。此条例就环境影响评价制度、三同时制度、污染物排放、污染事故的预防和处理等方面对海洋工程建设项目做了规定。

围填海工程是海洋工程中非常重要的一类。围填海工程具有双面效应：一方面，围填海一定程度上缓解了沿海地区土地资源供给稀缺的紧张局面；另一方面，围海造地改变了海洋环境的自然属性，对海洋环境产生了不可磨灭的影响。《防治海洋工程建设项目污染损害海洋环境管理条例》（2018 年修正）提出要"严格控制围填海工程。围填海工程使用的填充材料应当符合有关环境保护标准。"2016 年 12 月 5 日，中央全面深化改革领导小组第三十次会议审议通过《围填海管控办法》，随后，国家海洋局印发相关的指导意见和实施方案。2016 年 12 月 30 日，国家

45

---

① 全国人大常委会. 中华人民共和国海洋环境保护法（2017 年修正），2017 - 11 - 04. http：// zrzy. jiangsu. gov. cn/xwzx/ztjc/dwggjxfr/xgflfg/2018/11/30163918794116. html.

海洋局印发《海洋督察方案》，组建国家海洋督察组开展以围填海专项督察为重点的海洋督察。2018 年，国务院发布《国务院关于加强滨海湿地保护严格管控围填海的通知》，被称为"史上最严围填海管控措施"，为保护滨海湿地，维护海洋整体生态平衡，严控围填海行动。此通知规定要严控新增围填海项目，"除国家重大战略项目外，全面停止新增围填海项目审批。"① 还提出要通过建立长效机制、加强组织保障加快处理围填海历史遗留问题，并加强海洋生态保护修复。

海洋石油勘探开发工程是海洋工程当中最重要的一类②，《中华人民共和国海洋环境保护法（2017 年修正）》中第五十一条至第五十三条对海洋石油勘探开发工程的油性物排放、工业垃圾排放、溢油应急预案等方面做了规定。

国务院于 1983 年发布了《海洋石油勘探开发环境保护管理条例》，对海洋石油勘探开发工程的海洋环境影响评价、应急计划、设备、废弃物处置等方面做了规定。为贯彻此条例，随后国土资源部于 1990 年颁布了《中华人民共和国海洋石油勘探开发环境保护管理条例实施办法》，并于 2016 年进行了修订。此外，还有一些具体的法律规定，如《海洋石油平台弃置管理暂行办法》《海洋石油勘探开发化学消油剂使用规定》等。另外，针对海洋石油勘探开发工程发布了一些标准准则，如《海洋石油勘探开发污染物排放浓度限值》《海洋石油勘探开发污染物生物毒性分级》等。这些法律法规对海洋石油勘探开发过程中容易对海洋环境造成污染的情况做了详细的规定，有效降低了海洋溢油等污染灾害的发生。

（4）防治海洋倾废污染法律制度

《中华人民共和国海洋环境保护法（2017 年修正）》第七章为防治倾倒废弃物对海洋环境的污染损害，对海洋倾倒废弃物标准、程序、倾倒区选划及使用等做了规定。1985 年国务院发布《中华人民共和国海洋倾

46

① 国务院. 国务院关于加强滨海湿地保护严格管控围填海的通知（国发〔2018〕24 号），2018－07－14. http：//www. gov. cn/zhengce/content/2018－07/25/content_5309058. htm.
② 马英杰，何伟宏. 中国海洋环境保护法概论［M］. 科学出版社，2018：107.

废管理条例》，2017 年 3 月国务院进行了第二次修订，对海洋倾废程序，倾倒废弃物种类、数量等做了明确规定。

为加强海洋倾废管理，1990 年 6 月国家海洋局颁布实施《中华人民共和国海洋倾废管理条例实施办法》，并于 2017 年 12 月 27 日进行修订。对废弃物标准、倾倒区标准、倾倒程序、排放许可证、法律责任等有详细规定。为加强海洋倾倒区的管理，国家海洋局于 2003 年 11 月 14 日发布《倾倒区管理暂行规定》。

此外，我国也加入了防止倾倒废弃物污染的国际公约。《防止倾倒废弃物或其他物质污染海洋的公约》于 1972 年在伦敦通过，我国于 1985 年 9 月 6 日加入公约，积极参加公约的相关活动，履行缔约国的权利和义务。

（5）防治船舶污染法律制度

1983 年 12 月国务院颁布了《中华人民共和国防止船舶污染海域管理条例》，第一次对船舶污染海域有关问题做出法律规定。2010 年，国务院颁布《防治船舶污染海洋环境管理条例》，对船舶及作业活动、船舶污染物的排放及接收、船舶污染事故应急处置、船舶污染事故调查处理船舶污染事故损害赔偿、法律责任等做了明确规定。

交通部于 2011 年颁布《船舶及其有关作业活动污染海洋环境防治管理规定》，2017 年 5 月进行了第四次修正，对船舶载运污染危害性货物及其有关作业及船舶拆解、打捞、修造和其他水上水下船舶施工作业等做了更详细的规定。2015 年 8 月 7 日，交通运输部印发《船舶与港口污染防治专项行动实施方案（2015—2020 年）》，提出了到 2020 年船舶与港口污染防治法制建设工作、污染防治工作等应达到的目标，制定了未来五年为达到总体目标应完成的主要任务和采取的保障措施。

3. 海洋生态保护法律体系

（1）海洋生态红线制度

国家海洋局于 2010 年 10 月 17 日发布《国家海洋局关于建立渤海海洋生态红线制度的若干意见》，在渤海地区进行海洋生态红线试点工作。要求环渤海三省一市政府要切实加强对海洋生态红线的认识，对渤海自然岸线保有率、海洋生态红线区内海水水质达标率等提出具体目标要求。

为指导全国海洋生态红线的划定工作，在总结渤海实施海洋生态红线制度的基础上，国家海洋局于2016年4月29日印发《国家海洋局关于全面建立实施海洋生态红线制度的意见》，并配套印发《海洋生态红线划定技术指南》，标志着全国海洋生态红线划定工作全面启动。① 自然岸线是生态红线管控的一部分。2017年3月31日，国家海洋局发布《海岸线保护与利用管理办法》，加强海岸线的保护和利用，提高自然岸线保有率，实现自然岸线保有率的管控目标。

（2）海岛保护制度

《中华人民共和国海洋环境保护法》（2017年修正）指出国务院和沿海地方各级人民政府应当采取有效措施保护海岛，"开发海岛及周围海域的资源，应当采取严格的生态保护措施，不得造成海岛地形、岸滩、植被以及海岛周围海域生态环境的破坏。"②

为保护海岛生态环境，合理利用海岛生态资源，全国人大常委会于2009年12月26日发布《中华人民共和国海岛保护法》，分别对有居民海岛、无居民海岛、特殊用途海岛的开发利用活动提出了保护要求，并指出国家安排海岛保护专项资金，用于海岛的保护、生态修复和科学研究活动。为提高海岛保护专项资金利用率，2012年1月国家海洋局海岛管理司发布《海岛生态整治修复技术指南》，作为我国海岛整治修复工作的主要技术指导文件。

其实早在2003年，为加强对无居民海岛的管理和保护，海洋局、民政部和解放军总参谋部就联合印发了《无居民海岛保护与利用管理规定》，提出要对无居民海岛进行合理开发和利用，严格限制会影响海岛生态环境和自然景观的开发活动。

---

① 国家海洋局全面建立实施海洋生态红线制度 牢牢守住海洋生态安全根本底线，2016 – 06 – 16. http://www.gov.cn/xinwen/2016 – 06/16/content_5082772.htm.

② 全国人大常委会. 中华人民共和国海洋环境保护法（2017年修正），2017 – 11 – 04. http://zrzy.jiangsu.gov.cn/xwzx/ztjc/dwggjxfr/xgflfg/2018/11/30163918794116.html.

（3）海洋生物资源保护制度

为加强渔业资源的可持续发展利用，第六届全国人民代表大会常务委员会第十四次会议于 1986 年 1 月通过《中华人民共和国渔业法》，经历了四次修正，现在沿用的是 2013 年修正版。《中华人民共和国渔业法》（2013 年修正）规定在渔业养殖时应注意养殖密度和饵料、药物等的使用，不得造成水域的环境污染。① 对捕捞渔业资源种类、捕捞工具、捕捞方式等做了明确规定。此外，提出实行捕捞限额制度、捕捞许可证制度来维护渔业资源的正常捕捞秩序。2002 年施行的《渔业捕捞许可管理规定》对渔业捕捞许可证管理制度做了详细规定。为保证《渔业法》的实施，1987 年 10 月 20 日渔业部发布了《中华人民共和国渔业法实施细则》，第五章专门对渔业资源的增殖和保护做了详细规定。

为了缓解大批量捕捞对渔业资源带来的压力，1995 年国务院发布《渤海、黄海及东海机轮拖网渔业禁渔区的命令》，在渤海、黄海及东海实施伏季休渔制度。1999 年全面实施海洋伏季休渔制度，到 2018 年，伏季休渔制度经过 13 次调整完善。现行的伏季休渔制度休渔类型为除钓具外的所有作业类型，以及为捕捞渔船配套服务的捕捞辅助船。②

三、中国海洋环境治理的基本经验

（一）习近平生态文明思想及国家治理重要论述和海洋强国重要论述是引领中国海洋环境治理的思想保证

海洋环境治理是一个全局性、战略性的重大工程。为此，离不开高

---

① 全国人大常委会. 中华人民共和国渔业法（2013 年修正），2013 - 12 - 28. http://www.moa.gov.cn/gk/zcfg/fl/201803/t20180330_6139436.htm.

② 高云才. 坚持人与自然和谐共生［N］. 人民日报，2018 - 12 - 08. http://www.gov.cn/xinwen/2018 - 12/08/content_5346917.htm?_zbs_baidu_bk.

瞻远瞩的思想引领，也离不开目标明确的顶层设计。在习近平新时代中国特色社会主义思想体系中，既有十分靓丽的习近平生态文明思想，又有极其深刻的习近平海洋强国重要论述，还有立足长远的国家治理体系和治理能力现代化的重要论述。

习近平提出，保护环境就是保护生产力，改善环境就是发展生产力。① 党的十八大报告把生态文明建设放进"五位一体"的总体布局中，生态文明建设的战略位置更加明确，表明保护环境与发展经济并重才是实现可持续发展的必经之路。海洋是我国的蓝色国土，保护海洋生态环境是建设生态文明的重要组成部分，以习近平同志为核心的党中央非常重视海洋生态文明建设，多次强调要改善海洋生态环境，还大海一片蔚蓝、还沙滩一片洁净。海洋环境问题果在海洋，因在陆地，近岸海域80％的污染来自于陆地，生态文明建设要求统筹海陆管理，不是分而治之，而是以系统论的思想整体规划海洋生态系统环境治理。为此，我国颁布了《中华人民共和国防治陆源污染物污染损害海洋环境管理条例》，以遏制陆源污染对海洋环境造成的危害。《中国近岸海域环境质量公报》每年都会公布陆源污染物入海情况，包括入海河流污染物入海情况和直排海污染源污染物入海情况。可以看出每年陆源污染物对海洋环境污染程度的大小，以此来监督陆源污染物的排放。生态环境部充分发挥"组织者"和"监督者"的角色，统一规划、统一治理、统一监督，有效解决海洋环境治理过程中"九龙治海"的局面，从总体上推进我国的生态文明建设。

"凡将立国，制度不可不察也。"习近平指出，坚持和完善中国特色社会主义制度、推进国家治理体系和治理能力现代化，是关系党和国家事业兴旺发达、国家长治久安、人民幸福安康的重大问题。② 党的十九大提出到2035年各方面制度更加完善，国家治理体系和治理能力现代化基本实现的奋斗目标。相比于陆地生态文明制度，我国海洋生态文明治理体系起步较晚。完善国家治理体系要求顶层设计、实施有效、监督有

① 习近平在省部级主要领导干部学习贯彻党的十八届五中全会精神专题研讨班上的讲话 [N]．人民日报，2016－05－10.
② 习近平．坚持和完善中国特色社会主义制度推进国家治理体系和治理能力现代化 [J]．求是，2020（01）.

力、全民参与。为统筹规划海洋空间，海洋生产力有效匹配生态承载力，国务院于 2015 年颁布《全国海洋主体功能区规划》，根据海洋开发内容把海洋空间划分为四种不同开发程度的区域，严格规划海洋活动空间分布。2018 年国务院机构改革，把国家海洋局的职能划入自然资源部和生态环境部，海警局并入武警局，改变了以往"海陆分治"的局面，改善了政出多门的现象，利于协调各部门管理职能，加强海洋环境治理能力建设。

习近平同志具有深远的海洋情怀，在福建省、浙江省工作期间屡次强调要加强海洋经济强省建设。2013 年他在主持中共中央政治局第八次集体学习时提出，建设海洋强国是中国特色社会主义事业的重要组成部分。[①] 治理海洋环境需要处理好与发展海洋经济、开发海洋资源之间的辩证统一关系。习近平提出要提高海洋资源开发能力，着力推动海洋经济向质量效益型转变。要保护海洋生态环境，着力推动海洋开发方式向循环利用型转变。[②] 保护海洋环境是发展海洋经济的基础，推进海洋经济发展向质量效益型转变、推进海洋产业结构转型升级、合理规划海洋产业布局是推进海洋环境治理的有力举措；推动海洋资源开发向循环利用型转变，提高海洋资源利用率，顺应自然律法合理开发海洋资源，严禁无序开发。在发展海洋经济的同时，实施排海污染物总量控制制度，严格控制污染物排海强度；优化海洋产业结构，提高海洋科技对海洋经济的支撑作用。相较于 2011 年，2018 年海洋第三产业增加值占海洋生产总值比重从 47.2% 增长到 58.6%。加强污染防治的同时注重生态修复，加强滨海湿地、红树林修复，严格管控围填海，开展海岸带综合保护，提高沿海自然岸线保有率，实施"蓝色海湾""生态岛礁"等海域海岛生态修复项目。创新治理模式、提高监管范围和强度，2017 年初，国家海洋局在浙江省、秦皇岛市、青岛市、连云港市、海口市先期开展了"湾长制"试点工作，一省四市结合自身海洋环境气候，创造出因地制宜的"湾长制"实施方式。良好的海洋生态环境是发展海洋经济的基础，是建设海洋强国的生态屏障。

51

---

① 习近平. 在中共中央政治局第八次集体学习时的讲话 [N]. 人民日报, 2013 – 08 – 01.
② 习近平. 在中共中央政治局第八次集体学习时的讲话 [N]. 人民日报, 2013 – 08 – 01.

海洋环境治理是习近平生态文明思想在蓝色国土的具体体现。完善海洋环境治理体系、提高海洋环境治理能力是推进国家治理能力现代化的重要步骤。海洋环境污染防治与海洋生态修复并举是建设海洋强国的必要保障。在习近平生态文明思想、国家治理重要论述和海洋强国重要论述的引领下，海洋环境治理成为我国全面建成小康社会、满足人们日益增长的美好生活需要的重要举措。

（二）坚持党的领导、政府主导、企业和公众参与的多主体协作联动是推进中国海洋环境治理的组织保证

海洋范围广阔且流动性极强。海洋生态环境是一个极为复杂的系统。不能"一刀切"地把海洋生态环境全部视作公共物品，其实应当区别对待。可把海洋生态环境分为公共物品、私人物品、俱乐部物品、共有物品的集合，不同种类的海洋生态环境有不同的治理机制和模式，可采取政府机制、市场机制和社会机制不同的组合模式。① 总之，海洋环境治理要求治理主体的多元性，要形成坚持党的领导、政府主导、企业和公众参与的多主体协作联动的体系。

党是发展海洋事业、建设海洋生态文明的领路人、掌舵者。21 世纪是海洋的世纪。党的领导指明了海洋事业的发展方向，要求保护与发展并重，紧跟世界发展海洋经济的潮流的同时，减少海洋污染、恢复海洋优美的环境。2013 年中共中央第八次集体学习时，首次提出保护海洋生态环境是建设海洋强国的重要方面，在规划上把海洋生态文明建设纳入海洋开发总布局中，在制度建设上要加快建立海洋生态补偿和生态损害赔偿制度，在工程实施上要开展海洋修复工程、推进海洋自然保护区建设。

在错综复杂的海洋环境治理过程中，政府扮演着海洋环境治理中组织者、服务者和监督者的角色。我国海洋面积广阔，海岸线绵长，只有强有力的行政力量才能组织各地实现对我国海域的综合管辖。政府作为

---

① 沈满洪. 海洋环境保护的公共治理创新 ［J］. 中国地质大学学报（社会科学版），2018，18（02）：84－91.

公共权力的行使者提供了与治理海洋环境密切相关的政策制度和基础设施。首先，从保护海洋生态环境的角度出发制定了一系列规范人类行为活动的法律法规及政策。我国已经形成以《宪法》为引领，以《环境保护法》为指导，以《海洋环境保护法》为主体、污染防治和生态保护"两手抓"的海洋环境保护法律法规体系。其次，《海洋环境保护法》对我国海洋环境治理主体及职责进行了规定，我国已形成条块结合的综合海洋环境行政管理体系。从"条"的逻辑来讲，有综合化的海洋环境治理协调机构即国家海洋委员会和自然资源部（国家海洋局），还有职能化部门如生态环境部、海事局、渔业局、海军环保部门。从"块"的逻辑来讲，有沿海县级以上地方政府和地方海洋环境管理机构，两者在发展过程中形成了不同的组合模式。此外，海洋环境保护的基础设施建设存在建设资金投入大、周期长、收益小的特点，不免存在"搭便车"的问题，主要由政府负责组织规划和建设。海洋环境质量状况由政府负责组织调查及公布，保证公众对海洋环境质量的知情权。

　　海洋环境治理不仅需要政府组织制定各项政策，政策的执行、项目建设、海洋环境保护宣传都需要企业和公众的广泛参与。这里的企业是指对海洋环境有影响的企业。企业在海洋环境保护中扮演的角色比较复杂，既是污染者，也是保护使者。首先，企业是海洋生态资源最大的索取者，是海洋环境最大的污染来源。企业需要向海洋索取其生产所需要的生产资料进行加工制造，企业在生产过程中会产生对海洋环境造成污染的垃圾，带来极大的负外部性。既然如此，要治理海洋环境则更要从企业入手。在政府硬性约束或软性激励下，企业改变过去高投入、低产出的粗放发展方式，提高资源利用率、应用绿色清洁技术，实行低投入、高产出的精细发展方式。此外，企业也是海洋环境治理工作的有力推动者。以往独由政府承担海洋环境治理所需的项目资金投入和风险，现在已有越来越多的企业意识到需要承担环境保护的社会责任，通过资助环保事业和拿出资金进行环保生产来参与环保事业。另外，国家进行海洋监测需要的技术和设备，离不开企业的生产；企业进行清洁生产所需要的技术进步、环保设备也离不开提供这些技术和设备的企业。企业是海洋环境保护的中坚力量，在海洋环境保护的工作中发挥着越来越重要的力量。

公众是承担着来自海洋环境的正面或负面影响。《里约宣言》强调，"环境问题最好是在全体有关市民的参与下，在有关级别上加以处理"。①《环境保护法》中规定，环境保护应坚持公众参与的原则。《国家海洋事业发展规划纲要》里提出要增强全民海洋意识，大力弘扬海洋文化，强调要有针对性地开展各类海洋文化活动和海洋警示教育、建设海洋文化基础设施，通过各种渠道宣传海洋文化，提高公众参与海洋管理的意识，建立和完善公众参与海洋管理机制，实现到 2020 年全民海洋意识普遍增强的总体目标。

（三）根据海洋事业发展的时代性特征适时进行海洋体制改革是推进中国海洋环境治理的体制保证

传统的"重陆轻海"思想观念导致我国海洋体制建设起步较晚，与发达沿海国家存在一定的差距。但是我国海洋体制建设与改革一直在路上，经济基础的变化带来了与时俱进的海洋思想的变化，推进我国海洋体制紧跟世界发展趋势不断改革、日臻完善。

新中国成立初期，我国处在内忧外患的恶劣局面，海洋是进行海上国防建设的前线，具有比较重要的国防意义。渔业、海洋运输业等涉海行业主要由当地政府进行行业管理，初期的海洋管理体制处于零散的行业管理状态。1964 年，国家海洋局的成立打开了海洋管理的新局面，自此我国有了专门的管理海洋机构。海洋局成立之初由海军代管，属于事业单位，主要任务是进行海洋情况科学调查，为国防建设提供所需的海洋基本资料。

1978 年改革开放之后，随着国际环境趋于稳定，我国工作重心转移到经济建设上来并主动融入世界开放发展的潮流，我国对海洋事业的发展不断重视起来，海洋经济日渐发展，海洋产业对国民经济的贡献度不断上升。随着对海洋资源开发利用程度不断加深，海洋污染、生态破坏等一系列海洋环境问题频繁出现，我国政府签订了海洋环境保护相关的

54

① 张丽君. 从海洋生物多样性保护看我国海洋管理体制之完善 [J]. 广东海洋大学学报，2010, 30 (02)：15-18.

国际公约《联合国海洋法公约》，并制定了《海洋环境保护法》等法律法规遏制海洋环境不断变坏的态势。国家决策者意识到海洋综合管理对改善海洋环境的重要性，海洋管理体制进行了相应的改革。1980年，国家海洋局改为由国家科委代管，协调中国科学院、石油部等十几个海洋工作相关部门分工合作加强对海洋的管理。同年，国家海洋局等五部委开展了全国海岸带和海涂资源综合调查工作，掌握了大量的图集、调查报告等第一手资料，对我国海岸带和海涂自然资源、社会经济资源有了较为全面系统的了解，调查时期沿海省市为了配合调查工作成立的调查办公室，调查结束后便成为沿海各省级科委下属的管理当地海洋工作的海洋局（处、室），中央与地方相结合的海洋管理机构体系初步成形，为后面综合管理海洋工作奠定了体制基础。在1983年国务院机构改革时，把国家海洋局改为直隶于国务院，这时国家海洋局的主要职能发生转变，由原来主要负责海洋科学调查的事业机构变为负责全国海洋事务组织与协调的行政职能部门，但此时国家海洋局综合协调能力有限。[①]全国海岸带和海涂资源综合调查工作结束后，国家认识到海洋综合管理的重要性。为了加强不同领域海洋工作的协调管理，1988年机构改革中，国务院在国家海洋局"三定"方案中明确规定国家海洋局是国务院管理海洋事务的职能部门，国家海洋局具有综合管理我国管辖海域、协调海洋资源合理开发利用，保护海洋环境等职能。[②] 1989年10月，国家海洋局明确了北海、南海和东海的10个海洋管区和51个海洋监察站，海洋管区就是所辖海域范围内的海洋综合管理机构，领导所辖海洋监察站共同管理海洋事务，履行海洋管理的职责。形成了国家海洋局—海区海洋分局—海洋管区—海洋监察站4级管理体系。[③]国家海洋局综合管理海洋事务的能力不断提升，管理体系日渐完善和健全，沿海地方省市相继成立厅局级海洋管理机构，地方海洋管理逐渐形成了海洋管理与渔业管理相结合、海洋管理与土地管理相结合、专职海洋管理三种模式，改

55

---

①　史春林，马文婷.1978年以来中国海洋管理体制改革：回顾与展望［J］.中国软科学，2019（06）：1－12.

②　严宏谟.回顾党中央对发展海洋事业几次重大决定［N］.中国海洋报，2014－10－08.

③　史春林，马文婷.1978年以来中国海洋管理体制改革：回顾与展望［J］.中国软科学，2019（06）：1－12.

变了过去单一垂直式的管理模式，呈现出分级管理与行业管理并存的条块兼融管理模式。

1993 年，在建设社会主义市场体制的背景下，出于精简机构的需要，国家海洋局由直属国务院改为国家科委管理，在一定程度上影响了综合管理职能的发挥。随着 1992 年《里约宣言》的发表，环境问题在全球范围内引起重视，我国随后发布了中国环境与发展的十大对策、《中国的环境保护（1996—2005）》白皮书等文件，从上到下对环境保护的认识越来越深刻。在生态保护越来越重要的大背景下，1998 年国家机构改革中国家海洋局归新成立的国土资源部管理。赋予国家海洋局保护海洋生态环境的权力，海洋管理工作向海洋综合管理迈了一大步。1999 年，海监总队挂牌成立，在我国管辖海域范围内进行巡航巡视，查处违法违规海上活动，国家海洋局的海上执法能力得到增强。

进入 21 世纪，联合国预言 21 世纪是海洋的世纪，海洋是人类生存发展的第二空间。我国颁布了体现海洋可持续发展思想的《中国海洋 21 世纪议程》，是指导我国 21 世纪海洋事业发展的纲领性文件。2008 年发布的《国家海洋事业发展规划纲要》是我国在海洋工作领域发布的第一个纲领性文件，规划综合性很强，涵盖海洋资源、环境、生态、经济、权益和安全等方面，表明我国海洋事业的综合管理能力有了进一步的提升。

2012 年党的十八大提出海洋强国战略、2013 年习近平访问东盟时提出建设 21 世纪海上丝绸之路，海洋在我国发展格局中的战略地位不断上升，我国海洋综合管理进入战略发展阶段。2013 年国家机构改革时，提出整合国家海洋局、中国海监、公安部边防海警、农业部中国渔政、海关总署海上缉私警察的职责，重新组建国家海洋局，减少了各个机构开展海洋工作时的职责交叉现象。同时设立高级高层议事协调机构——国家海洋委员会，增强海洋事务的统一规划和管理能力。2018 年印发的《深化党和国家机构改革方案》，把国家海洋局并入自然资源部、减少海洋环境污染等职能并入生态环境部，海警队伍并入武警，这就打破了陆地环境和海洋环境分治的问题，利于陆海统筹治理海洋污染、保护海洋生态。

（四）构建海洋环境立法、海洋环境执法、海洋环境司法、海洋环境守法的法治体系是推进中国海洋环境治理的法治保证

法者，治之端也。习近平说，"治理一个国家，一个社会，关键是要立规矩、讲规矩、守规矩。法律是治国理政最大最重要的规矩。"[①] 依法治国是我国治理国家的基本方略，体现在海洋领域就是要依法治海。海洋环境法律体系的建立使海洋环境治理有法可依、有法可循，把开发利用海洋的一系列人类活动规范在法律容器之内。

我国海洋环境立法取得一定的成绩，建立了以《宪法》为主导，以《中国海洋生态环境保护法》为主体的海洋环境治理法律框架。海洋环境治理法律体系可以大致分为综合性海洋环境保护法律、防止污染型法律、保护生态型法律三类。综合性海洋环境保护法律包括海洋功能区划制度、海洋主体功能区划制度、环境影响评价制度和"三同时"制度。海洋功能区划制度和海洋主体功能区划制度是在遵循可持续发展原则的前提下，根据当地的海洋资源特点和经济发展需求，合理规划海洋空间发展相适宜的海洋产业活动，是对海洋资源的合理规划利用。环境影响评价制度是指在进行可能会对环境带来影响的海洋工程建设项目前，应当按照相关法律规定编制环境影响评价书、评价表。"三同时"制度是指海岸工程建设项目的环境保护设施，必须与主体工程同时设计、同时施工、同时投产使用。防治污染型法律包括《防止陆源污染条例》《防止海岸工程建设污染条例》等。保护生态型法律包络生态红线制度、保护海岛制度、海洋生物资源保护制度等方面。

海洋环境执法是为了规范海洋开发利用活动中可能影响海洋环境的行为，使其符合相关海洋环境保护法律的规定。习近平总书记强调要严格执法，执法能力的提升能提高执法效率。2013 年进行国务院进行机构改革时，把分散在中国海监、公安边防海警、中国渔政、海上缉私警察的涉海执法力量整合为一支新的海上执法力量——中国海警

---

① 习近平. 在中共第十八届四中全会第二次全体会议上的讲话. 转载.《习近平关于全面依法治国论述摘编》[M]. 北京：中央文献出版社，2015：13.

局，结束了海上执法"五龙闹海"的局面，提高了海上行政执法效率，有利于提升海洋执法水平，减少了由于部门合作性不足带来的行政执法盲区问题。2018 年进行国家机构改革时，为加强综合执法，把原由国家海洋局管理的中国海警局转隶武警部队，中央层面保留中国海警和中国海事两支执法队伍，地方仍保留海监、渔政和海事三支执法队伍，但整合执法队伍的工作已在进行中。① 党的十九大以来，针对海洋倾废污染、海洋工程污染、陆源入海排污口等海洋污染违法行为展开"碧海"转向活动，针对非法围填海等活动开展"海盾"行动。在执法过程中运用高科技手段、加强部门协作，极大提高了执法水平，专项执法活动取得显著成果。

海洋环境司法在海洋环境治理中扮演着重要的角色，公正司法是实现海洋强国的重要保障。② 2005 年，国务院发布《关于落实科学发展观加强环境保护的决定》，强调要健全社会监督机制，鼓励检举和揭发环境违法行为，推进环境公益诉讼。2007 年 9 月，为了解决水源地红枫湖的跨界生态污染问题，在贵阳市中级人民法院下辖的清镇市人民法院设立清镇市人民法院环境法庭。这是我国正式设立专门的环境法庭的开端，标志着环境司法专门化的开始。③ 相对于陆域环境司法，海洋环境司法存在情况复杂、取证困难的问题。2017 年 11 月最高人民法院发布《关于审理海洋自然资源与生态环境损害赔偿纠纷案件若干问题的规定》，旨在规范统一海洋污染案件的裁判尺度，加强海洋环境司法保护。浙江省是我国的海洋大省，2020 年 1 月，浙江省宁波海事法庭发布浙江省海洋生态环境司法保护情况白皮书。该白皮书指出，2015—2019 年，全省审理因入海污染物、海洋生态损害等引发的纠纷 79 起。

遵守海洋环境保护法的主体可以大体分为政府、企业和公民。④ 从政府的角度来讲，国务院及其各部委制定了维护海洋环境治理的一系列

① 孙洁. 我国海上执法监督探析［J］. 行政与法，2019（12）：92 – 98.
② 郑少华，王慧. 中国环境法治四十年：法律文本、法律实施与未来走向［J］. 法学，2018（11）：17 – 29.
③ 王树义. 论生态文明建设与环境司法改革［J］. 中国法学，2014（03）：54 – 71.
④ 郑少华，王慧. 中国环境法治四十年：法律文本、法律实施与未来走向［J］. 法学，2018（11）：17 – 29.

制度，在海洋环境守法方面情况较好。随着海洋强国战略的推进和环保意识逐渐深入人心，各地方政府逐渐摒弃过去高消耗、高污染的海洋开发利用方式，寻求环境友好型、循环利用型海洋发展方式，在处理环境污染案件时充分考虑对海洋环境造成的损害。企业是考虑成本收益的经济主体，造成海洋环境污染的最大主体，企业的守法情况很大程度上取决于政府的执法强度。在严厉的制度规范下，企业对海洋环境越来越敬畏，通过制定环境影响评价、使用清洁生产设施等减少生产工程活动对海洋环境的损害。推进生态文明建设需要每一个公民自觉遵守环境保护法律，海洋生态文明建设也是如此。我国海洋环境法中规定公民有保护海洋环境的义务，但是没有具体的要求。我国通过加大海洋环境保护的宣传工作，提高了人们保护海洋环境的思想意识，增强了人们遵守海洋环境保护法的意识。

（五）实施海洋生态红线、海洋环境督察、海洋环境问责制度是推进中国海洋环境治理的作风保证

在海洋环境治理形势比较严峻的背景下，特别需要抓铁有痕的过硬作风进行强力推进。我国实施的海洋生态红线制度、海洋环境督察制度、海洋环境问责制度就是三大法宝。

海洋生态红线制度是在保护海洋生态环境的基础上，兼顾海洋经济发展。海洋生态红线制度的管控区域主要是海洋生态功能区、海洋生态敏感区和海洋生态脆弱区，包括滨海湿地及红树林、滨海旅游区、重要河口等具有中药保护价值和生态价值的生态系统。"红线"指的是划定出的地理空间界线和管控指标限值。海洋生态红线有四项管控指标：海洋生态红线区面积、大陆自然岸线保有率、海岛自然岸线保有率、海水质量。按照"从严治理"的原则，海洋生态红线制度是对现有海洋生态保护制度的一种整合，具有极高的整体性。国家海洋局于2012年对渤海地区三省一市开展海洋生态红线制度进行了具体部署。渤海地区约37%的海域、31%的自然岸线划定为生态红线区域，在生态红线管控区域内构建监测网络体系、加强海洋环境监督执法、加强灾害防治和污染事故

应急处置。① 在总结渤海海域实施生态红线制度的经验基础上，国家海洋局于 2016 年印发《关于全面建立实施海洋生态红线制度的意见》，正式在全国范围内实施海洋生态红线制度，指导海洋生态红线划定工作。海洋生态红线制度是我国在海洋环境治理领域的重大突破，标志着我国从污染治理向生态保护、事后治理向事前预防的转变。

海洋环境督察制度是对海洋行政机关的一种权力制约和监督制度，是对海洋环境执法工作的监督和监察。② 2017 年 8 月，国务院授权国家海洋督察组对沿海 11 个省市开展聚焦"围填海"的海洋环保督查工作。督查组在走访过程中，发现了多处填而未用、违法审批、违法建设的围填海活动，填海造地利用率低下，建设规模与实际用地需求不符。督察工作让保护海洋生态的理念深入地方各级政府，倒逼地方政府采取措施治理入海污染源，从根本上减少海洋污染、改善海洋生态环境。2019 年 6 月，为规范环保督察工作，中共中央办公厅、国务院办公厅印发了《中央生态环境保护督察工作规定》，包括例行督察、专项督察和"回头看"等形式，此举有利于在生态文明建设方面保持和发扬求真务实的作风。

海洋环境问责制度是建设海洋生态文明的重要内容。对海洋环境督察发现的海洋环境问题启动问责机制找出问题所在，严肃问责、公开处理、尽快整改，不能不了了之。为确保环境保护法律法规正确实施，严厉打击环境保护违法行为，2009 年 9 月，原环境保护部印发《环境违法案件挂牌督办管理办法》，对公众反映强烈、对社会影响极大的环境污染案件采取挂牌督办的形式，加强了具有环境保护职责的地方政府及相关人员的责任。2015 年 8 月，为从根源上追究损害环境行为的根源，中共中央办公厅、国务院办公厅印发了《党政领导干部生态环境损害责任追究办法（试行）》，更加明确各级党政领导的生态保护职责，以"精准追责"的方式，使党政工作人员在履行好生态环境保护职责、不做出损害生态环境的行为。

60

① 山东省人民政府办公厅. 关于建立实施渤海海洋生态红线制度的意见（鲁政办发〔2013〕39 号）.

② 张新. 海洋督察制度研究［D］. 中国海洋大学, 2013.

　　海洋生态红线、海洋环境督察、海洋环境问责制度是环环相扣的三大制度。海洋生态红线制度规定了发展海洋事业时的地理空间范围和对海洋环境带来的损害程度，海洋环境督察制度则是对海洋环境相关部门在执行相关海洋环境法律制度时的行为进行监督和监察，在监督和监察过程中发现的一系列问题可以通过海洋环境问责制度来找出问题发生的原因所在、职责所在，严格对具有失职渎职的人员进行惩处。海洋生态红线、海洋环境督察、海洋环境问责制度有利于保障海洋环境保护相关党政机构人员求真务实的工作作风，推进海洋环境治理工作的有序进行。

第三章
中国海洋环境治理的突出问题

    研究中国海洋环境治理问题，首先需要摸清中国海洋环境存在的问题及其海洋环境治理存在的问题，前者涉及海洋环境治理客体，后者涉及海洋环境治理主体。中国海洋环境不容乐观，主要体现为海洋环境污染严重、主要入海污染源治理缓慢、海洋环境灾害和海洋环境污染事故频发、海洋生态系统处于亚健康状态等问题。这一系列问题的背后，反映出中国海洋环境治理存在着海洋环境监测体系建设相对滞后、海洋环境治理职能部门众多、海洋环境治理政策工具单一、海洋环境法律法规建设滞后以及海洋环境多元化治理缺乏等突出矛盾。中国海洋环境治理问题的根源主要在于海洋环境保护认识偏差、海洋环境管理体制不顺、海洋环境监测体制不畅以及海洋环境治理制度存在缺陷。

一、中国海洋环境存在的主要问题

（一）海洋污染情况严峻

    改革开放以来，中国经济快速发展，但与此同时环境问题也日益凸显，不断累积的污染存量导致海洋环境迅速恶化①。经过长期治理，中国海洋污染状况得到了一定程度的遏制，但海水污染面积依旧巨大，且重点海域污染形势仍然严峻。

1. 海水污染面积依旧巨大

经过多年的环境治理，中国海域内的海水质量并未取得明显改善，海水污染面积依旧巨大。生态环境部公布的《中国海洋环境质量公报》数据显示，2018 年中国海域中一类水质海域面积占总水域面积的96.3%，劣四类水质海域面积为 33270 平方千米。一般而言，将一类海水与二类海水比例划分为优良点位比例，四类与劣四类为污染水质。如图 3-1 所示，2001—2008 年，中国海域内海水质量总体保持平稳，仅在2004 年污染水质面积激增，但在次年污染水质面积就已经降至 2002 年水平。2009—2012 年是中国海水质量快速下降的阶段，一类与二类海水面积由 2830297 平方千米下降到了 2797777 平方千米，四类与劣四类海水面积由 50560 平方千米激增至 92580 平方千米。2013—2018 年是中国海水质量逐渐恢复阶段，四类与劣四类海水虽然在 2015 年前仍有轻微的上升趋势，但在 2015 年之后便开始稳步下降。对比 2001 年和 2018 年的中国一类与二类海水面积和四类与劣四类海水面积不难发现，2018 年一类与二类海水面积几乎与 2001 年的面积相等。然而，2018 年四类与劣四类海水面积比 2001 年的面积要大 1000 多平方千米。见图 3-1。

中国近岸海域海水质量呈现总体转好趋势，但好转趋势缓慢，波动特征明显。近岸海域海水质量往往能集中体现海域内海水质量情况，从整体趋势上来看，中国近岸海域海水质量已从 2001—2008 年的快速转好趋势转为 2009—2018 年波动变化的趋势。如图 3-2 所示，中国近岸海域一类与二类海水比例维持在 80% 上下波动，四类与劣四类海水比例维持在 20% 左右。对比 2001 年和 2018 年的近海海域海水质量可以看出，一类与二类海水占比增加了约 30%，四类与劣四类海水占比减少了约20%。然而可以明显看到，除前期阶段（2001—2004 年）恢复较快以外，此后，在 2005—2018 年，中国近岸海域海水质量变化并不明显，四

63

① 杜碧兰. 21 世纪中国面临的海洋环境问题 [J]. 海洋开发与管理, 1999 (04): 68.

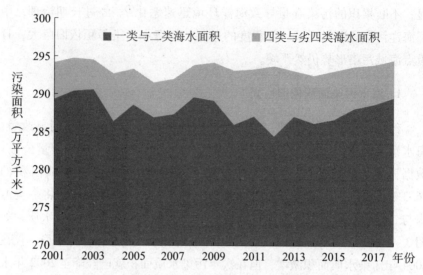

图 3 – 1　2001—2018 年中国海洋污染面积

数据来源：《中国海洋统计年鉴》《中国海洋生态环境状况公报》（2001—2018）。

类与劣四类海水仍能保持在 20% 的比例上下波动。

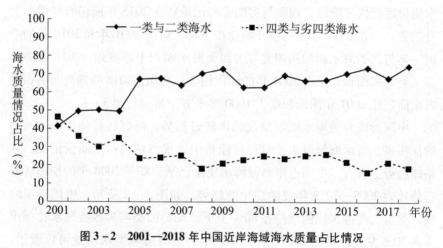

图 3 – 2　2001—2018 年中国近岸海域海水质量占比情况

数据来源：《中国近岸海域环境质量公报》《中国海洋统计年鉴》（2001—2018）。

2. 重点海域污染形势仍然严峻

　　根据《2018 年中国近岸海域环境质量公报》，2018 年在中国四大海域中，南海污染海域面积最小，其面积为 17780 平方千米，其中劣四类海水水质的海域面积为 5850 平方千米。超标要素主要为无机氮、活性磷酸盐和石油类，主要分布在珠江口、钦州湾和大风江口等近岸海域。渤海和黄海的情况比较相似，主要超标要素是无机氮和活性磷酸盐，分布在辽东湾、渤海湾、江苏沿岸等近岸海域，污染面积分别是 21560 平方千米、26090 平方千米。东海的污染海域面积为 44360 平方千米，是四大海域中污染最严重的。

对比 2001 年和 2018 年的海水质量，可以发现渤海近岸海域海水质量提升明显，一类与二类海水占比提升约 20%，四类与劣四类海水占比下降约 18%。然而，2005 年之后渤海近海海域海水质量提升并不明显，海水污染情况依旧严峻。如图 3-3 所示，渤海近岸海域海水质量可以分为两个阶段：第一阶段是 2001—2004 年，这个阶段一类与二类海水占比不高，仅能维持在 40% 上下波动，四类与劣四类海水面积占比接近于50%；第二阶段是 2005—2018 年，一类与二类海水在这个阶段占比大幅升高，一度超过 70%。四类与劣四类海水占比快速缩小，此后在 20% 附近波动，部分年份接近于 30%。

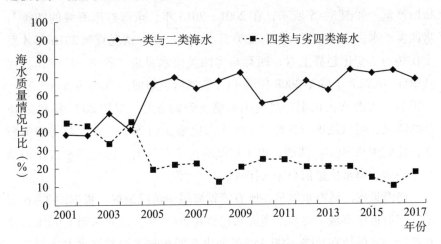

图 3-3　2001—2018 年渤海近岸海域海水质量占比情况

数据来源：《中国近岸海域环境质量公报》《中国海洋统计年鉴》（2001—2018）。

黄海海域水质基本保持平稳。从图 3-4 可以看出，2018 年黄海一、二类海水相比 2001 年提高了 30%，四类及劣四类海水占比下降了14.7%。该海域一类与二类海水占比最高曾达到 92.6%，四类与劣四类海水占比最低仅为 1.9%。

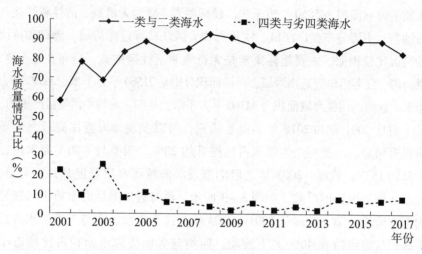

图 3-4　2001—2018 年黄海近岸海域海水质量占比情况

数据来源：《中国近岸海域环境质量公报》《中国海洋统计年鉴》（2001—2018）。

东海近海海域海水质量处在逐步提升的过程中，但是整体污染情况依旧严重。如图 3-5 所示，在 2001—2015 年，东海近岸海域的四类与劣四类海水占比均大于一类与二类海水占比。这一情况直到 2016 年才发生反转。从变化趋势上看，四类与劣四类海水呈现"倒 N 型"，其占比从 2001 年 72% 下降至 2008 年的 43.2% 然后重新回到 2013 年的 62.1%，一类与二类海水占比则是呈现出震荡上升的态势。对比 2001 年和 2018年的情况，可以发现一类与二类海水占比增加约 20%，四类与劣四类海水占比减少约 30%。然而，由于东海的污染存量大，污染海水占比仍然处于高位，海水质量依旧令人担忧。

南海近岸海域海水质量在所有管辖海域中情况最好，根据图 3-6 所示，南海近岸海域一类与二类海水比例在 2006 年便已经达到了 90%，并且此后一直保持在 80%—90% 的范围内，四类与劣四类海水占比则是一直保持在 10% 以下。虽然南海在 2018 年的近岸海域海水质量有所下降，但整体依旧保持良好。

从近岸海域的污染情况来看，黄海的近岸海域水质情况最好，2004年一类与二类比例达到 80% 以上，此后一直保持在 80% 以上。其次是南海，一类与二类水质比例在 2013 年一度高达 91.3%，但没有一直维持一类与二类情况，相较于黄海更显得不稳定。渤海情况相对复杂，优良水

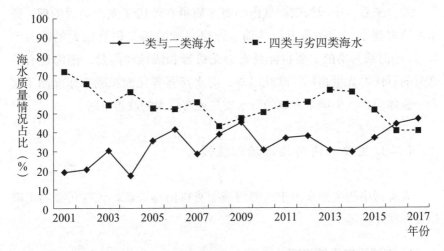

图3－5　2001—2018年东海近岸海域海水质量占比情况

数据来源：《中国近岸海域环境质量公报》《中国海洋统计年鉴》（2001—2018）。

质比例不稳定，维持在60%上下波动。东海情况最为糟糕，四类与劣四类比例仍旧保持在40%以上，一类与二类水质比例仍未达到50%。从不同海域的近岸海域各类海水比例变化趋势看，渤海、黄海和南海都已经完成水质快速转好向总体水质优良的状态企稳。然而，东海的情况则相对复杂，优良水位点与四类与劣四类比例交叉，未来变化趋势不明显，海水质量难得保证。

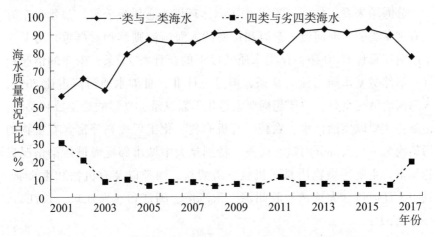

图3－6　2001—2018年南海近岸海域海水质量占比情况

数据来源：《中国近岸海域环境质量公报》《中国海洋统计年鉴》（2001—2018）。

67

杭州湾、象山湾、三门湾等海域污染相对比较重，且污染范围不断扩大①。

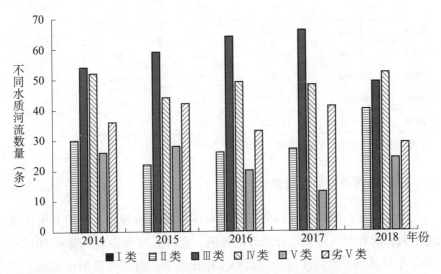

图 3 - 7　2014—2018 年中国入海河流不同水质河流数量

数据来源：《中国海洋环境生态质量公报》（2014—2018）。

2. 直排海污染量逐年增加

直排海污染源监测结果更能反映各类污染物排放情况。表 3 - 1 显示，中国直排海污染量依旧巨大，整体情况堪忧。2018 年直排海污水量是 2014 年的 2 倍多，化学需氧量持平。石油类污染物、氨氮和总磷虽然整体下降迅速，但依旧维持在高位。在不同类型的污染源中，综合排放污水量和工业污染源排放污水量相差并不大，生活污染源排放量占比不到 10%。超标物主要是悬浮物、总磷、氨氮、总氮、化学需氧量和粪大肠杆菌群数，pH 值、石油类等指标在个别排放口有超标的情况，总体影响不大。整体来看，直排海污染总量依旧巨大，治理进展缓慢。

69

---

①　王森，胡本强，辛万光等．我国海洋环境污染的现状、成因与治理［J］．中国海洋大学学报（社会科学版），2006（05）：6 - 8.

表 3 - 1   2014—2018 年中国各类主要污染源排放情况

年份	污水量 （万吨）	化学需氧量 （吨）	石油类 （吨）	氨氮 （吨）	总磷 （吨）
2014	347400	157000	925	10900	3126
2015	357700	160000	576	11800	2607
2016	657430	198555	788.2	15304	2739
2017	400624	127165	463.3	8102	1664
2018	866424	147625	457.6	6217	1280

数据来源：《中国海洋生态环境状况公报》（2014—2018）。

3. 其他污染源治理缓慢

总体而言，海洋大气污染沉降和海洋垃圾的治理较为缓慢，整体变化不大。随着大气污染综合治理的开展，海洋大气污染物沉降在 2012—2018 年呈现出一种缓慢减少的趋势。相比之下，海洋垃圾的情况则不容乐观。海洋垃圾密度较高的区域主要在旅游休闲娱乐区、渔业区、港口航运区及其邻近海域。尽管海面漂浮垃圾有所减少，从 2014 年的每平方千米 30 个下降至 2018 年的每平方千米 21 个，但海底垃圾变化不大，而海滩垃圾则由 2014 年的每平方千米 50142 个上升至 2018 年的每平方千米 60761 个。并且所有的海洋垃圾 80% 左右均为塑料类垃圾。

（三）海洋环境灾害和海洋事故污染频发

海洋灾害一直是中国海洋环境的主要威胁来源之一，其中赤潮、绿潮、溢油等灾害对中国的海洋环境影响尤为重大。

1. 赤潮和绿潮仍然频繁爆发

赤潮一直以来均被认为是最具有代表性的海洋环境灾害，其产生原因是海水中存在过量的营养元素导致藻类大量繁殖[①]，水体呈现赤红色。

---

① 富砚昭，韩成伟，许士国. 近岸海域赤潮发生机制及其控制途径研究进展 [J]. 海洋环境科学，2019，38（01）：149 - 150.

赤潮是海洋环境污染的信号，一般而言，赤潮发生的次数和累计爆发面积常常用于反映海洋环境的污染程度。图3-8表明，在1990—2000年，中国海域赤潮处于一个较低水平发生的阶段，除了1992年以外，总体而言一直位于较低的水平。在2000年之后，赤潮发生的次数呈现出爆发式增长的趋势，并且持续的时间越来越长，爆发的规模越来越大。在2015年以后，中国海域内赤潮爆发的次数基本维持在了40—70次的区间范围内。

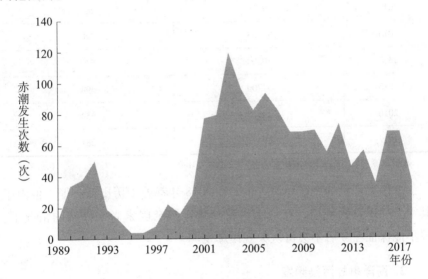

图3-8 1989—2018年中国管辖海域赤潮发生次数

数据来源：《中国海洋灾害公报》《中国海洋环境质量公报》《中国海洋统计年鉴》（1989—2018）。

绿潮和赤潮相似，都是由藻类爆发式增值引起的有害生态现象。中国海洋的绿潮灾害主要爆发在黄海沿岸海域，呈现比较强的季节性爆发规律[1]。这种由浒苔引发的大规模海洋灾害，曾在2009年达到过一次峰值，此后进入了几年的缓和期，在2014年和2015年连续2年集中爆发。参见表3-2。

71

------

① 郭伟，赵亮，李秀梅. 黄海绿潮分布年际变化特征分析［J］. 海洋学报（中文版），2016（12）：43.

表3-2	2008—2018 年中国管辖海域绿潮爆发情况	单位：平方千米
年份	污染累计面积	污染最大面积
2008	25000	650
2009	58000	2100
2010	29800	530
2011	26400	530
2012	19610	267
2013	29733	790
2014	50000	540
2015	52700	594
2016	29522	554
2017	29522	281

数据来源：《中国海洋环境质量公报》（2008—2018）。

这两类常见的海洋环境灾害，在 2018 年都处于历史低谷期。但由于其季节性爆发的规律，在海水富营养化等其余因素尚未好转的情况下，并不能保证在今后不会再次大规模爆发。

2. 海洋事故污染频发

除了赤潮等规律性爆发的海洋环境灾害，突发性的海洋污染事件同样值得警惕。海上环境污染事故是指运载有毒有害物质的船舶在航行中因过失或不可抗力致使船舶触礁、碰撞、搁浅、爆炸等事故，使有害物质进入海洋，从而对局部海域造成重大污染。这类事故多发生于近岸海域，短期内对海洋环境的威胁大且影响范围广。事故类型主要有溢油污染、化学危险品污染、液化气船重大事故污染等。

如表3-3所示，2006—2017 年的船舶污染事故和渔业水域污染事故发生次数大致呈现逐年减少趋势，但是总泄漏量和直接经济损失依然维持在一个较高的水平。如 2018 年发生的"桑吉"轮碰撞燃爆事故，不仅造成了轮船的沉没，其泄露的油污随着洋流更是造成了累计 1706 平方千米的油膜覆盖海域面积。

表 3-3　2006—2017 年中国 0.1 吨以上船舶污染事故和渔业污染事故统计

年份	船舶污染事故 （次）	总泄漏量 （万吨）	渔业水域污染事故 （次）	直接经济损失 （万元）
2006	124	1216.00	89	306500.00
2007	107	898.00	73	13100.00
2008	136	155.00	88	3680.50
2009	23	1250.00	50	8792.80
2010	38	1964.98	21	20000.00
2011	30	196.73	680	36900.00
2012	40	334935.00	424	15117.00
2013	19	881.63	9	17432.00
2014	26	35.00	7	3421.80
2015	16	193.80	7	3421.80
2016	15	11.96	3	1186.18
2017	17	1159.00	7	

资料来源：作者根据《中国近岸海域环境环境质量公报》和一部分网上资料整理所得。

（四）海洋生态系统总体处于亚健康状态

海洋生物是海水环境和沉积环境污染的直接受害对象，海洋污染不仅影响海洋生物的多样性，还能通过食物链逐级富集，危害人类自身健康。中国海洋生物状况已经从急速恶化的趋势中企稳，但整体情况并不乐观，由于海洋生物结构失衡、大型底栖生物种类大幅减少以及珍稀濒危物种减少，海洋生态系统整体处于亚健康状态。

截至 2018 年，中国管辖海域内 1705 个站位开展了海洋生物多样性监测，监测内容包括浮游生物、底栖生物、海草、红树植物、珊瑚等生物的种类组成和数量分布。表 3-4 显示，2018 年共确定出浮游植物 718种，浮游动物 686 种，大型底栖生物 1572 种，海草 7 种，红树植物 11种，造礁珊瑚 85 种。与 2012 年相比，浮游植物增加了 82 种，浮游动物减少了 18 种，大型底栖生物减少了 485 种，造礁珊瑚增加了 17 种。考虑到监测站增加的影响，中国管辖海域内的海洋生物质量总体保持一个稳定的态势，浮游生物和底栖生物的物种数和生物多样性指数从北至南呈增加趋势，符合其自然分布规律。然而，整体海域内大型底栖生物多样性的大幅减少的状况令人担忧。

从具体海域来看，渤海海域生物多样性2014—2018年趋于平稳，锦州湾的大型底栖生物多样性逐年下降，渤海湾的浮游植物呈现较快的下降趋势；黄海海域总体情况较好，仅有在苏北浅滩的浮游动物种类令人担忧；东海整体来说保持动态平衡状态，但是整体的多样性水平较低，尤其是在大型底栖生物方面；南海的情况比较令人担忧，珠江口和大亚湾的浮游动物的多样性都处于持续下降的趋势，并且珠江口的大型底栖生物多样性更是在低水平下逐年下降。

表3-4　　　　2006—2018年中国海域生物多样性统计　　　　单位：种

年份	浮游植物	浮游动物	大型底栖生物	海草	红树植物	造礁珊瑚
2012	636	704	1087	7	10	68
2013	701	713	1342	7	9	104
2014	687	673	1479	6	9	77
2015	752	682	1505	6	10	76
2016	720	889	1764	6	10	81
2017	755	724	1759	6	10	83
2018	718	686	1572	7	11	85

数据来源：《中国海洋环境质量公报》（2012—2018）。

中国四大海区具有很多高生产力的海洋生态系统，例如河口生态系统、海湾生态系统、海草床场生态系统、红树林生态系统、珊瑚礁生态系统、滩涂湿地生态系统等，其中蕴藏着各类丰富的海洋资源，是中国沿海地带经济与社会发展的重要基础。中国的一些典型海洋生态系统均遭到不同程度的破坏。石油开发和围填海等人为活动导致中国滨海湿地丧失严重。此外，大量开采珊瑚礁使得近岸海域珊瑚礁生态系统也曾受到严重破坏。海洋环境治理工作的实施虽然让诸多海洋生态系统得到不同程度的恢复，但总体来看仍有着较大的改进空间。

根据表3-5的数据，在2012—2018年中国海洋生态系统的健康情况整体变化不大。总计21个生态系统，70%都处于亚健康状态，健康和不健康的生态系统较少。在2018年，所有的河口生态系统都处于亚健康状态。双台子河口、黄河口、长江口和珠江口海水富营养化情况严重，多数河口生态系统都是浮游植物密度偏高，大型底栖生物密度偏低。其次，长江口的部分生物体内的镉、铅残留水平较高，鱼卵仔鱼密度偏低。海湾生态系统的情况要相对严重一点，多数海湾都处于亚健康状态，杭州湾生态系统更是处于不健康状态。渤海湾、莱州湾和乐清湾都有着程度不同的海水富营养化问题，杭州湾更是呈现出海水严重富营养化的状态。各个海湾内的情况略有不同，但总体来看都呈现出浮游植物密度偏高，大型底栖生物量偏高而种类偏少的特点。部分生物体内的各类重金属例如镉、铅等残留水平较高。

表3-5　　　　2012—2018年中国海洋生态系统监测情况　　　　单位:%

年份	健康	亚健康	不健康
2012	19	71	10
2013	23	67	10
2014	19	71	10
2015	14	76	10
2016	24	66	10
2017	19	71	10
2018	24	71	5

数据来源:《中国海洋环境质量公报》(2012—2018)。

在2009—2018年，滩涂湿地生态系统、珊瑚礁生态系统、红树林生态系统以及海草床生态系统多数处于健康状态，个别亚健康生态系统也是处于两者状态之间，向健康状态靠拢。尤其是红树林生态系统，在新中国成立初期，中国红树林面积约5.5万公顷。到了2002年，全国红树林面积已不足1.5万公顷，广西壮族自治区，在1950—1990年红树林面积从1万公顷减少至4667公顷[1]。因此，在2004年国家海洋局组织各级部门对广西北海、北仑河口开展了业务化监测和集中治理，但红树林面积现在也只恢复到了2万公顷。相对于环境破坏前的情况，这样的治理结果并不能令人满意。

75

————————

[1]　廖宝文，张乔民. 中国红树林的分布、面积和树种组成 [J]. 湿地科学，2014 (04):435-440.

二、中国海洋环境治理的主要问题

（一）海洋环境监测体系建设相对滞后

海洋环境监测是海洋环境治理工作开展的重要前提条件，也是海洋环境治理工作效果的反馈渠道。中国海洋环境监测工作最早是由 1958 年全国海洋大普查推动并逐步发展而来的。从最早的 1974 年国务院颁布《中华人民共和国防止沿海水域污染暂行规定》，正式开始了经常性的全国近岸海域环境污染调查工作。再到 1987 年国家海洋局组建中国航空遥感监测大队，组成了海、陆、空立体化海洋环境监测网络[①]。直到《中华人民共和国海洋环境保护法》的重新修订，中国海洋环境监测管理机构体系已经全面建立，确定了相对规范的程序和运行方式。与发达国家相比，中国海洋环境监测体系仍有不少差距，具体问题有以下几个方面：

1. 海洋环境监测技术相对落后

尽管中国海洋环境监测技术已取得巨大进步，但面对变化多端的海洋环境，现有海洋监测技术仍然跟不上实践需求。中国海洋环境监测技术还没有形成完整的、健全的、有效的创新机制，缺乏较为系统的研究计划以及经济支持[②]，导致高精尖的监测设备缺乏，监测产品普遍处于低质量水平。海洋水质监测主要是采用现场人工采样和实验室检测的方式，难以取得高时效、高覆盖的海洋环境监测数据，对认识海洋、利用海洋和保护海洋造成了阻碍。虽然中国环境监测仪器的生产企业有百余家，但多数企业所生产的仪器设备和装备是应用在淡水、空气和土壤的

---

① 郭院，朱晓燕. 试论中国的海洋环境监测制度 [J]. 海洋开发与管理，2005（02）：57 - 62.

② 刘莹，崔文林，滕菲，等. 国外海洋公园监测体系建设经验及对我国的借鉴 [J]. 海洋开发与管理，2016（11）：39.

监测，仅少数企业在逐步向海洋领域渗透。核心部件、关键零部件等多采用国外的产品，国内自主研发一些监测设备缺乏成果的标准化鉴定，需加快打破技术壁垒，形成海洋生态环境监测技术研发链和产业链。除基础监测技术的应用外，中国海洋监测体系的建设注重引入日趋成熟的新技术和新设备，如水下滑翔机、水下机器人、无人机、水下无人潜航器和无人艇等在监测业务方面的应用。有针对性地在关键海区建立多参数、长期、立体、实时监测网，有效、连续地获取和传递海洋长时间序列综合参数。

2. 海洋环境监测评价滞后

对比欧美等发达国家，中国的海洋环境监测在方法层面上存在着以下三个方面的突出问题：一是海洋环境监测和评价方法体系需要进一步的完善和统一。欧盟和奥斯陆—巴黎公约（OSPAR）在进行评价前，都会先推出一整套完整监测和技术指南，并在实践过程中不断完善。中国的海洋监测规范 GB17378 虽然更新至了 GB17378—2016，但海洋环境监规范仍有较大的改进空间。二是欠缺海洋生态状况和综合评价。海洋生态系统的退化日益严峻，各沿海国家的工作重心均向生态监测转移。中国的海洋生态系统监测一直以来都是以海洋环境作为重点监测对象，然而把监测重心放在了其生态功能恢复的情况上，并不是对其原始状态偏离程度的综合评价。三是海洋环境监测评价区域特征不明显。中国的海洋环境监测一般是以沿海各省市、直辖市和自治区的行政区划作为主要评价单元。有时候会进一步简化为东海、渤海等地理空间划分，虽然方便监测工作开展，但是由于缺少了水动力学、生物学以及地球化学的综合考量，对于海洋的区域特征并不能很好表达。

3. 监测质量和监测人员的素质仍需提高

中国海洋环境监测已经加大了质量监控力度，也进行了相关的技术培训，健全了管理制度，使整体的海洋环境监测都得到了提升。但是，质量控制工作一直都是海洋环境监测的重中之重，同时也是海洋环境监测的不足之处。主要表现在：缺乏系统的管理制度、质量管理机制不够健全、质量监管机构不够完善、相关技术人员能力经验不足等。因此，

77

海洋环境监测的质量控制也是急需解决的重要问题之一。[①] 此外，勘查海水、大气以及水文是监测地质海洋环境主要内容，而一般情况下监测环境都较为恶劣，设备成本和故障率以及运成本都很高。经费投入不足，使中国监测设备升级受到制约，使监测工作受到影响。虽然海洋环境监测的投入正处于逐步增加状态，但远远滞后于海洋监测发展的实际需要。

（二）海洋环境治理职能部门众多

中国的海洋环境治理是以行业管理为主、条块分割的治理模式[②]。因此，各行业部门自成体系，形成了不同的管理标准，各个行业之间容易因追求自身利益而不顾海洋环境保护责任。在同一行政区域的海洋环境治理相关部门之间也存在权责不清等情况。海洋环境治理涉及治理主体部门繁多，在生态环境部组建之前，涉海环保部门包括环保部门、海洋部门、渔业部门、海事部门、海监部门、水利部门、军队环保部门等，责权分配依据的法律法规不同，侧重不同，各部门相对独立。在联合协同治理的行动中缺乏相应的协调机制，经常会出现交叉重叠或缺位的情况，并不能起到"1＋1＞2"的作用。即便有些区域设置了协调部门，往往会因为职能设置缺乏具体依据或权责不清，在运作过程中协调部门仅仅扮演传声筒或会议组织者的角色，反而增加了区域海洋环境治理的成本[③]。不仅如此，信息在传递过程中还会出现错漏和失真等情况。各部门对任务的认同和接受程度不同，分工时存在利益竞争和矛盾纠葛，推进时则推诿责任，敷衍执行。组建生态环境部是为协调部门利益而进行的统筹角色，虽然在一定程度缓解了权责不明的治理问题，但是问题的关键在于相关制度安排的落实。

中国区域海洋环境治理涉及的主体类型较多，治理过程的复杂程度较高，通常需要多个职能部门的分工及合作。在日常的治理工作中，一

① 吴珂. 海洋环境监测网现状与发展分析 [J]. 科技视界, 2019 (08): 196 – 197.
② 姜秀敏, 王舒宁. 机构改革视角下我国海洋治理能力提升对策探析 [J]. 世界海运, 2019, 42 (03): 15.
③ 王印红, 王琪. 海洋强国背景下海洋行政管理体制改革的思考与重构 [J]. 上海行政学院学报, 2014 (05): 104.

般都是由相关职能部门单独开展工作。除了突发重大海洋环境污染事件外，区域环境治理过程若是涉及不同行政区划的相关职能部门，往往缺乏协同治理污染的主动性和积极性。原国家海洋局早在 2012 年对上海、浙江、江苏等省市开展过海洋督察试点工作，主要督察对象是省市一级的海洋渔业部门。由于难以对地方政府形成有效约束，这项试点工作难以起到影响和震慑的作用。例如，中国海监总队是国家海洋局下属机构，主要职责是对中国管辖海域进行监视。在监视过程中发现违法开采海洋资源、破坏海洋环境、浪费海洋资源、扰乱海上秩序等情况，可依照相关法律法规开展执法工作，或授权开展其他海上执法工作。然而，在海监总队开展环境执法的过程中，或多或少会遇到地方政府部门阻挠、说情等情况。地方海洋局隶属于地方政府，需要对地方政府负责，而地方政府会因经济利益而不愿意开展环保治理工作，最终海监执法行动上受到地方政府制约。① 2017 年，国务院颁布了《海洋督察方案》，方案要求督察沿海省市区政府及其海洋主管部门和海洋执法机构，建立海洋督查常态化机制，并向社会公开。2018 年，第十三届全国人民代表大会第一次会议批准的国务院机构改革方案，将国家海洋局的海洋环境保护职责整合，组建中华人民共和国生态环境部。这一系列的改革举措标志着海洋环境治理的权责进一步厘清，但具体改革效果仍需要经过实践检验。

（三）海洋环境治理政策工具单一

中国海洋环境治理工作以《海洋环境保护法》为依据开展实施，然而具体政策种类过于单一，具体存在以下问题：

1. 强制型海洋环境政策使用频繁

海洋环境治理虽然需要政府的干预管控，但不是单凭政府一己之力就可以扭转中国海洋环境已经遭到严重污染的局面。过多地使用强制性的命令和控制手段，虽然对环境治理有立竿见影的效果，但对环境保护

79

---

① 刘大海，丁德文，邢文秀，等. 关于国家海洋治理体系建设的探讨 [J]. 海洋开发与管理，2014（12）：2.

的可持续发展来说也存在后续力量不足的风险。① 政府补贴是一种市场激励型政策工具,通过向市场行为主体征收排污费而减少其污染行为,同时向为海洋环境保护做出贡献的企业和个人提供资金补偿和支持。但这种政策工具的使用本质上是一种环境保护经济成本的内部协调,能够起到的调节作用十分有限,对市场行为主体环境保护的正向激励作用仍然不足,且已经难以适应当下复杂政策环境的变化②。此外,过于严厉的强制政策或是高额的补贴会让市场主体铤而走险,反而会促发相反的效果。

2. 市场型海洋环境政策工具缺失

排污收费制度是唯一在《海洋环境保护法》中提到并在实践中得以运用的市场型海洋政策工具,虽然补全了海洋环境政策工具的种类,但是在一定程度上制约了海洋环境治理工作的展开。排污收费制度的弊病也随着其广泛应用而日益凸显:第一,排污收费制度不能对污染物排放的总量进行控制。排污收费制度是调整污染控制的成本,并非控制污染水平。排污费的核算是按照排污者所排放的污染物种类、数量等指标为核算单位,而不是排放区域的整体海洋环境容量和海洋环境质量作为考量标准。③ 换言之,只要排污者履行缴纳排污费义务,排污量可以拓展,在环境管理上只能考虑排污者是否达标排放,而不能充分发挥排污费作为经济杠杆的作用来遏制总排污量的增加。根据庇古税原理,只有当排污费与污染削减的边际收益相当的情况下,才能达到最优污染水平。经过数轮调整,排污费标准已有所提高,并且与中国经济发展规划相适应。④ 然而,中国排污费管理制度于2018年1月废止,与此同时《中华人民共和国环境保护税法》同步实施。通过税收优惠措施对市场进行引

① 许阳. 中国海洋环境治理的政策工具选择与应用——基于1982—2016年政策文本的量化分析 [J]. 太平洋学报, 2017, 25 (10): 57.
② 许阳, 王琪, 孔德意. 我国海洋环境保护政策的历史演进与结构特征——基于政策文本的量化分析 [J]. 上海行政学院学报, 2016 (17): 89 – 91.
③ 王琪, 丛冬雨. 论我国市场型海洋环境政策工具及其运用 [J]. 海洋信息, 2011 (02): 21 – 22.
④ 王金南, 龙凤, 葛察忠, 等. 排污费标准调整与排污收费制度改革方向 [J]. 环境保护, 2014, 42 (19): 39.

导，促进企业开展更多对环境改善有利的优化创新措施。[①]

（四）海洋环境法律法规建设滞后

《海洋环境保护法》是中国第一部保护海洋环境的综合性专门法律，于 1982 年 8 月 23 日通过，1983 年 3 月开始施行。为实现《海洋环境保护法》立法目的[②]，国务院先后制定颁布了六个管理条例：《防止船舶污染海域管理条例》《海洋石油勘探开发环境保护管理条例》《海洋倾废管理条例》《防止拆船污染环境管理条例》《防治陆源污染物污染损害海洋环境管理条例》《防治海岸工程建设项目污染损害海洋环境管理条例》。随着《海洋环境保护法》的修订（修正），这些法规条例也随之修订（修正）。《海洋环境保护法》与《海域使用管理法》《渔业法》《矿产资源保护法》《野生动物保护法》等资源法及相关的行政法规如《渔业实施细则》《自然保护区条例》等共同组成了中国海洋资源保护的法律体系。[③] 为了更好贯彻国家海洋环境保护法律、法规，结合区域情况和实践经验，沿海具有立法权的地方人民代表大会及其常务委员会和地方政府也制定和发布了相应的海洋环境保护地方性法规和地方政府规章，例如《天津市海域环境保护管理办法》《青岛市近岸海域环境保护规定》《海南省珊瑚礁保护规定》等。

除了自身的立法，中国加入的海洋环境保护国际公约和双边协定也成为中国海洋环境保护法律体系的重要组成部分。除了《人类环境宣言》《关于环境保护和可持续发展的法律原则建议》《里约环境与发展宣言》《二十一世纪议程》《国际清洁生产宣言》等国际环境保护法律性文件，中国还加入了《国际油污损害民事国际油污损害责任公约》等海洋污染赔偿公约。中国除缔结或者参加以上条约外，还先后与美国、加拿大、印度、韩国、日本、蒙古、俄罗斯、德国、澳大利亚、乌克兰、芬

81

---

① 潘晓滨，王志国. 我国环境保护税的实施影响与完善路径研究［J］. 资源节约与环保，2019（05）：123.

② 《海洋环境保护法》第一条："为了保护和改善海洋环境，保护海洋资源，防治污染损害，维护生态平衡，促进经济和社会的可持续发展。"

③ 赵馨. 我国海洋污染赔偿法律制度探析［J］. 环境经济，2011（07）：56.

兰、挪威、荷兰等国家签订了环境保护双边合作协定或谅解备忘录。然而，中国海洋环境保护法律体系仍有着诸多问题。

1. 专项法律规定缺失

海洋环境治理所处环境复杂，许多事件往往因为专项法律的缺失判决艰难。以海洋石油污染损害法律为例，中国对海洋石油污染损害的法律规定起步较晚。1989 年的《海洋环境保护法》是中国环境与资源保护的基本法，对海洋环境保护和防治的各类问题提供了法律基础。然而，与美国、日本等发达国家的海洋石油污染防治立法相比，中国尚未出台海洋石油污染防治的专项法律，相关规定只是散见于一些法律法规中。例如《海洋环境保护法》第二十一条规定：海洋石油开发必须要按照相关法律规定以防止污染损害海洋环境。这只是原则性规定。《海洋环境保护法》虽然对海洋石油勘探开发中的海洋生态保护以及船舶溢油污染防治作出了规定，但缺乏实施细则。《勘探条例》《防治条例》等行政法规、规章，不仅效力上低于法律，而且适用范围存在一定的局限性。《海洋环境保护法》等法规所构建的油污损害赔偿基金制度仅仅针对船舶溢油，对海洋石油勘探开发所造成的溢油污染则没有作出具体规定。[①] 2011年 6 月发生的康菲溢油事故造成中国管辖海域内大面积海域遭受到严重污染，迫于公众压力，康菲方面表示已经设立渤海湾赔偿基金以及环境基金，但是两项基金的额度和赔偿范围等关键内容没有做出具体说明。

2. 赔偿标准欠缺

无论是海洋的污染损害赔偿还是生态补偿，难点在于生态损失和环境污染的后果难以量化。一方面，海洋自身具有的净化系统，随着海洋生态系统的不断循环，部分污染物会被自动剔除，而这部分损失就很难评估鉴定，赔偿就更是一个难题；另一方面，海洋污染所造成的损害通常都是隐蔽性的，而且潜伏期比较长，短时间内不会显现，所以很难一次性对海洋污染事故所造成的损害做出明确的评估鉴定，更难一次性预估出具体的赔偿数额。对此，中国法律也没有提出明确的赔偿标准，这

① 王宝兴. 我国海上油污染防治法律问题研究 ［J］. 大观周刊，2012（19）：86 – 87.

给海洋污染损害赔偿实践带来了难题。中国对环境损害的立法大多产生于 20 世纪，虽然经过多次修订，但是并没有与现在环境污染情况完全接轨。依据中国现有环境法的规定，环境污染赔偿数额限额 20 万元，与一些类似污染事件的巨额赔偿相比仅仅是九牛一毛，既不能充分赔偿受害者，也没有足够资金支付环境损害修复的费用。自 2006 年起，山东海洋渔业部门为各类海洋污染提起的诉讼有 13—14 起，但是成功获赔的只有 5 起，获赔金额仅为 1100 万元，比起海洋污染造成的天价损失，是微乎其微的。

3. 缺乏明确的责任对象界定

在中国海洋污染赔偿法律的规定中，多数规定采用了"有关单位""海洋行政主管部门"等作为海洋污染赔偿提出的主体，这类主体范围规定较为笼统和模糊，极大地阻碍了受害者维权[①]。例如，2005 年底"大庆 91 号"油轮途径锦州发生原油泄露，由于执法者缺乏明确授权，肇事方在事发后只在自己的海事通讯上简略提及，却没有向主管部门通报，结果造成了巨大损失。如果能够及时通报、及时采取措施，那么损失可以减少到最低。就赔偿对象来说，中国法律也没有明确的规定。海洋污染，由谁提出赔偿不明确，该向谁赔偿也不明确，这一切都需要中国法律对海洋污染的责任主体加以确定和明晰。

4. 海洋生态补偿制度不完备

中国对于生态补偿制度的研究主要围绕陆地生态补偿展开，尤其是在流域生态补偿等方面已有一定程度的进展。而海洋由于其流体特性而易遭受污染，制定海洋生态补偿制度会遇到计量难、期限不易确定等问题。中国海洋生态补偿体系建设还处于探索阶段。《海洋环境保护法》第三章对海洋生态补偿仅作出了概括性规定，并在第九十条中规定了海洋生态损害赔偿的求偿主体。《渔业法》第四章以及诸如《渤海生物资源养护规定》等部门规章也对海洋生态补偿做出了规定。但这些法规之

83

---

① 郭倩，张继平. 中美海洋管理机构的比较分析——以重组国家海洋局方案为视角［J］. 上海行政学院学报，2014（01）：108.

间缺少协调性，并缺乏相配套的法律规定以及技术标准，故在中国较为系统的海洋生态补偿机制还尚未形成。就海洋生态补偿的客体来说，海洋环境的其他受益者，如渔民、海洋周边的居民、合理享有对该海域开发建设的单位和个人也应该成为海洋污染赔偿的对象。因此中国应该加强海洋生态损害补偿的立法工作，明确补偿主体与对象、标准、方式以及海洋生态补偿金的管理和使用等内容。

5. 刑事立法不足

《刑法》作为社会保障的最后一道防线，是最具威慑力的法律。在中国的《刑法》中关于海洋污染行为并没有明确的规定，许多海洋污染的行为只受到相应的行政管理条例的处罚，并不能上升到刑事制裁。这样既不能使社会认识到海洋保护的重要性，也未能对海洋污染者形成威慑，起到防止海洋污染的作用。中国《刑法》只在第三百八十八条和三百八十九条中规定了重大环境污染事故罪，并且规定造成重大公私财产损失和人身伤亡等情节严重的后果时才认定为犯罪。对于海上石油污染的治理，有关执法部门无一例外地全部选择适用行政处罚，没有一起事故被提起刑事诉讼。从"南洋"轮碰撞案、"东方大使"搁浅案到大连新港溢油案以及渤海湾康菲溢油案，对案件的处理均是行政罚款，没有见到刑事措施的影子。2011 年 6 月发生的渤海湾溢油事件，最终以康菲公司实际支付行政罚款 20 万元、承诺支付海洋生态损害赔偿金 16.83 亿元和渔业损害补偿金 10 亿元而最终了结。由此可见，有关海洋保护的规定在刑法中相当匮乏，并且现有的规定也是非常原则性，缺乏可操作性。上述条款中涉及的"重大损失""严重后果"等一些模糊，不具有现实操作性的犯罪构成量化标准主观性强，缺乏切实明确的内容，使得执法者在实际办案中难以掌握，无法实现行政执法与刑事执法的有效衔接。

（五）海洋环境多元化治理缺乏

多元治理是海洋环境治理的大势所趋。建立政府、企业和社会共同合作、相互补充管理模式，发挥市场主导作用，不仅是社会治理模式的共识，已经成为中国社会经济转型时期政府改革的主要目标。海洋环境治理多元主体的参与，需要政府和非政府组织，包括民间组织、中介组织、企业组织乃至公众，采用网络化的合作形式，针对海洋环境风险和危机，共同配合协作实施预防、响应、恢复等应急管理过程。核心在于处理海洋环境污染问题时引入多元主体，形成一个权力分割、责任分摊、风险共担并广泛介入到危机处理周期各个阶段的协作系统。①

　　中国海洋环境的多元治理呈现出一种各自为战、相对割裂的局面。政府的主要目标是完成海洋环境治理任务，而企业则是追求利润。在没有任何政策激励或经济补偿的情况下受到政府要求治理海洋环境的强制政策下，企业容易陷入被动，没有动力主动治理其生产所形成的污染废弃物，更不会在意企业的社会责任感。中国的非政府组织往往缺乏影响力，并且在整个海洋环境治理过程起到的作用十分有限。公民生态文明意识较为薄弱，往往也会因个人的便利性问题，对海洋环境等问题并没有太大兴趣。

三、中国海洋环境治理问题的根源分析

（一）中国海洋环境保护认识偏差

中国是一个传统农耕文明的国家，海洋往往被忽视。由于历史上长期存在的"海禁"政策，以及近代以来海上安全形势不明朗等因素的共同作用下②，导致中国海洋环境保护工作出现了重陆地轻海洋、重经济轻环保、重管理轻治理的认识偏差。

85

---

　　① 初建松，朱玉贵，ChuJiansong，等，中国海洋治理的困境及其应对策略研究［J］．中国海洋大学学报（社会科学版），2016（05）：26-27.
　　② 黄顺力．"重陆轻海"与"通洋裕国"之海洋观刍议［J］．深圳大学学报（人文社会科学版），2011（01）：130-135.

1. 重陆地轻海洋

尽管"陆海统筹"的理念早已提出，但由于缺乏配套性制度安排，一旦落实到具体的环境保护措施上便极易出现"重陆轻海"的现象。[①]许多地方政府和部门对于大气污染整治、流域污染整治的工作极为重视，却对海洋污染的防治工作重视不足。国家海洋局在 2017 年对中国入海污染源排查结果显示，中国有 9600 个陆源入海污染源，不仅数量大、类型多，还有监管不到位、设置不合理等问题。此外，由于入海污染物排放标准低于陆地污染物排放标准，许多沿海地域的"排海工程"依旧声势浩大。入海污染物的总量也没有相应的控制指标，也使得地方政府对于海洋环境保护的主观意愿要明显弱于陆地环境保护，甚至还会将原先的陆地污染物排放进海洋，以此来减少陆地污染物的排放。

2. 重经济轻环保

中国经济伴随着改革开放迅速增长，解放和发展生产力成为中国发展的第一要义，海洋经济在中国经济发展中具有举足轻重的地位。然而，随着海洋经济的高速发展，各类海洋资源的破坏式开发、无计划无节制的利用导致了严重的海洋环境污染和破坏，海洋生态长期处于高风险状态。其中，围填海工程则是此类粗犷式发展的典型。围填海工程在早期一般是以围海晒盐为主，后来才开始在滩涂围垦发展农业、养殖业[②]。随着海洋经济的进一步发展，港口建设、滨海房地产开发等将围填海工程推向了高峰。围填海工程一直以来都是作为缓解区域土地资源紧张的手段之一，然而，早已由原先的单一项目转变为了区域性大规模工程，给沿海地区的海洋环境造成了严重负面影响。从结果上看，围填海工程直接改变了沿海地区的海岸线地形，改变了近岸海域的洋流循环，极易造成海岸滩涂的泥沙淤积，降低近岸海域的纳潮量，从而减弱沿海地区抵抗风暴潮等自然灾害的能力。除此以外，围填海工程的大规模开展会

---

① 薛永武. 海洋生态视域下的海陆统筹发展战略 [J]. 山东师范大学学报：人文社会科学版，2015，v. 60；No. 262（05）：117 - 127.
② 曹宇峰，林春梅，余麒祥，等. 简谈围填海工程对海洋生态环境的影响 [J]. 海洋开发与管理，2015，32（6）：85 - 88.

降低近岸海域内的水体交换能力，减弱近岸海域的水体自净能力，降低近岸海域的环境承载量，更易造成海洋环境污染。围填海工程是侵占海洋空间来扩大陆地空间，直接破坏原有海岸滩涂生态系统，不仅使区域内的生物多样性受到威胁，更是直接破坏滨海地区的自然景观。

3. 重管理轻治理

海洋环境保护一直被认为是海洋环境保护部门采取各式各样的手段和政策来控制和防止海洋污染的管理工作。正是基于这样的普遍认知，中国一直以来的海洋环境保护手段都是法律政策手段和行政手段为主，经济手段极为有限。海洋环境保护工作的开展大多是以控制海洋环境污染为主，采取末端治理，将单一海洋环境作为治理客体。中国的海洋环境管理体制历经数次改革，但均未触及管理体制不畅的根本性问题，即涉海部门分散并且职能交叉①。然而，面对复杂多变的海洋环境污染情况，这样缺乏整体治理的传统海洋环境管理观念已逐渐不再适用。

中国已经基本制定了相应的海洋环境法律法规，并且组建了相应的执法力量，但以中国海警、中国海监等部门和行业管理为主的海洋环境管理体制造成了中国海洋环境治理体制的结构性缺陷。从根本上看，海洋环境保护认识的偏差导致了中国海洋环境保护长期处于"重管理轻治理"的状态，使得中国海洋环境保护呈现出分散式的治理格局。中国海洋环境治理需要整体性治理，要求以社会需求作为导向，协调和整合各个涉海职能部门，将海洋环境保护工作重心从管理逐渐向治理转移。②

（二）中国海洋环境管理体制不顺

受限于初始设定所导致的路径依赖，中国海洋环境管理体制在中央层面形成了按行业管理职能进行分工的"条条分散"特征，在地方层面

87

---

① 吕建华，高娜. 整体性治理对我国海洋环境管理体制改革的启示［J］. 中国行政管理，2012（05）：19－22.

② 王琪，刘芳. 海洋环境管理：从管理到治理的变革［J］. 中国海洋大学学报（社会科学版），2006（04）：6－10.

形成了按行政区划分割的"块块分割"特征，两者相耦合造成中国海洋环境管理体制不畅。[①]

1. 中央层面：职能交叉严重

在中央层面，中国海洋环境管理体制是一种按职能分工的职能管理体系，将海洋环境管理的相关任务分配给各个职能部门完成。因此，中国海洋环境管理体制基于职能分配从中央垂直到地方，呈现出"条状"管理模式。这种条状交叉的管理模式导致众多海洋环境管理部门在许多管理职能上存在交叉，而海洋环境的整体性和污染可转移使得各个海洋环境管理职能部门缺乏效率。例如，海事局和渔业局都有着海洋船舶污染事件的监督和处理职能，当发生突发性污染事件时，出于部门利益容易产生"规避执法"或是"争相执法"的情况。[②] 虽然2013年的部门整合使得原先四个海上执法队转变为了海警局和海事局两个执法队，但由于职能整合、相对资源的匮乏使得执法部门集中带来的整合效果仍不明显。

为化解以上矛盾，中国设立了海洋环境综合协调和管理机构，即国家海洋委员会和生态环境部，但其效果仍有待检验。国家海洋委员会负责制定国家海洋发展战略，综合海洋发展各个事项，然而其并未开展实质性运作。生态环境部是中国海洋行政主管部门，其吸纳了原国家海洋局的部分职能，整合了分散的环境保护职责组建而来。然而，涉及海洋环境管理相关部门还有负责国家海事行政的海事局和负责国家渔业行政的渔业部门等，使得海洋环境管理职能分散在交通运输部和农业农村部等多个部门机构中。

2. 地方层面：行政区划分割

中国海洋环境管理制度在地方层面呈现出"块状"管理模式，就是赋予沿海地方政府海洋环境管理职能。行政区划的管理体制在陆地上方

① 金雪雯. 我国海洋管理体制现状与完善 [J]. 人民论坛，2014（A12）：242－244.
② 王刚，宋锴业. 中国海洋环境管理体制：变迁、困境及其改革 [J]. 中国海洋大学学报（社会科学版），2017（02）：28－37.

便了地方政府行政管理，但在面临海洋环境管理的问题时则显示出诸多弊端。海洋环境是一种典型的公共资源，有着非竞争性和非排他性的特点。这一特性使得沿海地方政府更愿意享受海洋资源的收益，而不愿意承担海洋环境治理的成本。因为某一沿海地方政府在破坏海洋环境、享受海洋资源收益时，治理海洋环境的成本却由周边的地方政府一起承担，所以这也就更易导致"公地悲剧"。① 由于中央和地方信息不对称和信息获得成本的差异，中国海洋环境管理依赖于地方政府。然而，官员的政绩考核和地方政府的政绩依旧在地方经济增长上。如果地方政府严格执行各项海洋环境治理政策，不仅会将大量的精力和资金投入到环保设施中，还会影响到污水排海企业的生产经营活动。那么最终受到影响的会是地方政府政绩，发展与环保的目标不一致，会使得地方政府对海洋环境保护动力不足，不会将海洋环境管理作为首要任务。

此外，行政区划的管理体制使得各个地方政府处于相对独立的状态，只有在中央政府高压情况下才容易采取一致行动。这种横向协调能力的不足则会进一步加剧"公地悲剧"的发生。

（三）中国海洋环境监测体制不畅

1. 多个部门分头监测，导致数据标准不统一不相融

海洋环境监测是一项综合性较强的工程，需要完善的规章制度加以约束和管理。② 随着信息技术的进步，海洋环境监测的信息资源越来越丰富，涉及的事物也较为广泛。除了生态环境部外，自然资源、农业、交通等部门也对海洋环境进行监测。不仅在非环境保护部门和环境保护部门之间有着重复监测，非环境保护部门之间也存在着重复监测，例如渔业局和海事局都对船舶污染灾害进行监测。然而，各部门运作相对独立，监测设施存在严重的重复建设现象，甚至存在相互制约的现象。

---

① 于洋. 参照群体范围：一个公共物品的折中分析框架——以涉海公共物品为例［J］. 中国海洋大学学报（社会科学版），2017（01）.

② 李潇，许艳，杨璐，等. 世界主要国家海洋环境监测情况及对我国的启示［J］. 海洋环境科学，2017（3）：475.

监测资源和设备和技术不能实现共享。有些部门也有自身相对独立的监测标准，没有建立相对统一的监测标准和手段，致使采集的数据信息兼容性受到影响。

2. 系统化监测体系尚未建立，导致监测存在空白

自 2002 年"海洋一号"卫星成功发射填补了中国海洋卫星的空白以来，中国初步建成了海陆空天的海洋监测网络，可对中国管辖海域进行比较宏观的监测。然而，宏观角度的监测已经不足以有效支持新时期海洋环境治理工作。中国海洋环境最为突出的问题便是近岸海域环境污染，但基于这一方面的监测力度却显得捉襟见肘，现有的监测数据不能够支持研究人员基于海洋学原理进行大数据分析。例如上海市海洋环境监测预报中心，虽然经过了"十二五"的快速发展，仍未能实现海洋环境监测独立开展的既定目标。其中心实验室尚在规划中，现有的分中心实验室工作量几近饱和。

此外，中国海洋环境监测体系是一种以完成上级下达各项任务为主，监测业务延续部分委托的组织形式。区县监测机构处于空白状态，监测体系建设进展缓慢。① 这一部分的监测不足，很难为中国海洋环境治理提供可靠的数据支撑。除了近岸海域的监测，外来生物入侵的监测、有机污染物环境本底监测都存在着不少问题。一旦新型有机污染物或是入侵生物引起了海洋环境污染事件，将对海洋环境治理带来巨大挑战。

3. 不同主体监测数据无法共享，导致资源浪费

按照现行制度，海洋环境监测机构隶属于沿海地方政府，区域内环境监测站也是根据行政区划来进行设置的。虽然各个监测站有着不同的行政级别，但不同级别的监测站之间不存在行政管理和控制，只有在监测业务上的指导关系，这也就使得海洋环境的整体性和监测区域的分割产生了较大的矛盾。② 各监测站点所开展的海洋环境监测只在其所在行

① 伦凤霞，田华，何金林. 上海市海洋环境监测现状研究［J］. 海洋开发与管理，2017 (01).
② 张微微，金媛，包吉明，等. 中国海洋生态环境监测发展历程与思考［J］. 世界环境，2019 (03).

政区域内进行，对其他行政区域则是无权过问。然而，海洋环境污染有着较强的时空迁移性，也就意味着某个行政区域内的海洋环境污染并不仅仅是其行政区域内的污染源导致的。那么只能对其所在行政区域内开展监测工作的海洋环境监测机构便无法真正地了解到区域内海洋环境污染的真实原因，也就不能给行政区划内的海洋环境管理决策者们提供可靠的科学依据。此外，按照行政区域设置的海洋环境监测站极易造成监测区域的重叠，但在行政区域的边缘地带容易产生海洋环境监测空白区域。

（四）中国海洋环境治理体系未建

中国海洋环境治理体系建设落后，未能形成政府、市场和社会公众相互耦合、有序互动的良性局面，具体存在以下问题：

1. 重政府轻市场

中国海洋环境治理体系一直以来都是以政府作为单一核心，海洋环境治理的主体局限于各级涉海事务主管部门和沿海地方政府，企业等市场主体的参与度很低，这种"强政府"治理模式限制了市场力量的发展。[①] 具体而言，海洋环境治理工作的开展主要通过政府采用命令控制的方式进行管制，市场机制运用明显不足。缺乏对海洋环境治理市场主体的有效引导和培育，导致海洋环境治理市场发育迟缓，第三方治理良莠不齐。中国海洋环境治理体系中市场主体的缺位，使得海洋环境治理政策传导不畅。在面对错综复杂的海洋环境问题时，政府的各项海洋环境治理政策往往不能发挥其设计的目的，常常使得海洋环境问题会陷入无从下手的局面。

2. 重政府轻社会

长期以来，中国海洋环境治理缺乏社会公众主体的有效参与，海洋

91

---

① 王印红，渠蒙蒙. 海洋治理中的"强政府"模式探析［J］. 中国软科学，2015（10）：27 – 35.

环境治理协商机制处于缺位，存在社会机制失灵现象。实践中，由于缺乏参与渠道，社会公众难以在海洋环境治理政策的制定和实施中有效发挥其参与和监督的作用，海洋环境治理工作鲜有涉及政府和社会公众的分工和协作。海洋环境治理领域的社会组织发展严重滞后，参与度和影响力都不高。海洋环境相关信息的公开披露平台建设滞后，信息披露十分有限，导致公众的海洋生态环境意识普遍较弱。公众对于海洋环境的保护的关注度相比于大气污染、水污染等其他环境污染关注度并不高，社会缺乏海洋环境保护意识。① 这就导致了社会整体对于海洋污染不重视，对于掠夺式捕捞、大规模排海工程等海洋环境破坏行为公众仅仅停留于私下议论，没有形成一定的社会舆论压力，也不会通过改变自身行为来响应海洋环境保护。

3. 重单元轻多元

由于多元主体协同治理的运行机制长期缺位，中国海洋环境治理体系未能有效调动各方力量共同参与海洋环境治理。这一缺陷的表现之一便是中国还没有较为完善的信息共享制度。在多元主体参与海洋环境治理的模式中，信息流动的准确畅通极其重要，同时也是多元主体合作治理模式成功与否的关键。信息不对称造成的"道德风险"和"逆向选择"会极大地破坏多元主体参与治理的合作基础，更会进一步影响海洋环境治理效果。② 现有的关于环境信息通报和公开制度已经相对完善，包括《环境保护行政主管部门突发环境事件信息报送办法》《环境保护法》《环境污染与破坏事故新闻发布管理办法》等，不仅规定了相关信息的处理和定期的信息披露，还指出环保部门、各单位及个人等多元主体在应对海洋环境治理问题中要互相协调配合。然而，在海洋环境的信息共享和信息畅通方面，还做得很不理想，各部门信息共享意识淡薄极

---

① 李珊，秦龙. 中国公众海洋意识体系初探——基于大连7·16油管爆炸事件网民意见的分析 [J]. 大连海事大学学报（社会科学版），2010，9（06）：91-95.

② 杨振姣，董自楠，姜自福. 我国海洋生态安全多元主体参与治理模式研究 [J]. 海洋环境科学，2014，33（01）：130-137.

为明显。① 为了及时地收集海洋环境信息，发现危机征兆，并提供数据支持决策，需要建立一个双向畅通、高效准确的信息共享平台。并且还需要建立统一的决策指挥网络，确保信息畅通，确保各个参与主体能够获得最新的准确信息。

（五）中国海洋环境治理制度体系缺陷

1. 制度之间存在相互冲突

中国海洋环境治理制度体系内部也存在着诸多矛盾，最具典型性的便是环境资源的产权制度问题。所谓产权既是所有制关系的表现形式，包含了所有权，支配权、使用权等。按我国《宪法》第九条规定，中国的自然资源归全民所有，即属国有，那么中国的环境资源产权实质上是环境资源的使用权的分配和转让。然而，由于没有明确代表国家行使所有权的部门，使得使用权实际替代了所有权，那么环境资源的过度开发和利用率低下不可避免。这一点在海洋环境资源上表现得尤为严重，如渔业资源过度开发、排海工程和围填海项目的大规模开展等。此外，海洋经济增长和海洋环境环保两者在现阶段存在着相互对立的矛盾，这一矛盾一直贯穿中国海洋环境治理制度体系的建设始终。② 如何在尽可能减少对海洋经济增长损失的条件下减少对海洋环境的污染、保护海洋环境，这样的多重目标战略制定致使中国海洋环境治理政策存在诸多矛盾。渔船油价补贴、海洋牧场补贴等这样的经济发展政策一定程度上掩盖了海洋环境资源成本，更易加剧海洋环境污染。

2. 制度的优化选择缺乏

中国海洋环境治理制度自新中国成立伊始便开始孕育，以国家海洋

---

① 于洋. 联合执法：一种治理悖论的应对机制——以海洋环境保护联合执法为例 [J]. 公共管理学报，2016（02）：51.

② 王印红，王琪. 海洋强国背景下海洋行政管理体制改革的思考与重构 [J]. 上海行政学院学报，2014，15（5）：102－111.

局的成立为标志开始加快建设，其间经历了多轮发展变革，随着生态环境部的成立开始走向成熟。然而，现行的海洋环境治理制度缺乏优化选择，具体表现为：

第一，缺乏非正式制度。制度有正式制度、非正式制度和实施机制三者共同组建，中国已经建成了符合当前国情的海洋环境治理制度和实施机制，却缺乏与之相应的非正式制度。[1] 其原因在于中国海洋生态文明相对于其他生态文明建设起步较晚，海洋文明根基薄弱，使得中国海洋环境治理的非正式制度不能很好地为正式制度指引方向。

第二，缺乏选择性制度。海洋环境治理需要政府、企业和公众三者共同协力，然而面对海洋环境污染恶化的严峻情形，政府往往会优先选择强制性制度取得立竿见影的效果。由于相应的制度建设和法律法规的缺失，使得中国海洋环境治理的市场机制缺失，企业等经济主体不具有选择多种方案来参与海洋环境治理的权力，也就意味着中国海洋环境治理制度缺乏权衡利弊的选择性制度，很难以尽可能低的成本实现最大化的海洋环境治理效果。

第三，缺乏互补性制度。中国的海洋环境治理制度是在不断地海洋环境治理实践中逐步形成并建立起来的，因此在制度的制定前中后期为取得最大化的管理效果，缺乏相应的互补制度。例如，中国海警局的设立是为了终结"五龙闹海"的局面，统一海上执法。然而，其工作由国家海洋局开展，并接受公安部业务指导，使得在最初时期存在一定的指挥紊乱，直到2018年转隶武警部队以后，才正式统一。

3. 制度的改革创新不足

从历史的角度看，中国海洋环境治理制度体系整体创新不足。尽管中国海洋环境治理制度已经从原来的职能分散管理阶段逐步过渡到一体化综合治理阶段，中国海洋环境的治理能力也确实得到了一定程度的提升，但面对复杂性高、整体性强的海洋环境污染问题，海洋环境治理能力仍旧捉襟见肘。在很长一段时期中，中国相关海洋管理机构设置不稳定，存在周期性改变，政府职能设置不清晰。例如，效仿"河长制"提

---

① 沈满洪. 生态文明制度的构建和优化选择 [J]. 环境经济，2012 (12)：18–22.

出的"湾长制"，虽然很大一部分参考和借鉴了"河长制"的成功经验，但是在具体实施上，由于海洋环境的复杂程度要远远高于江河流域，其工作效果仍有待检验。① 总体来说，中国海洋环境治理制度体系有一定程度的创新，但在海陆统筹、远海监测等方面的制度体系创新依然远远不够。

---

① 陶以军，杨翼，许艳，等．关于"效仿河长制，推出湾长制"的若干思考［J］．海洋开发与管理，2017，34（11）：48 - 53.

第四章
中国海洋环境治理的体系构建

　　海洋环境治理是一项复杂的系统工程,是不同主体与客体要素之间在特定结构与条件下相互关联、相互作用的运行过程。中国海洋环境污染长期得不到有效遏制的根源在于治理体制机制不完善、不协调,难以适应多种来源、多种类型的海洋环境污染。建立完备的海洋环境治理体系就是立足系统学理论,从主体、客体基本要素的识别出发,探究要素间的相互作用机制,在此基础上重新审视海洋环境治理的体制机制,梳理海洋环境治理的运行结构与外在条件,实现海洋环境的协同、高效治理。

一、中国海洋环境治理的主体与客体

　　明确海洋环境治理的主体和客体是建立完善的治理体系的重要前提。按照马克思主义实践论的观点,主体是从事实践活动的人,客体是主体活动对象的总和。落脚到海洋环境治理中,主体是海洋环境治理的发起者和执行者,客体可视为海洋环境治理内容的综合,而主体与客体之间又以海洋环境治理的各类制度安排为媒介联系起来。在推进从管理向治理转变的改革背景下，海洋环境治理的主体和客体都发生了深刻变革。科学梳理中国海洋环境治理的主体和客体，对于推进海洋环境监管体制改革具有重要意义。

（一）中国海洋环境治理的主体

1. 治理主体的类型识别

环境管理的范式经历了从管理到治理的变革，在这一变迁过程中又以参与主体的变化最为突出。传统的环境管理主要聚焦于解决集体行动困境问题的政府和私有化模型，将政府视为单一管理主体，而企业和公众被视为被动的接受者[①]。在现代的环境治理概念中，主体不仅包括政府还包括企业、社会公众、非政府组织等其他参与对象，强调的是多主体之间平等的协同治理。与传统的政府单一主体管理模式相比，多元主体的治理模式对于解决环境问题具有明显优势，党的十九大报告指出"构建政府为主导、企业为主体、社会组织和公众共同参与的环境治理体系"[②]。海洋环境作为环境保护的重要组成部分，加快对其从管理向治理转变已也已成为重要共识。

依据公共治理的内涵，中国海洋环境治理的主体包括政府、企业和社会三个类别。首先，无论是在传统的海洋环境管理还是现代的海洋环境治理中，政府始终扮演着重要的主体角色，这主要与对海洋环境的物品属性认知有关。在传统的海洋环境保护中，海洋环境被视为一类公共物品，需要政府作为主体加以管理并矫正其外部性。同时，海洋环境保护本身是一个跨区域的系统性问题，涉及上下级政府、不同区域政府及不同政府部门之间的协调合作。中国海洋环境治理总体上经历了从碎片化向系统化转变的趋势，部分解决了以往"五龙治海"（即隶属国家海洋局的中国海监大队；隶属农业部的中国渔业渔政局；隶属海关总署的

---

① 杨立华，张云. 环境管理的范式变迁：管理、参与式管理到治理 [J]. 公共行政评论，2013，6（06）：130 – 157 + 172 – 173.

② 习近平. 决胜全面建成小康社会夺取新时代中国特色社会主义伟大胜利——在中国共产党第十九次国代表大会上的报告 [N]. 人民日报，2017 – 10 – 27（01）.

海关缉私局；隶属交通部的中国海事局；隶属公安部边防管理局的公安海警等）的现象。2018年中共中央印发了《深化党和国家机构改革方案》，将原国家海洋局与水利部、农业部等有关部门的职责进行整合，新组建了自然资源部，同时将原国家海洋局对应的污染防治职能并入了新组建的生态环境部。在此背景下，中国海洋环境治理的政府主体从中央到地方主要涉及了自然资源部、生态环境部、农业农村部下属的各海区分局、渔业渔政管理局、各地方政府及其辖属的生态环境厅、海洋（与渔业）局等（见表4-1）。需要说明的是，由于内陆地区是海洋陆源污染的主要来源，因此地方层面的政府主体不仅包括中国11个沿海省市地方政府还包括参与陆源排污的内陆地方政府。

表4-1　　　　　中央及地方海洋环境治理的政府主体分类

层级		海洋环境治理的职能部门及涉海辖属机构	
中央层面	生态环境部	海洋生态环境司、国家海洋环境监测中心	
	自然资源部	国家海洋局（北海分局、东海分局、南海分局）	
	农业农村部	渔业渔政管理局（黄渤海区渔政局、东海区渔政局、南海区渔政局）	
地方层面	各省、直辖市、自治区地方政府	生态环境厅	生态环境监测处、海洋生态环境处等
		自然资源厅	海洋（与渔业）局等

注：根据各部门机构官网整理得到，其中各地区机构改革有一定差异，部分地区（如山东、浙江、福建、广西等）在自然资源厅下设立海洋（与渔业）局，部分地区（如辽宁、江苏、广东等）不再单独设海洋（与渔业）局，且不同地区涉及辖属机构单位名称存在不同。

　　在现代海洋环境治理模式下，企业、社会公众、非政府组织被认为是发挥市场机制和社会机制作用的重要载体。一方面，海洋环境并非完全是一个公共物品，不同类型的海洋环境需要加以区分，因此本质上要求企业、社会等其他主体共同参与治理。例如，滩涂养殖使用权一般属于私人物品，需要采取以市场机制为主的治理模式，其中养殖企业、养殖户是主要的治理主体。另一方面，传统政府单一主体的管理模式已经被证实存在严重的政府失灵问题，面临有限理性的行动困境，而企业和社会组织的参与将有效提升海洋环境的管理、监督效率。

　　海洋环境与企业之间的关系是双向的，企业既可以从海洋环境中获取产品和生产要素，同时其生产行为也将直接或间接的影响海洋环境。①
因此，企业既是损害海洋环境的主要主体也是参与保护海洋环境的重要
力量。中国海洋环境治理的企业主体可分为开发利用海洋资源的企业、
涉及海洋排污的相关企业以及直接从事海洋环境治理的环保企业三个类
型。对于资源利用和污染排放类企业而言，重要的是引导其开展绿色生
产，采纳新型清洁生产技术及设备，转变高能耗、高污染的传统生产方
式。因此，企业实质上是海洋环境公共产品提供的重要主体，是海洋环
境市场治理机制中的核心载体。

　　已有的经验表明，社会公众（非政府组织）在环境治理中发挥着十
分重要的作用，能够有效弥补政府机制和市场机制的缺陷。② 公众参与
环境治理的动机包括污染驱动型、世界观模式和后物质主义模式三种，
其中最直接的是污染驱动型。③ 海洋环境质量与公众利益密不可分，在
海洋环境污染中公众是直接的受害者，且海洋流动性特征导致任何消费
者都可能受到海洋污染的利益侵害，因此公众具备参与海洋环境治理的
充足动力。④ 由于海洋污染的跨区域性特点，海洋环境治理的公众主体
是不固定的，既包括沿海省市的居民也包括陆域尤其是陆源流域沿岸居
民。另一方面，除个体形式外，以集体形式存在的海洋环境保护社会组
织（如环保 NGO、海洋环境保护社团）也是重要的参与主体。与公众个
体相比，组织明确、目标统一的非政府组织在表达海洋环境治理意愿、
参与治理政策制定及开展环境治理监督等层面均有更大的优势，是现代
国际海洋治理中的重要参与者。⑤ 中国海洋环保 NGO 起步较晚，面临管
理体制不健全、法制建设不完善、公众基础薄弱、资金来源单一及专业

　　① 王琪，何广顺. 海洋环境治理的政策选择 [J]. 海洋通报，2004，23（3）：73 - 80.
　　② 曾婧婧，胡锦绣. 中国公众环境参与的影响因子研究——基于中国省级面板数据的实证分析 [J]. 中国人口·资源与环境，2015，25（12）：62 - 69.
　　③ 童燕齐. 环境意识与环境保护政策的取向 [G] //杨明. 环境问题和环境意识 [M]. 北京：华夏出版社. 2002.
　　④ 全永波，尹李梅，王天鸽. 海洋环境治理中的利益逻辑与解决机制 [J]. 浙江海洋学院学报（人文科学版），2017，34（01）：1 - 6.
　　⑤ 杨振姣，孙雪敏，罗玲云. 环保 NGO 在我国海洋环境治理中的政策参与研究 [J]. 海洋环境学，2016，35（03）：444 - 452.

水平较低等多种问题①，但也涌现出了诸如中国海洋学会、"蓝丝带"海洋保护协会、深圳蓝色海洋环境保护协会等专业化的海洋环保社会组织。

综上，中国海洋环境治理的主体包括政府、企业和社会三大类，其中：政府主体主要涉及中央人民政府及其生态环境部、自然资源部、农业农村部等，沿海及陆源污染地方各级人民政府及其生态环境部门、自然资源部门等；企业主体以利用海洋资源环境开展生产活动的企业、涉及海洋排污的企业以及海洋环保企业为主；社会主体则可分为个体形式存在的公众和集体形式存在的非政府组织。

2. 治理主体的角色定位

不同于传统的政府行政管理模式，海洋环境治理需要政府、企业和社会三者间的协同配合，这就需要科学界定参与主体的角色定位，明确其治理职责，以确保政府机制、市场机制和社会机制的高效运行。

(1) 政府：统筹者、服务者和协调者

治理理论并非将政府排除在治理主体之外，而是强调转变政府职能，促进政府与企业、公众及非政府组织平等、民主的协商。按照"元治理"理念，政府在环境治理中不再是至高无上、控制一切的管理者，而更像是一个强调责任而非权力的"同辈中的长者"②。考虑中国的具体管理实践以及海洋本身流动性、跨区域的特征，政府在海洋环境治理体系中依然处于重要的主导地位，需要承担规则制度的统筹设计、公共服务的有效供给及社会利益的协调平衡等职责。

首先，海洋环境多元治理的形成有赖于科学合理的制度设计，而政府是建立这一制度环境的主要责任主体，是海洋环境治理顶层设计的统筹者。一方面，海洋环境治理是一个长期的、整体性的、系统的工程，

100

---

① 张继平，潘颖，徐纬光. 中国海洋环保 NGO 的发展困境及对策研究［J］. 上海海洋大学学报，2017，26（06）：933-938.

② 李剑. 地方政府创新中的"治理"与"元治理"［J］. 厦门大学学报（哲学社会科学版），2015（03）：128-134.

需要政府对海洋资源的开发和海洋环境的保护做战略性的、全局性的布局①，包括从中央到地方自上而下的海洋环境治理规划政策的制定。例如，国家层面颁布的《中华人民共和国海洋环境保护法》《中华人民共和国海域使用管理法》《全国海洋功能区划》《重点海域海洋环境保护规划》等均是从顶层设计层面对中国海洋环境治理所做的全局谋划。在此基础上，各地方政府要因地制宜制定海洋环境治理政策，明确治理的长期、中期和短期目标，细化海洋环境治理任务。另一方面，从"横向"来看，政府要建立科学合理的制度安排，确保不同区域、不同部门政府间的协同配合。海洋环境问题涉及沿海不同省市、陆海不同地区以及生态环境部门、自然资源部门、渔业管理部门等多个政府行政机构，需要打破政府间的行政壁垒、建立一体化的管理体制。同时，政府也要借助法律法规等强制力手段建立完备的激励和约束制度，保障政府自身、企业及社会公众等不同利益导向下的主体能够为同一治理目标而采取一致性的治理行动。

其次，在海洋环境治理中政府要从管理者角色向服务者角色转变，通过营造适宜的制度环境，促进企业、社会公众承担社会责任，自觉开展海洋环境治理行为。具体而言，一方面需加快包括海洋生态损害补偿、横向财政转移支付等制度建设，借助环境税收、政策补贴及奖励罚款等手段为成本－收益市场机制创造良好的外部环境，引导企业开展绿色生产。②另一方面，政府要完善社会公众知情权、参与权和监督权等相关法律规定，建立海洋环境信息披露机制，在公共区域或通过电子网络形式公开举报环境损害的投诉方式，创新多元主体互动磋商模式，搭建公众、社会组织的参与渠道。③

最后，海洋环境治理是一个涉及多方利益的复杂系统工程，需要政府做好多主体利益的协调工作。政府在为市场和社会提供外部制度环境时需首先认清海洋环境问题非线性的本质特征，具体表现在：一是海洋

---

① 吴志敏. 风险社会语境下的海洋环境突发事件协同治理 [J]. 甘肃社会科学，2013，35（02）：229–232.

② 黄南艳. 海洋环境管理中的经济学手段研究 [J]. 海洋信息，2004（03）：15–17.

③ 张金阁，彭勃. 我国环境领域的公众参与模式——一个整体性分析框架 [J]. 华中科技大学学报（社会科学版），2018，32（04）：127–136.

环境污染是由多重损害来源（陆源性污染、填海造地、海上溢油等）复合作用的结果，同时还受海洋流动性的扰动；二是环境治理同其他因素之间存在非线性关系，如关停企业减排可能带来的经济增速短期下降、企业造成的就业问题以及可能诱发的社会群体性事件等。① 为此，政府在进行海洋环境治理决策时要对具体环境问题开展具体分析，充分考虑多元利益主体的多重诉求，做好不同利益主体间的协调工作。一方面，政府内部利益需要协调，包括上下级政府之间（主要表现在中央环保要求与地方政府晋升压力下经济增长目标间的冲突）、不同地区政府之间（主要表现在对海洋环境污染问题的相互推诿、扯皮）以及不同政府部门之间（主要表现部门职责交叉导致的利益冲突）。另一方面，政府需平衡在海洋环境治理过程中所涉及的经济、社会等其他利益，创新长效绿色发展模式，为企业、公众及非政府组织等主体的协同参与营造有利环境。

（2）企业：重要参与者

企业既是损害海洋环境的主体，也是参与保护海洋环境的重要力量。② 海洋生态环境是一个复杂的系统，单一的政府机制往往难以有效规避信息不对称、污染者搭便车等现实问题，存在政府失灵现象。③ 海洋环境污染的来源主要包括陆源性污染、填海造地等海岸工程造成的污染、溢油事故等海上污染，其中除少部分生活类污染外，多数污染物来源于企业。因此，让企业参与海洋环境治理是从源头解决海洋环境污染问题的关键。参与海洋环境保护的企业可以分为海洋环境污染减排的企业、海洋环境污染治理的企业、海洋环境污染监督的企业三种类型。

首先，对于海洋环境减排的企业而言，更新生产工艺、生产设备，淘汰高能耗、高污染的传统生产流程，提高绿色发展能力是其参与海洋

---

① 唐任伍，李澄. 元治理视阈下中国环境治理的策略选择 [J]. 中国人口·资源与环境，2014，24（02）：18-22.

② 全永波，尹李梅，王天鸽. 海洋环境治理中的利益逻辑与解决机制 [J]. 浙江海洋学院学报（人文科学版），2017，34（01）：1-6.

③ 吕建华，贾蒙恩. 论我国海洋环境准公共物品市场化供给方式选择 [J]. 中国渔业经济，2013，32（05）：151-156.

环境治理的主要方式。而作为追求经济利益最大化的个体，企业往往不会自发开展绿色生产，同时海洋自身的公共物品属性导致企业具有"搭便车"的强烈动机。为此，政府需要提供税收优惠、财政补贴等激励政策和严格的监督惩罚措施加以引导、约束①，建立企业主动参与海洋环境治理的制度环境。其次，企业是开展海洋环境污染治理的重要主体。要加快培育专业化的海洋环境保护企业，积极探索第三方治理模式，借助市场化机制提升海洋环境治理效率，探索采用市场机制矫正"市场失灵"问题。通过完善第三方专业化市场服务，由海洋环保企业为具有环境治理需求的涉海污染企业提供问题诊断、治理方案编制及治理设施建设、运营、维护等综合服务，能够有效降低政府环境治理成本，提高海洋绿色发展的市场化水平。最后，企业还能够在海洋环境污染监督中发挥关键作用。构建多主体参与的海洋环境监督机制是避免环境污染治理中出现"公地悲剧""搭便车"等现象的关键。通过培育专业化的海洋环境评估企业，引导企业与社会环保组织深入合作，逐步建立政府、企业和社会（公众与环保组织）三方协同的、相互制衡的环境监督模式，着力形成海洋环境治理合力。

(3) 社会公众（非政府组织）：参与者和监督者

随着经济发展水平以及公众教育程度的提高，公众对包括海洋在内的环境问题关注度和参与热情不断提升，公众参与环境治理成为一种趋势。② 在海洋环境治理中，代表公共利益的公众可以成为主要参与者，同时也可以发挥监督、约束政府、企业行为的作用。③ 相较于个体公众，作为集体形式存在的海洋环保非政府组织能够更集中地表达环境诉求并提出一致性的利益主张，因而在海洋环境治理过程中表现更加活跃。提高社会公众（非政府组织）的海洋环境治理参与程度不仅有利于促进国

---

① 张同斌，张琦，范庆泉. 政府环境规制下的企业治理动机与公众参与外部性研究［J］. 中国人口·资源与环境，2017，27（02）：36－43.

② 郑思齐，万广华，孙伟增，罗党论. 公众诉求与城市环境治理［J］. 管理世界，2013（06）：72－84.

③ 王凤. 公众参与环保行为影响因素的实证研究［J］. 中国人口·资源与环境. 2008，18（6）：30－35.

家环境立法，有效监督有关职能部门的环境执行，同时也加强了对企业污染源的监督和举报，增加企业污染成本，促使企业开展绿色生产。因此，社会公众的海洋环境监督内容包含对政府环境治理过程、效率的监督和对相关企业环境排污、治污过程的监督两个方面。中国社会公众参与海洋环境治理的渠道主要分为由政府提供"自上而下"式的官方渠道和由公众、专业机构及媒体发起"自下而上"式的民间渠道两种。[①] 官方渠道具体包括环境信访、人大建议、政协提案、行政征询等方式，民间渠道主要包括上访、司法诉讼、媒体曝光等形式。在环境群体性事件频发的背景下，未来应着力健全公众参与渠道，提高公众环境治理知识水平和参与能力，切实发挥公众环境治理监督作用，以有效促进环境公平和环境治理效率。

3. 治理主体的关系分析

在中国海洋环境治理体系中，政府、企业和社会公众等多元利益主体相互间存在复杂的交互影响关系。立足治理主体的角色定位，梳理主体间的逻辑关系，可为破解海洋环境治理困境、建立多元协同的治理体系提供理论依据。

（1）政府和社会公众的委托—代理关系

按照公共经济学理论，政府和公众的关系可视为一种特殊的委托—代理契约关系，其中政府作为代理人行使公共权力，实施公共管理、提供公共物品、满足公共需求等，而公众则通过缴纳税款向政府提供资金来源，从而构成较为稳定的社会契约。[②] 海洋环境具有典型的公共物品属性，公众是环境公平的利益诉求方，而政府作为代理人借助财政支出、环境规制等手段提供环境治理公共服务、约束企业环境污染行为等。然而，相对于强势、具有垄断地位的政府，以分散形式存在的公众在契约关系中处于劣势地位，导致政绩考核压力下的地方政府可能

---

① 涂正革，邓辉，甘天琦. 公众参与中国环境治理的逻辑：理论、实践和模式 [J]. 华中师范大学学报（人文社会科学版），2018，57（03）：49－61.

② 邓名奋. 论公民与政府委托—代理关系的构建 [J]. 国家行政学院学报，2007（05）：39－42.

为追求经济利益而忽视公众的环境利益。因此，在海洋环境治理的政府与公众关系中，重要的是搭建线上线下多种公众参与渠道，完善环境公益诉讼制度，建立公众环境治理意见反馈机制，借助公众监督约束地方政府行为。

（2）政府和企业的制约—合谋—合作关系

作为社会公众的代理人，政府本质上是公共利益的代表，而企业作为市场经济主体是以追求利润最大化为行为目标，这就必然形成政府与企业之间的利益冲突。为此，政府需要制定一系列奖惩制度来约束企业的海洋环境污染行为，修正企业"有限理性经济人"的缺陷，解决市场失灵。然而，在对环境污染企业进行整治的过程中，政府也必然牺牲经济增长等目标。在以 GDP 增长为核心的传统考核体制下，地方政府可能为了区域经济增长而与企业"合谋"。例如，现实中某些地方政府可能有意放松监管或降低处罚力度，导致企业因违法成本低而不会主动开展绿色生产。① 同时，企业为获取经济利益可能开展"寻租"行为，政府则可能成为污染企业的"俘虏"，进而导致在海洋环境监测中出现包庇、瞒报、伪造数据等问题。随着中央政府对环境问题的重视程度不断加深，绿色发展开始纳入地方政府考核体系，环境问责机制逐步完善，迫使地方政府寻求环境保护和经济增长的平衡点。而企业作为绿色生产的主要载体，面临社会公众压力也在不断增加，需要承担社会责任以建立良好的企业形象。在新的形势下，地方政府和企业之间将形成海洋环境治理的合作关系。例如，地方政府通过绿色补贴、税收减免等方式引导相关企业更新生产设备，加大环境治理设施投入，主动降低污染，企业则借助地方政府的扶持政策加快绿色化改造，实现转型发展。

（3）企业和社会公众的冲突—共生关系

在海洋环境污染问题中，企业与公众之间在短期往往存在环境利益

105

---

① 朱德米. 地方政府与企业环境治理合作关系的形成——以太湖流域水污染防治为例 [J]. 上海行政学院学报，2010，11（01）：56 – 66.

冲突。由于海洋的公共物品属性及流动性特征，企业极易将污染的负外部性转嫁给分布广泛的社会公众，导致公众环境福利受损。尤其是在非政府环保组织程度不高、环境诉讼及公众监督等制度缺失的条件下，处于弱势方的社会公众往往缺少表达环保诉求的有效渠道，从而引发社会冲突。因此，在海洋环境治理体系中，需要建立公众参与环境治理的有效机制，加快非政府海洋环保组织建设，为民间海洋环保诉求能够发挥其约束作用，倒逼污染企业开展绿色生产降低海洋污染。同时，立足绿色需求角度，社会公众可以通过绿色消费来影响企业生产行为，迫使企业改变高污染、高能耗的传统生产模式，转而提供需求量更高的绿色环保产品，从而在供需层面企业和公众形成良性的共生关系。①

（二）中国海洋环境治理的客体

1. 治理客体的类型识别

中国海洋环境治理的客体是治理内容的总和。狭义上，治理客体可视为海洋自然资源、滩涂湿地、近岸河口、红树林、珊瑚礁等客观存在的海洋生态环境及其因填海造地、陆源排污等造成的生态损害问题。广义上，治理客体还可进一步理解为围绕海洋生态环境的治理所涉及的一系列需要解决的现实问题。从自然地理角度看，海洋环境的类型包括潮间带海洋环境、河口海洋环境、海湾海洋环境、浅海海区海洋环境和大洋海区海洋环境五种，其中大洋海区海洋环境属于公海管理范畴，而本章所指的中国海洋环境治理主要以其他四种近海海洋环境为主。立足生态损害视角，中国海洋环境治理的客体对象包括填海造地、海洋陆源性排污、海洋倾废、海上溢油、危险化学品泄漏等具体类型。由于中国海洋环境监管长期处于陆海分割、条块分割的状态，导致中国海洋环境治理低效，海洋生态环境损害问题不断恶化。因此，中国海洋环境有效治理的实现需要解决从顶层制度设计、政府机构改革到区域协同合作、监管网络建设等一系列问题，而这一系统性工程是海洋环境治理内容的集

---

① 金培振. 中国环境治理中的多元主体交互影响机制及实证研究 [D]. 湖南大学, 2015.

中体现。综上，海洋环境治理客体在不同视角下有不同的划分方式（见表4-2）。在明确海洋生态环境类型特征的基础上，针对现实存在的生态损害类型，梳理海洋环境治理需要解决的具体问题是建立有效治理体系的重要基础。

表4-2　　　　　　　　中国海洋环境治理的客体类型识别

划分标准		客体类型
狭义	自然地理	潮间带海洋环境、河口海洋环境、海湾海洋环境、浅海海区海洋环境等
	生态损害	填海造地、海洋陆源性排污、海洋倾废、海上溢油、危险化学品泄漏等
广义	现实问题	顶层制度设计、机构部制改革、区域协同合作、监管网络建设等

2. 治理客体的特征分析

海洋环境治理客体的复杂性是导致现实中海洋环境治理低效的主要客观原因。本部分主要从自然属性和物品属性两个层面分析狭义的海洋环境治理客体的复杂特征。

（1）自然属性特征

海洋的整体性、流动性与海洋管理的分散性、局部性之间的矛盾被认为是现代海洋环境治理需要解决的根本问题。[①] 海洋环境特有的自然属性特征决定了海洋环境治理相较于陆域环境治理面临更为复杂的情况。一方面，潮间带、河口、海湾等海洋环境作为一个完整的生态系统，在海洋生物种群和非生物环境的复杂交互作用下表现出特有的结构与功能。然而，现实中进行海洋资源的开发与海洋环境的监管均是以行政区划为单位，这种人为割裂海洋环境整体性的传统管理模式是造成海洋环境持续恶化的重要原因。[②] 另一方面，海水的流动性决定了海洋环境污染具

107

---

① 巩固. 欧美海洋综合管理立法经验及其启示 [J]. 郑州大学学报（哲学社会科学版），2015，48（03）：40-46.

② 刘慧，苏纪兰. 基于生态系统的海洋管理理论与实践 [J]. 地球科学进展，2014，29（02）：275-284.

有较强的扩散效应，导致现实中污染责任难以清晰界定，从而进一步增加了海洋环境治理的难度。

（2）物品属性特征

传统观点将海洋环境统一视为一个公共物品，而忽视了不同类型海洋环境的具体特质，进而引发治理手段单一、治理机制不匹配等现实问题。不同类型的海洋环境按照人类开发和使用权划分的不同表现出不同的属性特征。[①] 例如，属于潮间带的滩涂养殖海域一般被认定为私人物品，海岛上开发的高尔夫球场则可认为是俱乐部物品，一般性的公共海域则属于公共物品。针对不同的海洋环境类型，需要建立社会、市场和政府多元化的治理机制配合。具体而言，以市场机制为主、政府机制和社会机制配合的治理结构适用于养殖用海类具有私人物品特征的海洋环境客体，以社会机制为主、市场机制和政府机制配合的治理结构可用于具有俱乐部物品属性的海洋环境客体，而政府机制为主、市场机制和社会机制配合的治理结构可解决多数公共海域的监管问题。

（三）中国海洋环境治理的主客体关系

中国海洋环境治理的主体包括政府、企业和社会公众（非政府组织），治理客体则是滩涂、湿地、浅海等各类海洋环境及其生态损害状况、治理困境等内容的总和。因此，在本质上，海洋环境治理的主客体关系可以视为人与自然或社会与生态之间的复杂关系。随着国际社会对人与自然的关系认识程度不断加深，人—自然耦合系统研究开始得到学者广泛关注。我国生态学家马世骏在 1984 年提出了社会—经济—自然复合生态系统的概念[②]，国外则逐步形成了以社会—生态系统理论为核心的人—自然复合关系研究框架。按照诺贝尔经济学奖得主 Ostrom 提出的

---

① 沈满洪. 海洋环境保护的公共治理创新 [J]. 中国地质大学学报（社会科学版），2018，18（02）：84-91.
② 马世骏，王如松. 社会—经济—自然复合生态系统 [J]. 生态学报，1984（01）：1-9.

社会—生态系统诊断分析框架①，海洋环境治理的主体和客体分别属于治理系统和资源使用者、资源系统和资源单位两部分（见图4−1），其中：治理系统包括海洋环境治理的政府机制、市场机制和社会机制，具体执行主体包括政府、企业和社会公众；资源使用者也是海洋环境治理的参与主体，主要指以企业为主体的海洋开发利用者及潜在的海洋环境损害者；资源系统是海洋环境治理客体的存在形式，包括潮间带海洋环境、河口海洋环境、海湾海洋环境、浅海海区海洋环境等；资源单位可视为海洋环境治理下的质量指标表现，如滩涂面积、河口水质、海域生物多样性等。

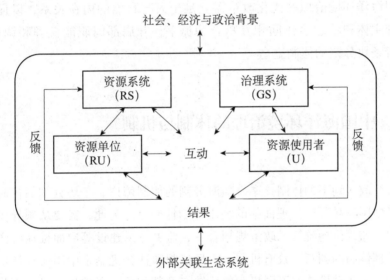

图4−1 海洋环境治理的社会—生态系统示意图

基于社会—生态系统理论，在特定生态和社会宏观背景下，海洋环境治理的主体（即治理系统和资源使用者）和客体（即资源系统和资源单位）之间存在复杂的相互作用，并最终在整个社会—生态系统中产生特定的结果。对结果的衡量通常包括社会绩效评估（如效率、公平、责任和持续性等）和生态绩效评估（如生物多样性、可持续性、

---

① Ostrom E. A general framework for analyzing the sustainability of social − ecological systems. Science, 2009, 325 (5939): 419 −422.

恢复力状况等）两个层面，结果的表现实质上反映了海洋环境治理的综合绩效水平。因此，促进治理系统与资源系统的动态适应、确保资源单位与资源使用者的合理匹配，是实现海洋环境社会—生态系统可持续发展的关键。中国海洋环境监管体制长期采取基于陆地行政区划延伸到海洋的属地化管理模式，以刚性化行政区分割海洋环境整体性的生态系统，造成了治理系统与资源系统的不协调、不匹配。另一方面，在中央层面，海洋环境治理问题长期被划分到多个不同职能部门共同监管，呈现出"五龙治海、各自为政"的分散化治理格局，这与海洋环境的一体化、海洋污染的可转移性等自然特征相冲突。综上，中国海洋环境治理的优化改革需立足于人与自然的内在关系，以促进治理主体和治理客体间相互耦合为抓手，开展部门职能梳理和调整，破解条块分割的体制壁垒。

二、中国海洋环境治理的体制与机制

　　行政区划下的体制壁垒、陆海分割的体制障碍、条块分割的体制矛盾是中国海洋环境治理面临的突出体制性问题。为此，需要从领导体制构建、监管机构统筹、政策规划合一、监测体系建设等层面推动海洋环境治理体制的创新。政府机制、市场机制和社会机制是中国海洋环境治理的三大驱动模式，不同机制的优缺点及其作用有所差异，且均面临失灵风险。海洋环境治理机制的创新，既要推动政府、市场和社会机制本身的创新，同时也要建立政府—企业—公众（环保组织）多元治理机制，形成科学合理的治理体系。

（一）中国海洋环境治理的体制

1. 领导体制构建

　　全面加强党对生态环境保护工作的领导，落实党政主体责任，是习近平生态文明思想的重要内容。在全国生态环境保护大会上，习近平总书记对生态文明建设和生态环境保护作出全面战略部署和重要工作安排，指出地方各级党委和政府主要领导是本行政区域生态环境保护第一责任人，为进一步加强生态环境保护工作提供了坚强的政治和组织保障。[①]压紧压实党政领导干部的生态环境保护责任作为中国生态文明制度建设的重要发力点，为系统解决海洋环境治理问题指明了方向。

受海洋公共性、流动性特征影响，中国各地方的海洋环境保护长期面临监管责任不清晰、部门间权力交叉重叠等突出问题。为此，要依托《党政领导干部生态环境损害责任追究办法》，借鉴《关于全面推行河长制的意见》等相关文件，明确地方党委和政府对海洋生态环境保护的主体责任，建立责任清晰的长效领导体制。一是对接"河长制"建立"湾长制""滩长制"，逐级压实地方党委和政府对海洋环境保护的主体责任。基于海洋生态系统管理理念设立总湾长，并依据地方行政层级向下逐级设立各级湾长。各级湾长则应由地方党委和政府主要负责人兼任。二是健全海洋督察制度，从推动立法和组织改革层面提升海洋督察机构的独立性和权威性，梳理督察机构与环境保护督察、地方党委和政府、地方海洋监管机构等政府机构之间关系，强化对地方海洋环境保护责任人的督察问责权。[②] 三是加强对地方党政领导干部的考核问责，以海洋生态红线制度为基准，围绕自然岸线保有率、海水质量、滩涂湿地保护等指标，建立以改善海洋环境为核心的专项目标责任体系，制定科学、完备的评价指标和考核方案。四是完善领导干部海洋环境保护责任追究制度，开展领导干部海洋自然资源资产离任审计，将考核结果纳入领导奖惩晋升的重要依据，强化政府在海洋环境治理中的核心主导作用。[③]

2. 监管机构统筹

中国海洋环境治理长期存在"多头管理、无人负责"的问题。在国

① 杨秀峰. 压实第一责任人的生态保护政治责任［N］，中国环境报，2018 - 05 - 25.
② 秦书生，王艳燕. 建立和完善中国特色的环境治理体系体制机制［J］. 西南大学学报（社会科学版），2019，45（02）：13 - 22 + 195.
③ 中共中央国务院关于全面加强生态环境保护坚决打好污染防治攻坚战的意见［N］. 人民日报，2018 - 06 - 25（01）.

务院机构改革之前，海洋环境治理分别由负责河流排污监管的环保部门和负责入海排污口、海洋倾倒监管的海洋部门共同承担。这种两部门、两段式的监管模式导致污染防治责任主体不明确，海陆边界交错区域极易形成监管真空。鉴于此，2013 年第十二届全国人民代表大会、2018 年第十三届全国人民代表大会先后针对海洋环境监管部门进行改革，最终将海洋环境保护职能划归到生态环境部，为未来实现陆海环境一体化治理奠定了基础。

然而，由于部制改革刚刚起步，从中央到地方生态环境监管部门仍处于梳理、整合阶段。为落实陆海统筹基本理念，实现从山顶到海洋的一体化治理，未来应从以下三个方面着力完善监管机构的统筹工作：一是以中央部制改革为基础，立足垂直管理理念整合市、县级海洋环境监管机构，厘清中央和地方的海洋环境监管职责，形成扁平的市县、省、中央三级架构；二是坚持陆海统筹，梳理地方政府部门间的职责，建立以各地方党委、政府为责任主体，以地方生态环境保护机构为执行主体的海洋环境污染联防联控管理体系；三是基于生态系统管理理念，针对湾区、滩涂、入海口等特殊生境，由省级政府探索设立专门的环境治理机构，由其负责对所辖市县地方政府及环境管理部门进行统一调配，实现跨区治理，从而打破行政壁垒，推进从山顶到海洋的一体化监管。

3. 政策规划合一

由于人们对海陆认知的差异，在过去较长的时期里，中国对海洋环境规划的重视程度和完善程度一直滞后于对陆域环境的规划管理，海洋被视为陆域垃圾的"处理场"，大量的陆源污染物在缺乏严格管制、无须承担任何成本的情况下排放入海，造成海洋环境的"公地悲剧"。因此，为实现海洋环境质量的改善，必须在环境规划中做好陆海统筹，全面推进多规合一，消除陆海多规重叠的矛盾，实现一体化治理。首先，立足陆海统筹视角优化海域使用规划，在划定海洋生态红线的前提下，结合陆域产业布局和海域承载能力，对海域空间利用、海洋资源开发及入海排污进行通盘考虑，避免陆域和海域的"规划冲突"和"规划真空"。其次，在厘清海污染物的污染源及其基数的基础上，加快构建入海污染物总量控制制度，以此为着力点推动陆域排污管理政策与海洋污染控制政策的统筹与协同。

另一方面,随着中央对海洋环境保护的重视程度不断提高,围绕海洋环境保护出台的政策法规不断增加,中国海洋生态保护政策经历了从无到有、从少到多的演变过程。然而,各类政策间的协调性、互补性不足,导致海洋生态保护效率低下。因此,包括海域使用管理、海洋生态红线制度、海洋功能区划、海洋生态损害补偿等在内的各类海洋环境保护制度本身也需要开展"多规合一",避免政策间的冲突、交叉,推进海洋生态保护制度"从多到优"的有效过渡。

4. 监测体系建设

完备的海洋环境监测体系是实现海洋环境高效治理的重要基础保障。为此,要推动海洋环境监测体制改革,建立垂直为主的海洋环境监测体系,推进海洋环境信息公开和共享,避免出现多头投入、多头监测、信息封锁、数据不一等问题。一是统筹原环保部、海洋局设立的近岸滩涂、湿地及近海环境监测站点,依托部制改革后的生态环境部,对原环境监测指标、标准及方法进行统一,破解多头监测下的数据信息不可比、不一致问题。二是立足海洋生态系统的整体视角,对环境监测点位进行统一规划布局,完善海洋环境监测网络体系,破除行政壁垒。三是借助互联网、大数据等新技术,建设可视化、智能化的海洋环境监测信息共享平台,加强各监测网点之间的信息融通共享,保障社会公众对海洋环境保护的知情权和监督权。四是探索建立从"评价"到"应用"一体化的海洋专项预警机制,组建高层次、跨学科的杭州湾海域生态预警专家库,定期编制海域生态预警报告,将预警评价结果纳入地方政府考核的核心指标及海域使用规划调整的重要依据。

(二) 中国海洋环境治理的机制

113

1. 政府机制构建

长期以来,中国海洋环境保护主要依赖于自上而下的政府强制性的行政手段,政府不仅承担了宏观层面的政策规划制定而且还要负责具体运作过程中的实施、监督、沟通和反馈。然而，"政府办企业、政府办社会"下的"全能型"政府在海洋环境监管中面临着信息不对称下的"政府失灵"及成本高昂等问题。因此，中国海洋环境治理体系中政府机制的构建关键是转变政府职能，进一步梳理政府职能，着力打造服务型的"有限政府、有效政府"。同时，由于海洋环境的公共物品属性特征，政府在海洋环境治理中依然要发挥核心主导作用。因此，海洋环境治理中建立有效的政府机制并非等同于简单的放权或放松管制，而是在确保海洋生态红线、海域使用区划等必不可少的强制性手段有效实施的基础上，激发政府引导企业和公众自觉参与海洋环境治理的引导、服务功能。

首先，要完善地方政府考核体系，在地区经济和社会目标考核和各级官员的政绩考核中加大海洋环境指标的分值权重，探索建立领导干部海洋环境离任审计制度，遏制"唯GDP论英雄"观指引下的地方政府对污染企业的过度保护行为及对环境保护职能部门的干预行为。其次，建立和完善海洋生态红线、入海污染物总量控制、海洋功能区划等强制性制度，加强对滩涂、海域等海洋资源的确权登记，进一步强化政府在海洋环境治理中的顶层设计和环境监督职责。再次，借助资金补贴、技术支持等多种激励手段，引导企业走绿色发展道路，同时完善环境听证会制度和信息公开机制，搭建社会公众参与海洋环境决策、监督的有效渠道，发挥政府引导、服务职能。最后，梳理中央政府与地方政府、地方政府之间以及不同职能部门之间的职责，确保海洋环境规划、监测、督察、修复等全过程权责分明，避免目标冲突和监管断层，形成海洋环境治理合力。

2. 市场机制构建

传统的政府命令—控制式海洋环境治理模式不仅治理效率偏低且执行成本极高。为此，必须充分发挥失常机制作用，优化海洋资源配置，激发企业主体自主参与海洋环境治理的积极性。虽然海洋环境具有产权不清晰的显著特征，市场机制在海洋资源配置中发挥作用的难度较大，但在近岸滩涂、海域，尤其是养殖区存在实现产权界定的可能性。同时，还可以通过构建海洋生态损害补偿、海洋排污权交易制度，来探索发挥市场机制作用的新路径。

具体而言，一是针对产权相对明晰的养殖海域，开展开放式养殖用海海域的所有权、使用权和经营权"三权分置"试点改革，发挥市场机制的调节作用，规范用海秩序，破解养殖用海乱象，实现"依法用海、有偿用海"目标。二是探索建立海洋生态补偿交易市场和排污权交易市场，健全企业环境损害赔偿基金和环境修复保证金制度，积极引入第三方开展生态修复。同时，加强海洋生态补偿金使用和治理成效的公开透明性，建立政府、市场和社会多元参与的生态补偿监督机制，提升监管效率。三是建立海洋生态损害补偿基金制度，对责任人不明的生态损害、或对生态环境损害承保的保险人无法完成生态损害补偿时，由补偿基金提供资金予以修复。四是探索开展从流域到海域的跨行政区海洋生态转移支付试点工作，建立考核奖惩制度，让排污严重、考核未达标的地区通过财政转移支付方式向达标地区进行补偿，提高地方海洋生态保护积极性。

3. 社会机制构建

社会机制缺失一直是中国海洋环境治理面临的一个突出问题。实践证明，社会组织参与环境治理能够有效提升政府的公共理性，是建立现代环境治理体系中必不可少的一环。[1] 2016 年，国家海洋局颁布《全面海洋意识宣传教育和文化建设"十三五"规划》，提出建立海洋舆情常态化监测、预警、紧急应对和决策参考的一体化机制，强调为社会公众搭建参与海洋治理的平台，以提升全民的海洋责任意识。习近平总书记在党的十九大报告中提出"打造共建共治共享的社会治理格局"，并明确提出"推动社会治理重心向基层下移，发挥社会组织作用"，为海洋环境治理的社会机制构建指明了方向。

首先，适度放宽海洋环保非政府组织（NGO）的准入标准，拓宽融资渠道，积极培育海洋环境 NGO 组织，完善工艺诉讼程序性法规，保障海洋环保 NGO 的职能有效发挥。其次，借助互联网大数据技术，完善海洋环境信息的披露机制，维护社会公众的知情权，为社会公众及组织参

---

① 嵇欣. 当前社会组织参与环境治理的深层挑战与应对思路［J］. 山东社会科学，2018（09）：121–127.

与海洋环境治理提供必要的信息条件。同时，完善海洋环境诉讼制度，明确海洋环保组织及社会公众在环境诉讼中的主体资格，保障社会主体的环境利益维权渠道的后发通畅。最后，加强海洋环境保护的知识普及和公益宣传，提高全民海洋环境保护意识，发挥新闻媒体的舆论导向作用，增强社会公众参与海洋环境监督、保护的自觉性和积极性。

4. 政府—市场—社会协同机制构建

党的十九大明确提出要加快生态文明体制改革，建设美丽中国，在着力解决突出环境问题的过程中"构建政府为主导、企业为主体、社会组织和公众共同参与的环境治理体系"。政府机制、市场机制和社会机制在海洋环境治理中发挥的作用不同且各有优劣。首先，政府在海洋环境治理中并非是万能的，面临信息不对称下的决策非理性问题，同时在制度不健全的背景下存在职能履行不力的现象。其次，海洋环境的公共物品属性特征决定了在海洋资源配置中市场机制的作用发挥缺乏先决条件，因而海洋生态补偿、海洋环境财税等市场手段的适用范围受到限制。最后，社会机制虽然能够发挥对海洋环境治理决策的纠偏以及治理过程的监督作用，但其本身强制力不足且往往难以达成集体行动的合力。因此，需要充分考虑三个机制的职责分工及其相互制衡，从系统论视角，建立政府—市场—社会的协同治理机制，形成扬长避短的治理体系。

中国海洋环境治理的协同机制主要体现在规划决策的协同会商、环境信息的协同监督和污染防治的协同参与三个层面（见图 4-2）。

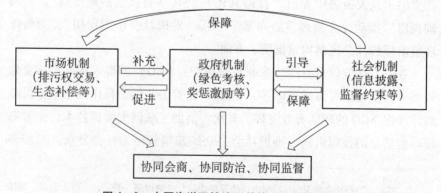

图 4-2　中国海洋环境治理的协同机制示意图

116

首先，政府是海洋环境治理规划和决策的责任者和主导者，理应承担包括海域使用、海洋资源开发、海洋环境保护等一系列规划设计和政策制定的职责，但与此同时企业、公众又是海洋环境治理的实际参与者，因而规划决策的实际效果又与企业、公众的理解和支持程度密切相关。[①]为此，要充分调动企业、公众和社会组织在海洋环境治理决策中的作用发挥，搭建海洋环境利益相关方的圆桌对话平台，开放环境决策过程，借助问卷调查、公开听证会、公众和企业代表座谈等多种方式听取决策意见，促使海洋环境治理成为所有利益相关方的共同事业。其次，海洋的流动性和公共性特征决定了海洋环境质量信息及治理信息的监督十分复杂，对海洋污染源的倒查和责任追溯难度较大。因此，在环境信息的监督环节需要发挥政府、市场和社会机制的共同作用，来提高监管效率并降低政府监督成本。通过引入环保社会组织和新闻媒体为第三方监督，建立问题报告、民意反馈及治理信息公示机制，引导社会主体的深入参与，形成政府、社会协同监督格局。最后，在污染防治层面着力打造政府宏观调控和市场长效调节的协同模式。政府根据不同地区的海洋环境状况和排污总量情况，做好海洋污染排放总量控制的顶层设计，在此基础上构建起不同地区之间、地区内企业与居民之间的市场化排污交易市场，以市场价格调节机制倒逼污染企业减排。

三、中国海洋环境治理的结构与条件

海洋环境治理是一项涉及多个主体和客体，需要政府机制、市场机制和社会机制协同发挥作用的复杂系统性工程。促进这一复杂系统有效运行的关键在于实现治理体系内部要素结构和外部支撑条件的协调、匹配。中国海洋环境治理的结构包括权力结构、社会结构和区域结构三个类型，其中理清权力结构是根本基础、培育社会结构是重点任务，统筹

117

① Voss H. Environmental public participation in the UK［J］. International Journal of Social Quality，2014.

区域结构是内在要求。同时，为形成科学、合理的海洋环境治理结构，还需要技术信息、政策法规、社会支持等外部条件的保障。

（一）中国海洋环境治理的结构

1. 治理结构的要素构成

中国海洋环境治理的结构要素可分为生态系统要素和社会系统要素两大类，两类要素之间是否能实现匹配、协同直接决定了海洋环境治理体系的运行效果。海洋生态系统包括海洋生物和海洋环境两类要素，海洋环境治理的最终目标是实现海洋生态系统内各要素的平衡发展。受各类自然和人为因素影响，海洋生态系统的演化总体呈现为从旧的不平衡到平衡再到新的不平衡中循环突破的过程。海洋生态平衡的关键是维持生态链环的平衡性。多个海洋生物依附于复杂的生态关系网络，构成了整个海洋生态链。在生态链中的任何一个环节的缺失都会导致整个海洋生态链条的失衡。海洋生态资本是能够为人类经济社会带来巨大经济社会效益的无形资产，也是联系生态要素和社会要素的桥梁。长期以来，人类社会对生态资本的忽视是造成海洋资源过度开发、海洋环境污染严重的根源。因此，加强海洋生态资本核算，推动海洋生态资本有偿使用和市场化交易，是实现海洋生态链环平衡的重要途径。对生态资本的核算和监管依赖于海洋社会系统要素。海洋社会系统要素涵盖政府、企业、公众、社会组织等多个主体以及有关海洋环境保护和治理的多种制度、政策等。在现代环境治理理念下，社会系统不再是孤立存在和处于绝对地位的，而是要遵循生态系统的生存法则，充分考虑生态系统的关联性、完整性和多样性，建立与海洋生态系统相适应的社会系统网络。海洋社会系统各个层面的决策制定与行动均要与海洋生态系统的要素相匹配，要从社会－生态的关联性角度出发，打造基于生态系统的海洋资源开发与环境保护结构。

2. 治理结构的主要类型

围绕生态系统和社会系统两类要素，中国海洋环境治理结构主要呈现出权力结构、社会结构和区域结构三种由内而外的基本形态，其中：权力结构主要是指以政府为主体的纵向和横向治理形态；社会结构是包括企业、公众、社会组织在内的多元合作治理形态；区域结构则是从更广泛的陆海统筹视角形成的陆域和海域一体化治理格局。构建科学、合理的权利结构、社会结构和区域结构是实现中国海洋环境高效治理的本质要求。

（1）权力结构：政府纵向—横向治理

在纵向上，中国海洋环境治理结构总体上表现为以行政区域为基础的中央与地方政府分工合作的状态，其中中央政府享有海洋环境治理的宏观决策权力，地方政府则对管辖区域内的环境质量负责，承担具体治理职责。中央政府、省级政府和基层政府实质上分别承担了委托方、管理方和代理方的角色。① 中央政府作为委托方，负责制定有关海洋保护的法律和顶层设计。省级政府作为管理方，承担落实执行中央海洋环保指令和政策，监管基层政府环境治理执行情况的职责。基层政府则执行辖区内具体海洋环境治理职责，落实上级政府的各类指令和政策。然而，由于各级政府利益目标不同、信息存在非对称性，导致可能出现地方政府环保执行不力、省级与基层政府共谋等违背中央环境治理要求的情况。因此，避免纵向权力的"执行偏差"是确保海洋环境治理制度、政策自上而下高效传达和落实的关键。综上，海洋环境治理的纵向权力结构是以中央政府—省级政府—基层政府为主线，同时涵盖了从中央到地方的涉及自然资源、生态环境监管的相关职能机构，总体表现为自上而下的命令—控制式模式。

在横向上，中国海洋环境治理结构主要表现为地方政府之间以及地方政府、各涉海监管部门等内部机构之间的关系。一方面，海洋的流动性和公共性特征决定了采用陆域行政分割的环境治理模式难以满足地方层面的海洋环境治理要求。开展跨区域的地方政府治理合作是解决海洋环境污染问题的重要选择。另一方面，在行政区内部，地方政府、地方

119

① 王树义，蔡文灿. 论我国环境治理的权力结构［J］. 法制与社会发展，2016，22（03）：155－166.

生态环境部门和自然资源部门等涉海环境监管部门之间围绕海洋环境治理形成横向治理结构，其中地方政府主要作为环境保护责任主体，地方涉海监管部门则是环境保护执行主体。由于地方环境监管部门多受地方政府规制，其环境监管权力有限，因而地方海洋环境治理的效果很大程度上取决于地方政府的环保态度和行为。① 鉴于此，压紧压实地方党政领导干部的海洋环境保护责任是梳理好横向治理结构的重要前提。与此同时，不同涉海环境监管部门之间也存在职能交叉、冲突问题。虽然在环境监管部制改革背景下，各地方的生态环境部门被授予统一的执法和监督权，但自然资源部门依然具备海洋生态修复方面的监管权，因此如何实现二者职能的有机协调是未来需破解的难题。②

（2）社会结构：多元主体合作治理

现代环境治理理念强调社会多元主体的共同参与，以此形成相互监督、相互协助和相互制衡的权利网络结构。传统的中国海洋环境管理模式忽视了企业、公众和社会组织的自主治理作用，造成政府支付大量费用的同时未能取得良好的环境治理效果。随着社会海洋环保意识的提升和政府职能的转变，政府、市场、公众及社会组织之间的关系在环境治理权力博弈中的表现日趋显著，在动态平衡中推动着治理结构从单一主体向多元主体转变。在多元主体合作治理结构中，不同主体的利益目标不同，因而建立主体间信任、互惠和制衡关系，确保各主体共同为海洋环境保护统一行动至关重要。其中，政府作为治理目标、规划和政策的制定者，需要承担组织多元主体协作的领导作用，是多元主体合作治理结构中的核心。企业、公众和社会组织则是在政府所制定的约束和激励制度下参与海洋环境治理的主体，在海洋环境治理的决策、执行、监督等全过程中发挥作用。

① 王刚，宋锴业. 中国海洋环境管理体制：变迁、困境及其改革 [J]. 中国海洋大学学报（社会科学版），2017（02）：22－31.
② 赵绘宇. 资源与环境大部制改革的过去、现在与未来 [J]. 中国环境监察，2018（12）：27－31.

（3）区域结构：陆海环境协同治理

陆海统筹是有效解决海洋环境污染和生态损害的重要举措。陆海一体化的协同治理是中国海洋环境治理结构在区域层面的具体表现。"中央＋沿海地区＋流域地区"的治理主体合作模式是陆海环境协同治理结构的主线，围绕这一主线还应包括陆海治理手段和治理信息的一体化。在陆海分割的传统理念下，中国海洋环境管理长期呈现出"条块结合、分散管理"的特征，陆域环保部门和海洋管理部门共同行使环境治理职责。然而这种两部门、两段式的监管模式导致海域污染防治责任主体不明确，海陆边界交错区域极易形成监管真空。同时，两个部门之间存在职责交叉和冲突，缺乏有效的信息流动与共享机制，导致海洋环境污染尤其是陆源污染问题日趋严重。为彻底解决陆海分治问题，中央政府开展了环境管理机构改革，设立的生态环境部统一了原来分散的、分割的污染防治和生态保护职责，自然资源部则统一行使全面所有自然资源资产所有者职责，从中央层面初步构建起了陆海协同治理的部门结构。然而，由于国务院机构改革尚处于起步阶段，地方层面的海洋环境监管职能统筹工作还有待推进。

除职能部门的陆海统筹外，构建陆海环境协同治理结构还需打破基于行政边界的碎片化管理，建立从流域到海洋的"上下游"区域协同共治模式。陆源污染是造成中国海洋环境污染的主要原因，而其中大部分污染物是通过陆域河流汇入海洋。在传统陆海分割的环境治理结构下，"上游"的流域地区参与陆源排污而不需要承担海洋污染治理的成本，"下游"沿海地区也缺乏动力和能力独自治理面源污染，由此导致海洋成为"公地悲剧"。基于此，陆海统筹理念下的区域协同治理结构强调打破陆海间的地区行政壁垒，构建从山顶到海洋的污染治理体系，借助湾长制、河长制、海洋生态补偿及海域排污总量控制等治理手段，推动沿海地区和流域地区的治理合作和风险共担。

121

3. 治理结构的优化路径

权力结构、社会结构和区域结构是中国海洋环境治理结构的三个层面。中国海洋环境治理结构长期面临的问题主要表现为纵向权力的执行

"偏差"、横向权力的利益冲突、社会治理的主体缺失和区域层面的陆海分割。因此,海洋环境治理结构的优化路径包括厘清和平衡权力结构、构建多元社会结构以及统筹陆海区域结构。

首先,要推动纵向权力层面中央—地方环境治理关系的法治化和扁平化,加快横向权力层面部门职责的明晰化。以中央与地方的法律分权模式取代传统的政治分权模式是解决中央与地方环境治理执行偏差的理想选择。① 中国海洋环境保护法主要侧重于传统工业污染防治,而较少涉及有关陆源污染、养殖污染、填海造地等其他污染类型,导致地方政府在执行海洋环境保护过程中缺乏统一的法律规定。为此,要建立完善的海洋环境保护法律体系,厘清中央部门、地方党委政府和相关企业责任,确保所有环境治理权力配置和调整的手段都有法律依据,提高法律的针对性和震慑力。同时,要进一步完善海洋督察制度,采用扁平化管理模式,由国家海洋督察专项办直接对各个督查组进行调度,最大程度减少中间环节,督促国家海洋保护政策法规的有效落实。在横向权力层面,加快地方层面的生态环境监管机构改革,梳理生态环境部门和自然资源部门的职责权限,明确地方党委和政府主要干部的海洋保护责任,在各个部门之间建立健全海洋生态损害责任追究的沟通协作机制。其次,构建政府、企业、公众和社会组织的多元治理结构,加强主体间的分工协作和利益制衡。加快第三方海洋环境污染治理企业的培育,推动企业排污、治污的公开透明,建立环保信用体系,激发企业自觉参与海洋环境治理。支持海洋环保组织与涉海企业、涉海高校开展环境治理合作,加强自身建设,提高组织能力和专业能力,提升社会组织及公众在环境治理决策、监督中的参与程度。最后,立足生态系统整体性视角,推动海洋环境综合治理。必要时,由中央牵头成立以流域、湾区、河口等生态脆弱区为对象的跨行政区治理结构,加强对陆域污染源头的监管,督促和协调各地政府共同参与海洋环境治理。

① 王树义,蔡文灿. 论我国环境治理的权力结构 [J]. 法制与社会发展,2016,22(03):155-166.

（二）中国海洋环境治理的条件

1. 信息共享条件分析

海洋环境的治理涉及多个部门、多个区域，促进海洋环境治理信息在权力层面、社会层面和区域层面的互联共享是实现海洋环境跨部门、跨区域协同治理的重要保障。一是环境质量监测信息共享。在大部制改革以前，中国海洋环境污染的监测工作实质上是由环保和海洋两个部门负责，导致监测标准、监测手段及监测信息的不对称、不统一。同时，部门之间缺乏沟通协商机制，"环保部门不下海、海洋部门不上岸"的陆海分割现象十分突出。虽然中央层面的机构改革已经实现了对陆海生态环境监管的机构统筹，但地区层面的环境监测依然有待统一、协调。为此，要做到监测点位海陆共享，由各地方省政府牵头协调生态环境部门中的相关生态监测机构，确保各市县地区不同部门之间能够共享、共用生态监测点。在此基础上，加强陆海生态环境的联动监测，重点探测海域各项生态指标的变化与陆源污染排放之间的联系，实现对陆源污染的责任追溯。二是环境治理技术信息共享。陆海分割的治理模式下，不同部门、不同地区间存在环境监测的技术信息壁垒。为此，应积极通过设置技术流动岗位、定期举办技术人员交流会等手段，在省市县各级建立跨部门的技术人才共享机制，为技术人员提供全方位的沟通平台，打破人才体制壁垒，实现跨区域技术共享。三是环境监管综合信息共享。以"河长制""湾长制"为抓手，建立跨地区、跨部门的海洋环境监管信息共享、协商机制，借助大数据平台实现对重大用海项目、陆源排污的实时监测，及时为各地市党委和政府等责任单位提供信息数据支持。

2. 政策法规条件分析

权责清晰、多元参与、陆海协同的海洋环境治理结构不是自发形成的，而是需要科学、合理的制度安排加以约束和引导。虽然中国有关海洋环境监管的政策法规自改革开放以来不断丰富，但政策法规之间的协调性、互补性不足，甚至部分政策规划之间相互掣肘、存在冲突。为此，需要加快推进海洋环境治理政策法规的"多规合一",确保各类制度在协同、互补下发挥环境治理合力。一是海洋环境规划的"多规合一"。以国务院发布的《关于建立国土空间规划体系并监督实施的若干意见》为指导,对陆域和海域原有资源环境规划开展系统梳理,识别存在重叠、交叉的空间刚性约束政策,加快编制统一的、涵盖陆域和海域的国土空间规划体系。探索建立土地和海洋空间年度计划制度,充分考虑陆海生态互通性和陆海环境差异性,开展基于生态系统的海岸带综合管理,统筹陆域空间和海域空间开发建设。二是海洋环境治理政策的统筹协调。海洋环境治理的过程可分为事前防范、事中监管和事后处置三个阶段,其中事前防范政策主要包括海洋排污许可证制度、排污总量控制制度、生态红线制度等,事中监管手段主要包括海洋环境的实时监测、海洋督察制度等,事后处置则包括污染责任认定、生态损害赔偿及生态修复等。不同政策手段所针对的具体领域不同,各有优势和不足,未来应系统梳理各类政策的适用范围和条件,避免政策冲突,在此基础上加强政策的交叉配合,探索诸如"生态红线+生态补偿""海洋督察+损害赔偿"等多阶段、立体式的环境治理模式。三是海洋环境法律法规的完善健全。立足中国海洋环境保护具体情况,制定符合现实需求的海洋基本法,以此统筹海洋各领域间的法律法规。同时,强化《海洋环境保护法》与《环境保护法》《水污染防治法》等法律间的衔接,处理好与《海域使用管理法》等海洋专门法律的关系,为陆海统筹的环境治理提供法律保障。[①]

3. 社会参与条件分析

推动社会主体参与海洋环境治理,打造政府—企业—环保组织—社会公众多中心的治理结构,确保不同主体、不同机制之间相互协同和制衡,是中国海洋环境治理体系构建的重要内容。一是社会参与的基层组织培育。引导和支持海洋环保社会组织完善现代社会组织法人治理结构,建立详细的各项规章制度,推动社会组织成为权责明确、运行高效、依法自治的法人主体。加强专业人才队伍建设,组织开展业务培训,提高

124

① 李龙飞. 中国海洋环境法治四十年:发展历程、实践困境与法律完善 [J]. 浙江海洋大学学报(人文科学版),2019,36(03):20-28.

环保组织参与海洋环境治理的能力。二是社会参与的政策环境营造。加强生态环境、民政、财政等各部门间的沟通，推动把应当由政府举办并适宜由环保社会组织承担的环境服务事项纳入政府购买服务指导性目录，同时完善政府购买海洋环境服务的遴选、监管和激励约束机制，推动环保社会组织承担政府购买服务的规范化、制度化和法治化。积极拓宽社会组织融资渠道，引导民间力量为海洋环保组织提供资金和人力支持。三是社会参与的协商机制构建。完善海洋环保组织参政议政渠道，建立地方政府、生态环境部门与海洋环保组织沟通协调机制，不定期举办座谈交流活动，采取多种形式听取环保社会组织意见。

（三）中国海洋环境治理的运行机理

结构与条件是从静态维度呈现海洋环境治理的内外部要素相互间的关系，运行机理则是从动态维度进一步探究不同要素之间的协同演进脉络，梳理海洋环境治理效用在既定结构和条件下的传递路径。中国海洋环境治理的权力结构、社会结构和区域结构不是独立存在的，而是相互交织、相互作用，贯穿于"源头防范—过程监管—末端治理"的全过程，共同构成一个动态、完整的要素体系。同时，海洋环境治理的信息共享条件、政策法规条件、社会参与条件则是确保内部结构要素协同有效运行的重要保障（见图4－3）。

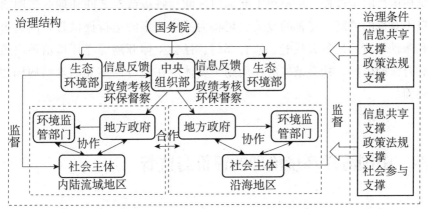

图4－3　中国海洋环境治理结构的运行示意图

首先，政府是海洋环境治理的主导者，中央与地方、地方与地方之间权力结构的运行机制是海洋环境治理体系的内在核心。中央与地方政府之间通过绿色政绩考核、海洋督察等形式向下传递海洋环境治理要求和决策，地方政府之间则立足生态系统的整体性，以海洋排污总量控制、湾长制等手段开展合作。纵横交错的权力结构是中国海洋环境治理的基本"骨架"，权力结构的运行是否顺畅、协调决定了海洋环境治理效率的大小。

　　其次，企业、公众、环保组织、新闻媒体等社会主体是海洋环境治理的重要参与者，在现代治理体系下，社会主体须融入环境治理的决策、监督等全过程，形成多元协同的社会治理结构。社会结构与权力结构之间的协同作用主要表现在社会主体与地方政府及地方海洋环境管理部门之间的协作，其运行过程体现在两个层面：一是在政府的市场政策激励下，涉海企业自发开展绿色生产改造，减少海洋环境污染，参与海洋环境治理；二是在政府的培育和引导下，社会公众、环保组织等积极参与海洋环境规划设计、海洋开发项目审议、海洋环境污染及治理监督等多个领域，成为政府机制的有力补充。从区域结构视角，沿海地区之间、沿海地区与陆域地区之间形成跨部门、跨区域的宏观治理结构，在机构职能、环境监测、污染防治等层面推动一体化统筹协作。

　　最后，海洋环境治理结构的有效运行离不开技术信息、政策制度和社会条件的保障。其中，信息共享需要贯穿权力结构、社会结构和区域结构运行的全过程，是避免不同部门之间、各级政府之间和地区之间信息不对称的关键。完善的政策法规将为结构要素的运行提供必要的约束和激励环境，是各级政府、监管部门、社会主体开展海洋环境治理决策和合作的依据。社会条件的作用则主要体现在地方的多元治理结构构建层面。

四、中国海洋环境治理的评价与监督

　　海洋环境治理不是一蹴而就的，而是一个动态适应的过程，需要根据资源环境的变化和经济社会的演变及时优化和调整治理策略。为此，有必要构建标准化、统一化的海洋环境治理评价体系，准确评估各地方海洋环境治理效率，找出治理模式、治理政策存在的问题，健全自上而下的环境督察制度，督促各地方根据评价结果落实整改方案，形成从评价到监督的高效反馈机制。

（一）中国海洋环境治理的评价

1. 评价技术标准建立

建立评价技术标准是有序开展海洋环境治理评价的重要前提，具体包括明确重点评价领域、主要评价指标及评价技术方法。中国海洋环境治理的评价可分为基础评价和专项评价两个部分。基础评价是围绕海域资源、海洋生物资源和海洋环境质量等基本要素开展的全覆盖、定期的监测评价，以此把握海洋环境治理的总体效率。专项评价是结合中国海洋环境自然特征及污染现状，针对重点海洋功能区、典型生态脆弱区、重点开发用海区等开展跟踪监测评价，着重关注滨海湿地等典型生境保有率、渔业资源多样性、海岛生态保护状况等。基础评价和专项评价相结合，采取定期与不定期评价的方式，实时掌握海洋环境治理的动态效率。

在明确重点评价领域基础上，制订规范化的海洋环境治理评价技术标准。一是围绕海域空间资源、海洋渔业资源、海洋生态环境等重点领域，组建高层次、跨学科的海洋环境治理专家咨询库，为海洋环境治理的综合评价提供全过程的技术服务。二是按照基础评价和专项评价两大类划分标准，依托专家库，立足生态效益、经济效益和社会效益等多个层面，把握海洋环境监管政策演变与海洋环境质量变化的联动性，共同协商制定海洋环境治理的评价指标体系及量化方法。同时，考虑不同海域生态环境，针对具体海洋环境保护制度，研究设计专门化的制度绩效评价体系。三是立足各类资源环境评价要素的叠加影响及演化规律，构建海洋环境治理的评价模型，明确高、中、低等不同治理效率结果的集成分析流程，从国家层面出台系统化、规范化的技术指南。四是建立主要评价指标的定期普查制度，依据海洋环境质量和海洋环境监管政策的

127

动态变化，及时更新和完善相关指标及阈值，确保海洋环境治理评价技术标准的实效性和精准性。

2. 评价业务体系构建

整合各级、各地区海洋环境监测站点，打造一体化的海洋环境治理的监测评价业务体系。海洋环境治理涉及沿海地区之间、沿海地区与陆域地区之间的协同合作，需要从国家层面对各级、各地方海洋环境监测点业务进行统筹协调，从而实现对海洋环境治理状况的一体化监测评价。为此，建议由国家生态环境部及自然资源部牵头，以沿海海域、海湾等生态环境为对象，组建跨区域、跨部门的海洋环境治理评价工作组，负责统筹优化各省、市、县监测点的环境监测业务，汇总整理监测数据，并依据评价技术标准定期编制具体海域、海湾的环境治理报告。

具体而言，一是在各省级、市县级海洋环境监测中心站点内增设独立的海洋环境治理技术指导小组，负责依据基础评价和专项评价需要，对原有环境监测业务进行优化、协调，并及时将相关监测信息上报评价工作组。二是建立定期评价和实时评价相结合的业务模式，由评价工作组基于监测数据、技术标准开展海域、海湾全覆盖的治理效果评估工作，并编制年度报告。同时，针对海洋功能区、生态脆弱区等重点区域，由工作组及地方技术指导小组根据动态监测数据开展实时评价，及时掌握环境治理效率变化情况。三是建立海洋环境治理评价结果的会商制度，由评价工作组及地方技术指导组对各级环境治理评估信息开展省级、市县级的常态化多级协同校验，同时组织相关专家对评价结果进行会商审议，确保结果准确无误后对外发布。四是借助互联网、大数据等新技术，建设跨区域的海洋环境治理信息共享平台，为陆海一体化的环境治理提供数据信息支持。探索建立海洋环境治理评价的政务互动平台，保障社会公众对海域生态保护的知情权和监督权，联合媒体、公益组织、公众等社会力量，共同对海洋环境污染严重地区的整改措施落实情况及其环境质量变化开展监督考核。

3. 评价结果反馈与应用

推动评价结果的有效应用是海洋环境治理评价的最终目的。在统一评价标准的基础上，将海洋环境治理评价结果纳入地方政府的政绩考核，促进海域开发规划与环境治理评价结果的有机结合，创新惩罚和激励措施，引导和约束各类活动在海洋环境承载范围内有序进行。一方面，加大对海洋环境治理评价不达标区域的督察力度，引导其转变经济发展方式，降低资源环境压力，并对整改措施落实情况开展实时监督。另一方面，探索将海洋环境治理评价结果应用到海洋生态补偿领域，以评价结果为依据建立市场化的补偿制度，加大绿色金融扶持力度，鼓励评价结果良好地区发展适宜的绿色产业。

为确保海洋环境治理评价结果的有效反馈和应用，需要有清晰的问责机制、健全的预案机制和高效的落实机制作为保障。一是以"湾长制"建设为依托，将海洋环境治理评价结果纳入各级领导干部绩效考核体系和自然资源资产离任审计范围，对各级湾长开展定期或不定期考核问责。二是赋予跨地区的海洋环境治理评价工作组必要的危机应急管理和污染治理监督职权，由其依据评价结果对沿岸地方政府以及相关流域沿线的地方政府的工作情况进行统一调配和监督。同时，在评价工作组中进一步分设专家支持组、生态安全分析组、应急指挥调度组及治理督察组四个业务组，以确保应急响应的全过程、各阶段职责落实到位。三是由工作组通过约谈、公告、书面通知等形式，督促环境治理未达标地区根据污染状况及成因制定适宜的改进规划，加强对流域陆源性排污的倒查力度，建立专项信用记录，对于治理措施落实不力、生态持续恶化地区的相关政府及企业依法严肃追责。四是加强海洋环境治理评价结论与海岸带建设规划、海域开发利用规划等专项规划或区域规划的对接，严格依据评价结果制定规划目标任务，明确海域生态管控红线和管控要求，调整优化产业布局。

（二）中国海洋环境治理的监督

1. 主要对象与内容梳理

海洋环境督察是党中央和国务院推进海洋环境保护法治化建设的重要抓手，是监督地方落实海洋资源可持续利用和海洋环境保护的一个重要手段。由于海洋流动性和公共性特征，地方层面的海洋资源环境管理面临动力不足、执行不到位等突出问题。海洋督察能够充分发挥党中央和国务院的权威影响，有效督促地方政府严格落实海洋环境保护职责。海洋督察对象是指接受海洋督察机构督察的相关政府部门和个人，包括沿海省（市、区）政府、设区的市级政府及其海洋主管部门和海洋执法机构，以及海洋行政管理人员和执法人员等个人。[①] 海洋环境责任不仅是地方党委和政府的责任，也不只是领导人或监管工作人员的责任，而是党政相关人员共同的职责和义务。[②] 因此，各级党委和政府领导成员以及相关工作人员均是海洋环保督察的对象，党政同责是海洋环境督察的重要原则。按照《海洋督察工作管理规定》，海洋督察内容涉及海域使用规划、海岛开发保护、海洋环境保护、防灾减灾、海洋执法等多个领域，其中督促地方海洋资源环境的有序开发和高效治理是重中之重。由于地方政府及相关海洋环境监管部门是海洋环境治理的责任人和执行人，因此海洋环保督察的重点是监督、检查地方党委和政府对党中央和国务院有关海洋环境保护的重大决策部署、相关法律法规、海域开发规划及具体政策措施的落实情况，检查、督办地方相关环保工作人员责任履行和落实整改情况。

2. 执行主体及其职责识别

海洋督察组是海洋督察的主体。海洋督察组的组长和副组长一般均为省部级领导，成员为国家环保部、海洋局、中共中央办公厅及国务院办公厅督察室成员。根据《海洋督察方案》，国务院可直接行使全国海洋督察职权，也可以授权国家海洋行政主管部门代行行使督察职权。在实际执行过程中，一般由国务院授权国家海洋局对沿海省市地方政府及其海洋管理部门进行督察、考核，并进一步下沉至设区的市级政府。根据《海洋督察工作管理规定》，全国海洋督察委员会的具体职责包括：审议海洋督察工作规章制度及标准规范，审议年度督察计划，研究解决

---

① 蔡先凤，童梦琪. 国家海洋督察制度的实效及完善 [J]. 宁波大学学报（人文科学版），2018，31（05）：117-126.

② 卢智增，黄月华. 我国环保督察制度优化路径研究——"环境问责制度创新研究"系列论文之二 [J]. 桂海论丛，2019，35（02）：90-96.

海洋督察工作中的重大事项，对重大案件实施挂牌督办，指导全国海洋督察工作等。以全国海洋督察委员会为核心，在各海区分局、省级及以下海洋行政主管部门下设相应的海洋督察机构，负责执行地方海洋环境保护、海域使用管理等执行、实施情况。然而，受陆海分割的管理体制限制，以往国家海洋局的督察影响力多局限在地方海洋行政主管部门，对地方政府决策行为的约束力较小，说明仅依靠海洋部门的环保督察难以彻底解决海洋环境污染问题。未来应加快海洋督察机构的组织改革，提升海洋督察机构的法律地位，赋予更高层次的组织、协调能力，增强其独立性和权威性。同时，立足环保大部制改革背景，进一步提高海洋督察组的巡视级别，加强与环保督察制度的对接、协作，开展陆海一体化的环保督察。

3. 运行模式与机制分析

《海洋督察工作管理规定》中明确海洋督察工作主要采取定期与不定期、综合与专项、联合与独立、明察与暗访等相结合的方式开展，《海洋督察方案》则规定了例行督察、专项督察和审核督察三种方式。海洋督察的具体运行流程包括督察准备、督察进驻、督察报告、督察反馈、整改落实和移交移送六个环节，其中推动海洋督察成果的运用是关键。具体而言，一要依据年度督察计划，由国家海洋局制定具体工作方案，上报国务院备案，做好必要的组织和培训工作，并告知被督察对象具体信息。督察组进驻后，公布联系方式，引导有关单位和公众参与监督。二要根据督察过程中发现的问题形成督察报告和意见书，并上报国务院。被督察对象针对督察组提出的整改要求及时提出整改方案，报送整改情况并及时对外公开。

一方面，从实践层面看，现有的海洋督察制度尚未对问责程序做出具体规范，有关行政问责事由多采用模糊用语，导致实际操作中执行标准不一，影响海洋督察的效率。另一方面，在信息公开层面，《海洋督察方案》仅粗略要求公开被督察对象"整改落实"情况，而没有涉及是否应当公开督察主体对被督察对象的问责信息，海洋督察权力的行使本身

131

缺少必要的监督、检查。① 鉴于此，未来要在问责启动、问责调查和核实、处理决定以及问责信息公开等环节建立完整的海洋督察问责机制，制定统一的问责标准和执行程序细则，为海洋督察工作提供完善的法律法规依据。同时，建立第三方监督制度，通过公开海洋督察问责信息，确保社会公众的知情权，引导公众、环保组织等社会主体参与对海洋督察主体职责执行情况的监督。

① 蔡先凤，童梦琪. 国家海洋督察制度的实效及完善 [J]. 宁波大学学报（人文科学版），2018，31（05）：117－126.

第五章
中国海洋环境治理的主体分析

"谁来治理"这一问题是海洋环境治理的首要问题。海洋环境治理涉及政府、企业、公众和社会组织等多个利益相关主体，而海洋的公共物品属性所造成的海洋环境问题的复杂性也决定了仅仅依靠单一主体的力量是无法解决海洋环境污染问题的。党的十九大报告在阐述"着力解决突出环境问题"时也提出要"构建政府为主导、企业为主体、社会组织和公众共同参与的环境治理体系"。① 本章从多主体的视角出发，详细分析了政府、企业、社会公众及海洋环保 NGO 在海洋环境治理过程中的角色定位，梳理了中国现阶段各主体在海洋环境治理中的具体表现和存在的不足。基于分析的结果，提出了海洋环境治理的主体协同构想，并从目标制定、决策参与、信息共享、区域合作、相互监督和利益分配等多角度阐述了海洋环境治理过程中主体协同的具体维度。

---

① 习近平. 决胜全面建成小康社会 夺取新时代中国特色社会主义伟大胜利——在中国共产党第十九次全国代表大会上的报告 [J]. 理论学习，2017（12）：4-25.

一、中国海洋环境治理的政府职责

　　海洋资源的公共性、海洋环境污染的负外部性、海洋生态保护的正外部性等特征，决定着海洋生态环境问题具有比陆上更加严峻的市场失灵风险，这就意味着政府作为公共利益的代表必须承担海洋环境治理的主要责任。海洋环境治理需要政府的公共权力，采取命令—控制型的方式提供海洋环境的公共服务，除具有公信力的政府拥有这一合法权力外，其他海洋环境治理主体若想采取这一措施必须在由政府授权的情况下代替政府执行这一权力。可以说在海洋环境治理的过程中，政府属于"主导者"的角色，通过完备的海洋环境治理体制机制，充分调动企业、社会公众和海洋环保 NGO 等主体积极主动参与海洋环境治理，发挥各主体在海洋环境治理过程中互相配合、协调工作的作用，通过多种方式引导各主体从共同利益和自身利益出发选择对海洋环境治理具有有利作用的行为，同时减少甚至消除和避免做出对海洋环境产生不利影响的行为，为海洋环境治理工作的高效率推进产生积极影响。

（一）政府海洋环境治理的逻辑成因

1. 海洋的公共物品属性与"公地悲剧"

　　海洋是公共产品，对公共产品的非排他性进入和使用必然导致过度的开发乃至破坏。海洋作为公地的一种，其具有竞争性和非排他性，即其资源或财产有许多拥有者，每一个拥有者对海洋都有使用权，而且都没有权利阻止其他人使用，而每一个人都倾向于过度使用，从而造成资源的枯竭。在"经济人"假设的前提下，任何一个理性的个体都不会主动付出成本来治理海洋环境，每一个人都会想通过"搭便车"的方式尽可能扩大自身所能获取的最大利益，忽视集体的利益，最终形成海洋环境资源的有效供给不足。此外，各个经济主体向海洋中排放污染物一方面不会不影响其他经济主体排放，另一方面也不需要付出更多的额外成本，进而导致海洋环境污染不断恶化，陷入"公地悲剧"之中。可以说在市场机制的条件下，任何人在没有经济激励的前提下都不会主动治理海洋环境和降低对海洋环境的无节制消费，这就需要政府进入海洋环境治理的过程中，发挥主导作用。

2. 海洋环境的外部性与庇古税

"外部性"概念由马歇尔在 1890 年出版的《经济学原理》一书中首次提出，包括"外部经济"和"内部经济"这一对概念。[①] 经济理论界将外部性定义为一个人或一群人的行动和决策使另一个人或一群人受损或受益的情况，即社会成员（包括组织和个人）从事经济活动时其成本与后果不完全由该行为人承担，其收益也不完全由该行为人所享。从其性质上看，外部性分为正外部性和负外部性。正外部性是某个经济行为个体的活动使他人或社会受益，而受益者无须花费代价；负外部性是某个经济行为个体的活动使他人或社会受损，而造成负外部性的人却没有为此承担成本。海洋环境的正外部性主要体现在海洋环境保护行为，而负外部性则主要体现在海洋环境污染行为。海洋环境外部性的存在导致了经济主体的行为的个人成本和收益与社会成本和收益不一致，然而理性的行为人总是基于自身成本和收益作出决策并行动的，社会成本和收益并不纳入其考虑的范畴，其结果便是个人的行为并不考虑给外界造成的影响。按照庇古的观点[②]，仅靠市场是无法解决海洋环境的外部性问题，需要有强制执行力的政府的干预，政府可以通过征税和补贴两种方式解决海洋环境的负外部性和正外部性问题，使得海洋环境的外部性效应内部化。

3. 海洋产权的不明晰和交易成本

科斯在 1960 年的《社会成本问题》一文中系统地批判了庇古理论，这些批判就构成所谓的科斯定理：如果交易费用为零，无论权利如何界

135

① 马歇尔. 经济学原理. 上卷 [M]. 北京：商务印书馆，2011：324.
② Arthur Pigou. The Economics of Welfare [M]. Taylor and Francis：2017 – 10 – 24.

定，都可以通过市场交易和自愿协商达到资源的最优配置。① 换言之，只要产权界定清晰，交易双方就容易找到一个资源最有效的使用方式。但是就海洋环境而言，与陆域不同之处在于海洋空间与海洋资源的复杂性决定了海洋产权划定的困难，准确地说是将其划归个人、企业等市场交易主体的困难。此外，在现实的经济活动中，海洋产权之所以未能设定的重要原因是交易成本过高，交易成本的存在阻碍了产权的划定，这为过度的使用和不计后果的破坏提供了可能。在海洋产权设立后交易成本依然存在，交易成本过高会阻碍经济主体利用市场机制增进利益，其结果是交易不能进行，或者市场交易被命令—服从的强制关系所取代。海洋环境的初始产权直接归属于国家与集体所有，而作为集体"代言人"的政府就必须通过法律制度确定海洋环境的产权安排，同时降低产权交易的高额成本。

（二）海洋环境治理中政府职责的具体表现

1. 设计和推动海洋环境多主体协同治理模式

作为海洋环境公共利益的直接代理人，政府有义务通过设计有效的海洋环境治理模式，提供具有激励和约束力功能的海洋环境治理制度，促进海洋环境治理工作的高效运行。首先，政府需要对海洋经济发展和海洋环境问题的现状进行综合分析，在此基础上，制定出符合国家海洋发展总体目标的战略规划，制定符合国家海洋发展总体宏观目标的战略规划，指导海洋环境治理的一系列措施和安排。其次，需要根据宏观战略的总体目标要求去设计海洋环境治理的制度框架，在制度层面保障海洋环境治理中市场机制和社会机制的高效运行。最后，还需要积极推进并引导各利益相关主体广泛参与海洋环境治理，一方面需要调动企业在海洋环境治理中的主动性和积极性，另一方面为了弥补海洋环境治理中的市场机制和社会机制动力不足的问题，需要赋予海洋环保 NGO 在海洋

---

① Coase R. H. The Problem of Social Cost ［M］. Classic Papers in Natural Resource Economics. Palgrave Macmillan UK，1960.

环境治理中一定的权力，并为社会公众进行海洋环境治理提供相应的海洋环境损害赔偿与补偿的司法体系，除此之外，还需通过多种手段提高各海洋环境治理主体的海洋环保意识，实现海洋环境治理的多主体协同治理。

2. 制定和完善海洋环境质量指标和标准体系

海洋环境治理的效果最直观地反映在海洋环境质量的改善上，而海洋环境质量的要求必须转化为一系列量化的指标和标准，并基于此对海洋环境治理的过程进行约束、指引和规范，而制订完备的海洋环境标准并定期进行修改、补充是政府在海洋环境治理过程中的重要职责。在指标方面，主要包括阶段性海洋环境改善指标、海洋污染物减排指标等；在标准方面，包括海洋环境质量标准、海洋污染物排放标准、海洋环境基础标准、海洋环境评价方法标准和海洋环境治理产品及设备的环境标准等。

3. 构建海洋环境治理法律法规体系

作为国家的权力机关，中央和沿海地方各级政府有权力也有义务运用法治手段治理海洋生态环境，为海洋污染防治提供有力的法治保障，而提高海洋污染治理法治化的必要前提和坚实基础就是具备高效合理的海洋环境治理法律体系及运作机制。从纵向看，中央政府应明确海洋环境治理法律体系的具体框架，确立权责统一、表述明晰的上位法。各沿海地方政府要结合上级出台的海洋环境治理法律法规，针对本地区海洋污染防治具体实际情况，加快制订和修订配套的行政法规、规章、规范性文件，明确细化上位法规定，做好海洋环境治理法规制度的司法解释。从横向看，应以《海洋环境保护法》为中国海洋环境治理体系中所遵循的基本法，借鉴海洋环境治理法律体系构建中先进的国际经验，从船舶污染、陆源污染、海洋倾废、海岛保护、海洋资源开发等多个细分领域和角度对其进行补充和完善，对不符合不衔接不适应法律规定、上级要求和本级海洋生态环境治理工作情况的，要及时将其废止。此外，在海洋环境治理执法领域，应加大行政执法力度，建立科学有效的监督机制。同时需要破除海洋环境治理执法过程中的体制壁垒，共同开展海洋环境

137

中国

海洋环境治理研究

污染的防治工作，在海洋环境治理过程中实现海陆联动与部门协作。基于《环境信息公开办法》和《信息公开条例》等规章，设计并逐步完善针对海洋环境的信息公开制度，使得公众在海洋环境治理过程中的知情权、表达权、参与权和监督权得到进一步保障和维护。同时规范公众参与环境决策的制度，涉及公众环境权益的政策和立法条款、规划建设项目必须充分听取公众意见。

4. 提供海洋环境治理资金支持

作为一项公共服务，海洋环境治理需要各级政府投入大量的财政资金，这也是政府参与海洋环境治理的一项重要方式和途径。政府财政在海洋环境治理领域的支出数据具有一项重要的功能，即用来评估政府对海洋环境治理的重视程度。政府在海洋环境治理中的资金支持作用主要体现在两个方面：一是通过对具有全局性和外部性的海洋环境治理项目的投入来弥补市场在这些方面供给的不足；二是政府在海洋环境治理中投入资金可以引导其他社会资金投入海洋环境治理过程中来，有利于形成以政府财政资金投入为基础、以社会资金为补充的海洋环境治理资金支撑体系。推动海洋环保技术的研发，并且激发市场的参与活力，调动市场资源配置的能力，增强其他主体参与海洋环境治理的积极性。

5. 划分海洋环境治理主体责任

作为一种公共产品，海洋的非排他性和竞争性必然导致海洋的过度开发乃至破坏。因此为海洋设置产权，减少排他性使用，明确划分海洋环境治理过程中各主体责任成为解决海洋环境污染问题的一个重要思路，而这一工作要由具有权威的政府来领导和组织实施。既要明确政府、市场和社会三大横向主体之间在海洋环境治理中的事务，也要明确中央政府与沿海各级地方政府等纵向主体之间的海洋环境治理责任。此外，政府要将海洋环境治理过程中所颁布的具体政策、实施目标及时精准地传达给市场和社会主体，形成有效的相互监督机制。

6. 调节海洋环境治理主体间的矛盾

作为海洋环境公共利益的代表，在海洋环境治理过程中政府拥有一定的公共权力，因此也拥有协调处理海洋环境治理过程中的各主体间矛盾的能力。首先，海洋污染存在负外部性，具体而言，沿海地方政府和涉海企业在大肆开发与利用海洋资源的过程中必然会造成海洋环境的破坏与海洋资源的衰减，而作为沿海地区居民则会受到其产生的不利影响。因此，需要建立海洋生态损害的补偿和赔偿机制，协调处理好海洋开发过程中所产生的政府主体和市场主体与社会主体之间的矛盾。其次，就市场主体内部而言，由于海洋开发利用的多行业性，使得同一区域海洋环境治理往往涉及多个经济部门，这就需要政府来充当调节者的角色，设定并划分各经济部门之间的利益与竞争规则，并根据既定的规则，确定各经济部门的经济利益，保证各经济部门能在公平条件下竞争。最后，在海洋环境治理过程中，政府主体内部也存在多种矛盾，各管理机构之间、中央政府与地方政府之间、地方政府之间存在着权责交叉、相互推诿的问题，这也需要政府通过构建内部协调机制解决这些问题。

（三）中国海洋环境政府治理成就

1. 海洋环境治理的体制构建

在第十三届全国人大决定国务院机构改革前，中国的海洋环境治理体制长期呈现"条块结合，分散管理"的形式。从中央层面看，中国海洋环境治理的相关政府部门除海洋局外，还分散于作为国务院环境保护行政主管部门的环保部、作为国家自然资源行政主管部门的国土资源部、作为国家海事行政主管部门的交通运输部海事局、作为国家渔业行政主管部门的农业部渔业局以及海军环境保护部门等多个职能部门中。从地方层面来讲，是将沿海地方政府及其领导下的职能部门延展至海洋，赋予沿海地方政府以海洋环境管理职能。但地方的相关机构设置、职责权限与中央多职能部门分管的体制类型并不完全对接，主要有两种机构：一是沿海县级以上地方政府，二是地方海洋环境管理机构（大多以海洋与渔业局的形式存在）。①

2018 年，第十三届全国人大决定实施国务院机构改革。撤销原国土资源部和环境保护部，成立了自然资源部和生态环境部，将国家海洋局的职责整合到自然资源部，对外保留国家海洋局的牌子，而生态环境部则承接了国家海洋局的海洋环境保护职责，同时将涉及陆源污染的水利部排污口设置管理职责和农业部农业面源污染职责也一并归入其中，逐步建立起海陆一体化的海洋环境治理体制。此次国务院机构改革在对海洋环境治理职能的整合起到了重要的推动作用，但是仍然存在一些问题，主要体现在自然资源部和生态环境部在海洋环境污染治理上依然存在着职能交叉的问题。海洋环境的治理不仅包括海洋环境的保护，也包括海洋资源的合理开发与利用，两者无法完全分割，这就导致了海洋环境治理的职能并不能由生态环境部全权负责，自然资源部依然有对海洋资源的开发利用和保护进行监管的职能。表 5 – 1 梳理了国务院机构改革后自然资源部和生态环境部中涉及海洋环境治理的具体机构。从中可以发现，虽然生态环境部承接了国家海洋局海洋环境保护的职责，但现有的机构设置中，具有海洋环境治理职责的部门仍大多集中于自然资源部中。

表 5 – 1　　国务院机构改革后涉及海洋环境治理职责的主要机构

所属部门	机构类型	机构名称	海洋环境治理职责
自然资源部	内设机构	海洋战略规划与经济司	拟订海岸带综合保护利用、海域海岛保护利用等规划并监督实施
		海域海岛管理司	拟订海域使用和海岛保护利用政策与技术规范，监督管理海域海岛开发利用活动，组织开展海域海岛监视监测和评估
		海洋预警监测司	开展海洋生态预警监测、灾害预防、风险评估和隐患排查治理，参与重大海洋灾害应急处置
	派出机构	自然资源部北海局	监督管理海区海洋自然资源合理开发利用、海岸带综合保护利用、海域海岛保护利用等规划和政策实施。承担海区海洋生态保护修复工作。负责海区海洋观测预报工作
		自然资源部东海局	
		自然资源部南海局	

①　王刚，宋锴业. 中国海洋环境管理体制：变迁、困境及其改革 [J]. 中国海洋大学学报（社会科学版），2017（02）：22 – 31.

续表

所属部门	机构类型	机构名称	海洋环境治理职责
自然资源部	直属单位	国家海洋信息中心	承担海洋环境信息保障体系的建设
		国家海洋技术中心	为海洋环境治理提供技术支撑
		国家海洋环境预报中心	负责国家海洋环境、海洋灾害的预报和警报
		国家海洋标准计量中心	制定和管理海洋环境治理标准、计量和质量
		海洋减灾中心	运行管理海洋防灾减灾、海洋应急指挥平台
		海洋咨询中心	负责海洋环境影响评价
		海岛研究中心	负责海岛开发与保护研究工作
		海洋发展战略研究所	开展国内外海洋资源开发、生态环境保护、海洋灾害防治的政策和措施的研究
生态环境部	内设机构	海洋生态环境司	负责全国海洋生态环境监管工作
	直属单位	国家海洋环境监测中心	进行全国海洋生态环境监测与保护工作

注：作者通过自然资源部和生态环境部官网资料整理所得。

2. 海洋环境治理的标准设立

中国海洋环境治理中最重要的标准为海水水质标准（GB 3097—1997）。该标准在 1997 年修订实施，主要依据日本欧洲和一些国家的水质标准以及美国的水生态基准数据。依据这一标准，海水水质可以分为四类，一类最优，四类最差。第一类适用于海洋渔业水域、海上自然保护区和珍稀濒危海洋生物保护区；第二类适用于水产养殖区、海水浴场、人体直接接触海水的海上运动或娱乐区，以及与人类食用直接有关的工业用水区；第三类适用于一般工业用水区、滨海风景旅游区；第四类适用于海洋港口水域、海洋开发作业区。表 5 - 2 列出了各类海水水质中主要海洋污染物的指标数值。

表 5 - 2　　　　海水水质标准中和主要海洋污染物指标　　　　单位：mg/L

污染物	第一类	第二类	第三类	第四类
无机氮（N）	≤0.2	≤0.3	≤0.4	≤0.5
活性磷酸盐（P）	≤0.015	≤0.03		≤0.045
化学需氧量（COD）	≤2	≤3	≤4	≤5
石油类	≤0.05	≤0.3		≤0.5

141

除了海水水质标准外，现行的与海洋环境治理相关的标准还包括船舶水污染物排放标准（GB 3552—2018）、海洋石油开发工业含油污水排放标准（GB 4914—85）、渔业水质标准（GB 11607—89）、海洋自然保护区类型与级别划分原则（GB/T 17504—1998）和污水海洋处置工程污染控制标准（GB 18486—2001）等。

3. 海洋环境治理的法规建设

中国海洋环境治理的法规建设大致经历了以下三个阶级：

一是初步建立阶段（1974—1987年），以1974年颁布《中华人民共和国防止沿海水域污染暂行规定》为标志。该《暂行规定》是新中国第一个关于海洋环境污染防治的规范性法律文件。在这一时期，中国第一部综合性的保护海洋环境的法律——《中华人民共和国海洋环境保护法》颁布并实施，随后《海洋石油勘探开发环境保护管理条例》《防止船舶污染海域管理条例》《海洋倾废管理条例》陆续颁布，初步形成了以《海洋环境保护法》为主体的海洋环境治理法规体系。

二是稳步推进阶段（1988—2005年），以1988年颁布《关于国务院机构改革的决定》正式赋予国家海洋局以海洋综合管理的职能为标志。该《决定》明确了包括国家海洋局、海洋分局在内的各海洋管理部门的海洋环境保护和监管的基本职责。此后，随着一系列海洋环境治理的法规颁布和机构建立，我国海洋环境治理法规体系得以不断完善，其中具有代表性的行政法规有《中华人民共和国海洋倾废管理条例实施办法》《防治海岸工程建设项目污染损害海洋环境管理条例》《防治陆源污染物污染损害海洋环境管理条例》等。在此期间，各沿海省市也相继颁布了地方性的海洋环境治理法规，如上海市人民政府在1997年出台了《上海市金山三岛海洋生态自然保护区管理办法》、福建省人大常委会于2002年出台了《福建省海洋环境保护条例》、浙江省人大常委会于2004年出台了《浙江省海洋环境保护条例》、山东省人大常委会于2004年出台了《山东省海洋环境保护条例》等。

三是改革转型阶段（2006年至今）。2006年，"十一五"规划当中将海洋专章列入，明确当下保护海洋生态环境的总体目标和要求。后经发展，国务院在2008年颁布《国家海洋事业发展规划纲要》，其中对我国发展海洋事业进行规划，同时明确海洋环境保护、治理工作的目标和任务，并作出相应的工作部署。进入 2014 年以后，国家海洋局专门出台了一系列针对关海洋环境的有关保护、赔偿、监测等方面的政策文件，包括《国家级海洋保护区规范化建设与管理指南》《海洋生态损害国家损失索赔办法》《国家海洋局海洋石油勘探开发溢油应急预案》《海岸线保护和利用管理办法》《海洋督察方案》等。2009 年 12 月第十一届全国人民代表大会常务委员会第十二次会议通过了《中华人民共和国海岛保护法》，海洋环境治理迎来法规制定的高峰期。此外，各沿海省市的海洋环境治理的地方性法规颁布和实施工作也不断推进，到 2012 年，全国沿海 11 个省市均出台了综合性的海洋环境治理地方性法规，进一步丰富和完善了海洋环境治理法规体系。如表 5-3 所示。

表 5-3　　中央与地方层面出台的海洋环境治理法律法规

阶段划分	中央层面出台的法规	地方层面出台的法规
初步建立阶段（1974—1987 年）	《中华人民共和国防止沿海水域污染暂行规定》《中华人民共和国海洋环境保护法》《中华人民共和国海洋石油勘探开发环境保护管理条例》《中华人民共和国防止船舶污染海域管理条例》《中华人民共和国海洋倾废管理条例》	
稳步推进阶段（1988—2005 年）	《中华人民共和国防止拆船污染环境管理条例》《防治海岸工程建设项目污染损害海洋环境管理条例》《防治陆源污染物污染损害海洋环境管理条例》《中华人民共和国海域使用管理法》《全国海洋功能区划》	《上海市金山三岛海洋生态自然保护区管理办法》《福建省海洋环境保护条例》《浙江省海洋环境保护条例》《山东省海洋环境保护条例》
改革转型阶段（2006 至今）	《防治海洋工程项目污染损害海洋环境管理条例》《国家级海洋保护区规范化建设与管理指南》《海洋生态损害国家损失索赔办法》《国家海洋局海洋石油勘探开发溢油应急预案》《中华人民共和国海岛保护法》《海岸线保护和利用管理办法》《海洋督察方案》	《辽宁省海洋环境保护办法》《江苏省海洋环境保护条例》《海南省海洋环境保护规定》《广东省实施〈中华人民共和国海洋环境保护法〉办法》《河北省海洋环境保护管理规定》《天津市海洋环境保护条例》《广西壮族自治区海洋环境保护条例》

143

（四）中国海洋环境政府治理的不足

政府管理一直被视为市场失灵的补救措施，市场无法解决的问题由政府承担解决职责是理所当然的。政府是国家的代表，应该承担归属于国家层面的公共资源的保护和开发的职能。然而，政府有能力进行海洋环境管理并不意味着其就会切实执行。由于组成政府的主体有各自的利益，政府并非如新古典经济学假设的一心为公而没有私欲，在政府管制上可能存在"国家悖论"。布坎南曾提出，"有代表性的或者普通的个人在参与市场活动和政治活动时，都是以同样的普通价值尺度为基础而行动。"① 从这一角度来看，对中国海洋环境治理的分析应关注政府治理的不足。

1. 政府权力的过度强势

涉海利益主体之间权力均衡的实质是相关各方能够平等地参与涉海规则的制定和实施，它在规则的设计上类似于罗尔斯的"无知之幕"情景，即规则能照顾到各方的利益，同时在实施上任何一方都难以操纵规则。② 海洋生态环境涉及的利益主体比较广泛，企业、公众、政府、环保组织等多元利益主体之间如果能获得相对均衡的并且形成相互制约的权力，那么任何一方都难以操纵规则，海洋生态资源才能得到有效保护。但是，在现实中，地方政府强势地主导着海洋生态资源开发，不仅是资源开发利用的主体，也是海洋生态损害的主要责任方。而如企业、公众、非政府组织等其他主体由于话语权有限，很难参与到规则的制定和实施中，公平地行使自身权利。实际当中，利益主体之间对权责进行明确的划分，所能行使的权利在相关海洋环境保护制度公文上表现出公平公正。然而在实践过程当中，情况并非如此，对利益主体的权责划分具有非均衡特征，主要表现在公众处于弱势地位而地方政府强势、非政府组织的

144

---

① ［美］布坎南等：同意的计算——立宪民主的逻辑基础［M］. 陈光金译. 北京：中国社会科学出版社，2000：20.

② ［美］罗尔斯：正义论［M］. 何怀宏等译. 北京：中国社会科学出版社，1988：131.

发挥作用不大，影响力较小。因此，无论是资源获取能力还是影响力上，地方政府均享有绝对优势。在公众态度对地方政府官员聘任不存在约束力的前提下，地方政府行为并不会完全反应公众的利益，从而导致海洋环境治理的目标失衡。

2. 政府执行能力不足

政府治理能力缺乏，对制度执行力度较小是利益主体之间权责划分不均衡外阻碍制约制度实施，相关保护工作开展的重要因素。诺斯曾对制度与制度变迁进行研究，阐述其与经济绩效的关系，指出制度体系包括非正式制度、正式制度、实施机制这三方面内容。① 没有有效的实施机制，再好的制度也等于零。穆斯塔奇系统地论述了政府的治理能力，他指出不发达国家所要面对的"具体的问题是确定最重要的规则，并为执行这些规则制定适当的治理能力"②。

从海洋环境治理的实践来看，从国家层面到各部委层面都出台过若干关于海洋环境治理的法律法规，如《海洋环境保护法》《海域使用管理法》《海岛保护法》等。不可否认，法律法规制度使海洋生态保护有法可依，几乎所有的生态损害行为都是对这些法规制度的违背。但在实际经济活动中，一些行为主体为达到自己的目的会对法律法规进行变通。如在《海域使用管理法》当中，相关条例规定了用海项目的可用面积，超出范围的项目都应经过国务院审批。而在实际执行过程当中，一些地区或单位对超出规定用海面积的项目采取拆分的方式来避免上报国务院进行审批。③

3. 政府激励结构错配

在现行的市场经济条件下，政府既要扮演"保护型政府"，也要承担"生产型政府"的职责，这使得政府会直接参与到地方的经济建设活

① ［美］道格拉斯．C. 诺斯著：制度、制度变迁与经济绩效［M］. 刘守英译. 上海：上海三联出版社，1994：50 – 75.

② Khan M. Governance and growth：History，ideology and methods of proof［J］. Good growth and governance in Africa：rethinking development strategies，2012：51 – 79.

③ 胡求光，沈伟腾，陈琦. 中国海洋生态损害的制度根源及治理对策分析［J］. 农业经济问题，2019（07）：113 – 122.

动当中。中国经济所取得的举世瞩目的成就很大程度上归功于在相当长的一段时期内以 GDP 为核心的官员晋升考核机制。周黎安曾指出，在现阶段的社会大环境下，经济增长作为考核官员的主要标准，下级官员若想获得升迁机会，就需要大力推动当地经济发展。①

在不同的激励机制作用下，行为人会采取截然不同的方式实现效用最大化目标。在"唯 GDP 论英雄"及"对上负责"的情形下，高污染项目带来的经济收益预期会诱发地方官员"以污染换增长"的倾向。然而，高污染项目所产生的污水及废弃物会通过河流输送的方式最终汇入海洋，对海洋生态造成损害。由于执行软约束的存在，海洋环境保护并不具备经济性，反而会增加地方财政负担，进而导致海洋环境保护等社会公共物品供给不足。在这一制度上，不同地方政府之间形成了某种类似于市场竞争的关系，但单一目标的考核注定了考核下的福利效应会走向畸形，排海工程、围填海开发等海洋生态损害活动频繁发生，中国海洋环境污染呈现持续恶化的态势。

二、中国海洋环境治理的企业责任

涉海企业与海洋环境相辅相成，两者关系具有双向性。涉海企业在生产经营当中通过从海洋环境中取得所需生产要素来生产产品，维系自身发展需求。其生产行为也会对海洋环境造成直接或间接影响。② 一方面，涉海企业的生产经营活动会产生污染物，存在污染海洋、破坏生态的可能性，污染物的排放问题使其成为政府主要干预对象；另一方面，涉海企业为公众提供海洋产品，若是能够通过新技术、新设备，转变以往的生产方式，将会减少对海洋的污染，将推动海洋环境治理活动的开展成为推动该项工作的重要力量。③ 由此可见，涉海企业既是海洋污染

146

---

① 周黎安. 中国地方官员的晋升锦标赛模式研究 [J]. 经济研究，2007 (07)：36-50.
② 王琪，何广顺. 海洋环境治理的政策选择 [J]. 海洋通报，2004 (03)：73-80.
③ 宁凌，毛海玲. 海洋环境治理中政府、企业与公众定位分析 [J]. 海洋开发与管理，2017，34 (04)：13-20.

主体，也是治理主体，在对海洋环境治理过程中，必须发挥其"主要参与者"的角色作用，规范自身的生产方式和经营行为，减少污染，使得涉海企业妥善处理好自身经济利益和保护海洋生态环境二者之间的关系。

（一）企业海洋环境治理的行为动机

1. 遵循政府环境规制

涉海企业按照该地区政府制定的与海洋环境保护相关的规则制度参与到海洋环境治理过程当中。然而在实际当中，不同涉海企业对规章制度的履行程度和响应程度是不同的。大多数涉海企业都能依据规制当中的要求规范自身生产经营行为，参与到海洋环境治理当中，但除此之外，不会有其他花费和行为。[1] 但是由于涉海企业很难从严格的海洋环境规制中获利，极少数涉海企业会在海洋环境规章制度的规定之外进行海洋环境治理，用于规避海洋环境规制，获得更高的效益，这种行为可以理解为涉海企业内生性的海洋环境治理行为。[2]

2. 回应市场需求

市场上存在着的消费者对海洋绿色产品的偏好以及投资者的海洋环保意识是促使涉海企业进行海洋环境治理的又一动机。就消费者来说，众多调查显示，消费者愿意为环境友好型产品支付更高的价格，而且涉海企业通过增加海洋环境治理成本来提高环境绩效，并向公众公布该信息，这样的做法使得那些拥有良好记录的涉海企业在消费者心中的认可度和好感度会有所增强[3]，由这一"口碑效应"所带来的企业利润的增加会激励涉海企业进行海洋环境治理。就投资者而言，涉海企业在生产

---

[1]　Lyon T P, Maxwell J W, Hackett S C. Self – regulation and Social Welfare：The Political Economy of Corporate Environmentalism＊[J]. The Journal of Law and Economics，2000，43（02）：583 – 617.

[2]　王永财. 企业内生性环境治理的动机及其实现机制 [D]. 东北财经大学，2007.

[3]　Arora S, Gangopadhyay S. Toward a theoretical model of voluntary overcompliance [J]. Journal of Economic Behavior & Organization，1995，28（03）：289 – 309.

经营活动当中出现的环境污染行为会对资本市场的价格产生影响，绿色投资者进行投资的时候会谨慎判断海洋环境治理记录较差的企业。该行为反过来会作用于海洋环境治理工作。

3. 获取产品的竞争优势

通过实施海洋环境策略性行为可以带来产品的差异化竞争优势，这同样能够激励涉海企业进行海洋环境治理。一方面，涉海企业参与治理和保护海洋环境的行为能以"绿色标签"的形式向给消费者展示，使得该公司产品与市场上同类产品产生差异，从而提高市场竞争力，获得额外利润。另一方面，该行为还会使企业竞争对手的生产成本有所提高。涉海企业的海洋环境治理效果会向市场展现一个讯息，即生产过程中达到海洋环境标准是具有可能性的，且生产成本也不会过高。这会引起相关部门制定规章制度的时候设立更高的标准。由于该涉海企业的先行优势，与其他涉海企业相比，海洋环境规制标准的上升所带来的成本较低，这使该涉海企业竞争优势大幅提高。与此同时，海洋环境规制部门标准的提高也会提高该行业的准入门槛，将该涉海企业的潜在竞争对象隔绝在外。

（二）海洋环境治理中企业责任的具体表现

1. 对海洋环境规制作出准确判断与预期

若没有海洋环境规制的制约，涉海企业为降低生产成本，将不会主动进行海洋环境治理工作。但当政府严格执行海洋环境规制中的相关条例时，涉海企业在经营当中进行资源配置的时候，需要考虑当下及未来可能会出现的规制行为。而政府之所以会实行海洋环境规制，是为了明确涉海企业创新变革的发展方向，使企业在原有的创新目标和规划的基础上有新的制约条件，促使其未来能够稳定发展。同时，由于受到环境规制行为时效性短，具有较大的跳跃性，就会导致成本过高。这就要求企业在政府明确海洋环境规制方向的过程中，根据其实际情况对现阶段的海洋环境治理行为进行规划，满足其未来较长一段时期内的海洋环境保护要求，最大化地获得效益。

2. 构建环境治理内部管理机制

涉海企业通过引入海洋环境质量的国际标准体系作为海洋环境治理的内部管理标准，对企业内部各部门职能和业务流程进行划分，在绩效考核当中，增加海洋环境治理，将其作为一个标准，这是涉海企业参与海洋环境治理的重要责任的体现。ISO14000 环境质量标准体系、欧盟污染物排放与转移登记制度等国际标准是现阶段企业进行环境治理的依据，这需要涉海企业在生产经营过程当中，在结合自身当下实际发展情况以及综合考虑产品性能的基础上，根据当地政府及相关法律法规的要求，制定一套适应自身发展需求的海洋环境治理细则，细则当中对管理机制和操作机制进行规范，并将其作用于绩效考核当中。

3. 推进清洁化的海洋生产方式

转变涉海企业的生产方式能从根本解决海洋环境污染问题。也就是说，涉海企业要将工作重心转移到改进生产工艺，优化海洋产品服务，以消除负面影响。清洁生产是指将综合性预防的战略持续地应用于生产过程、产品和服务中，以提高效率和降低对人类安全和环境的风险。[①]涉海企业需要推进环境友好型清洁生产方式，将企业生产的各个环节都按照清洁化生产方式进行设计和操作。就拿生产过程中产品原材料的选择和使用来说，拒绝使用有毒有害材料，从使减少排放物对环境的污染，且在使用过程中要注意资源的节约。就海洋产品而言，要降低产品全生命周期（包括原材料开采到寿命终结的处置）对海洋环境的有害影响。除此之外，生产工艺的创新、生产模式的改进，不仅能提高企业的生产效率，还能够改善海洋环境排污状况。

4. 搭建绿色营销渠道

搭建绿色营销渠道是涉海企业海洋环境治理中非常关键的一步。绿

---

① 石磊，钱易. 清洁生产的回顾与展望——世界及中国推行清洁生产的进程［J］. 中国人口·资源与环境，2002（02）：123 – 126.

color营销渠道的建设主旨是以可持续发展的海洋生态环境为目标，实现的是海洋经济利益、海洋环境利益和消费者利益的共赢。① 涉海企业以"品质为上、效益为本、注重环保"为原则，通过设计绿色高效的产品储存、包装、销售及消费形式，将企业的环境外部化影响控制到最小。同时，绿色营销渠道不仅能打开潜在的目标市场，还能够提升消费者绿色消费意识，引导其进行绿色消费，最终提升产品的知名度，扩大市场影响力。而产品的流通过程也需要受到重视，这是由产品的差异性导致。因此，在设计绿色营销渠道的时候，需要将产品的包装、运输、销售等环节考虑其中。

5. 公开环境信息

环境知情权是指公众知悉和获取相关环境信息的权利。为尊重公众知情权、监督权，涉海企业应公开海洋环境治理行为以及海洋环境质量信息等。而公开资料，不仅为公众了解企业环境治理工作情况、监督过程实施创造条件，还能够促使企业、公众以及政府同心协力，共同参与到海洋环境的治理工作当中。涉海企业需要公开的环境信息一般分为强制公开信息和自愿公开信息两类。其中自愿公开信息政府主要以鼓励的态度对待，包括企业实行的环境保护政策、该年度所要实现的目标及要求，企业的资源消耗，对环境保护的投资情况，环境技术的发展情况，企业生产产生的废物的具体种类、总体数量、最终目的地等，企业现有的环保设施数量及其运行情况，企业在生产过程中的废物处理情况及其回收利用情况等。而强制公开信息主要指的是以国家或企业所在地的排放标准为依据，对不符合排放标准或超出规定排放量的企业进行信息公开。其中包括违规企业的名称、具体地址、法定代表人等，同时对排放物当中不符合标准的内容进行公开，包括污染物种类、数量以及方式等。与此同时，企业对此事故的应对措施以及生产中所拥有的环保设施的运行情况也需要公开。

150

---

① 李泽源，景刚. 绿色营销中的渠道建设问题研究 [J]. 中国管理信息化，2016，19（04）：102－103.

（三）中国沿海地区企业环境信息公开评价

本部分以污染源监管信息公开指数（PITI）年度报告为基础，对
2013—2016 年沿海地区企业环境信息公开情况进行调查，并对调查结果
进行描述。所谓的"PITI 指数"指的是于 2009 年，由公众环境研究中心
和自然资源保护协会开发，用于评估、衡量各地对污染源监管信息公开
程度，目的在于促进环境信息公开。PITI 指数主要涉及 5 个大项目及 10
个项目内容，全国共有 120 个城市参评。作者选择 26 个沿海城市作为研
究对象，对其公开的具体指数值进行分析，包括自行监测信息公开和企
业排放数据公开两小项内容，总分值为 32 分。

1. 总体评价

图 5 - 1 展示了 2013—2016 年沿海地区企业环境信息公开指数的变
化情况。从图 5 - 1 中可以看出，2013—2016 年沿海地区企业环境信息公
开指数逐年攀升，从 2013 年的 12.26 分上升到 2016 年的 23.47 分，增长
率高达 91.4%。从分值来看，2016 年企业环境公开指数已占总分的
73.3%，但是距离更高的等级还存在较大的差距。与此同时，报告结果
显示，企业的环境信息公开力度滞后政府，未满足社会期待。

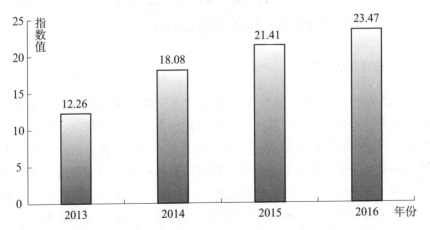

图 5 - 1　2013—2016 年中国沿海地区企业环境信息公开指数

2. 分海域评价

图 5 - 2 展示了 2013—2016 年中国三大海域沿海企业环境信息公开指数的变化情况。从图 5 - 2 中可以发现，总体上看，与期初相比，三大海域的环境信息公开指数均呈现上升态势，但仍存在些许差异，其中东海最高，黄渤海次之，南海最低。从变化趋势来看，南海沿岸地区企业的环境信息公开指数虽然在三大海域中最低但其上升的程度最为明显，从 2013 年的1.33 增长到 2016 年的 20.47，其中 2015 年跃升明显。黄渤海沿岸地区企业环境信息公开指数呈现平稳上升的趋势，从 2013 年的 13.35 上升到 2016年的 21.47。与其他两个海区的持续增长不同，东海沿岸地区企业环境信息公开指数在 2015 年出现下降，总体呈波动上升的变化趋势。

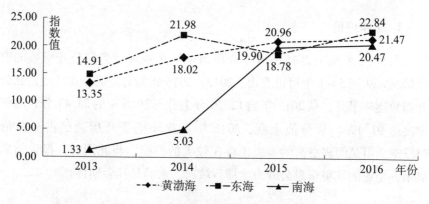

图 5 - 2　分海域企业环境信息公开指数

3. 分地区评价

图 5 - 3、图 5 - 4、图 5 - 5 分别展示了三大海域沿岸各城市企业环境信息公开指数的情况。从图中可以发现，在黄渤海海域中，企业环境信息公开指数较高的地区集中在山东省沿岸城市，天津、河北和辽宁沿岸城市虽然企业环境信息公开指数较低，但其增长的幅度更高。在东海海域中，企业环境信息公开指数较高的地区集中在上海和浙江省沿岸城市。江苏省沿岸城市企业环境信息公开指数略低于上海和浙江省，但由于其基期数值较低，整体的增长幅度较大。福建省沿岸城市企业环境信息公开指数在东海海域处于最低的水平，且总体的增长幅度也较小。南

海海域中，各省沿岸城市企业环境信息公开指数的差距并不大，且均在 2015 年有一个明显的跃升。需要说明的是，由于参与评价城市中未包含海南省沿岸城市，所以上述分地区分析中并未包括海南省。

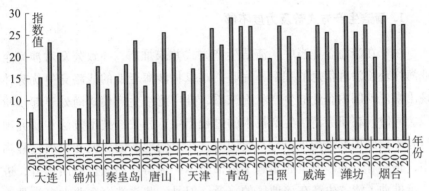

图 5-3 黄渤海沿岸城市企业环境信息公开指数

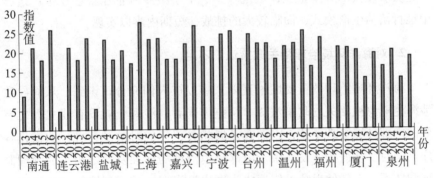

图 5-4 东海沿岸城市企业环境信息公开指数

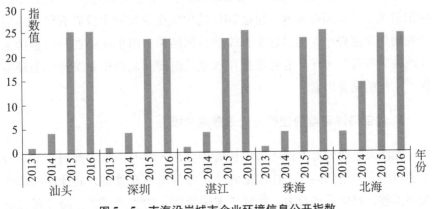

图 5-5 南海沿岸城市企业环境信息公开指数

153

（四）中国海洋环境企业治理的不足

1. 清洁生产方式普及力度不够

由于在涉海企业当中，清洁生产方式并未推广，导致公众对涉海企业海洋环境治理信息的理解不完整，难以将涉海企业的战略竞争优势体现出来。就国内企业的生产状况来看，推广清洁生产模式尚处于起步阶段。同时，在研究清洁生产技术的过程当中，相关的技术方法和研究项目并未按照预期进行投资。与此同时，在不同地区的建设和发展过程当中，确实有一些涉海企业实施了清洁技术，使得产品质量有所提升，进一步推动了清洁生产在该地区的普及。但是，此类涉海企业大多为具有一定发展规模的大型企业，数量较少。中小型涉海企业若想在生产过程中推行清洁生产模式，面临较大的挑战，短期内难以实现。

2. 对海洋环境治理相关政策认识不足

海洋环境治理的重要性一直以来难以被人们充分认识到，从而导致涉海企业忽视相关的政策法规。从整体来看，涉海企业没有建立行之有效的内部环境管理系统，因而在开展相关工作的时候没有可行的操作程序。同时，涉海企业没有用于内部环境治理的标准及与之相关的管理制度和体系，也就使得缺乏依据成为国内涉海企业进行环境管理过程中亟待解决的问题。就 ISO14000 环境管理系列标准在国内企业经营过程中的应用情况来看，调查显示，超过 70% 的中国企业实际上没有有效的环境管理操作规范程序，虽然这是总体的数据结果，但也能够在一定程度上反映缺乏有效的海洋环境管理操作规范是阻碍和制约企业海洋生态环境保护工作的重要因素。

154

3. 内部海洋环境治理行为尚未形成规模

在涉海企业内部海洋环境保护管理方面，涉及内部多部门，虽有分工和协调，但遇到问题，往往是海洋环保部门独自处理，其他部门职责发挥不够，难以形成合力。面对"末端治理"的生产工艺，海洋环保管理难度大，仅靠涉海企业内部环保部门的管理难有根本性改变。大多数涉海企业也有海洋环保制度，但不落实或执行难，其主要原因在于海洋环保管理成本会或多或少地增加企业的生产经营成本，对于拥有良好经济状况的涉海企业，这种成本支出处于其可承受范围内。但对于经营状况较差，处于亏损的涉海企业，则环保管理处于表面应付的状况甚至处于无管理状态。凡有污染物排放的涉海企业，其自身海洋污染治理所需投入的资金有限或不足，国家在支持涉海企业海洋污染治理的资金不足，要让各涉海企业自筹资金进行海洋污染治理，主动性不高或力不从心，这些因素都使得涉海企业内部的海洋环境治理难以实现。

三、中国海洋环境治理的社会义务

以往对公共资源问题和环境问题的探讨主要围绕政府与市场，强调环境问题的产生主要来自政府失灵和市场失灵。然而，现实的情形表明，社会因素是海洋生态损害和保护的重要方面。相对于其他发达国家而言，我国社会公众对于海洋环境保护的意识较弱，海洋环境保护的非政府社会组织数量还比较少、资金和专业人员也非常短缺，发挥的作用比较有限。因此，要让社会主体有效参与海洋环境治理，需要引导公众参与海洋环境治理，培育海洋环境治理的社会组织。同时加强海洋环境治理的信息披露，创造条件让社会主体参与海洋环境治理，发挥社会主体在海洋环境治理过程中作为"监督者"的重要作用。

（一）社会海洋环境治理的理论依据

1. 公共治理理论

所有主体的有限理性是公共治理理论的前提。这也就是说，在治理海洋环境的过程当中，遇到公共物品和服务问题的时候，任一主体都无法独立解决。公共治理理论要求多个主体共同参与公共事务的管理，也

155

就是说在进行治理的过程中，不仅需要政府和其他公共机构参与其中，还需要企业、公众和社会环境组织。在管理公共事务的时候，从共同利益出发，公众按照自愿的原则自发组成机构。这与强制组建的机构比较，存在很大的差异性，其不需要对利益集团或政府机构负责。在公共治理结构中，公众占据主导地位，能直接行使管理权利。也就是说在面对公共实际需求的时候，从集体利益出发，实现自我管理。只有这样才能将公众的偏好需求和实际意愿落实到相关政策的制定当中。对海洋环境的治理工作是通过不同主体之间进行合作，共同协商，一致执行管理计划，在此过程当中，全体公民需要参与其中。而海洋环保非政府组织是公众社会力量的组织化形态，在参与环境治理中具有明显优势。

2. 环境权理论

西方国家普遍认为公众享有环境知情权、监督权、参与权等合法权益。经过长期发展，该观点不断完善，环境权成为人权的一部分。这被许多学者当作人权发展历史上具有纪念意义的事件。[①] 海洋环境作为生态环境中的重要组成要素，与人类生存发展息息相关，其作为公众共同享有的资源之一，可视为全体公民的共同财产，任何国家、地区或者人都不能采取任何方式对其进行占领、使用或者破坏。公众有权行使自己对海洋环境的监督权、知情权等，享受由海洋环境带来的生存与发展的权利。由此可见，环境权在当下已经成为公众享有的基本权利之一，是公众参与海洋环境治理的理论基础。

3. 公共信托理论

海洋环境资源归全民所有，但在实际生活当中，由于种种因素的制约，公众将自身治理海洋环境、维护海洋生态的权利交付政府，两者之间存在信托关系。也就是说，公众是委托人，政府是代理人，政府须承担公众委托的关于海洋资源的使用及其生态环境保护的责任，并从公众的利益出发，对其进行规划、管理。在此过程当中，公众能够行使知情权、监督权等权利，参与政府治理海洋环境过程当中。对于政府工作当

---

① 蔡守秋. 论环境权 [J]. 金陵法律评论, 2002 (01): 83 –119.

中出现的差错或不当行为，公众可以通过行政复议或诉讼的形式，要求其恢复原有状态、补偿造成的损失或者采取措施纠正不当行为，甚至可以行使问责权对主管人员进行严厉惩罚。① 因此，为了保证政府在海洋环境管理的过程中履职尽责，社会公众参与海洋环境治理也就成为必然，这也是公众参与海洋环境治理的重要理论基础。

（二）海洋环境治理中社会义务的具体表现

1. 公众在海洋环境治理中履行义务的表现

公众会从良好的海洋生态环境中受益，但当海洋生态环境遭到破坏时，公众也将直接承担后果。由此可见，公众与海洋生态环境息息相关，也就有权了解海洋环境保护工作，其参与其中的意愿也极其强烈。也可以说公众是推动海洋环境治理工作的主要力量和根本动力，是不可忽视的社会资源。而在实际当中，公众在海洋环境治理中的义务主要有以下方面：

第一，增强海洋环保意识，主动提高海洋环保知识水平。这是公众在海洋环境治理工作当中发挥积极作用的先决条件。公众作为维护和改善海洋环境的主力军，意识的增强，使其更加积极参与海洋环境保护当中，而知识水平的提高使其在此过程中能够采取有效的方式，达到事半功倍的效果。当然，除了通过自身的努力为保护海洋环境献出一份力，公众还可以呼吁并督促政府参与其中，提高环保意识。

第二，监督政府实施海洋环境管理权，向政府争取合法的海洋环境权益。公众只有全程参与并监督政府海洋环境治理工作，才能使其从公众需求出发，提高效率。而这是以法律保障为前提，只有这样，公众才能合法行使如知情权、监督权等相关的海洋环境管理权益。

第三，加强与海洋环保 NGO 的联系，凝聚坚实的社会力量。在海洋环境治理过程中，个人所起的作用微乎其微。但通过与海洋环保 NGO 进行联系，加强两者间的互动与交流，在该组织的帮助下能够弥补自身的

157

---

① 李琳莎，王曦. 公共信托理论与我国环保主体的公共信托权利和义务［J］. 上海交通大学学报（哲学社会科学版），2015，23（01）：57 - 64.

认知缺陷。同时，通过个人的努力，不断壮大社会力量，共同支持和配合海洋环保 NGO 的工作。

第四，践行绿色消费理念，改变涉海企业的生产方式和发展观念。在过去的生产中，受传统观念的影响以及现实条件的限制，数量众多的涉海企业采取的是粗放型的生产方式，不仅导致原材料的浪费，还可能造成海洋环境的污染。而利润和市场作为企业追求的目标，消费者是其服务群体。基于此，公众通过改善消费习惯的方式，倡导绿色消费行为，来促使企业发展观念和生产方式的转变，最终促进生产的绿色转型升级。

2. 海洋环保 NGO 在海洋环境治理中的义务

随着海洋环境污染问题日益加剧，公众的海洋环保意识不断提升。但是，公民个人参与海洋环境治理政策制定的机会很少，参与力度及影响力也不大。而海洋环保 NGO 作为非营利性组织，具有公益性，能够作为公众的代表参与海洋环境治理，行使合法权益。公众通过合法的海洋环保 NGO 能够更好地影响和参与政府的海洋环境治理决策，从而实现自己的利益表达。① 海洋环保 NGO 在海洋环境治理中所承担的义务主要有以下几个方面：

第一，宣传保护海洋环境的重要性，普及相关知识。海洋环保知识的宣传和普及是海洋环保 NGO 在海洋环境治理中最为人们熟知的作用。设立宣传专栏、举办专题讲座、召开学术会议、发行有关海洋环保知识的科普读物等都是可行的方式，在潜移默化中激励公众参与海洋环境的保护行动。

第二，监督政府海洋环境治理行为，参与海洋环境保护相关决策。海洋环保 NGO 作为公众代表，参与政府制定和实施海洋环境治理政策，并对该过程进行监督。海洋环保 NGO 既可以监督政府海洋环境治理政策的透明度和海洋环境治理中政府责任的承担情况，还可以通过直接或间接行为参与或影响政府的海洋环境治理决策。

第三，通过与政府合作，引导企业绿色生产。海洋环保 NGO 可以将

---

① 杨振姣，孙雪敏，罗玲云. 环保 NGO 在我国海洋环境治理中的政策参与研究 [J]. 海洋环境科学，2016，35（03）：444-452.

政府作为合作者的身份，在消费者中普及绿色环保产品，向涉海企业倡导绿色化的生产行为，引导企业的生产选择。此外，在公众当中，海洋环保 NGO 也发挥着积极作用。其通过开展社会调查工作，发现人们对于海洋环保产品的需求偏好。与此同时，面向公众宣传海洋环保生态标志，推广海洋环保型产品，潜移默化当中使公众对该类型的市场认可度提高。该行为也使相关企业在日常的生产经营当中，提高保护海洋环境意识，并将海洋环保性生产植入自身的经营方式和生产结构当中，在实现经济利润的同时保护海洋生态环境。

第四，向其他主体提供海洋环境治理咨询服务。海洋环保 NGO 不仅应向社会公众提供海洋环境治理的咨询服务，还可以发挥自身具有的信息及技术优势，为公众、企业和政府答疑解惑，提供咨询服务，并在企业当中宣传与海洋环境治理的有关的政策、法规等。在此过程当中，海洋环保 NGO 将会树立良好的社会形象，信誉度、知名度随之提高，为之后开展海洋环境保护治理工作奠定基础。

（三）中国海洋环境社会治理评价

1. 社会公众对海洋污染的关注度

为考察社会公众对海洋污染的关注情况，作者在宁波市进行了问卷调查。宁波市位于浙江省东北部，北部为杭州湾，东为东海，是浙江省重要的沿海城市，同时也是东海沿岸海洋环境污染程度较高的地区。统计数据显示，2017 年宁波市近岸海域水质极差，劣四类海水占比近50%，海洋环境污染问题严峻。因此，以宁波市为调查地区对社会公众的海洋环境关注度的考察具有一定的代表性。

本次调查共发放 350 份问卷，回收 330 份，其中有效问卷 314 份。图 5-6 展示了本次问卷调查人群的人口统计学特征。从性别来看，女性人口高于男性；从年龄来看，调查对象绝大多数为 19—50 岁；从受教育水平来看，本专科人群占比最高；从每月可支配收入来看，各阶段分布大致均匀。

从图 5-7 中可以发现，对海洋污染关注一般的人群占比最高为34%。对海洋环境污染关注较低的人群（含"不关注的 8%"和"极少

159

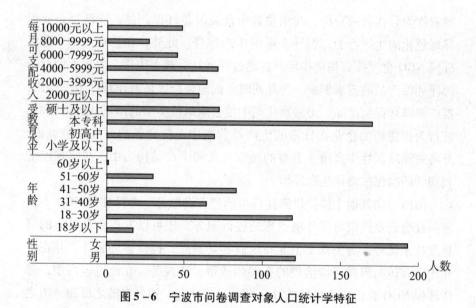

图 5-6　宁波市问卷调查对象人口统计学特征

关注的 18%"）占比为 26%，对海洋污染关注较高的人群占比为 40%
（含"关注的 23%"和"经常关注的 17%"）。为更加清晰地反映社会公
众对海洋污染关注的具体程度，本次调查还考察了居民对其他主要的环
境污染问题的关注情况，主要包括雾霾、地表水污染、废物垃圾。当然，
对海洋污染的高度关注与宁波市是滨海城市及东海近岸海域的环境质量
特别差是相关的。图 5-8 给出了公众对四种环境污染类型关注的对比情
况。从图 5-8 中可以发现，关注度处于一般及以下的环境污染类型中，
海洋污染占比最高，其中极不关注的人群占比更是明显高于其他三种环
境污染类型。而相对应的，在关注及经常关注的人群占比重，海洋污染明
显低于其他环境污染类型。上述结果也表明，现阶段的中国社会公众对海
洋污染的关注程度明显偏低，社会公众的海洋环境保护意识亟待提升。

2. 中国海洋环保 NGO 清单

160

　　随着 NGO 的影响力扩大，逐渐登上海洋保护舞台。加之政府思想观
念的转变，意识到非政府组织在保护海洋环境过程中发挥的重要作用，
海洋环保 NGO 逐渐成为主力军，不断推进海洋保护工作。且随着中国海
洋学会、"蓝丝带"海洋保护协会等非政府组织的出现，我国海洋保护

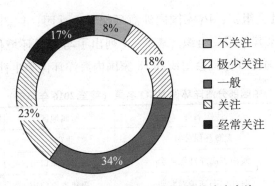

图5-7　宁波市公众对海洋污染的关注度占比

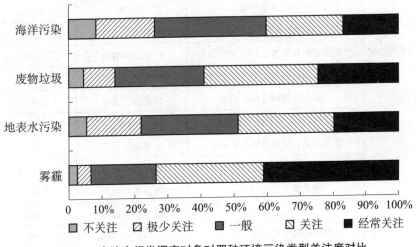

图5-8　宁波市问卷调查对象对四种环境污染类型关注度对比

队伍不断壮大，这对我国海洋环境保护具有重要意义，有助于推动海洋环境保护事业的发展。

　　本部分基于2017年6月由上海仁渡海洋公益发展中心发布的《中国海洋环保组织名录》对中国的海洋环保NGO运行现状进行分析。该名录是"中国海洋环保NGO能力发展和网络建设项目"的一项重要成果。该名录收录了所有工作内容涉及海洋环境保护相关的组织，包括社会组织（基金会、社会团体和民办非企业单位）、事业单位、高校学生社团以及经工商注册的企业等。最新的2016版名录共收录191家海洋环保领域的组织，包括：34家国内海洋环保社会组织，18家国内海洋环保学生社团，8家国内涉海环保基金会，18家国际涉海环保非政府组织，63家国

161

内涉海环保社会组织，16 家国内涉海环保学生社团，4 家国内支持类社会组织，30 家其他相关组织。表 5 – 4 列出了与海洋环境保护直接相关的 34 家国内海洋环保社会组织和 18 家国内海洋环保学生社团。

表 5 –4　　中国部分海洋环保 NGO 名录（截至 2016 年年底）

组织类型	组织名称	所属地区	成立时间（年份）
综合型组织	大海环保公社	北京市	2000
	海南省海洋环保协会	海南省海口市	2009
	海洋生态守护者联盟	福建省厦门市	—
	中国海洋学会	北京市	1979
	中国海洋法学会	北京市	1993
	宁德市海洋环境保护志愿者协会	福建省宁德市	2012
	珠海市海洋资源保护开发协会	广东省珠海市	2010
	会文镇冠南民间海洋资源保护协会	海南省文昌市	1998
	三亚蓝丝带海洋保护协会	海南省三亚市	2007
	上海仁渡海洋公益发展中心	上海市	2007
	深圳市蓝色海洋环境保护协会	广东省深圳市	2002
	蔚蓝大连	辽宁省大连市	2007
专门类组织	海思蓝海洋公益学院	海南省三亚市	—
	黑石礁守护者	辽宁省大连市	2014
	苍梧晚报清洁海岸义工团	江苏省连云港市	2007
	北海红树林关爱与发展研究会	广西壮族自治区北海市	2013
	有鱼自然保育与可持续发展中心	山东省威海市	—
	大鹏新区珊瑚保育志愿者联合会	广东省深圳市	2014
	深圳市南山区红树林环保宣讲团	广东省深圳市	—
	海南海洋生物保护协会	海南省海口市	2014
	海南省贝类与珊瑚保护学会	海南省海口市	2013
	海南万宁和乐蟹保育中心	海南省万宁市	2009
	海南智渔可持续科技发展研究中心	海南省海口市	2015
	海南南海热带海洋生物及病害研究所	海南省三沙市	2003
	盘锦市保护斑海豹志愿者协会	辽宁省盘锦市	2007

续表

组织类型	组织名称		所属地区	成立时间（年份）
专门类组织	盘锦市黑嘴鸥保护协会		辽宁省盘锦市	1991
	勺嘴鹬在中国		上海市	2014
	石狮市祥芝美丽海岸志愿者协会		福建省石狮市	2014
	天津滨海新区湿地保护志愿者协会		天津市	2014
	中国红树林保育联盟		福建省厦门市	2001
	自由海参育苗中心		山东省威海市	—
	911 国际海龟救助组织		海南省海口市	2008
	鳄鱼屿自然体验中心		福建省厦门市	—
	Bloom Association Hong Kong		中国香港特别行政区	—
学生社团	复旦附中国际部净滩小组		上海市	2002
	麒麟中学红树林社团		广东省广州市	2015
	青岛科技大学蓝丝带海洋保护协会		山东省青岛市	2011
	钦州学院海洋学会		广西壮族自治区钦州市	2011
	浙江海洋大学海洋环保协会		浙江省舟山市	2001
	广东海洋大学蓝丝带海洋保护学会		广东省湛江市	
	蓝丝带海洋保护志愿服务社	青岛农业大学	山东省青岛市	—
		青岛黄海学院	山东省青岛市	
		中国农业大学（烟台）	山东省烟台市	
		山东大学（威海分校）	山东省威海市	
		大连海事大学	辽宁省大连市	
		连云港淮海工学院	江苏省连云港市	
		上海海事大学	上海市	
		海口经济学院	海南省海口市	
		海南大学	海南省海口市	
		三亚城市职业学院	海南省三亚市	
		三亚航空旅游职业学院	海南省三亚市	
		三亚学院	海南省三亚市	

资料来源：作者根据上海仁渡海洋公益发展中心 2017 年发布的《中国海洋环保组织名录》整理所得。

从分布地区来看。名录反映出我国海洋环保社会组织的分布地域性特点明显。我国海洋环保组织全部分布在东部沿海地区，尤其是东南沿海地区，这反映出海洋环保组织分布具有明显的地域性色彩。在 2016 年度的名录中，排名前三位的分别是海南省、广东省、北京市，基本都位于沿海城市。需要指出，海洋环保组织数量和经济发达程度并不成正比，比如，上海市经济发达但海洋环保组织数量并不占较大比重。名录中的项目地区显示，多数海洋环保组织只在自己注册的地级市内开展活动，部分组的项目地区为所在省，能够跨省份开展活动的组织很少，这说明现阶段我国海洋环保组织的行动能力有限，大多数组织缺乏在更广阔的地理范围内执行项目的能力或机会。

　　从成立时间来看。根据名录的数据统计，我国海洋环保组织 1996 年之前成立的有 8 家，之后，组织成立的数量逐年增多，呈上升趋势，2011—2015 年新成立的海洋环保组织数量达到 46 家，2016 年新成立的社会组织有 4 家。从时间的分布来看，有 50 家海洋环保组织在 2010 年之后成立，占到将近一半；有 75 家社会组织成立时间不满 10 年，占比大约为 67%。一方面，这说明我国海洋环保组织整体上还比较年轻，同时，这也反映了社会组织对于海洋保护领域的关注度日渐提高。

　　从注册类型来看。根据名录的数据统计，我国有 41 家海洋环保社会组织注册为社会团体，占比最大，此外还有 24 家事业单位。由此可知，在海洋环保领域中，还是社会团体和民办非企业单位占了大多数。其他类型（如基金会、公司等）比较少。

　　此外，名录还反映出大多数海洋环保组织的活动领域比较分散，跨度较大，多数海洋环保组织并没有把机构的全部精力和力量都集中在某一专业领域进行深入、持久地探索。造成这一现状的主要原因是我国海洋环保组织面临资源限制。为了获取生存和发展的资源，需要采取多方汲取资源的策略，组织的项目也会因为资源提供方的不同要求而趋于多样化，无法集中力量专注某一领域。

　　从整体来看，我国海洋环保组织还处于成长期，组织行动能力有限，组织之间稳定的交流网络尚未成型，行业内部缺乏被大家所共同接受和认可的规范。我国海洋环保 NGO 建设事业还任重道远！

（四）中国海洋环境社会治理的不足

海洋生态社会自治机制的构建依赖于社会资本的培育。一方面，社会信任、公民责任感和环保意识的培育可以推动公众在海洋生态损害治理上合作网络的形成，从而推动社会自治机制的构建，进而间接影响海洋生态损害治理。另一方面，社会资本也可直接作用于海洋生态损害的治理，原因在于，有社会资本培育与积累形成的合作网络具有强大的影响力，即便不直接参与海洋生态损害治理，对地方政府的环保诉求也会促使地方政府提高海洋生态损害治理的效率。社会组织和社会资本相辅相成，社会组织的存在为公众建立信任提供桥梁；反过来，丰富的社会资本又是孕育社会组织的温床。然而，在中国现有环境下，不论是社会资本还是社会组织的培育均明显滞后，社会信任缺失、环保意识淡薄、社会组织影响微弱等问题普遍存在。这构成了海洋生态损害社会机制失灵的根源。

1. 海洋环境社会自治缺失

公共资源服务于公众，其公众自治机制对资源进行管理可能会比现存的市场治理和政府管理更有效。但是，一个良好自主治理机制的运转绝非纸上谈兵，其成功与否与所处的制度环境紧密相连。多年来，中国海洋生态治理以沿海地区为重点，按区域划分实行地方政府的行政管理，形成了以行政手段治理为主的制度。按理说，地方政府本应对此自主治理制度给予更多的认同。但是，实际上并没有迹象表明地方政府有推动自主治理举措。地方政府未对海洋生态的自主治理给予认可的原因是多方面的，但主要原因在于地方经济增长、维稳及公民环保素质三个方面。首先，地方政府"先污染后治理"的思路导致地方政府会阻碍海洋生态自主治理实践。其次，社会稳定是政策有效实施的前提条件，也是中央考察地方官员政绩的重要指标，而海洋生态自主治理主要依靠公众。然而公众行为的不可预测性增加了地方政府管控与维稳的难度。最后，公民对于环保概念认识不深，大部分公众的环保视野有限，只在自己生活的范围内重视海洋环境保护问题，对超出其生活范围的地区的海洋生态

165

环境的关注就更少了。这些因素叠加在一起，极大地限制了公众自发组成的海洋环境保护自治机制的建设和发展。

2. 海洋环境治理社会资本不足

社会资本属于非正式制度的范畴，与正式制度互为补充，缺一不可。社会资本包括信任、社会道德水平、公民环保意识等内容，是构建海洋生态社会保护机制的重要内容。陆源污染作为海洋生态损害的主要来源，主要源自生活和工业排放。这两个领域的排放与社会资本紧密相关。在社会资本丰富的国家或地区，公众拥有更强的守法意识和更高的道德水平，海洋生态损害行为鲜有发生。在中国相关法律规章制度不断出台的背景下，海洋生态损害行为仍然多发。这固然与法律法规执行不力有关，但也取决于社会道德水平、公民守法精神、信任等非正式制度。

社会成员之间的普遍信任是社会资本的关键构建，它决定了海洋生态破坏的受害者在对抗生态破坏行为时是否能团结起来更有信心去解决与面对。在我国海洋治理工作中，只有政府，较少有公众和媒体的力量。其主要原因在于公众生活圈的日益扩大，新的具有凝聚功能的组织模式产生之前，在大环境下，公众彼此之间的信任度较低，导致其难以形成强大的横向力量。横向联合力量的缺失又导致了信任度的低下。如此形成恶性循环。

3. 海洋环境治理社会组织力量薄弱

制度环境应允许和鼓励致力于海洋生态环境保护社会组织的发展。社会组织中的自发社团突破了所谓的家庭主义，因其自发的性质，能在社团中形成较好的信任感和凝聚力，无论你来自哪里，人与人之间都会存在信任感。从市场角度来看，自发社团还能发挥其社会和经济功能。具有自发性的中间组织在更具有市场的优越性。一旦中间组织的自发性得不到发挥，国家对中间组织管理的缺失将导致其权威的丧失，也可能会导致其权力的滥用。也就是说，市场需要社会自治，如果没有社会自治，政府将难以发挥作用进行控制。社会的开放和多元在中国改革开放和经济发展中日趋明显，正因为多元化的存在使得某些领域的社会问题进一步凸显出来的，恰恰是这些比较活跃的社会组织对问题的处理起到了关键性的作用。海洋开发活动的增加,引起了社会组织的高度关注。部分强大的海洋环保组织在国际问题上很有影响力,在某种程度上能够对政府海洋资源开发的相关活动进行干预影响。据调查,中国的社会组织中约有2000多家的社会环保组织①,但非政府的社会组织在某些方面与国外相比还相差甚远,国内体制及自身力量的薄弱都导致了难以形成一个完全服务于大众的非政府的社会组织。

四、中国海洋环境治理的主体协同

海洋生态的损害是"市场失效""政府失灵"及"社会失灵"的叠加效应的体现。市场机制失灵、政府机制失灵以及社会机制失灵分别通过不同渠道影响了海洋生态环境,但三种机制的失灵并非独立存在,而是相互交织在一起。② 要想全面治理海洋环境的损害,必须要从全局整体出发,不能分开来看。应从根本上解决社会、市场和社会在治理过程中的相互作用的缺失问题。构建"市场 + 政府 + 社会"三位一体的治理框架,利用市场功能对海洋资源进行调配处理,配合政府的干预作用,形成政府、企业、社会的联合整治力量且相互之间制约。各主体在资源保护中承担的各自责任,并且通过形成合力进一步发挥其对海洋治理的激励和约束的作用。

(一)协同治理理论

"协同治理(Collaborative Governance)"一词来源并成熟于西方的研究,现已在公共领域的行政管理中广泛使用。"协同治理"在联合国全球治理委员会被定义为"协同治理是个人、各种公共或私人机构管理其

167

---

① 非政府组织与环境保护 浅析环保非政府组织 . 2018 – 09 – 16,http://www. lin-ban. com/c/14436. shtml.

② 胡求光,沈伟腾,陈琦. 中国海洋生态损害的制度根源及治理对策分析 [J]. 农业经济问题,2019(07):113 – 122.

共同事务的诸多方式的总和。它是使相互冲突的不同利益主体得以调和并且采取联合行动的持续的过程。其中既包括具有法律约束力的正式制度和规则，也包括各种促成协商与和解的非正式的制度安排。"① 协同治理理论内涵丰富，有多重理解角度和方式。其更加强调合作治理的同步行动，是指治理的各个主体相互合作，共同承担风险，一起行动，一同治理，实现公共利益的进步。②

协同治理理论要求在处理公共事务问题上，须以政府、企业社会组织及公民的认同达成一致为前提，找到相互适合的方式进行合作，以发挥治理的最优效果。这种新的治理模式来自西方发达国家，要想发挥其效果，需要更多的法制体制的参与约束。协同治理的特征在于应对问题的公共性、参与主体的跨部门性和政府的主导性、公共政策全程的互动性、运行中的制度化。③ 协同治理理论与多中心治理理论有着重合部分并且其目标一致。其都在寻找主体有效的合作方式，以发现治理市场的方法和新的政府构建结构，并且在这种方式下，试图解释为什么要进行多样性和权威性的主体进行治理。两者合称为"多中心协同治理模式"。

（二）海洋环境治理主体协同的特点

1. 主体多元性

海洋环境治理体现了协同治理的重要性。其特征是海洋治理的主体来源于政府、市场企业和社会的三方的合作的协同治理，从而形成共同治理的组合。从公众来说，每一个公民都对海洋环境有知情权，并且应在海洋环境治理工程中提出建议、参与决策。政府的作用体现在为治理工作提供法律保障，特别是要提供有效的司法和行政程序。公众和海洋环保 NGO 也需要提升自身海洋环保意识，主动和参与海洋环境治理过程。政府所提供的相关制度和激励机制应能促进企业的治理能力，而企

① 联合国全球治理委员会. 我们的全球伙伴关系 [R]. 牛津大学出版社，1995：23.
② 张仲涛，周蓉. 我国协同治理理论研究现状与展望 [J]. 社会治理，2016 (03)：48 - 53.
③ 黄静，张雪. 多元协同治理框架下的生态文明建设 [J]. 宏观经济管理，2014 (11)：62 - 64.

业也需遵循相应的生产标准，实现绿色生产。另外，海洋环境治理的协同性更强调适用性，即针对不同种类和特征的海洋治理实务可由适格的主体进行治理，各主体明确自己的治理任务，各司其职，分工协作，共同完成海洋生态环境的治理。

2. 过程协同性

协同效应体现在优势的突出与有机优化。在治理过程中，各主体进行相互作用，一方面形成主体优势结合，另一方面各合作主体间互相匹配，形成有机的结构，最后形成大于各部分单纯叠加的强大力量，从而产生协同效应。在治理体系中，任何主体都有自己的协作动机，通过协作自身都能实现各自利益增长的目标。信息共享在网络化的合作中处于核心地位，其信息的流通解决了部分主体对信息独享，以及各主体间不对称和封锁的问题，给参与的主体提供了决策的参考信息，进而影响主体进行决策的范围和领域。海洋环境治理过程的协同化以流通的信息诸如对话、责任、合作的主体、透明、监督等为主要内容，取代了以往整套照搬的规则，其过程是相互调节动态治理的过程。社会作用的缺失凸显政府干预管理的重要作用。政府需要对其参与的主体，尤其是因社会作用缺失而造成约束和激励的失效关系进行管控。政府需要转变角色，由控制变为合作产生激励作用。只要这样，各主体间才能形成相互合作共同处理的治理模式，从而形成新的"利益共享"的网络协同关系。

3. 系统动态性

当海洋环境协同治理的主体在不同位置时，其利益诉求会随之发生变化，这就决定了其协同合作动态性。正因为他们的合作关系时刻变化，其位置也会变化，并且就海洋环境治理本身来讲，其自身的相关事务就是不断发生变化的，这种变化尤其是在社会不断发展的大背景下更为明显。与此同时，海洋环境协同动态性还在于目标的动态性、行动的阶段性等因素。[①] 因此，在治理工程中，考虑其主体动态的关系的发展是必要的。只有不断对治理方案进行整合优化，才能取得良好的治理效果，

169

---

① 周鹏. 区域生态环境协同治理研究 [D]. 苏州大学, 2015.

中国
海洋环境治理研究

并且各主体间能够达成利益实现的目标。政府、企业、海洋环保 NGO 以及公众因其共同的利益目标而形成了一个有机的整体，它们在合作的同时也在彼此制约。在治理过程中如何找到他们之间既满足于自身利益的最大化、又可以实现良好的治理效果，是一个需要不断摸索和相互平衡的问题。①

（三）海洋环境治理主体协同的维度

1. 海洋环境治理的目标制定

政府、企业、公众及海洋环保 NGO 的目标是否一致影响着海洋治理各主体间能否形成合作模式。② 如果难以形成一致的目标，就很难形成协同的模式。其目标的一致在于，各主体因相同的目标而参与。除了在目标的一致性，主体间的同步行动更为重要。表面上各主体的目标都定在为保护海洋环境与生态努力，但实际上各主体对于经济有各自的理性追求，多少存在着"搭便车"的心理，在不偏离目标的大情况下，通常优先考虑达成自我目标的实现，增长自身的利益。长期下来，各主体间会因此而产生矛盾和利益的撞击。同时，各主体在治理过程中因其治理的周期较长，会出现偏离目标的现象，甚至有的主体因治理难度太大而怠慢或忽略治理，这种现象时有发生。正因如此，政府的干预作用显得非常重要，通过其主导、协调方式形成各主体的共同利益，形成共同的海洋环境治理目标，并且落实各主体分工，在治理过程中不断调整与完善。③

2. 海洋环境治理的决策参与

海洋环境治理协同的一大特点就是主体的平等，主要体现在权利和

陈佩君. 福建省近岸海域海洋生态环境协同治理研究 [D]. 福建农林大学，2019.
② 黄静，张雪. 多元协同治理框架下的生态文明建设 [J]. 宏观经济管理，2014 (11)：62-64.
③ 周伟. 跨域公共问题协同治理：理论预期、实践难题与路径选择 [J]. 甘肃社会科学，2015 (02)：171-174.

参与的平等。平等的权利创造了一个人人都能参与并且发表观点的环境。没有谁支配谁，大家有各自的话语权。① 海洋环境治理的工作要想取得成功，必须有科学的决策做支撑。而一个科学的决策来源于对问题的充分讨论，这需要有一个既保证各主体的民主权益又以海洋治理效果为首位的开放系统，主体间协同能够实现这一开放系统。因此，要进一步扩大各主体诸如公众、企业、海洋环保 NGO 的参与途径，实现其民主性、参与性的保障，从而做出正确科学民主的决策。并且在这个过程中公民要起到监督的作用，以提高海洋治理成功的几率。② 在政府放权方面，需要进一步协调中央与地方在海洋环境治理上的步调统一。中央政府应放权到地方政府实现其权与责的统一。而在某些复杂的区域海洋治理领域，中央政府应当发挥牵头作用，统一规划、监测、监管、评估和实施。③

3. 海洋环境治理的信息共享

实现海洋环境治理的信息共享主要取决于两个因素：一是参与主体的政府能否起到主导性。信息的共享，换言之就是信息的公开与透明，只有政府下达关于海洋环境治理的明确文件制度和细则以及发布海洋治理的现阶段情况相关信息，公众才能从其政府下级如其他参与的主体企业和地方政府获得准确信息。也可以为公众提供获得海洋信息的渠道和程序。信息的公开可以促进信息的动态发展，使得实际信息的精确程度高、信息来源广并且有深度。二是信息流通的方式。互联网给海洋信息的自由流通创造了良好的条件，公众通过在各种各样的新媒体如微信、微博等阵地上发表对海洋环境治理的观点，生成大数据信息。这些信息既为政府提供了公众关注点，又直指政务公开的要点，有助于消除政府

①　Afzalan，N. Planning with Complexity：An Introduction to Collaborative Rationality for Public Policy by Judith E. Innes and David E. Booher ［J］. Science and Public Policy，2013，40 （06）：821 – 822.

②　周伟. 跨域公共问题协同治理：理论预期、实践难题与路径选择 ［J］. 甘肃社会科学，2015 （02）：171 – 174.

③　黄静，张雪. 多元协同治理框架下的生态文明建设 ［J］. 宏观经济管理，2014 （11）：62 – 64.

部门的信息盲点。信息的流通能更好地促进市场机制的建立。①

4. 海洋环境治理的区域合作

海水是不断流动的，增加了其治理难度，即不是一个区域的治理，而是其流经的各个区域的共同治理。② 但在实际中，每个行政区域的差异性决定了其利益诉求的不一致性，导致各区域相互推诿，更注重自身利益的发展，而忽略合作共赢这一制度的建立。因此参与海洋治理的各主体部门要明确自己的责任与义务，在此基础上达成共识，共同努力，才能把海洋治理工作做好。共识体现在目标的一致，有共同目标才会催生出地方政府自己的治理态度，激发海洋治理的动力，使各地方政府朝着共同的方向努力，实现目标。政府之间也需要发挥其应有的协调作用，各地方政府之间必然会存在利益冲突和矛盾，这就需要中央政府从中协调，建立一套行之有效的政府间协调机制。另外，监测系统的作用不容忽视，一套公开的监测系统能准确而真实地反应出海洋治理的情况，此外信息的反馈同样也有利于调整决策，加强合作。③

5. 海洋环境治理的相互监督

海洋环境治理主体的相互监督可以减少在治理过程中违背制度的现象发生，并且通过罚款的方式要求各主体要对自己的违规买单，以此达到相互监督的作用。而对企业及个人等公众而言，政府更多地是从其行为上进行监督和约束。若违反相关的法律法规将对其提出警告，同时进行一定金额的罚款。相关的企业也必须进行整顿否则将被勒令停止生产。企业监督更重要的是对自身行为的约束，尤其负责海洋生产企业如何协调自身生产利益和保护海洋是能够实现自身约束与监督的关键所在。当然，企业也可以发挥对政府的监管作用，监督政府在海洋环境治理过程中的行为。海洋环保 NGO 的监督主要是独立于政府和市场之外的海洋环

① 丁国和. 基于协同视角的区域生态治理逻辑考量 [J]. 中共南京市委党校学报, 2014 (05)：40–44.

② 梁亮. 海洋环境协同治理的路径构建 [J]. 人民论坛, 2017 (17)：76–77.

③ 郑建明, 刘天佐. 多中心理论视域下渤海海洋环境污染治理模式研究 [J]. 中国海洋大学学报（社会科学版）, 2019 (01)：22–28.

境社会组织利用其自身的专业优势对政府和污染型的涉海企业进行海洋环境的监督，这一职能应由法律授权或政府委托。公众的监督是所有监督的基础，监督机制的形成要靠政府、企业及环保组织的多方共同努力，最终要为公众呈现出一个信息透明的环境，保证公众在海洋环境治理中的参与权和知情权的实现。

6. 海洋环境治理的利益分配

海洋环境治理的利益从生态环境角度来看，是共有的。公众、参与企业、政府都能从中获益。利益的实现既是驱动海洋治理主体的动力，同时也能提高海洋治理的效率，为海洋治理提供有效保障。只有在治理工程中参与的各主体间进行合作，才能创造出一个公平合理的分配机制。合理的分配机制能够极大提高各主体参与海洋治理的积极性，所以说，利益分配对治理效果起着重要的影响作用，也是海洋环境权益的所在。与此同时，公平合理的利益分配机制能够促进治理环境的不断优化，能够加强彼此合作的信任。在利益分配过程中，一方面应完善制度化的利益表达协商机制，包括问卷调查、涉海项目的环评、公众的诉讼与索赔等形式；另一方面应构建技术成果共享机制，不同主体间技术研发力量的差异导致了技术水平之间的差距，这就需要在政府的引导下，在维护技术专利权和保持其竞争优势的基础上，将其技术成果有偿地共享给其他主体，实现海洋环境公共效益的最大化。此外，还应创新货币形式的利益分配机制，如海洋环保基金、海洋环境税费、海域使用金、海洋排污权的交易等，通过货币形式将海洋环境收益分配给各主体。

第六章

中国海洋环境治理的重点领域

　　海洋环境治理是一个包括源头控制、过程监管和末端处置的系统过程。不同阶段的治理目标、作用和优势各有不同，源头控制是基础，过程监督是关键，末端处置是保障。在中国海洋环境治理的源头、过程和末端三个重点领域内，各自包含了哪些具体的治理制度或手段？这些治理模式的主要内容和实施路径怎样？不同阶段的治理手段如何发挥各自优势实现全程配合？探究这些问题对于建立从源头到末端一体化的海洋环境治理体系具有重要意义。

一、中国海洋环境治理的源头控制

　　源头控制是从立足海洋环境污染、生态损害发生的事前，提出针对性、全局性的顶层规划设计，对海洋环境保护做出约束性、统领性安排。加强源头控制是从根源解决和遏制海洋环境污染的根本选择。中国海洋环境治理的源头控制主要指借助事前的海域使用规划、海洋生态红线、海洋环境保护目标责任制等手段，从源头遏制陆源污染、海上污染及填海造地等生态损害现象的发生。

（一）海域使用规划

1. 基本内涵

海域使用规划是指根据社会发展和经济增长需要，结合海域区位特点、海洋资源条件及海洋环境容量等因素，严格遵循合理利用和可持续发展原则，从空间上依照不同功能将海域界定为不同的海洋功能区，并在时间分布上对不同的海域功能区及其内部涉海产业进行全局部署和统筹安排。① 海域使用规划是一项具有事前约束性、基础性规划，是各地方政府开发利用海洋的重要依据，已经成为中国海洋环境源头治理的重要手段。中国开展海域使用规划、海洋主体功能区划的实践由来已久，自 2001 年以来国家最高立法机关、国家行政管理机关先后颁布了《中华人民共和国海域使用管理法》《全国海洋主体功能区规划》《区域建设用海规划管理办法》等一系列相关管理办法，对推动海域资源环境有序利用起到了重要作用。

2. 主要内容

一是海域使用的目标定位。海洋作为一个复杂的生态系统，其资源和环境类型多样，需要立足海洋自然属性特征，依据陆海统筹、尊重自然、优化结构和集约开发的原则，明确不同海域的功能分区，制定差异化的海域使用目标定位。海域使用规划的主要目标包括空间利用格局清晰合理、空间利用效率持续优化和海洋环境质量不断改善三个方面。海洋空间利用格局的打造既要考虑不同海域的区位、资源环境禀赋等自然因素，同时也要兼顾沿海地区经济社会发展的需要，形成陆海联动、近远海互补、生态良好的开发格局。为此，《全国海洋主体功能区规划》提出了 2020 年全国形成或实现"一带九区多点"海洋开发格局、"一带一链多点"海洋生态安全格局、以传统渔场和海水养殖区等为主体的海

175

---

① 顿广宇，张勇. 浅谈海洋功能区划与海域使用规划的区别与联系 [J]，海洋开发与管理，2001（02）：38 – 39.

洋水产品保障格局、储近用远的海洋油气资源开发格局。海域空间资源的有限性决定了海域的使用开发需要确立集约用海、多元化用海和立体式用海的定位，着力提升海洋空间利用效率，实现单位岸线、单位面积的产值增长。促进海洋资源环境可持续利用是海域使用规划的本质要求。通过划定优先开发、重点开发、限制开发及禁止开发等功能区，实现对海洋生态损害、海洋环境污染的有效控制，促进生态效益、经济效益和社会效益的统一。

二是划定海域使用的功能区。海域功能区划是指根据海洋的自然属性，同时考虑经济发展的用海需求及海洋开发利用现状，将海洋划分成具有不同特定功能的海域。划定海域功能区是一项基础性的科学工作，需要客观、准确且全面地反映海洋资源开发、海洋环境质量的事实情况。海洋功能区的划定标准通常由中央政府研究制定。依据该标准，结合不同海域特点，由国家海洋行政主管部门及区域海洋主管部门判定不同海域各种使用功能的可能性，并对同一海域的不同功能进行分析比对。在此基础上，按照海域的最佳使用功能顺序，确定各海域的主导功能。①参照上述步骤，中国海洋主体功能按照开发内容可分为产业与城镇建设、农渔业生产、生态环境服务三种，具体又涵盖渔业资源利用和养护区、港口航运区、海洋能利用区、工程用海区、海水资源利用区、矿产资源利用区、旅游休闲娱乐区、海洋保护区、特殊利用区及保留区十个类型。从开发次序角度，海洋空间可划分为优化开发区、重点开发区、限制开发区和禁止开发区四种，其中禁止开发区主要针对海洋自然保护区、重要海岛等海域生态环境。科学划定海洋功能区是实现有序、规范用海的重要保障，也是进一步谋划不同海域沿海产业布局的关键前提。

三是海域使用的空间布局规划。海洋空间布局规划是在海洋功能区基础上探究海洋资源的开发、海洋产业的布局、海洋环境的保护等具体问题。开展海洋空间布局规划的目的是协调人类涉海活动和海洋生态环境保护二者矛盾、解决人类涉海活动间冲突的综合管理手段，是人类基

176

① 阿东. 我国海域使用管理和海洋环境保护的依据——海洋功能区划 [J], 2000 (04): 19 – 22.

于海域空间的复杂性和多变性作出前瞻、完备的规划。① 海洋空间布局规划要坚持陆海统筹基本理念，以海洋技术创新为手段，优化临海产业布局，深入挖掘海域深层空间，提高海域集约利用效率，确保各类经济活动在海域环境承载方位内有序开展，实现海洋经济的可持续发展。

四是海域使用的空间管制措施。海域功能区规划和空间布局规划的有效落地需要系统的海域空间管制措施加以保障。根据空间要素特性和开发强度划定不同的管制程度，控制开发空间的规模及数量②，限制各类开发活动的无休止蔓延，及时遏制无序的海域空间滥用现象，对海洋生态环境进行严格的保护。通过对海域空间肆意扩张的限制，来促使具有关联性的海洋产业在特定的空间范围内进行集约化发展，从而改善海洋空间布局。统筹各涉海管理部门，破除行政职责的隔阂、重叠和缺失等问题，对功能不同的海洋空间实行分类管控，合理配置海洋资源，提高资源利用效率。海域空间管制的最终目的是在合理规划海域空间布局的基础上，借助具体的环境政策、产业政策促进海洋经济、社会与生态的协调发展。

3. 实施路径

海域使用规划的实施包含中央及地方规划编制、多部门同级校验、规划执行督察、规划反馈完善等多个环节。首先，在海洋使用规划编制阶段，依据资源环境变化和经济社会发展需求，由中央政府组织相关专家及时编制适应新时代要求的全国性、统领性的海洋主体功能区规划，并完善海域使用管理办法。以全国海域使用规划为标准，各地方政府牵头成立专项领导小组，积极组建海洋专家咨询组提供决策参考和智力支持，编制地方海域使用规划。其次，在规划的协调论证阶段，要提升各涉海部门参与的积极性，加强各部门之间的信息交流，全面准确地获取各部门的有关资料以及对规划的建议，促进多方衔接。通过开展各相关部门同级校验，广泛征求相关主管部门、主要海洋企业及社会公众意见，

---

① 陈秋明，黄发明，林杰. 广西金鼓江河口海域空间规划研究［J］，海洋开发与管理，2016，33（02）：63 – 66..

② 刘大海，李峥，邢文秀，等. 海洋空间新布局理论的发展及其理论框架［J］，海洋经济，2015，5（01）：3 – 8.

妥善协调各涉海方的矛盾与冲突，做好多元利益协调工作。

在海域使用规划实施阶段，要依托《海域使用管理法》《海洋环境保护法》等基本法律法规，结合海域实际开发情况与生态环境质量状况，借助中央海洋督察手段，严格审查各地方用海项目是否符合海洋使用规划中界定的用途。首先，各省市地区在遵循国家统一制定及修订的海域使用规划标准的同时，也要根据各地海洋发展的实际状况及社会经济发展需求，因地制宜地灵活运用。其次，要加快建设海域使用动态监督机制，定期对规划开展情况进行动态监测，并及时反馈评估结果以供后续进一步完善海域使用规划。① 通过积极探索引入第三方评估机制，广泛采纳社会公众的建议，构建多元化的评估机制，加强对各级政府海洋使用规划实施进展的监督，及时采取有效手段修正已有和潜在的偏差。最后，在海域使用规划考核阶段，加快建立健全合理的考核指标及体系，加强考核导向作用，借助定期和不定期考核方式，综合评定各省市地区计划期内海域使用计划执行情况。探索建立健全的问责机制，强化社会各方对于涉海部门的监督，对失职失责行为追究到底，从多方面保证海洋使用规划的有效落实。②

（二）海洋生态红线管控

1. 基本内涵

海洋生态红线是指为保护海洋生态系统和自然环境，依据海洋自然属性、资源、地理区位等重要因素，遵循维护国家及区域生态环境安全、促进社会经济可持续发展等原则，划分出重点海洋生态功能区、生态敏感区和生态脆弱区为主要保护对象，从而实施严格的分类管控的制度。③海洋生态红线管控旨在严格有效地控制发展"警戒线"，保护"高压

① 沈锋，傅金龙，周世锋. 海洋功能区划制度在浙江的实践与思考 ［J］. 海洋开发与管理，2010，27（10）：42 -47.
② 栾维新. 4.0版海洋功能区划的实践体系 ［N］. 中国海洋报，2017 - 11 - 15（02）.
③ 黄伟，曾江宁，陈全震，等. 海洋生态红线区划——以海南省为例 ［J］. 生态学报，2016，36（01）：268 -276.

线"，对目标海洋区域实行强制性的标准要求，从源头遏制生态环境恶化现象，加快海洋生态修复。

2. 主要内容

一是海洋生态红线的划定标准和依据。依据《海洋生态保护红线监督管理办法》，海洋生态红线是指将重要海洋生态功能区、海洋生态敏感区和海洋生态脆弱区划定为重点管控区而形成的地理区域的边界线及相关管理指标的控制线。具体而言，将未遭受到严重破坏的重要海域划定为重点海洋生态功能区，将遭受到一定破坏的重要海域划定为生态敏感区，将因过度开发遭受到严重破坏的重要海域划定为生态脆弱区。海洋生态红线的划定需要遵循生态系统整体性、陆海统筹协同性、生态保护前瞻性等原则标准。根据海洋地形地貌、生态资源等自然特征，充分考虑海洋生物多样性和生境系统保护需求，在一个完整的海洋空间上划分出多个相对完整的生态红线区域，确保每一个单元区域内部生态系统的物质和信息具有流动性和连通性，以维持完整的生态过程。立足海陆统筹的战略全局思维，综合考虑陆海空间布局、产业开发、资源利用等多个方面，充分利用陆海间的协同互动作用，做好海洋生态红线与陆域生态红线的良性对接，建立陆海一体化的生态屏障。[①] 海洋生态红线划定也需要与海洋主体功能区划、海洋开发规划、海岸线保护及利用规划等相关管理规范相适应，避免规划冲突。海洋生态红线划定需要具备一定的前瞻性，对于海洋生态系统的保护不是静止的，而是一个动态的过程，要适时地根据内部机制和外部环境的变化来调整红线划定。

二是海洋生态红线区的管制措施。在海洋生态红线划定后，需进一步明确红线区的具体管制措施。依据海洋资源禀赋和环境容量状况，制定海洋生态红线区资源利用上线目标和环境质量底线目标，并将其纳入海洋生态红线管理规范，不得随意调整。提出海洋生态红线区产业准入和禁入清单，明确海洋空间利用、资源开发和污染排放限制规模，设定严格的区域用海审核标准，对于不符合用海标准的用海请求不予审批。

179

---

① 曾江宁，陈全震，黄伟，等．中国海洋生态保护制度的转型发展——从海洋保护区走向海洋生态红线区［J］．生态学报，2016，36（01）：1-10.

健全红线区管理体制，加强各涉海部门的沟通和信息交互，避免管理过程中出现的权责交叉、冲突等现象①，打破条块分割管理模式，促使各监管部门切实履行自身职责，形成有机的管理机制。推进"多规合一"，加强与海洋主体功能区、海域使用管理办法等相关制度的对接，形成统一的"一盘棋"规划格局。

三是海洋生态红线区成效评估。海洋生态红线区管理成效可以从三个方面进行评估。划评估定红线保护生态的性质是否有改变，具体包括红线区的面积是否缩小、开发数量是否超量、开发强度是否超载等。海洋生态红线是一项国家战略性措施，各地方政府应严守界限划定、功能分区等规范，任何涉海部门都不得对海洋生态红线中的任何一环进行擅自更改。评估管制措施是否充分实施，具体可以从事前、事中、事后三个阶段进行评价。事前评估是指实施清单管理，在源头审核涉海企业及其活动是否符合准入标准，准入标准的控制是否严格等。事中评估是指在涉海企业开发过程中，海洋管理部门应该对红线区域内发生的一切活动进行密切的监察，同时对管理部门的监察行为进行评价，审查其是否存在缺位、错位现象。事后评估是指对违背海洋生态红线的管理部门及行为追究终身责任，对损害海洋红线区生态的涉海企业追究赔偿责任。评估保护对象是否受益，具体可通过监测生物多样性水平、海水水质状况、排污达标率、赤潮灾害发生频率等海洋生态环境的质量情况的变化加以判断。

3. 实施路径

"划得清、管得严、守得住"是海洋生态红线制度实施的内在要求。

首先，根据各地划定的海洋生态红线，建立全国海洋生态红线管理信息系统，实行"一张图"管理。通过构建海洋空间资源核心数据库，汇集各海域信息资源统一存储、管理和应用，对海洋信息进行动态化、可视化更新。政府部门可利用该信息管理平台对海洋生态环境实施实时有效的保护，对海洋资源实施统一整合和配置，对全国海洋生态红线区

---

① 张自豪，朱龙海. 关于海洋生态红线在山东省渤海海域划定的思考 [J]. 海洋开发与管理，2017，34（S2）：115-118.

进行全覆盖和深层次分析，为海洋综合管理提供科学依据。

其次，建立健全海洋生态红线监测网络和监管平台，及时掌握红线区生态环境质量变化，以便相关管理部门及时开展调整措施。同时，建立海洋生态红线环境预警体系，通过统一的数据模型对信息进行预判，提升管理部门应对突发性海洋事件的能力，为科学决策提供技术支持。开展定期评价、考核制度，严格追究责任是落实海洋生态红线制度的关键抓手。将海洋生态红线制度的落实情况和实施效果纳入沿海地区经济发展评价和干部政绩考核中，对严重违背制度并且造成严重负面影响的官员终身追究责任。① 同时，针对红线区内的涉海企业和个人应进一步完善红线越线追究制度，按照越线行为导致的负面影响程度追究法律责任。社会公众的参与能够为海洋生态红线执行监督提供有力支持。政府应进一步加强宣传力度，增强社会公众对于海洋生态环境的保护意识，唤起公众的责任心。加快信息公开化建设，使公众充分了解红线制度实施过程和落实程度，在此基础上完善公众监督机制，建立听证会、咨询会等公众参与渠道，及时处理监督反馈信息。

最后，根据海洋生态红线监测信息和执行效果意见反馈，组织开展海洋生态红线的生态保护与整治修复。探索在海洋生态红线区建立生态补偿制度，完善横向补偿机制，以"污染者付费"的约束机制提升保护的积极性。在整治修复方面以自然修复为主，人工修复为辅。② 根据红线区域的生态环境特性选择最适宜的方案，避免造成修复过程中的二次破坏。

（三）海域排污总量控制

1. 基本内涵

在传统重陆轻海的发展理念下，海洋往往成为各类陆源污染物的最

---

① 李双建，杨潇. 海洋生态红线管理成效评价指标体系研究 [J]. 生态经济，2016，32 (01)：165 – 169.

② 俞仙炯，崔旺来，邓云成，等. 海岛生态保护红线制度建构初探 [J]. 海洋湖沼通报，2017 (06)：115 – 121.

终排放去向。海域排污总量控制是坚持以海定陆、陆海统筹的新发展理念，立足海域环境容量明确主要陆源污染物排海总量控制指标，并对主要污染物分配排放控制数量的源头治理手段。开展海域排污总量控制能够有效提高海洋环境容量的资源利用效率，实现生态、经济和社会的最大效益，为沿海地方经济绿色发展提供科学依据和布局导向。《中共中央国务院关于加快推进生态文明建设的意见》《生态文明建设体制改革总体方案》《水污染防治行动计划》等文件中专门对重点海域排污总量控制制度的实施进行了部署和安排。

2. 主要内容

一是基于流域、陆源入海排污口和海上污染源的总量控制。不同海洋生境系统的环境容量不同，入海污染物的分配也应有所区分。在科学核算流域、入海排污口和近岸海域的环境容量基础上，坚持以海定陆、陆海统筹的基本理念，兼顾公平与效率原则，确定各污染源的总量分配比例。污染总量的分配比例不是固定不变的，而是需要根据各地区社会经济发展需要和污染物处理能力，采用综合评价方法对分配效率进行诊断，进而开展动态的优化和调整。由于陆源污染多属于面源污染，因此在入海污染源调查的基础上，考虑污染不确定因素的影响，必要时应预留入海排放的安全余量。安全余量的设置可参考国外污染物安全余量占环境容量的比重制定。对于污染源清晰的点源污染，可不设置安全余量。依据对各污染源污染排放量的实时监测，比照污染源可分配的入海排放量，明确个污染源需要削减的入海排放量。

二是基于行政区的海域污染总量控制污染。地方政府是环境治理的直接责任人和执行人，海域排污总量控制制度的最终落实依赖于地方政府。因此，在明确不同污染源总量控制比重的基础上，还需要将入海污染总量进一步分配到各行政区政府。流域通常具有跨行政区的特征，需要依据流域范围与所涉县级行政区的重叠面积来界定流域所在的行政区。依据现有研究结果，当河流的流域范围与所在县级行政区重叠面积占比超过 50% 时，则该河流完整划归到所在行政区，当重叠面积不足 50% 时则按不同比例划分至相对应的不同行政区。相较之下，陆源入海排污口和海上污染源所归属的行政区一般较为明确且单一，可根据污染源所在的县级行政区或县级海洋功能区加以界定。在界定污染源所在行政区的基础上，进一步对行政区内所有流域、入海排污口和海上污染源等污染源的可分配排放量进行加总，得到各行政区海域污染排放总量，同时根据行政区内污染物排放的监测数据，评估未来需要削减的入海排放量。

3. 实施路径

海域排污总量控制制度是一项专业性、技术性和系统性较强的复杂制度，其实施要立足陆海统筹和可持续发展原则，按照"查底数、定目标、出方案、促落实"的步骤有序推进。

一是开展基础调查与监测，评估海域环境总容量。海域环境容量是明确海域排污总量的根本标准和直接依据。为此，需要对实施地区的海洋自然环境、经济社会发展状况及入海污染情况展开系统调查，建立从陆域到海域的主要污染源台账。开展海洋地质、海洋地貌、入海流域、海洋水文、海洋气象、海水水质等自然环境的系统普查，结合海域功能区划分，明确各海域环境容量和环境执行标准。排查各级行政区经济社会发展现状和未来规划，评估各地方海域排污需求与海域环境容量的匹配情况，明确各行政区排污总量分配过程中选取的具体指标。基于对各类入海污染源监测和海水水质监测数据，厘清入海污染源与海洋环境质量之间的影响关系。

二是立足陆海统筹原则，制定海域排污总量分配方案。在明确海域环境容量的基础上，坚持以海定陆基本理念，充分考虑不同海洋功能区的环境要求，明确不同生境区域的入海排污总量分配，实现陆海环境协同治理。依据海洋功能区划中制定的海水水质目标，结合所在海域的环境污染状况，明确环境容量约束下海域水质的控制目标。依据所制定的海域水质目标，进一步确定养殖用海、港口用海、旅游区用海等不同用海区域的海洋环境质量控制指标和标准。在此基础上，考虑经济、社会、环境等多重因素，通过建立污染源—水质—环境质量指标的响应关系模型，测度不同污染源最大允许入海排放量。依托现有的排污、治污设施条件，制定基于流域、陆源入海排污口和海上污染源的总量分配方案，并按照污染源与行政区的对应关系，明确各地方行政区的入海污染总量分配比例。

三是发挥地方政府主体责任作用，促进海域排污总量控制的有效落

183

实。各地方政府是海域排污总量控制的实施主体，县级行政区要明确所辖区域入海污染物总量控制工作的目标和任务，层层压实和分解职责。采取清单式管理和"挂图作战"，确保实施方案取得实效。海域入海排污总量控制涉及多个部门间的协调配合，为此，要做好各部门的职责分工，按照"谁主管、谁负责"的原则，加强本部门业务内海域污染防治的技术指导和监督检查工作，实现工作合力。各省级海洋部门要做好对各市县级总量控制成效的评估和监督工作。立足海水水质改善、入海污染物削减和生态环境修复成效等方面，建立综合性的污染物总量控制成效评估指标体系，围绕总量控制目标建立目标责任制，将污染物总量减排和治污行动落实情况纳入政绩考核范畴。积极拓宽融资渠道，加大科技资金投入力度，强化科技支撑能力。积极吸引社会资本参与海域环境监测技术研发，针对入海污染总量控制实施过程中遇到的现实问题，建立联合攻关机制，强化海洋生态环境本底调查能力。

二、中国海洋环境治理的过程监管

海洋环境治理的过程中资源环境信息、管理决策信息等都在不断发生变化，这要求治理策略和模式应及时适应各类环境变化。加强海洋环境治理的过程监管，及时掌握海洋环境质量和监管信息动态，确保信息在不同部门和区域之间的准确、高效传递，能够为进一步优化治理策略、及时纠正管理漏洞提供决策依据。海洋环境的过程监管是对海洋环境质量变化、海洋监管信息进行实时、动态监测和共享，具体包括建立海洋环境监测、构建海洋信息传递和涉海工程项目监管三个方面。

（一）海洋环境监测

1. 基本内涵

海洋环境监测是人类认知海洋环境现状、保护海洋生态环境、开发海洋自然资源、建设海洋生态文明等一切海洋活动的基本手段。海洋环境监测指对海洋大气、海洋水体、海岸带、海岛进行全方位立体化的实时监测。基于海洋环境监测所使用的统一规范的标准，能够全面客观地反映海洋环境质量要素及其时空分布规律，并且及时准确地掌握海洋环境各项要素的迁移变化规律，从而为海洋综合发展提供可靠的基础信息数据及科学依据。

2. 主要内容

一是重点指标监测。海洋环境监测的主要对象包括有海水水质监测、沉积物质量监测、放射性水水平监测、水文气象监测、生物质量监测等，每类监测对象下的具体监测指标如表6-1所示。

表6-1　　　　　　　　　海洋环境监测的主要指标

监测对象	主要监测指标
海水水质	pH 值、溶解氧、化学需氧量、生化需氧量、无机氮、活性磷酸盐、悬浮物质、漂浮物质、汞、镉、铅、总铬、砷、铜、锌、镍、氰化物、硫化物、粪大肠杆菌、石油类等
沉积物质量	大肠杆菌、粪大肠杆菌、石油类、六六六、Eh、pH 值、多环芳烃、多氯联苯、紫外线指数、芘、菲、有机碳等
环境放射性水平	3H、14C、51Cr、54Mn、55Fe、59Fe、57CO、58Co、60Co、65Zn、85Sr、90Sr、95Zr、95Nb、110mAg、103Ru、106Ru、124Sb、125Sb、125I、129I、131I、134Cs、136Cs、137Cs、152Eu 等
水文气象	水位、水量、水温、水色、水味、含沙量、潮汐、含盐度、浪高、波浪、降雨量、云量、风速等
生物质量	六六六、滴滴涕、粪大肠杆菌、异养菌数量、麻痹性贝毒、弧菌数量等
海洋大气	二氧化碳、甲烷、氧化亚氮、氮氧化物、悬浮颗粒物、硝酸盐、硫酸盐、磷酸盐、甲基硫酸盐、总碳、钾、钠、钙、镁、铝、铁、铜、铅等

185

二是重点生境监测。我国拥有广阔的海域，因此海洋环境监测所覆盖的区域种类多，主要包括近岸滩涂、湿地、海湾、红树林等具体生境。不同海洋生境的分布广泛，需要在全海域打造点线面结合的监测站点布局。近岸海域是海洋环境监测的基础部分，是显示我国海洋环境状况的主体，主要覆盖范围为入海河口、排污口、滩涂、湿地等，重点突出渔业养殖区、石油开发区、海洋倾废区的环境污染状况和生态变化状况。

三是入海污染源监测。陆源污染物入海是造成海洋环境污染的主要原因之一。实施入海污染源监测首先要对现有的排污河、入海排污口、污水海洋处置工程排放口等开展全面排查。入海污染源的一般监测项目和特征监测项目主要监测入海污水流量、水质和生物毒性。其中一般监测指标包括：盐度、pH 值、化学需氧量、悬浮物、氨氮、硝酸盐 - 氮、亚硝酸盐 - 氮、总氮、化学需氧量、活性磷酸盐、总磷、石油类、重金属类等。

四是海洋灾害监测。海洋灾害对沿海经济社会造成巨大损失，实时监测和预警海洋灾害是海洋环境监测业务体系中的重要内容。海洋灾害监测的重点集中在事前预警和事后应急处置。建设海洋灾害预警系统，实时准确地对海洋内外部动力和要素变化进行观测、分析，尤其是对赤潮、绿潮等辐射面积广、发生频率高的海洋灾害进行动态立体化监测。海洋灾害事后应急处置则是对发生的海洋自然灾害进行应急监测和严密追踪，及时有效地掌握灾害波及的范围、造成的损失等，为海上溢油、油港爆炸、核泄漏等人为海洋灾害的灾后应急处理提供科学依据，避免由于处置缺漏造成二次污染。

3. 实施路径

一是在监测主体上，加强部门协同，避免监测标准不一、监测结果不可比等问题。自 1992 年国家海洋局牵头成立"海洋环境监测质量保证管理小组"以来，沿海各级政府也相继成立用于海洋环境监测质量保证和系统管理的专项小组，负责开展海洋环境质量监测业务。各地方海洋监管部门及监测站点要按照《海洋监测规范》实施海洋环境监测，对海洋环境现场勘查、部署海洋监测站点、海洋环境要素取样、运输保管以及样品实验分析等一系列步骤进行全过程的严密监管和全方位的质保控制。① 同时，将沿海各级政府获取的相关海域环境监测数据以统一的标

① 许丽娜，王孝强. 我国海洋环境监测工作现状及发展对策［J］. 海洋环境科学，2003（01）：63 - 68.

准及时纳入国家海洋环境监测数据系统，以确保最终的数据资料具有精确性、客观性、科学性和可比性。未来，应依托生态环境部的统一部署，加强沿海各级政府合理分工，积极配合开展海洋环境监测活动，形成中央与地方、部门与部门之间协调统一的海洋环境监测布局。

二是在监测业务上，加强海洋环境监测点与陆域环境监测点的业务和技术对接，打造陆海一体化的监测网点。由各省份党委、人民政府牵头统筹，确保所辖范围内陆域环保部门和海洋管理部门之间能够共享、共用环境监测点。通过设置技术流动岗位、定期举办技术人员交流会等手段，在陆海环境监管部门间的技术人才共享机制，为技术人员提供全方位的沟通平台，打破人才体制壁垒，实现陆源排污监测与海洋环境监测间的技术共享。建立健全海洋陆源污染的生态监测信息共享机制，借助大数据平台实现省级、市级和县级陆海环境监管部门间的监测信息互通、共享，及时为各地市党委和政府等责任单位提供环境监测数据。

三是在监测手段上，采用常态化监测与专项监测、全面监测与重点监测相结合的方法，开展网络化、立体式监测。依托海洋环境监测站点和监测业务体系，开展覆盖全国管辖海域的常态化监测和针对渤海、黄海等重点海域或某一目的实施的专项监测。常态化监测又称为例行监测，是海洋环境监测的长期性和基础性工作。由各级海洋监测机构在年度监测规划指导下对辖区海域开展定时定点的全面监测。[①] 利用收集的数据，具体分析海洋环境演化规律、评价海洋环境质量水平以及预测未来趋势等。专项监测是指海洋行政主管机构出于某一特定目的不定时地对海洋污染源和环境质量进行监测，掌握重点海域污染种类及数量的变迁等。常态化监测和专项监测相结合形成了统筹全局和重点突破相结合的监测体系，为海洋环境管理提供科学全面的数据信息服务。

四是在监测技术上，健全海洋环境立体化监测系统和数据信息处理服务系统，加快构建监测技术体系。[②] 应用云计算、大数据及人工智能等先进技术，搭建海洋环境监测可视化、智能化网络平台，整合和存储

187

---

① 李潇，杨翼，杨璐，等. 海洋生态环境监测体系与管理对策研究［J］，环境科学与管理，2017，42（08）：131－138.

② 杜李彬，张颖颖，程岩，等. 山东沿海海洋环境监测及灾害预警系统设计与框架研究［J］. 山东科学，2009，22（04）：15－18＋36.

各地区、各监测网点监测数据，实现信息实时更新和动态共享。通过海洋环境立体化监测系统从海空、海面和水下直接获取海洋环境监测数据，并将原始数据上传至数据信息处理服务系统中对数据进行科学分析，在此基础上打造海洋环境数据信息库，为各级政府调整和优化海洋环境治理策略提供技术参考。

（二）海洋信息传递

1. 基本内涵

海洋信息传递是指借助互联网、大数据等现代化的信息技术，对海洋环境治理过程中的环境质量信息、管理决策信息等进行存储、加工处理和共享传导，促进海洋信息在不同治理主体之间高效传递的过程。海洋信息传递具有跨区域、跨部门、跨主体的基本特征，其传递关系网主要涉及中央与地方政府之间、各地方政府之间以及政府、企业和社会公众（环保组织）之间。海洋信息传递的主要目标是将海洋环境治理系统过程中产生的涉及自然、经济和社会等多个层面的治理信息进行综合集成，使复杂的信息数据汇集成一个有机体，并借助信息服务和共享平台传递至各相关主体，协助各主体更好地开展海洋环境治理实践。基于此，时效性和准确性是海洋信息传递的两个本质要求。

2. 主要内容

一是海洋信息搜集存储。海洋信息搜集存储是信息有效传递的首要基础。海洋环境治理过程中涉及复杂的资源环境信息变化和管理决策信息变化，只有全面搜集和汇总从自然生态到经济社会的完整信息，构建完备的海洋环境治理大数据系统，才能为治理策略、模式的不断优化提供支撑。针对海洋资源环境的信息搜集存储需要同时把握时空两个维度，既要在时间线的延伸中对海洋历史信息数据、实时信息数据、海洋预测信息数据进行综合存储，也要在空间范围内对全国不同海域环境信息进行整合。为此，需要依托各级海洋环境监测站点，建立海洋生态环境、海洋地理与遥感等专项数据库，对海洋资源环境信息开展实时动态搜集和存储。① 海洋环境管理决策信息主要涉及中央政府、地方政府、企业、环保组织及社会公众等主体参与海洋环境治理过程中产生的各类监管信息。管理决策信息的搜集存储对象包括中央政府向下传达的海洋环境治理决策信息、各级地方政府以及相关涉海部门协作沟通中产生的管理信息以及企业、环保组织和社会公众的环境诉求和建议信息等。海洋环境管理决策信息类型复杂多样，需要运用虚拟化存储技术和分布式存储技术，统一整合多源、多态、多样的信息数据。通过优化海洋信息存储计算技术，增加信息存储空间的扩展性，提高信息数据索引、访问、分析、调用的能力，同时保证各类信息存储的安全性。

　　二是海洋信息加工处理。海洋信息加工处理是推进海洋环境信息综合应用的关键。海洋信息的种类多样、数量庞大，简单的信息搜集汇总难以为治理决策提供直接的科学依据。为此，要通过建立以数值预报和统计预报为核心的数据信息融合模型，将多源异构数据有机融合，实现"1 + 1 > 2"的效果。海洋信息的处理过程如图6 − 1所示，可划分为数据资源层、平台逻辑层和应用表现层三个方面，分别对应于基础信息整合、信息统计分析、信息应用与展示三个过程。为确保海洋信息的高效处理，要制定统一的海洋数据信息标准，包括信息的格式、编码、类型和模型等，确保不同种类的数据信息可比性和相融性。探索运用数据挖掘、模式识别、深度学习等智能化分析范式对多源多态多样化的海洋信息数据进行精准提炼、检验评估、风险分析和全方位融合②，提升海洋信息处理能力，为政府推进海洋环境治理实践提供数据信息参考。完善数据信息运行和维护程序，健全信息的质量审核、同级校验程序，建立信息分布式备份和系统灾难恢复方案，严格源数据的留存和归档回调程序，对信息进行全方位保护。

　　三是海洋信息共享传导。建立海洋信息大数据平台，实现海洋资源环境信息和海洋管理决策信息的跨区域、跨部门、跨主体共享传导，为推动海洋环境网络化治理提供技术支撑。由中央生态环境部牵头搭建全

----

① 李晋，蒋冰，姜晓轶，等. 海洋信息化规划研究［J］. 科技导报，2018，36（14）：57 − 62.

② 杨锦坤，韩春花. 大数据新时代背景下的海域数据资源管理策略［J］. 海洋信息，2018，33（03）：1 − 5 + 10.

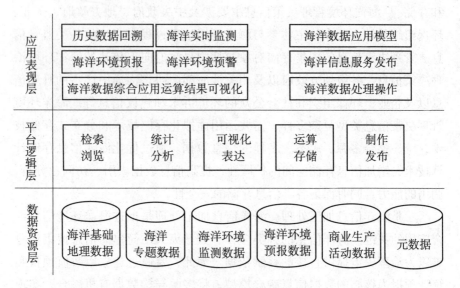

图 6 – 1　海洋信息处理架构

资料来源：董水峰，柳林，张倩，等. 多源海洋数据综合管理应用平台的研究与实现〔J〕. 青岛大学学报（自然科学版），2017，30（01）：73 – 78.

国海洋环境监测和治理信息平台，将各级政府的海洋环境监测信息及其处理结果汇总至平台，确保各级政府共享共用海洋信息。应用互联网技术、大数据技术、云计算技术，实现平台的可视化、智能化运行，提升信息融通共享能力。此外，要建立政、企业、社会信息互动平台，保障社会知情权、监督权，增强各类海洋治理决策信息的时效性和透明度，确保海洋信息能够高效传递至企业、社会公众、环保组织等主体。通过运行海洋信息电子政务共享服务，实现海洋政务信息在线公布，保障社会公众对海洋政务进展及实施成效的知情权。积极联合媒体、公益组织、公众等社会力量，发挥社会主体的监督作用。

3. 实施路径

一是在各沿海地方政府层面加快建立海洋信息化工作小组，明确地方海洋信息平台建设目标，做好统一部署。不同涉海监管部门要做好职责分工，落实层层责任，做好年度建设计划。加快组建海洋信息技术专家咨询组，做好信息化建设的论证工作，结合各地方海洋环境特色，建立符合本地区发展需求的信息处理和共享平台。依托专家小组，做好海洋环境信息化建设需求与现状的基础调研工作，强化海洋信息平台建设工作的技术细节设计，确保海洋信息收集、处理和共享过程的规范化和协同化。二是海洋主管部门要统筹好海洋环境监测传统业务与海洋信息化建设任务的有机衔接，避免环境监测与信息收集处理之间的冲突，做好与其他相关部门的协调工作。三是加快海洋信息化人才队伍建设，加大对现有海洋从业人员的信息化技术培训力度，加强与高校科研院所的合作，积极打造海洋信息化人才队伍。同时，建立各沿海地区、不同监管部门之间的海洋信息化人才流动机制，完善技术人才的绩效考评体系，健全人才激励机制。四是积极引导和鼓励有资质的海洋信息技术企业参与海洋信息平台建设，创新市场参与机制，引入市场化的运营机制，提高海洋信息化建设项目的可持续发展能力。五是探索多种途径和形式的海洋生态环境保护宣传教育，确保社会公众对海洋信息的知情权以及对政府海洋管理的监督权，充分激发公众参与海洋环境治理的主人翁意识。在发布海洋信息时，政府应考虑大部分社会公众的认知程度，尽量将复杂的海洋信息数据整合和转化成通俗易懂的表述方式，并在互动平台上设立群众在线反馈窗口，便于社会公众能针对实时发布的海洋信息作出反馈，促使政府及时采纳吸收群众意见进行整改。

（三）涉海项目监管

1. 基本内涵

涉海项目监管是指海洋行政主管部门依据《海域使用管理法》及其配套法律法规对开发利用海洋资源或占用海洋空间进行生产活动的工程项目进行跟踪监管，实时监测所涉海域环境质量变化，对排污超标、生态损害严重的涉海项目及时进行遏制和整治。随着陆域资源环境的开发趋于饱和，开发利用海洋成为各地方进一步拓展经济社会发展空间的必由之路。然而，以填海造地为典型模式的各类涉海工程项目对海洋自然环境造成不可逆的损害，严重威胁海洋生态的可持续发展。因此，加强对涉海项目的监控和管理是海洋环境治理的过程监管中的重要环节。涉海项目监管主要包括事前项目审批、事中项目监督和事后项目督察三个方面，通过实施监督项目用海现状及相关环境质量指标演变趋势，来及时优化和调整用海项目。

2. 主要内容

一是涉海项目的审批。依据海域使用管理法律法规对涉海项目进行严格审批是避免无序用海、过度开发的关键。严格把控涉海项目的审批，加强海域使用论证，健全海洋环境影响评价制度，提高海域使用审批的科学性。尤其是在围填海项目审批中，对项目用海是否符合海洋功能区划要求、环境质量标准及资源保有量要求等内容进行全面审查。要严守海洋生态红线，禁止任何围填海项目以及其他存在破坏海洋生态环境可能的涉海项目进入生态红线区内的重要海洋生态功能区、生态敏感区和生态脆弱区。按照用海面积、用海项目类型的不同，涉海项目的审批权一部分由国务院直接行使，另一部分由省、自治区和直辖市地方政府行使。各市县级地方政府首先结合本地海洋生态禀赋和经济发展需要，按照海域使用管理办法做好用海计划，逐级上交用海申请至省级政府及省级海洋主管部门，由省级政府严格按照海域功能区规划和审批权限审批用海项目，严格控制填海造地项目，促进地方经济、社会和生态环境的可持续协同发展。

二是涉海项目建设期监督。涉海项目的建设过程中会对海洋原始生境造成严重影响，为此，需要对涉海项目建设期开展全过程监督，准确把握海洋资源环境相关指标的变化趋势，并据此及时优化和调整用海项目的实施。涉海项目建设期监管应覆盖从项目落户到项目建成的全过程，由海洋主管部门负责主导统筹建设期监管工作，并委托第三方环境监理单位对涉海项目建设是否符合用海规划标准、海洋环境及海洋资源影响程度等开展客观评估工作，提出科学的环境评价报告。[①] 用海项目承建方要承担起项目建设期保护海洋环境的主体责任，严格遵循海域使用规划，积极主动配合海洋主管部门及其他监管单位的检查，落实海洋环境保护责任，并委托专业环境监测单位全程参与项目建设的环境保

---

① 葛祈韵. 海域使用批后监管实践与探索 [J]. 上海水务，2019，35（01）：48 – 50.

护工作。通过及时跟踪掌握用海范围内海水水质、沉积物、生物种类等海洋生态环境指标变化，对项目建设过程中使用的材料和废弃物处理、污水排放等是否符合规范等作出及时的监测信息反馈。

三是涉海项目营运期跟踪。涉海工程项目对海洋环境的影响是长期性的，在项目建成后依然需要对主要环境指标进行实时跟踪监测，评估项目方履行义务情况，并健全生态修复方案。审查用海项目是否与海洋主体功能区规划的要求相符，重点检查涉及海洋生态红线、海岸线控制、集约节约用海等要求的落实情况。开展用海项目建设后的经济效益和社会效益评价，综合分析资源环境的利用效率情况，及时调查社会公众对涉海项目的认可度等情况。加强对涉海项目的长期跟踪，对其营运期内是否存在改变项目用途和功能，是否私自违规改建和扩建、是否恶意拆除环境保护设施、是否私自向海排放污染物和污水、是否符合国家标准等行为进行严密管控，监督用海单位或个人的义务履行情况。

3. 实施路径

首先，健全涉海项目监管机制，梳理监管职责分工。由国家生态环境部、国家海洋局负责制订统一的涉海项目监管制度和实施方案，建立统一的技术标准规范，搭建监管信息平台，对各地方涉海项目建设运营情况以及地方海洋主管部门职责落实情况进行督察。由国家海洋局各海区分局组织实施跨区域的涉海项目抽查工作，并对辖区内省级海洋主管部门进行监督和指导。各省级海洋主管部门负责对本地区内涉海项目进行日常监管，并督促市县级地方海洋主管部门落实涉海项目的动态化监视监测任务，形成由省级政府带头牵线，地方各级海洋主管部门、环境监测部门分工合作，协同推进涉海项目监督管理工作的组织体系。各级海洋主管部门、海洋环境监测机构、海洋执法部门应做好定期会商，及时开展涉海项目监测监督的数据交换和信息沟通，实现审批、监管、监测和查处信息的共享。

其次，建立惩戒机制，严格查处违规涉海项目。积极落实海洋督察制度，完善督查质量控制体系，加强督察人员的专业性，利用信息化、网络化技术提高涉海项目督查的科学性和高效性，规范涉海项目督察结

193

果逐级上报流程。加强中央及省级政府对地方涉海开发项目的监督排查，对于存在环境问题的涉海项目，严格督促其进行整改，对于虚以应付整改目标、未能及时落实整改任务、整改执行不力的地方各级海洋主管部门及主要负责人追究责任并依法处罚。对于多次违反用海管理法规的涉海企业及其涉海项目建立用海不良纪律档案①，建立失信惩戒机制。

最后，健全社会监督渠道，引导公众参与涉海项目监督。各级海洋主管部门应及时对外公布涉海项目的日常监管和随机抽查情况，及时发布环境质量信息和项目监管信息，增强涉海项目监管工作的透明度。用海项目负责人也应主动向社会公开海域使用论证报告、相关环评文件以及突发海洋环境事件应急预案等信息。信息的公开可采用新闻发布会、报刊、广播、互联网、电视等多种方式，切实保障社会公众知情权。同时，要进一步健全群众举报通道，激发社会公众参与监督管理的积极性。各海洋主管部门及用海单位应自觉接受社会公众对涉海项目监管提出的监督建议。

三、中国海洋环境治理的末端处置

海洋生态损害的追责机制缺失是造成中国海洋环境日趋恶化的重要原因。海洋环境污染具有负外部性而海洋环境保护具有正外部性，在缺乏约束和激励机制的条件下，具有公共物品属性特征的海洋极易成为各地方污染排放的"容纳场"，造成"公地悲剧"。海洋环境治理的末端处置就是加强对海洋生态损害的责任追究，借助生态补偿手段将海洋环境保护的正外部性和环境污染的负外部性加以内部化，从而实现保护者得到补助、损害者（受益者）付出成本的目标。

---

① 张勇. 强化海警执法力度 建立违法用海项目的预先防控机制 [J]. 海洋开发与管理，2009，26（06）：8 - 10.

（一）海洋环境保护目标责任制

1. 基本内涵

海洋环境保护目标责任制是指将海洋环境保护目标任务进行分解，并下达至各级地方政府的一项管理制度。根据任务内容对涉海部门领导干部职责进行合理分配，明确各部门在保护治理海洋环境中的权力、义务和责任。指定主要责任人及其单位逐级落实海洋环境保护、污染治理等任务，对完成海洋环境保护目标任务的责任人及单位由上级政府予以嘉奖鼓励，对未完成的责任人及单位严格追究其责任。通过将海洋生态文明、海洋环境质量、环境修复情况、海洋执法管理等指标纳入领导干部的年度绩效考核评价中，并在相关领导干部离任后对其任期内履行的一系列海洋开发、治理、管理等行为进行严格的绩效离任审计，督促地方政府落实中央海洋环境保护目标要求。

2. 主要内容

一是海洋环境保护责任分配。海洋环境保护责任分配是海洋环境保护目标责任制的首要环节，包括指定责任人、划定责任范围、明确责任目标、设定责任指标，其中设定责任指标是海洋环境保护责任分配的关键。海洋环境保护责任主体包括中央及国家机关有关部门领导干部、各级地方政府及涉海部门主要负责人、重点涉海企业及其负责人等。海洋环境保护责任范围为各级政府及监管部门所辖的海域、海岸带等，涉及海洋污染源头管控、环境质量监测及污染治理等主要任务。海洋环境保护责任目标包括海岸线保有率、海水水质达标率、入海排污口排放达标率等具体的、可量化的标准。同时，责任目标须与各沿海地区经济发展水平及海洋执法管理水平相适应，具有可操作性。海洋环境保护责任通常采取自上而下的分配方式，由中央政府将总体责任进行分解，层层细化分配至各级政府及涉海部门。[①]

195

---

① 王清军. 文本视角下的环境保护目标责任制和考核评价制度研究［J］. 农技服务，2015（01）：68 - 72，96.

二是海洋环境保护考评体系。海洋环境考评体系主要是对各级政府及其领导干部在履行海洋环境保护责任中的完成结果、过程表现等进行评估和分析，从而有效督促各地方政府提高海洋管理能力，避免发生部门间相互推诿扯皮和领导干部懒政怠政的现象。在考核阶段，可以综合海洋环境保护过程和结果两方面的表现情况，结合不同海域的差异性，科学合理地设定考核标准开展考核工作。在评估阶段，可采取定性指标和定量指标相结合的方式构建评估标准，对一定时期内各级政府的工作作出评价，并将评价结果以具体量化的形式表达，使评估结果更为客观准确，更易衡量比较。海洋环境考评体系不仅需要反映政府部门及主要负责人在海洋环境保护方面的管理能力和工作效率，也应当能充分反映社会公众对于政府在海洋方面所履行的公共职责和服务质量的满意程度。为此，要统一海洋环境保护考评标准，从中央层面制定专门的管理规范，提高海洋环境保护考评体系的权威性和约束力。同时，及时对外公布海洋环境保护考评的具体依据和方法，引导媒体、公众、环保组织等社会主体参与考评监督。

三是考核结果反馈应用。建立海洋环境考评体系只是手段，更重要的是将海洋环境考评结果切实反馈给沿海各级政府，以便进一步纠正和完善海洋环境保护工作。建立清晰、明确的奖惩机制是确保海洋环境保护考核结果高效利用的关键。依据考评结果，对于按时按质履行海洋环境保护责任的政府部门及负责人，给予一定的奖励，对于考核评估不达标的政府部门及其负责人，按照客观公正、权责一致的原则依法追究终身责任。[①] 通过奖惩制度，从正反两方面推动官员积极海洋环境保护职责。为增强考核结果的约束力，应将考核结果纳入地方党委、政府干部的政绩考核，对于能较好适应岗位者予以重用或升职，对于未完成海洋保护责任的予以追责、降职处罚。总之，考核结果反馈应用是海洋环境保护考评体系发挥更强作用的重要保障，是有效激励沿海各级政府官员履职的重要手段。

196

---

① 常纪文，吴平，王鑫. 完善海洋生态环保目标责任制 [J]. 社会治理，2017（01）：124－132.

3. 实施路径

明确清晰的海洋环境保护责任主体是落实目标责任制的首要前提。考虑到海洋流动性和公共性特征，未来应着力打破区域间行政壁垒，对接"河长制"建立"湾长制"，逐级压实地方党委、政府海洋环境保护的主体责任，建立健全陆海统筹、河海兼顾、上下联动、协同共治的治理模式。河长制的全面推行解决了"九龙治河"的混乱局面，形成协调统一的河流治理新面貌。湾长制正是在河长制在地理区位上的延伸，通过借鉴河长制经验，建立纵向湾长分级，推举任命各地方党政干部为各级湾长。[①] 在全面了解掌握海湾基本情况下，明确总体目标，制定责任清单划分具体责任，制定任务清单层层细化任务。由湾长负责统一部署海湾环境保护、资源利用、污染治理、项目建设、运输服务、渔业生产、滨海旅游等具体职责，建立各部门协同联动、综合管理的新局面。

在明确责任主体基础上，要将海洋生态环境质量纳入地方党委政府年度考评体系及领导干部任期考评体系，以此避免地方领导干部只注重GDP增长速度的片面政绩追求。首先，立足海洋自然资源数量、海水水质质量、海岸带自然岸线保有率等具体指标，设定具有可量化的海洋生态环境质量考核标准，制定具有可操作性的考核执行规范。其次，加强信息公开化、开放第三方参与途径，建设政府主导、公众参与、社会评价的多元监督体系，确保考核过程公开透明。最后，建立健全的奖惩制度，实行"海洋环保一票否决"制度，将考核结果直接与领导干部政绩考核、仕途升迁挂钩。对于未能改善海洋生态环境质量的，不能参与评优评先；对于损害海洋生态环境质量的，不得担任重要职务，并视其情节轻重进行问责，即便已经调离或离任也应追究相关责任。

开展海洋资源资产离任审计，建立生态环境损害责任终身追究制，是落实海洋环境保护目标责任的重要保障。海洋资源资产离任审计要以海洋自然资源管理和海洋生态环境保护为审计主线，以政府内部与专家外部审计相结合为重要手段，以政策制定及执行审计、资金筹集及利用

---

① 李晴，张安国，齐玥，等. 中国全面建立实施湾长制的对策建议 [J]. 世界海警，2019 (03)：23 - 26.

审计、项目审批及运行审计为重要实施路径，着力提升审计结果的专业性和客观性。具体操作过程中，可充分利用卫星遥感技术、地理信息技术、GPS 系统等手段，建立海洋资源环境大数据平台，实现信息化、动态化审计。① 政策制定及执行审计是对政府及涉海部门所制定的海洋开发与保护政策及其执行是否符合国家法律法规、是否符合社会发展趋势②、是否与国家战略性目标保持一致、是否存在漏洞进行监察和评估。资金筹集及利用审计是对海洋开发与保护资金筹集方式的合法性、资金利用的合理性进行审计，核查每一阶段每笔资金的流入与流出是否正当有效，避免出现贪污舞弊、中饱私囊的恶劣行为。项目审批及运行审计是对海洋开发与保护工程项目的规划建设是否符合正当程序、运行管理是否具有生态环境效益、是否符合可持续发展原则进行审计。

（二）海洋生态保护补偿

1. 基本内涵

生态保护补偿在国际上通常被称为生态系统服务付费，是一种让生态系统服务的提供者愿意提供那些具有外部性或公共物品属性的生态系统服务的激励机制，在实践中表现为对生态保护提供者或生态服务保护者进行补贴的政策措施。③ 海洋生态保护补偿则是对保护海洋生态环境的行为进行补偿，例如为建立海洋生态红线区、海洋自然保护区等而对当地居民提供经济补偿。一方面，海洋生态保护补偿的概念可以从正外部性的内部化角度理解。海洋生态保护补偿是以实现海洋可持续利用为目标，运用政府和市场手段激励海洋生态环境保护行为，调节利益相关

① 曹西茜. 领导干部自然资源资产离任审计路径探索 [J]. 中国内部审计, 2019 (07)：56 - 57.

② 林忠华. 领导干部自然资源资产离任审计探讨 [J]. 审计研究, 2014, (05)：10 - 14.

③ 柳荻, 胡振通, 靳乐山. 生态保护补偿的分析框架研究综述 [J]. 生态学报, 2018, 38 (02)：380 - 392.

者关系的一种公共制度。① 另一方面，从海洋环境有偿使用角度，海洋生态保护补偿是指海洋使用人或受益人在合法利用海洋资源过程中，对海洋资源的所有权人或为海洋生态环境保护付出代价者支付相应的费用，其目的是支持与鼓励保护海洋生态环境的行为。②

2. 主要内容

一是海洋生态保护补偿的主体与客体。明确补偿主体和受偿主体是开展海洋生态保护补偿工作的重要基础，其中补偿主体是海洋生态保护补偿的买方，受偿主体可视为海洋生态保护补偿的卖方。从理论层面，海洋生态保护补偿的买方既可以是海洋生态系统服务的使用者也可以是代表海洋生态系统服务使用者的第三方（如政府、环保组织等）。由于海洋具有典型的公共物品属性，因此海洋生态保护的补偿主体通常为政府。海洋生态保护的卖方是生态系统服务的提供者，通常是以为建立海洋自然生态保护区、海洋生态红线区而牺牲经济发展的当地政府或居民为受偿对象。海洋生态保护补偿的客体是海洋生态补偿的标的，包括活动类型和生态系统服务。③ 科学界定海洋生态保护补偿客体是制定补偿标准的关键。以海洋自然保护区建设为例，政府属于代表海洋生态系统服务使用者的第三方即补偿主体，由于保护区建设而改变传统生产方式的原住居民是受偿主体，补偿客体则既可以用自然保护区建设带来的生态系统服务价值来表示也可以用当地居民让渡产权带来的机会成本来表示。

二是海洋生态保护补偿的标准。海洋生态保护补偿标准的核算是建立海洋生态保护补偿制度的核心和难点问题，一般以生态服务价值法或机会成本法两种方法来测度。生态服务价值法是根据海洋生态保护所产生的服务价值作为补偿标准的方法，然而现实中海洋生态服务价值的核算难度较大，缺乏统一的技术标准，同时测算得到的补偿标准往往严重

① 丘君，刘容子，赵景柱，等.渤海区域生态补偿机制的研究［J］.中国人口·资源与环境，2008，18（02）：60－64
② 王淼，段志霞.关于建立海洋生态补偿机制的探讨［J］.海洋信息，2007（04）：7－9.
③ 柳荻，胡振通，靳乐山.生态保护补偿的分析框架研究综述［J］.生态学报，2018，38（02）：380－392.

超过补偿主体的支付能力，导致现实中这一标准的实际操作意义较小。因此，通过测度利益主体因参与海洋生态保护而造成的经济损失作为补偿标准的机会成本法，在海洋生态补偿标准制定中应用更为广泛。在实际操作中，由于不同地区的海洋资源环境条件、经济社会状况存在差异，海洋生态保护补偿标准不能单一地按照两种方法执行，需要采取分地区差异化的补偿标准。首先可以将生态服务价值作为补偿标准上限，将机会成本作为补偿标准下限，然后综合考虑不同地区的生态需求、支付意愿、支付能力等因素，确定补偿主体和受偿主体都能接受的、有利于生态经济效益提升的补偿标准。①

三是海洋生态保护补偿的方式。海洋生态补偿的方式主要包括政府补偿和市场补偿两大类，而对于海洋生态保护而言最主要的补偿方式是政府补偿。政府作为推动海洋生态红线、海洋自然保护区建设的主体，同时也在海洋生态保护补偿中发挥着至关重要的作用。一方面，通过制定资金补偿、人才补偿、智力补偿、实物补偿等综合性补偿办法，积极拓宽生态保护补偿资金筹资渠道，加大对海洋生态保护区、海洋生态红线区的多元补偿力度。严格落实海洋生态保护红线区财政转移支付制度，健全和完善受益者付费、保护者得到补偿的运行机制，对海洋生态保护过程中利益受到限制、损失的个人、机构和地区进行补偿。另一方面，横向海洋生态保护补偿是海洋生态保护补偿的重要方式。横线生态保护补偿一般由中央财政统一拨付、调配，用于平衡生态受益地区和保护生态地区、流域下游和上游地区的利益。与此同时，各地方政府应建立以奖励、补偿、扣减相结合的横向海洋生态保护补偿机制，拓宽横线海洋生态保护补偿资金。

3. 实施路径

一是对接海洋生态保护法规，科学划定海洋生态保护补偿范围。海洋自然保护区、海洋特别保护区、水产种质资源保护区等海洋主体功能区规划中明确的需加强保护的海域是海洋生态保护补偿的重要对象。同

---

① 郑苗壮，刘岩，彭本荣，等. 海洋生态补偿的理论及内涵解析 [J]. 生态环境学报，2012，21（11）：1911-1915.

时，各地方划定的海洋生态红线区海域也应纳入补偿范围。除以海域为补偿对象外，国家重点保护海洋物种、渔业行政管理部门确定的需要保护的其他海洋物种等特定海洋生物也可纳入海洋生态保护补偿范围。

二是加大纵向海洋生态保护补偿力度，健全财政转移支付政策。在各地方财政中增加用于限制开发区和禁止开发区生态保护的预算规模和生态补偿科目，加大专项财政拨款、财政贴息和税收优惠等政策支持力度，增强海洋自然保护区、海洋生态红线区建设补偿能力。

三是建立横向海洋生态保护补偿机制，推动跨区域的海洋生态保护。鼓励各行政区间通过资金补偿、对口协作、产业转移、共建保护区等方式，在不同所辖海域间建立横向补偿关系，实现海域一体化保护。

四是改变依靠政府财政支付的单一补偿渠道，引导社会资本参与海洋生态保护补偿。在传统的以政府机制为主的生态保护补偿模式下，中央政府及地方政府需要支付大量的补偿资金，从而给政府带来巨大的财政压力。为此，要积极探索建立海洋生态补偿彩票机制、海洋生态保护补偿基金，通过广泛宣传海洋生态保护理念，调动社会公众、环保组织参与海洋生态保护的积极性，从社会层面大力筹措海洋生态保护补偿资金。

（三）海洋生态损害补偿

1. 基本内涵

从"人对海的补偿"和"人对人的补偿"两个方面考虑，海洋生态损害补偿可视为海洋生态损害者对海洋生态损害的利益受损者的补偿，并通过受偿者（往往是政府）加强海洋生态环境保护，改善和保护海洋生态环境的制度。[①] 从概念上，海洋生态损害补偿和海洋生态保护补偿属于海洋生态补偿的两个方面，前者侧重在针对负外部性的内部化，后者则是正外部性的内部化。广义上的海洋生态损害补偿包含海洋资源有偿使用、海洋生态损害负外部性的补偿和针对海洋生态损害的赔偿三层

201

---

① 沈满洪. 海洋生态损害补偿及其相关概念辨析［J］. 中国环境管理，2019，11（4）：34-38.

含义。因此，不同于生态保护补偿的激励机制，海洋生态损害补偿强调的是海洋资源使用者对产生的环境负外部性"买单"，从这一角度看，它是一种海洋使用者的事后"赔偿"机制。另一方面，海洋生态损害补偿也不仅限于对生态损害赔偿的追究，它强调的是对受损海洋生态环境的建设和修复，从这一角度看，它是一种对海洋的事前"保护"机制。

2. 主要内容

一是海洋生态损害补偿的主体与客体。按照"谁损害，谁补偿""谁受损，谁受偿"的基本原则，海洋生态损害者是补偿主体，海洋生态损害的受损者是受偿主体。从类型来看，海洋生态损害的补偿主体可能是企业、居民，也可能是政府，海洋生态损害的受偿主体也可能是企业、居民或政府。海洋生态损害的可分为点源性的损害和面源性损害，其中点源性损害的补偿主体通常是确定的，可以按照"谁损害，谁补偿"的原则界定，而诸如陆源排污一类的面源污染损害主体则难以清晰界定，往往需要区域层面的政府之间开展补偿交易。海洋生态损害的受损对象同样包括可以清晰界定的和不可清晰界定的两类主体，例如，对于损害产权明确的渔业用海生态环境而言，当地的渔户是受偿主体。而在更多的情况下海洋作为公共物品为全体居民提供服务，因而受偿主体难以确定，此时需要政府作为受偿"代理人"将补偿资金用于海洋生态环境的修复。海洋生态损害补偿的客体可以视为海洋生态损害的物质对象，即海洋生态环境。与海洋生态保护补偿相似，海洋生态损害补偿的客体既可以用受损生态系统服务价值来衡量也可以用受损主体的经济利益损失价值（如渔民因渔业用海区生态损害导致的生产价值损失量）来表示。

二是海洋生态损害补偿的标准。确定海洋生态损害补偿标准是建立海洋生态损害补偿制度的核心和关键。海洋生态损害补偿标准主要分为货币化补偿标准和生态修复补偿标准两种类型。理论上，海洋生态损害的货币价值可以用生态系统服务价值损失量或受损主体的利益损失价值表示。然而，由于海洋生态损害往往具有公共性、陆海联动性等特征，除造成渔业资源损失的生态损害类型外，多数海洋生态损害的受偿主体难以清晰界定，补偿标准无法用机会成本损失量衡量，因此海洋生态损害的货币价值主要以生态系统服务功能损失程度及范围为测算基准。20世纪 90 年代，有国外学者提出生态补偿的目的是保持生态功能基准水平而不是人们福利水平不变，建议使用生态修复原则取代生态系统服务价值损失的货币标准进行衡量。[①] 以生境等价分析法为核心的海洋生态修复补偿标准开始在国外发达国家施行。该标准是以服务对服务的方式确定生态修复补偿的规模，使修复行动产生的自然资源服务收益正好等于经济活动造成的自然资源服务的损失。基于此，针对填海造地等具体海洋生态损害类型，海洋生态损害补偿标准的确定，关键在于找到一个达到损害前基线服务水平所需要的修复规模、修复工程及其相应的修复投资[②]。

三是海洋生态损害补偿的方式。海洋生态损害补偿的方式包括政府补偿和市场补偿两种。政府补偿是补偿主体和对象之间通过财政补贴、行政处罚等强制性的行政手段来实现补偿，市场补偿则是采用海域排污权交易、海域使用权交易等市场化手段实现主体间补偿。传统的政府补偿方式通常面临运行效率低下、补偿资金不足等问题，因而推动市场化的海洋生态损害补偿成为构建海洋生态损害补偿制度的关键环节。为此，中共中央、国务院在 2015 年 9 月出台了《生态文明体制改革总体方案》，2018 年 12 月，国家发展改革委等多部门联合印发了《建立市场化、多元化生态保护补偿机制行动计划》，这些专项文件对发展市场化的生态补偿提出了具体要求。立足海洋生态损害的基本特征，未来可以从生态修复补偿交易市场建立、企业海洋生态损害赔偿基金与海洋生态损害修复保证金制度构建、高风险行业环境责任信托基金与强制环境责任保险制度构建等核心层面着手，探索设计海洋生态损害补偿的市场化运作机制。市场化运作机制的设计需要充分考虑我国海洋生态损害修复的现实需求，避免对国外管理模式的生搬硬套，充分确保法律和配套政策措施的可操作性。此外，在制定实施生态损害补偿市场化运行机制的过程中，应注意与其他现行制度特别是排污许可证制度、环境税费制度等行政手段的联系与区别，着力发挥政府手段与市场手段的互补、协同作用。

203

---

① 李京梅，苏红岩. 海洋生态损害补偿标准的关键问题探讨 [J]. 海洋开发与管理，2018，35（09）：27-33.

② 李京梅，刘铁鹰. 基于生境等价分析法的胶州湾围填海造地生态损害评估 [J]. 生态学报，2012，32（22）：7146-7155.

3. 实施路径

一是厘清海洋生态损害利益关系，建立损害责任追究机制。首先，推动海洋生态损害的法律责任、行政责任和经济责任的有效落实，坚决制裁海洋生态损害违法行为，维护公众海洋环境权益。充分考虑海洋生态损害的陆海联动性特征，未来应立足"河海统筹""陆海统筹"与"河陆海统筹"，梳理不同类型的海洋生态损害中施害者、受损者和管理者等主体关系，探究不同情境下的补偿者和合理受偿者。其次，为避免政府主导下的寻租行为，应进一步探索引入第三方海洋生态损害鉴定评估机构和专业技术队伍，科学开展海洋生态损害程度及其责任界定工作，形成"追偿—评估—诉讼—赔偿—修复"的生态损害补偿完整链条。最后，对接现行的《党政领导干部生态环境损害责任追究办法》《海洋督察方案》等环境目标责任追究制度，探索构建从中央到地方政府再到企业社会的层级"网络"式责任结构体系，促进政府和其他利益相关者对各自角色和责任的统一认知，打造责任共同体、利益共同体和命运共同体。

二是创新海洋生态损害市场补偿模式，探索多元化、市场化补偿方式。立足"损害担责"的基本原则，开展海洋生态损害补偿的市场化运行设计，探索经济性激励、约束制度，形成政府主导、企业和社会参与、市场化运作、可持续的生态保护补偿机制。首先，可借鉴美国湿地补偿银行制度，建立海洋生态损害修复补偿交易市场，由生态损害责任方购买修复信用，委托第三方进行实际修复。其次，健全企业环境损害赔偿基金与环境修复保证金制度，推行生态环境责任保险和生态环境连带责任制度，解决大量资源开发企业的自有资金普遍短缺、抗风险能力薄弱、执行污染者付费原则不到位的问题。再次，探索建立海洋生态损害补偿基金制度，对责任人不明的生态损害或对生态环境损害承保的保险人无法完成生态损害补偿时，由基金提供资金予以修复。最后，考虑到我国实际情况，为确保市场化运行机制的有效实施，政府依然需要在其中发挥引领作用，同时鼓励中间人、独立第三方机构积极参与以确保客观性和专业性。

三是完善海洋生态损害补偿的法律制度，确保生态补偿执行效力。

相较于海洋主体功能区划、海洋生态红线区制度等海洋生态保护手段，海洋生态损害补偿的法律规范明显滞后，全国层面上尚未有专门的针对性立法。建立完善的海洋生态损害的法律体系是确保海洋生态补偿有法可依、高效执行的重要保障。为此，要从顶层设计层面首先科学梳理海洋生态损害补偿的概念、范围、评估标准、核算方式及征缴使用等基本问题，从中央层面制定统一的指导性纲领，并出台具体的技术性指导准则。做好海洋生态损害补偿程序法的配套跟进，使海洋生态损害补偿工作能够在现实中做到"有法可依，有章可循，执法必严，违法必究"。此外，要做好海洋生态损害补偿法律规范与生态税收、生态红线等其他现行海洋生态保护法律规范的互补和联系，避免出现法律规范上的冲突。

四、中国海洋环境治理的全程配合

海洋环境治理从源头到末端的各个环节不是孤立的，而是相互补充、相互联系的，在协同配合中实现生态环境的高效治理。不同领域的海洋环境治理手段具有不同的作用特点和优势，通过治理模式的融合可以实现"1+1＞2"的效果。海洋环境治理的全程配合不是机械式的组合，而是以不同阶段治理手段之间的共性特征为抓手，在组织、规划、科技和资金的多重保障下形成的有机治理体。

（一）海洋环境治理的全程配合需求

海洋环境治理是复杂的系统性工程，包括源头控制、过程监督和末端处置三个环节。源头控制主要以海域使用规划、海洋生态红线及海域排污总量控制等手段为主，过程监督包含海洋环境质量监测、海洋信息传递、涉海项目监管等实时监管手段，末端处置是以海洋环境保护目标责任制、海洋生态保护补偿和海洋生态损害补偿为主的治理手段。不同过程和不同阶段的治理手段各有优势与不足，需要通过推动全过程的协同配合才能实现海洋环境的协同、高效治理。一方面海洋环境治理的源头控制主要以行政规范命令为主，是对海洋环境保护的总体规划设计和约束安排，具有较高的强制力，能够从制度层面遏制源头污染。另一方面，源头控制手段也面临政府决策失灵、规划冲突、职能交叉、监管成本过高等不足。海洋环境治理的过程监督手段可以对海洋环境变化、海洋信息传导、涉海项目开发等进行实时监督并及时调整治理策略，具有针对性强、灵活性高等优势，但同时也有适用范围、作用范围较窄等劣势，如环境监测、信息传递等手段的作用主要体现在为治理实践提供辅助性的数据（信息）服务层面。海洋环境治理的末端处置是借助行政、市场等手段对海洋环境污染进行追究和补偿，具有较强的激励性和约束力，适用于多种海洋生态损害类型，但也面临产权不清晰、实施过程复杂等问题。综上，不同阶段的海洋环境治理手段的着力点不同，需要探索全程配合的治理模式，发挥各治理环节的优势，弥补不同治理手段的劣势，形成"源头—过程—末端"全过程的协同治理合力。

（二）海洋环境治理的全程配合模式

立足海洋环境治理的全程配合需求，探索源头控制、过程监督和末端处置相结合的治理模式，推动海洋环境多元化、动态化治理。不同阶段治理手段的结合方式多种多样，本部分主要探究"海洋生态红线＋海洋生态保护补偿""海域排污总控制＋海洋环境保护目标责任制""海洋信息传导＋X"三种典型创新模式的可行性，为全过程配合的海洋环境治理体系构建提供理论借鉴。

1. "海洋生态红线＋海洋生态保护补偿"模式

海洋生态红线制度是海洋环境治理的重要源头控制手段，海洋生态保护补偿则是针对脆弱区、红线区和保护区进行多元补偿的末端处置手段。海洋生态红线的划定是确定海洋生态保护补偿范围和补偿标准的重要基础，而海洋生态保护补偿的实施又是确保海洋生态红线管控制度有效落实的关键。"事前"海洋生态红线区的划定明确了红线区面积、自然岸线保有率、海水水质等具体控制指标，实质上要求红线区按照进展开发区域的要求进行管理，因此红线区内存在生态保护和经济发展、民生改善之间的突出矛盾。而海洋生态保护补偿可以借助中央到地方纵向财政补贴和地方到地方横向转移支付的方式实现对保护区的资金、技术、智力、实物等多元化的补偿，实现海洋生态红线区的正外部性内部化。因此，海洋生态保护补偿是促进海洋生态红线制度长效落实的重要抓手，能够有效协调生态红线区与周边地区的生态、经济和社会利益关系。同时，海洋生态红线区的规划也为区域间海洋生态保护补偿提供了基础性的参照依据，例如，红线边界可作为划分周边受益区补偿对象和红线区受偿对象的划分标准，红线区面积等指标可纳入补偿标准制定的指标体系。因此，海洋生态红线与海洋生态保护补偿之间可以相辅相成、互为补充。

　　建立"海洋生态红线＋海洋生态保护补偿"模式的关键是将海洋生态保护的纵向和横向补偿手段融入收益区和红线区之间的利益平衡之中。一是以海洋生态保护红线面积为基准，参照"贡献大者得补偿多"的原则，确定海洋生态红线面积大的地区为优先补偿对象。同时参考红线区生态质量标准、地方财政收支缺口情况、产业发展受限程度、贫困情况等因素，从机会成本角度科学制定红线区生态保护补偿的标准。[①] 二是优化海洋主体功能区的转移支付分配，结合中央与地方环境治理财政事权和支出责任划分，将各地环境保护的减收增支情况作为转移支付的主要依据，加大对偏远红线区、经济落后红线区的补偿力度。三是立足陆海统筹理念，建立跨区域的横向生态补偿机制，推动生态受益地区向生态保护红线地区进行资金和非资金的多元补偿。发挥政府、市场和社会多方面作用，探索资金补贴型、园区合作型、社会保障型、技术扶持型等多元补偿方式，实现红线区与周边地区的生态和经济效益的平衡、统一。打造纵向补偿和横向补偿相结合的机制，引导生态保护补偿从单一资金补偿向多元化的综合补偿转变，以补偿为海洋生态保护红线区提供"造血式"支持，确保海洋生态红线制度的有效落实。

2. "海域排污总量控制＋海洋环境保护目标责任制"模式

　　海域排污总量控制是立足陆海统筹理念，从陆域源头有效约束和遏

207

---

① 刘桂环，文一惠. 关于生态保护红线生态补偿的思考［J］. 环境保护，2017，45（23）：31 - 35.

制污染物入海的重要手段。在明确海域排污总量及其分配的基础上，如何确保各地方严格遵守排污分配约束，直接关乎海域排污总量控制制度的实施成效。由于排污分配最终是以地方行政区为依据划分，因而地方党委政府是落实海域排污总量控制的根本主体。作为一项末端处置手段，海洋环境保护目标责任制为逐级压实地方党委政府海域排污总量控制责任提供了强有力的保障，能够真正确保各地区排污总量控制有人负责、有人落实、有人监督。将海域排污总量控制责任纳入地方政府的海洋环境保护目标责任体系中，借助严格的环境保护政绩考核和责任追究机制来约束、引导地方政府落实排污控制计划。一是在各地方海洋环境保护目标任务中，增加海域排污总量控制指标的考评标准，确保与其他环境考核标准协调一致，避免重复与冲突。二是提高海域排污控制效率在政绩考核中的权重，各行政地区年度入海污染排放控制情况，对减排工作成效显著地区予以奖励，对超标排放地区依法依规追究相关党政干部责任。三是完善责任逐级落实、监督逐级推进的管理体制，明确各省、市、县、区海域排污总量控制目标，逐级压实排污控制责任，通过任务分解将职责落实到各个涉海监管部门，同时省级海洋部门要做好对各市县级总量控制成效的评估和监督工作，并提供必要的技术指导。

3. "海洋信息传递 + X" 模式

无论是海洋环境治理的源头控制、过程监管还是末端处置过程，均离不开海洋信息的支持。一方面，海洋环境治理过程中，自然岸线、生物多样性、海水水质等海洋资源环境指标不断发生变化，只有借助实时的环境监测并将相关环境质量信息及时传递到各监管部门，才能确保监管决策的有效性。另一方面，海洋环境治理涉及中央与地方、地方与地方以及多个涉海监管部门，保障海洋决策信息、环境质量信息在不同地区、不同部门之间的高效传递，是避免监管冲突、管理失效的关键。因此，海域使用规划、海洋生态红线管控、涉海项目监管、海洋环境保护目标责任制、海洋生态损害补偿等治理手段都有赖于海洋信息传递的保障。

本质上，推动"海洋信息传递 + X"模式就是将网络技术、大数据技术等现代信息化技术应用到各海洋环境治理手段中，确保实施过程中资源环境信息和管理决策信息的有效收集、存储、加工处理和传导反馈，实现网络化、信息化治理。一是创新海洋信息传递渠道，促进海洋环境治理全过程的主体多元化。海洋生态红线区管控、海域排污总量控制、涉海项目监管、海洋生态补偿等海洋环境治理手段的实施不仅需要政府主导，还需要企业、社会公众及环保组织的共同参与，而海洋信息在多主体间的有效传递是实现多元治理的重要基础。借助大数据技术，通过建立海洋环境治理信息平台，推动海洋信息传递大众化、扁平化发展，打造政府为主、公众参与的多元立体式治理体系。同时，搭建主体间的海洋信息传递、沟通渠道，增强主体间的互动性，有助于打破信息孤岛怪圈，提升数据信息的使用效率。二是提高海洋信息传递技术水平，推动各环节海洋环境治理决策的科学化。通过建立海洋环境治理信息化平台，将公众、环保组织和企业的诉求、建议吸纳到海洋环境治理的决策中，增强数据采集、挖掘共享能力。开展跨部门的数据搜集和统计分析，增强政府数据挖掘、分析和应用的能力，在生态红线制定、海域排污总量评估、生态补偿标准测度等复杂领域建立"模型—数据—分析"的信息化决策模式，为政府部门提供科学化、智能化、可视化的决策参考。三是扩大海洋信息传递服务范围，保障海洋环境治理的预测预警精准化。建立海洋环境治理大数据库，增强对海洋环境污染源、海洋灾害发生概率、海洋环境质量演化效应的研判能力，运用大数据融合模型对资源、环境和管理信息进行关联分析，及时发现问题并优化、调整治理策略。运用云计算、物联网等信息技术，对海洋环境污染信息进行动态监管和实时传送，确保不同地区、不同部门间共享共用，推动海洋环境治理向精细化、精准化转变。

（三）海洋环境治理的全程配合保障

一是组织体制保障。海洋环境治理的源头、过程和末端配合需要多个政府部门的协同合作。为此要强化地方党委、政府的主体责任，由省委、省政府统筹推进所辖行政区内海洋环境的源头管控、过程监督和末端处置，承担市县级地区的组织、协调、指导、监督工作。同时，海洋环境治理的全过程配合离不开沿海地区之间的跨区域合作，为此各地方应建立海洋环境治理的工作协调机制，共同推动海洋生态红线、海域排污总量控制、海洋环境监测、海洋生态补偿等跨区域特点明显的环境治理制度，努力形成治理合力。生态环境部、国家海洋局等中央职能部门应做好对各地方的技术指导和督导检查工作，必要时可由中央设立专门的环境治理领导小组，负责针对跨区域、跨部门的海洋环境治理任务进行统一部署。

二是规划合一保障。为推动海洋环境保护，从中央到地方制定了一系列从源头到末端的海洋环境治理规划，不同规划之间对于海洋环境治理目标、环境保护标准、监督管理模式等方面存在交叉甚至冲突。因此，未来要以海洋主体功能区划为基础，协调统筹好海域排污总量控制、海洋生态红线管控、涉海项目监管等环节引导和管控要求，出台统一的环境底线和环境准入清单，做到"多规合一"。在海洋环境治理实施层面，逐步建立以市县级行政区位单元，涵盖空间规划、用途管制、多元绩效考核等内容的海洋环境空间治理体系，确保不同制度规划形成治理合力。

三是科学技术保障。高水平的科学技术支撑是实现海洋环境治理全过程配合的关键保障。未来应围绕陆源污染监控、环境质量信息跟踪、海洋生态修复等重点领域，形成源头预防、过程监测、末端治理和修复的成套技术。逐步完善海洋环境保护技术政策，健全海洋生态保护红线监管技术规范，建立海域排污质量标准体系，为全过程协同治理提供科学、统一的依据。加大海洋环境监测预警、海洋生态保护红线评估管理、海洋生态保护和损失价值评价等关键技术研发力度，实施重点海洋生态环保科技专项，在试点区建立海洋环境保护和修复科技示范区，以技术突破为抓手促进海洋环境从源头管制到末端治理的协同共进。

四是资金投入保障。按照海洋环境治理的全过程配合需求，以中央和地方事权和支出责任为划分依据，建立与环保支出相适应的财政管理制度，逐步优化海洋环境治理专项资金使用方式，加大第三方治理、社会资本合作的支持力度，积极整合从源头管控到末端治理的相关资金。鼓励和引导政府和社会资本深入合作，吸引社会资本参与公益性的海洋环境治理项目，建立市场激励性的环境保护基金，鼓励企业、社会公众增加海洋环境治理投入。

第七章

中国海洋环境治理的体制改革

　　海洋环境治理的核心问题是体制问题。为此，必须明确中国海洋环境治理的体制改革思路和方向。本章首先梳理中国海洋环境治理体制的历史沿革——自 1949 年以来经历了重资源管理轻环境管理、海洋资源环境综合管理以及海洋资源环境综合治理三个阶段；进而分析中国海洋环境治理体制面临的困境——分散化管理与海洋环境系统性之间的矛盾、行政区划分割与海洋环境公地属性的冲突以及治理主体单一与海洋环境复杂性之间的矛盾；最后提出中国海洋环境治理体制改革的方向——由"条条分散"管理加快转向垂直综合治理的纵向改革以及由"块块分割"管理逐步转向区域一体化治理的横向改革，具体说要进一步强化海洋环境垂直治理、加快打破地区分割推动区域联防联治以及构建"政府—市场—公众"联动的海洋环境综合治理体系。

一、中国海洋环境治理体制的历史沿革

　　中国是一个拥有绵长海岸线的国家，但自明朝以来却形成了"重陆轻海"的观念与实践行为。由这一观念与实践行为长期演化而来的忽视

海洋事务的"路径依赖",无疑是分析新中国海洋治理问题的逻辑起点。[①] 基于公共管理视域进行界定,海洋环境治理体制本质上是与国家海洋环境治理相关的组织机构的设置、职权划分以及规定相应主体间互动关系的具体制度的统称。[②] 根据这一定义,海洋环境治理体制涵盖了静态与动态两大要素:前者主要指国家海洋环境治理的机构设置以及海洋环境事务职权的划分,后者主要指海洋环境治理主体间基于权责配置的互动关系与行为模式。[③] 基于以上要素的不同组合,结合治理目标的演变,可将新中国成立以来的海洋环境治理体制演变过程划分为如表7-1所示的三个阶段。

表 7-1 中国海洋环境治理体制历史沿革

时间	阶段	特征
1949—1978 年	重资源管理轻环境管理阶段	1. 从陆地行业管理延伸至海洋行业管理; 2. 中央海洋行政管理体系初步成型; 3. 海洋环境管理职能尚未引起重视。
1979—2011 年	海洋资源环境综合管理阶段	1. 中央海洋行政管理逐步加强; 2. 地方海洋行政管理不断完善; 3. 海洋综合管理体系初步形成。
2012 年以来	海洋资源环境综合治理阶段	1. 海洋综合治理协调层级实现了提升; 2. 海洋环境综合治理力量实现了优化整合; 3. 海洋环境综合治理监管机制得到了强化。

(一) 重资源管理轻环境管理阶段:1949—1978 年

从新中国成立直至改革开放之前,中国海洋治理始终未脱离"行业包干"的制度色彩。[④] 在这段时期中,中国海洋事务管理的核心一直是

① 张海柱. 理念与制度变迁:新中国海洋综合管理体制变迁分析 [J]. 当代世界与社会主义, 2015 (06): 162-167.
② 王刚, 宋锴业. 中国海洋环境管理体制:变迁、困境及其改革 [J]. 中国海洋大学学报 (社会科学版), 2017 (02): 22-31.
③ 曾贤刚. 地方政府环境管理体制分析 [J]. 教学与研究, 2009 (01): 34-39.
④ 王刚, 宋锴业. 中国海洋环境管理体制:变迁、困境及其改革 [J]. 中国海洋大学学报 (社会科学版), 2017 (02): 22-31.

"海防"问题,包括海洋资源开发、海洋环境保护在内的其他事务则一直处于次要地位。[①] 尽管国家海洋局作为中国第一个海洋事务管理的专门机构早在1964年便已成立,但在较长一段时间其具体事务由中国海军代为管理,其职能以服务于海洋资源开发、海洋国防事业以及海洋资源勘探、海洋科研调查等为主,并没有体现专门的海洋环境管理职能。此后,随着国务院机构设置的多轮调整和改革,国家海洋局的主管部门和主要职能也经历了多次调整,但是重资源管理轻环境管理的行业化、分散化管理的基本取向没有发生改变,从而形成了中国海洋治理体制的基本特征。[②]

1. 从陆地行业管理延伸至海洋行业管理

中华人民共和国成立后,沿海地区的海防体系迅速得以建立,各项社会生产秩序得到迅速恢复,中国海洋事业开始快速恢复和发展。各级政府加强了对海洋事务和沿海地区的管理工作,着重对恢复较快的海洋渔业、海洋交通业、盐业等海洋产业进行了由陆地到海洋的行业管理过渡。[③] 对于各种海洋资源的管理主要基于各个海洋产业所属的行业主管部门进行,体现出强烈的分散化管理特色,各主管部门彼此之间缺乏综合协调,从而形成了行业化、分散化管理的海洋治理格局。

在海洋渔业管理方面,1949年12月,中共中央决定由食品工业部领导全国水产工作,部下设渔业组,负责包括海洋渔业在内的全国渔业的恢复和建设工作。1950年2月,食品工业部组织的第一届全国渔业会议在北京召开,会议将"恢复渔业生产"确立为这一时期全国水产工作的指导方针。[④] 1950年12月,食品工业部被撤销,成立了轻工业部,原食品工业部所辖水产工作移交到农业部,在农业部下设水产处负责全国水

---

① 张海柱. 理念与制度变迁:新中国海洋综合管理体制变迁分析 [J]. 当代世界与社会主义, 2015 (06): 162-167.

② 张海柱. 理念与制度变迁:新中国海洋综合管理体制变迁分析 [J]. 当代世界与社会主义, 2015 (06): 162-167.

③ 仲雯雯. 我国海洋管理体制的演进分析 (1949—2009) [J]. 理论月刊, 2013 (02): 121-124.

④ 杨文鹤等. 二十世纪中国海洋要事 [M]. 北京:海洋出版社, 2003.

产工作。在海洋交通业管理方面，1949 年 11 月成立的中央人民政府交通部成为领导全国航运的最高机构，统一管理全国包括海运在内的水运工作。1951 年 7 月，交通部下设了海运、航运和航道工程三个管理总局，授权海运总局统一管理全国海上运输工作。与此同时，根据从北到南不同海域分别在大连、上海和广州设立北洋、华东、华南三个海运管理局。1953 年 4 月，交通部发布了《关于调整海运系统的组织机构和领导关系的指示》，将北洋、华东两航区进行了统一，在国家行政管理层面建立了统一的海运管理体系。①

2. 中央海洋行政管理体系初步成型

为加速发展中国海洋事业，国家科委海洋专业组于 1963 年 3 月在青岛召开会议，研究讨论中国海洋科学十年发展规划草案，并建议成立国家海洋局统一管理国家的海洋工作。1964 年 7 月，经第二届全国人民代表大会常务委员会会议批准，在国务院下设国家海洋局作为专门的全国海洋行政主管部门。国家海洋局的成立使中国的海洋事业进入新的发展阶段。最初成立时，国家海洋局的主要职能是负责海洋资源调查、水文监测、资料收集整理和海洋公益服务，目的是把临时性的、分散的涉海科研调查队伍转化为一支稳定的海洋工作力量。② 经国务院批准，1965 年 3 月国家海洋局分别在青岛、宁波、广州设立北海、东海和南海分局，作为各海区的海洋行政主管机构，主要职责是在各海区组织开展海洋行政管理、执法监督和公益服务等工作。而后，国家海洋局又确定了 3 个分局的 3 项工作任务：负责近海断面调查和海岸调查；负责沿海分站的管理，并发布海洋水文预报工作；代管海洋研究所，抓好船队建设工作。自此，中央层面的海洋行政管理体系初步成型。

3. 海洋环境管理职能尚未引起重视

从中央到地方层面，这一时期中国海洋事务管理工作的部署都是从陆地管理向海洋管理延伸，在当时海洋生产力水平比较低的历史条件下，

214

---

① 曾成奎，等. 中国海洋志 ［M］. 郑州：大象出版社，2003.
② 郑敬高，等. 海洋行政管理 ［M］. 青岛：海洋大学出版社，2002.

海洋环境问题尚未提上议事日程。具体而言，是将有关行业部门的管理职能对陆地资源要素的管理延伸至同类海洋资源要素的管理，形成按照各类海洋资源要素的属性及其开发产业特点，分门别类地归口形成行业化、分散化管理。① 这种以行业管理为特色的分散型行业管理体制有利于加快海洋资源的开发和利用，客观上促进了中国海洋事业的恢复和发展，对于后来的中央海洋行政管理体系的形成起到了积极的推动作用。②

尽管国家海洋局的成立，标志着中央政府开始将海洋管理工作视为一个整体进行考虑，但从其机构性质和职能配置方面来考察，国家海洋局距离行使海洋环境管理职能仍较为遥远。在成立之初，国家海洋局的机构性质被确定为事业机构，其核心职责为组织海洋科研调查工作，并不具备海洋行政管理的职能。而且国家海洋局长期由海军代管，这也意味着当时全国海洋工作主要服务于国防事业，从而在很大程度上限制了国家海洋局的职能范围。③ 综上所述，这一时期海洋环境管理工作的优先级远排在海洋资源开发管理、国防等事务之后，基本是由陆上相关职能部门兼管，因而未能形成较为健全的海洋环境管理体制。④

（二）海洋资源环境综合管理阶段：1978—2012 年

改革开放之后，外交和海洋安全形势的一系列有利变化极大改善了中国发展所面临的宏观环境。对外经贸活动的展开带动了中国各项海洋事业蓬勃发展，海洋经济对国家整体经济的贡献度日益提升，从而促使政府不断完善各项海洋事务管理。与此同时，海洋资源开发利用强度的不断提升也引发了日益严重的海洋环境问题，进而推动中国海洋环境治理体制进行了多轮改革，由片面注重海洋资源管理逐步转向海洋资源环

① 王琪. 海洋管理从理念到制度［M］. 北京：海洋出版社，2007.
② 仲雯雯. 我国海洋管理体制的演进分析（1949—2009）［J］. 理论月刊，2013（02）：121－124.
③ 张海柱. 理念与制度变迁：新中国海洋综合管理体制变迁分析［J］. 当代世界与社会主义，2015（06）：162－167.
④ 王刚，宋锴业. 中国海洋环境管理体制：变迁、困境及其改革［J］. 中国海洋大学学报（社会科学版），2017（02）：28－37.

境综合管理。

1. 中央海洋行政管理逐步加强

1979 年中美建交，标志着中国海上安全形势趋于缓和与稳定。随着改革开放政策的推行，中国对外经贸与运输活动日益增多，各项海洋产业蓬勃发展。这些因素共同促使中国开始积极参与有关国际海洋事务，国家对海洋事业的重视度也日益提升。1980 年 1 月，中共中央批转了《中央科学研究协调委员会会议纪要（第一号）》，指出已有管理体制已经不利于海洋事业的发展，需要尽快研究国家海洋局领导体制改变和交接问题。[①] 1980 年 10 月起，国家海洋局正式改由国家科委代管。此后，国家计委等五部门联合组织进行了全国海岸带和海涂资源综合调查，这次历时七年的调查促进了中央对于海洋实行综合管理的认知，拉开了中国海洋环境综合管理的序幕。[②] 随着中国海洋事业的快速发展，国家海洋局最初的职能设置已经不再适应国家海洋行政管理的需要。1982 年《海洋环境保护法》的颁布，以法律形式确定了以行业为基础、综合为导向的中国海洋环境管理体制基本格局。在 1983 年的国务院机构改革中，国家海洋局改为直接隶属国务院，成为国务院管理全国海洋工作的职能部门。其机关设办公室、综合计划司、科学技术司、调查指挥司、物资装备司以及环境保护司，除组织和实施海洋调查、海洋科研、海洋管理和海洋公益服务四个方面的具体任务以外，其主要任务还包括了负责组织协调全国海洋工作。

然而，国家海洋局的职能仍主要集中于海洋科研调查领域，无法对不同领域的海洋工作进行协调管理。为打破这一不利局面，国务院于 1986 年成立了由时任国务委员宋健任组长的"海洋资源研究开发保护领导小组"，试图在各个涉海部门与行业之间建立起一套有效协调机制。然而，这一尝试并没有取得明显成效，领导小组很快便在 1988 年的国务院机构改革中被撤销。尽管如此，"综合管理中国管辖海域"的职能正是

216

---

① 严宏谟. 回顾党中央对发展海洋事业几次重大决定［N］. 中国海洋报, 2014 − 10 − 08（04）.

② 王刚，宋锴业. 中国海洋环境管理体制：变迁、困境及其改革［J］. 中国海洋大学学报（社会科学版），2017（02）：28 − 37.

在此次机构改革中被正式赋予了国家海洋局。在国家海洋局"三定"方案中明确指出，"海洋不仅需要各类开发活动的行业管理，更需要从权益、资源和环境整体利益出发实行综合管理"。[①] 自此以后，负责全国的海洋环境保护与监督成为国家海洋局的主要职责之一。

通过建立一系列海洋环境保护法规和机构，国家海洋局加快推进了中国海洋环境管理体系的建构。1989 年 10 月，国家海洋局对北海、东海和南海分局的 10 个海洋管区和 50 个海洋监察站的具体职责进行了明确下达。具体而言，确定各海洋管区是所辖海区的综合管理机构，将保护海洋环境与协调海洋资源开发一并列入其执法管理职责之内；确定由海洋监察站具体执行海洋监视协调和管理任务，对海洋违法行为进行调查取证，并负责海洋生态环境保护。这一垂直行政管理体系的建立，强化了中央海洋环境行政管理职责，确保各项海洋事务管理工作得到落实。1998 年，国家海洋局由隶属国务院的直属局整合为国土资源部的直属部门，进一步提升了中国海洋环境管理体制的集中性。

2. 地方海洋行政管理不断完善

改革开放之后，沿海地区的发展优势逐渐凸显，海岸带地区以其丰富的自然资源和优越的区位条件在国民经济发展中占据了重要地位。从 1980 年开始，由国家海洋局与国家计委、国家科委等五部委联合组织，在沿海 10 个省、市、自治区开展了全国海岸带和海涂资源综合调查。这次综合调查工作覆盖了渤海、黄海、东海和南海各海域，涉及水产、交通、地质、农业、轻工、教育、测绘、气象、军事等各个系统，推动了中国海洋行政管理体制在纵向和横向等维度的全面建设步伐。各省、市、区参与组织这次综合调查工作的临时性机构后来被改制为地方政府专门承担海洋行政管理工作的职能部门，从而推动了地方海洋行政管理制度的建设。

从 20 世纪 80 年代末期及之后，沿海省份相继成立了专门负责地方海洋事务管理工作的厅局级机构，形成了三种不同的机构设置模式。第

---

① 仲雯雯. 我国海洋管理体制的演进分析（1949—2009）[J]. 理论月刊, 2013（02）: 121 - 124.

一种是海洋与渔业厅（局）模式。例如，1990年3月辽宁省海洋局成立，而后撤销了省海洋与水产局，合并为辽宁海洋与渔业厅。河北省海洋局于1990年11月建立，归省科委和计委管理，与省海洋及海涂资源研究开发保护领导小组办公室为一套机构，两套牌子。① 除此以外，全国15个沿海省（区、市）中还有9个地区（山东、青岛、江苏、浙江、宁波、福建、厦门、广东、海南）设立了海洋与渔业厅（局），将海洋与渔业两项事业合并在一起，由该厅（局）进行管理。该机构兼有海洋与渔业两种管理职能，受国家海洋局和农业部渔业局的双重领导。② 第二种是单一的海洋局模式，如天津市和广西壮族自治区在机构改革中将地矿、国土、海洋合并在一起，成立了国土资源厅（局）。③

地方海洋行政管理机构的成立，打破了过去单一垂直的海洋行政管理体系，有效地弥补了国家海洋行政管理力量的不足，大大提升了海洋行政管理的效率。2002年1月《中华人民共和国海域使用管理法》的实施，使得国家海洋局与地方海洋局在海域管理上的事权划分进一步明确，成为推进中国海洋管理法制化建设的重要标志。

3. 海洋综合管理体系初步形成

海洋资源的快速开发在释放巨大红利的同时，海洋开发利用过程中产生的环境污染、生态破坏等问题开始引起海洋管理者的关注。在这种情况下，中国开始对传统的分散管理体制进行反思，并谋求以综合管理体制为目标的制度变革。

20世纪80年代以来，"海洋综合管理"这一海洋管理理念在世界范围内产生了深远影响。为促进海洋的可持续开发和利用，1992年联合国环境与发展大会通过的《21世纪议程》中专门就海洋综合管理问题进行了论述，明确要求"沿海国家承诺对在其国家管辖范围内的沿海区和海洋环境进行综合管理和可持续发展"。并且，该议程要求各国为了实现上述任务开展一系列综合性的制度与政策变革，其中包括"建立或增强适

① 曾成奎，等. 中国海洋志 ［M］. 郑州：大象出版社，2003.
② 李铁强. 最新海洋工作百科全书 ［M］. 广州：中国科技文化出版社，2007.
③ 宁凌. 海洋综合管理与政策 ［M］. 北京：科学出版社，2009.

当的协调机制"①。1993年，联合国第48届大会要求各国把海洋综合管理列入国家发展议程，号召沿海国家改变部门分散管理方式，建立多部门合作、社会各界广泛参与的海洋综合管理制度。

上述海洋综合管理理念对中国海洋管理体制的演变产生了极大影响。1991年，全国首次海洋工作会议上通过了《九十年代中国海洋政策和规划纲要》，"加强海洋综合管理"成为该纲要提出的十个方面的海洋工作指导意见之一。此后，1994年制定的《中国21世纪议程》中明确指出："海洋是一个流动的大生态系统，海洋资源互相依存，各种开发活动互相影响。因此，改变传统的管理模式，完善海洋资源综合管理体制势在必行。"1996年制定的《中国海洋21世纪议程》以及1998年发布的《中国海洋事业的发展》白皮书，也都强调了推行海洋综合管理的重要性。海洋管理体制改革的方向也在向综合管理靠拢，在1993年的机构改革中，专门在国家海洋局下设立了"海洋综合管理司"这一机构。并且，这一轮机构改革方案中明确指出，国家海洋局要"加强海洋综合管理，减少具体事务"。此后，在1998年的机构改革后，国家海洋局转由新成立的国土资源部进行管理。由于机构改革后国家海洋局由国务院直属机构变更为部委管理，造成了其实际组织权限的降低。尽管仍维持了原有的副部级的组织地位，国家海洋局对于全国海洋工作进行综合管理与协调的能力无疑受到了削弱。

经过多轮改革，国家海洋局的综合管理层次由两个层次逐渐拓展至更多层次。1998年以后，"国家海洋局—海区海洋分局—海洋管区—海洋监察站"的四级管理体系得以确立。此后一个时期，中国海洋环境综合管理体制从机构设置、法律制定、功能区划施行等方面获得了快速发展完善。首先，从机构设置完善方面，1999年中国海监总队的正式组建有效提升了中国海洋环境综合管理执法力量。海监总队的职能主要包括对中国管辖海域和海岸带实施巡航监视，查处侵犯我国海洋权益、违法使用海域、损害海洋环境与资源、破坏海上设施、扰乱海上秩序等违法违规行为。其次，从法律法规制定方面，2002年1月1日起开始实施的

219

---

① Biliana Cicin-Sain and Robert Knecht, Integrated Coastal and Ocean Management: Concepts and Practices, Island Press, 1998: 87.

《中华人民共和国海域使用管理法》（以下简称《海域使用管理法》）是
强化海洋综合管理的关键举措。该法旨在解决海域使用及海洋资源开发
中长期存在的"无序、无度、无偿"状态，全面强化国家海洋权益。
《海域使用管理法》以及相关法律法规的贯彻实施，有效推进了依法治
海，使中国海洋综合管理步入了法制化、科学化和规范化轨道。再次，
海洋功能区划制度的施行加快了中国海洋环境综合管理的步伐。2004
年，一批省级海洋功能区划密集通过，其中：2月，山东省海洋功能区
划被国务院第一个批准通过；3月，辽宁省海洋功能区划被批准；9月，
广西壮族自治区海洋功能区划也被批准。所有海洋功能区划均要求贯彻
可持续发展战略，始终坚持在保护中开发、在开发中保护的方针，严格
执行海洋功能区划制度，实现海域的合理使用和海洋经济的可持续发展。
与此同时，国家一系列核心规划和重要会议均强调要加强海洋综合管理。
例如，2006年发布的《国民经济和社会发展第十一个五年规划纲要》中
明确提出要"实施海洋综合管理"。同年12月召开的中央经济工作会议
强调，要增强海洋意识，做好海洋规划，完善体制机制，加强各项基础
工作，进一步推动了中国海洋综合管理工作。2008年2月，国务院批准
印发《国家海洋事业发展规划纲要》，明确提出要加强海洋综合管理，
规范海洋资源开发秩序，保护海洋生态环境，提高海洋公共服务水平，
强化海洋科技自主创新的支撑能力，保障海洋事业可持续发展。① 同时，
在国务院机构改革中对国家海洋局的职能进行了再次调整，新赋予国家
海洋局"承担海洋经济运行监测、评估及信息发布的责任，并会同有关
部门提出优化海洋经济结构、调整产业布局的建议"，要求"加强海洋
战略研究和对海洋事务的综合协调"。2011年公布的《国民经济和社会
发展第十二个五年规划纲要》专门论述了加强海洋综合管理问题，提出
要"加强统筹协调，完善海洋管理体制"。

    由上述变革中可以看出，这一时期的中国海洋环境治理体制正在朝
着实现海洋资源与海洋环境综合管理的方向快速推进。然而，由于国家
海洋局的行政级别较低，其综合管理职能的有效发挥在很大程度上受到
了限制，从而导致长期以来基于行业管理的分散化管理局面并未得以明

220

---

① 国务院批准并印发《国家海洋事业发展规划纲要》[N]. 中国政府网，2008-2-22.

显改观。这一状况的形成原因主要在于以下两方面：一方面，国家海洋局最初成立时被赋予的核心职权是组织统筹全国海洋科研调查工作，这一设定在很大程度上限定了该组织的发展路径。另一方面，长期以来形成的基于行业管理的分散化海洋管理格局，意味着在各个涉海事务管理部门内部形成了组织利益的固化。海洋环境综合治理体制的建立和加强涉及多个部门涉海管理权限的剥离和重新分配，这将撼动到它们的部门利益，因而必然会受到集体抵制。[①] 所以，仍有不少部门和单位对实施海洋综合管理的客观性、必要性抱有怀疑态度。[②] 因此，这一时期的海洋管理体制被部分学者称之为"局部的统一管理与整体分散管理相结合的海洋综合管理体制模式"[③]。

（三）海洋资源环境综合治理阶段：2012 年以来

2012 年，在党的十八大报告中明确提出了建设"海洋强国"的战略目标，对中国海洋事业的发展提出了更高要求。在此背景下，一系列海洋综合治理措施加速推进，通过提升海洋综合治理协调层级，进一步优化整合海洋环境综合治理力量，以及强化海洋环境综合治理监管机制等，中国海洋环境综合治理体制的推进获得了更高层次的动力。

1. 海洋综合治理协调层级实现了提升

中央海洋权益工作领导小组办公室成立。为了更好地维护国家主权与海洋权益，中央海洋权益工作领导小组办公室于 2012 年下半年成立，负责协调国家海洋局、外交部、公安部、农业部、军方等涉海部门的工作。在 2018 年机构改革中，该领导小组被取消，其有关职责交由中央外事工作委员会及其办公室来承担，并在中央外事工作委员会办公室内设维护海洋权益工作办公室，将海洋权益的维护工作纳入了党中央外事工作的全局中进行统一谋划与部署，有利于更好地综合统筹外交与外事以

221

① 张海柱. 理念与制度变迁：新中国海洋综合管理体制变迁分析 [J]. 当代世界与社会主义，2015（06）：162-167.
② 鹿守本. 海洋综合管理及其基本任务 [J]. 海洋开发与管理，1998（03）：21-24.
③ 崔旺来. 政府海洋管理研究 [M]. 海洋出版社，2009：61.

及涉海部门的资源与力量共同应对突发事态。

国家海洋委员会成立。此外，在 2013 年机构改革中还成立了国家海洋委员会，负责研究制定国家海洋发展战略与统筹协调重大事项，使得海洋事务能较为迅捷进入国家高层议程并为相关机构沟通与协调提供平台。① 这些举措标志着中国海洋综合治理体制得以加快推进。

2. 海洋环境综合治理力量实现了优化整合

国家海洋局的综合管理职权得到进一步优化调整。2013 年的机构改革重新组建了国家海洋局，加强了其海洋综合管理以及统筹规划与协调等职责。此次改革重新组建了国家海洋局，要求其承担"加强海洋综合管理"和"推动完善海洋事务统筹规划和综合协调机制"等职责，同时将原海监、边防海警、渔政、海上缉私队整合为国家海警局作为海上执法力量。2018 年，中共中央印发《深化党和国家机构改革方案》，国家海洋局不再保留，而将其与水利部、农业部等其他有关部门的职责进行了整合，新组建了自然资源部，但对外仍保留国家海洋局的牌子。② 同时，原国家海洋局所承担的应对污染等职能被并入了新组建的生态环境部，这一举措打破了过去污染防治与保护部门分割的问题，有利于强化海洋环境综合治理。

海洋环境执法机构得到了整合。由于长期以来按照行业划分来设置海洋环境保护行政监管主体，导致多个行政主体享有海洋环境行政权，相互之间的权限划分不明、相互重叠的现象比较严重。例如，包括海洋行政主管部门、海事部门、环保部门、渔业部门、军队等五个主体享有海洋环境保护监管权，被戏称为"五龙闹海"。每个监管力量都自备专用码头、船舶、通讯和保障系统，造成重复建设和资源浪费。这样的分散模式在一定程度上符合海洋环境监管的专业化、技术化，但是同时也造成执法力量分散，不能集中全力应对海洋环境保护突发事件，无法深

---

① 史春林，马文婷.1978 年以来中国海洋管理体制改革：回顾与展望 [J]. 中国软科学，2019（06）.

② 史春林，马文婷.1978 年以来中国海洋管理体制改革：回顾与展望 [J]. 中国软科学，2019（06）.

入调查处理，极大削弱了海洋环境保护的能力。[①] 2013 年 7 月，中国海警局成立，原海监、海警、渔政和海关缉私被统一整合到国家海洋局，在推进海洋综合执法与提高海洋执法能力方面取得了长足进步。但经过上述调整改革之后，仍然存在职权划分不清等问题。例如，《海洋环境保护法》中的第五条在向各海洋行政监管主体授予权力时，同时采用了船舶性质和水域两个不同标准，导致明显的监管重叠：渔船按照船舶性质归渔政管理，但其在海事局所辖港区水域造成污染时，按照水域性质应归海事局管理，故而造成两个行政主体均有管辖权；同样，当非渔业、非军事船舶在渔港水域造成污染时，按水域性质应归渔政管理，但按船舶性质又归海事局管理。[②] 这样一种监管权力的模糊划分，造成了海洋环境监管主体的冲突、监管成本的增加以及监管效率的降低。[③] 为化解上述矛盾，在 2018 年 3 月的机构调整中又进一步实施了以下整合：一方面，将原国家海洋局领导管理的海警队伍及其相关职能全部划归中国人民武装警察部队，调整组建中国人民武装警察部队海警总队（中国海警局），由其统一履行海上维权执法职责。新组建的中国海警局转由中央军委集中领导，有效解决了很长一个时期以来中国海上维权执法能力不足的问题。另一方面，将农业部的渔船检验与监督管理职责划入交通运输部，实现了所有船舶检验与监管职权的统一。

3. 海洋环境综合治理监管机制得到了强化

随着体制改革的不断深入，中国海洋环境综合治理监管机制得到了不断强化，海洋综合协调能力显著提升。国家海洋局的核心职能发生了明显变化，已从最初的海洋科研调查统筹组织机构转变为综合管理全国海洋事务的机构，负责海洋事务的综合协调。此外，随着沿海地区海洋开发密度、强度加大，海洋开发与生态环境保护的矛盾日益凸显，已有

---

① 张程. 论我国海洋环境保护行政监管体制的完善［C］. 中国环境资源法学研究会 2014 年年会暨 2014 年全国环境资源法学研讨会. 2014.

② 向力. 海上行政执法的主体困境及其克服——海洋权益维护视角下的考察［J］. 武汉大学学报（哲学社会科学版），2011, 64（05）：82 - 87.

③ 张程. 论我国海洋环境保护行政监管体制的完善［C］. 中国环境资源法学研究会 2014 年年会暨 2014 年全国环境资源法学研讨会. 2014.

的分散的海洋行政监督制度难以满足实际工作的需要。在此背景下，海洋督察制度应运而生。作为党中央、国务院推进生态文明建设和海洋强国建设战略目标的一项重要制度安排，海洋督察是海洋环境治理领域深化体制改革的重要举措。2017年8月，第一批共六个国家海洋督察组在首先对辽宁和海南进行督察后，陆续进驻河北、江苏、福建以及广西。国家海洋督察制度的实施完善了政府内部的层级监督和专门监督，落实了海洋环境主体责任。海洋督察对于推动地方政府加快落实海域海岛资源监管和海洋生态环境保护法定责任，着力解决海洋资源环境突出问题，促进海洋资源节约集约利用，强化海洋生态环境保护具有重要意义。①

在改革后的垂直综合管理体制下，海洋环境管理事务由中央授权给沿海地方政府和地方海洋环境主管部门。前者主要负责地方海洋经济发展，后者则承担海洋环境监管的相关职能。由此，沿海地方政府与地方海洋环境管理机构成为两个相对独立的利益相关体，"人、财、物、事"权集中于海洋环境管理的垂直体系中，一定程度上防止了行政分割、中间梗阻对中央海洋环境治理意志的消解，"有利于贯彻中央的政策指示"②。

二、中国海洋环境治理体制的现实困境及改革特征

（一）中国海洋环境治理体制的现实困境

在部门层面采取行业化分散化管理，在地方层面按照行政区划进行简单分割化管理，在治理方式上过度依赖于单一主体，是中国海洋环境治理体制长期以来形成的鲜明特点。随着社会经济的快速发展，上述三大特点与海洋环境的系统性、公地属性、复杂性之间产生了不可调和的

---

① 国务院授权国家海洋局开展海洋督察 推进海洋生态文明健全海洋督察制度［N］. 中国海洋报，2017 - 01 - 22.

② 赵晖，邱实. 规范集权与均衡分权：环境管理体制改革的路径选择［J］. 行政论坛，2015，（04）.

矛盾。一系列矛盾的耦合，无疑是中国海洋环境管理体制陷入困境的深层次原因，并进一步产生了诸多弊端。①

1. 海洋职权分散化与海洋环境系统性之间的矛盾

在部门层面，中国海洋环境治理体制实质是一种建立在行业分工和部门职能划分基础上的"分散化管理体制"，各个海洋职能部门之间分工有余而协调不足。这与海洋环境的整体性和系统性特征所要求的一体化治理存在矛盾。海洋职权分散化主要体现以下几方面：首先，涉海部门职权交叉严重。在已有海洋环境治理体制中，各项海洋环境管理职权主要根据相关资源要素所属行业分配给不同职能部门，各涉海部门的职权往往相互交叉。例如，虽然海洋环境保护是国家海洋局的职能之一，但其需要与海事局联合行动才能开展海洋环境执法，这极大地降低了其海洋环境综合管理的权威性；其次，海洋环境治理责任主体不明。由于行使海洋管理职权的部门众多，也就导致海洋环境治理责任过于分散，难以锁定责任主体。中央层面的海洋环境管理部门都承担海洋环境监督管理等职责，例如，对于船舶污染海洋环境的监督管理与事故处理，海事局与渔业局都具有管辖权，在发生海洋环境事件时，双方都可以基于部门利益进行选择性执法，难免会产生争相处罚或者互相推诿的情形；②再次，涉海部门之间缺乏协同。尽管国家海洋局被赋予了海洋综合管理职能，仅仅是自然资源部下设的副部级机构，无法对中央各涉海部门进行有效协调。

在陆地环境管理中，行政职权分配的适度分散化往往会促进行政管理机构间的良性竞争，从而提高环境政策执行力度，促进政府效率的提升。但这种"良性碎片化"结果必须建立在三个条件被同时满足的基础上，即管辖职责明确、管辖区域固定以及执法队伍统一。在陆地事务管理中，以上三个要素通常易于满足，因此按职能分类进行分散化管理造

---

① 王刚，宋锴业．中国海洋环境管理体制：变迁、困境及其改革［J］．中国海洋大学学报（社会科学版），2017（02）：22 – 31.

② 王杰，连勇超，张咪妮．我国海上执法机构归属问题研究［J］．中国软科学，2015（09）：8 – 14.

成的职能交叉等弊端并不明显。① 但相较于陆地而言，海洋环境所具有的特殊性使得职权分散化管理模式不再可行。首先，海洋环境受多种活动的影响，使得海洋环境治理涉及的行业更广，分散化模式易于陷入"碎片化管理"的困境；其次，海洋水体具有高度流动性，无法像陆地一样进行清晰划分界线，难以准确评价相应管理机构的治理成效；最后，海洋环境受到的影响是整体性的，使得多个部门海洋环境管理保护易于产生矛盾。上述几个特殊性令海洋环境治理与陆地环境治理具有显著差异，从而决定了海洋环境治理体制安排必须有效应对其行业繁杂、边界模糊的特殊性。由于缺少综合性的协调机制，必将导致海洋环境治理的低效和乱象。海洋环境保护行政监管中有些部门是中央或者省级的直属部门，有些则是市县级人民政府的组成部门，这些部门互不隶属，出于部门利益和地方保护主义，相关部门各行其是。然而，虽然国家海洋局具有海洋综合监管的职能，但是由于海洋局是由国土资源部管理的一个副部级单位，甚至不能与其他的海洋环境保护行政监管主体处于同一级别。因此在与其他海洋保护行政监管主体发生矛盾时，国家海洋局缺乏权威性，难以及时协调海洋环境保护监管过程中的冲突与矛盾。2013 机构改革的另一个重要突破是国家海洋委员会的确立，但是其具体职责、人员构成、运作方式等基本要素都未能加以明确，从而导致其长期未能开展实质性活动。具体而言，哪些海洋事务应该进入海洋委员会的议事日程，哪些海洋事务直接由海洋行政主管部门或者其他涉海部门监管，上述问题都没有明确规定。由此，综合协调机制的欠缺依然是中国海洋环境治理体制中的一个重大问题。②

2. 行政区划分割与海洋环境公地属性的冲突

在地方层面，中国长期实行基于陆地"行政区划行政"延伸到海洋

① 吕建华，高娜. 整体性治理对我国海洋环境管理体制改革的启示 [J]. 中国行政管理，2012（05）：19 - 22.
② 张程. 论我国海洋环境保护行政监管体制的完善 [C]. 中国环境资源法学研究会 2014 年年会暨 2014 年全国环境资源法学研讨会. 2014.

的属地化管理模式①，即将海洋环境管理的相关职能赋予沿海县级以上的各级地方政府，用行政区划对整体性的海洋生态环境系统进行分割，造成各地区个体理性与海洋环境公地属性之间的冲突。囿于中央政府和地政府之间的信息非对称，海洋环境问题的治理主要依赖于沿海各级地方政府，通过将各个海域划入它们的行政范围，海洋环境管理成为各级政府的重要职能。这一安排能够解决海洋环境治理中存在的信息获取成本问题，但同时也产生了严重弊端。

在基于行政区划分割海域的管理体制下，沿海各级地方政府通常聚焦于地方经济发展，对具有公地属性的海洋环境进行保护的动力明显不足，海洋环境管理事务在政府工作中始终处于次要地位。不仅如此，沿海地方政府往往会陷入各种形式的地方保护主义中，导致海洋环境快速退化。海洋环境具有非竞争性和非排他性等特点，是一种典型的公共物品，可以为沿海各行政区提供水产品、航道、旅游、油气等资源。但是在现行海洋环境按照行政区划分割进行管理的体制下，沿海地方政府在大力开发海洋资源的同时，却普遍缺乏保护海洋环境的积极性。这种积极性的缺失的根本原因在于外部性导致的成本收益差：一方面是由于海洋环境治理活动存在正外部性，当某一沿海地区对海洋环境进行治理时，治理成本由自己独担，但治理产生的收益却由所在海域周边的地区共享；相反，当某一地区大力开发海洋环境时，其产生的经济收益由自己独享，但过度开发对海洋环境产生的损害成本却由周边地区共担，进而产生了所谓的"公共池塘资源"的共用性悲剧。② 具体而言，严格执行海洋环境保护意味着要控制和削减地方海洋污染物排放，这不仅需要投入大量地方财政资源用于污染治理设施建设及运营管理，还会对涉海污染企业的生产经营活动产生限制，最终影响到沿海地方政府的经济绩效。③ 依据以上逻辑，基于"行政区划"的沿海地方政府往往难以实现地方经济

---

① 杨爱平，陈瑞莲. 从"行政区行政"到"区域公共管理"——政府治理形态嬗变的一种比较分析［J］. 江西社会科学，2004（11）：23-31.

② 高翔. 跨行政区水污染治理中"公地的悲剧"——基于我国主要湖泊和水库的研究［J］. 中国经济问题，2014（4）：21-29.

③ 吴永华. 我国海洋区域污染防治管理模式研究——以渤海海域污染防治模式为例［D］. 西南大学，2014.

发展与海洋环境保护的平衡。因此，即使部分企业的生产活动或者排污对辖区内的海洋环境造成了污染，一些地方政府往往会不作为，甚至出于对财政收入的追求，与排污企业形成隐性"默契"关系。在法律层面，相关海洋法规对各个涉海主体的约束缺乏刚性，这与海洋环境质量不断恶化的严峻势态之间产生了巨大矛盾。据《中国海洋发展报告》统计，陆源污染物是造成海洋环境污染的主要原因，对近岸海域污染"贡献度"高达 80% 左右。①

此外，在基于"行政区划"的海洋环境治理体制下，沿海地方政府间的关系呈现出一种"合作与自然无关联状态并存"的局面②。这一局面带来了横向协调权威不足的问题。当沿海各个行政区政府都试图将海洋环境治理成本转嫁至周边其他地区政府时，区域横向协调的部门长期处于缺位，或者说其协调权威又长期处于弱势地位，导致跨行政区政府间协同治理的动力严重不足，陷入"集体行动的困境"。③尽管《海洋环境保护法》中规定"可通过建立区域合作组织进行横向协调，或由沿海地方政府协商解决"。然而，对于如何界定相关机构设置及其权责关系，以及如何实现地方政府间协商程序及法律效力等问题，在已有法律中并没有明确的规定。这就导致了"运动式"治海：在面临重大海洋环境事件时，各沿海地方政府通常能在省级或中央政府的高压下采取协调一致的临时性行动，但一旦失去顶层压力，各地方政府便"鸣金收兵"，从而无法对海洋环境进行持续治理。因此，在涉及跨行政区政府间合作治理海洋环境时，沿海各行政区政府是事实上的核心主体。在已有海洋环境治理体制下，沿海各地方政府同时担当了海洋环境的"管理者"和"破坏者"的角色。而地方海洋环境管理部门的权力往往受当地政府规制，无法对政府的"破坏行为"进行有效制约。而环保部督查中心等区域组织

① 国家海洋局海洋发展战略研究所课题组. 中国海洋发展报告（2015）[R]. 北京：海洋出版社，2015.

② 王琪，丛冬雨. 中国海洋环境区域管理的政府横向协调机制研究 [J]. 中国人口·资源与环境，2011，21（04）：62 - 67.

③ 王刚，宋锴业. 中国海洋环境管理体制：变迁、困境及其改革 [J]. 中国海洋大学学报（社会科学版），2017（02）：22 - 31.

权力权威较弱，对地方政府的法律约束力和强制支配力都十分有限。[①]

3. 治理主体单一与海洋环境复杂性之间的矛盾

长期以来，我国海洋环境治理主体构成较为单一，缺乏市场主体和社会公众主体的有效参与。各种海洋环境治理活动基本都是基于"单一中心模式"开展，大多以各级政府部门为唯一主体，具体涉及海洋、环保、渔业、水利、海事、交通、建设、财政等行政主管部门，保护与治理的形式仍以禁令、惩罚、行政命令等控制性手段为主。虽然在实践中也已经出现海洋环境治理的合作，但这种合作主要局限于政府之间，还很少涉及政府和市场主体以及社会公众的分工和协作。并且，各政府部门和各地区政府之间的合作往往只是为了解决某个临时性的突发问题而联系在一起，呈现出临时性、松散、互助式的特点，不具备固定的、强制性的协作机制。陆海联动的海洋环境治理机制有待进一步推进和完善，治理过程中依然存在着各个主体之间信息不通畅、资源无法共享、治理措施不协调的现象。

市场机制在海洋环境治理中的资源配置性作用未能得到有效发挥。海洋环境治理的主体包括了政府、市场（企业）和社会公众，然而，长期以来，我国海洋环境治理的主体基本上限于中央部门和沿海各级地方政府，市场（企业）和社会公众两大治理主体的参与度很低。在海洋环境污染治理的过程中，政府作为治理主体以命令控制的方式进行管制，市场和社会主体无法进行有效参与。市场主体的成熟度低、力量较弱，公众的参与程度不足、参与渠道较窄。因此，海洋生态环境的多元主体共同治理格局尚未形成。[②] 具体而言，我国海洋环境多元化治理体系存在以下突出缺陷：首先是海洋环境治理市场发育不足，第三方治理企业发展渠道不畅；其次是海洋环境治理社会组织起步较晚，参与度和影响力不高；再次是海洋生态环境相关信息的公开披露平台建设滞后，信息披露十分有限，导致企业和公众的海洋生态环境意识普遍较弱；最后是

---

① 黄爱宝. 区域环境治理中的三大矛盾及其破解［J］. 南京工业大学学报（社会科学版），2011（02）：50－56.

② 王刚，宋锴业. 中国海洋环境管理体制：变迁、困境及其改革［J］. 中国海洋大学学报（社会科学版），2017（02）：22－31.

缺乏海洋环境治理协商机制，社会公众难以在海洋环境治理政策的制定和实施中起到有效参与和监督的作用，存在"政府办社会"的现象，从而导致社会机制失灵。综上所述，在海洋环境治理中，市场机制和社会机制明显属于"短腿"。

然而与治理主体过于单一、治理力量较为单薄相对，海洋环境治理是一项复杂的系统性工程。海洋生态系统是一个复杂的系统，海洋环境治理涉及范围广、领域多，如海陆水环境治理、海洋资源保护、岸线保护与整治修复、海滩使用管理以及滩面污染防治等。海洋环境的复杂性决定着无法仅靠单一主体来开展海洋环境治理，需要采用多元化协同。此外，频发的海洋环境突发事件亟待建立高效应对机制，也需要进行多元化协同治理。海洋环境突发事件的突出特点是不可预测性，一旦发生，往往产生涉及面较广的重大危害。由于应对海洋环境突发事件瞬时所需的资源投入规模大，且涉及的技术领域广，传统的过于依靠政府部门"单兵作战"的治理模式存在严重弊端。只有通过加快完善海洋环境保护相关法律制度，加强多元主体信息沟通和共享，积极构建多元化协调应对体系，充分借助于市场主体和社会主体的力量实现协同共治，才能在最大程度上预防各种风险，为经济社会平稳发展保驾护航。①

（二）中国海洋环境治理体制的改革特征

为有效化解中国海洋环境面临的严峻问题，亟须加快推动海洋环境治理"一体化"。以"条块分割、以块为主、分散管理"为特征的中国海洋环境治理体制显然已经无法适应现实需求。② 国家"十二五"规划中提出了"提高海洋综合管理能力"的目标，2013 年的《政府工作报告》中也提出了"加强海洋综合管理"的课题，理顺各个海洋事务管理部门的权责及其互动关系成为中国海洋环境治理体制改革的关键。③ 2018年的国务院机构调整进一步对各部委的涉海管理权限进行了整合，强化

---

① 梁亮. 海洋环境协同治理的路径构建 [J]. 人民论坛, 2017（17）: 76 – 77.
② 王琪等: 公共治理视阈下海洋环境管理研究 [M]. 北京: 人民出版社, 2015.
③ 史春林, 马文婷. 1978 年以来中国海洋管理体制改革: 回顾与展望 [J]. 中国软科学, 2019（06）.

了海洋环境治理的一体化和综合性。综观新一轮中国海洋治理体制改革可发现，其呈现出鲜明的纵向和横向特征：即从"条条分散"的行业化管理转向垂直综合治理、由"块块分割"的地方分割管理转向区域一体化治理。

1. 纵向改革特征：由"条条分散"管理加快转向垂直综合治理

从纵向进行观察，中国海洋环境治理体制正在从长期以来的"条条分散"的职能化管理模式逐渐转向垂直综合治理模式，职能管理与综合管理的统筹正加速凸显。通过在中央层面组建一系列海洋事务协调机构，将分散在各个部委中的涉海决策权力加以逐步收拢，将沿海地方政府各自为政的局面逐步打破，为推行海洋综合治理和垂直治理奠定了良好基础。海洋环境治理体制纵向改革的具体进展包括以下几方面：

首先，中央部门综合协调水平不断提升。这一方面的重要标志是国家海洋委员会于 2013 年成立，其作为我国最高层次的海洋议事协调机构，负责研究制定国家海洋发展战略和统筹协调海洋各大事项，这一举措充分表明了中央强化海洋环境综合治理的决心。其他方面的重要进展包括了一系列涉海部际联席会议的建立。例如，由交通运输部海事局主导，与其他 10 余个部门协调建立了国家海上搜救部际联席会议，以有效进行全国海洋搜救与污染应急管理；由国家海关总署主导，与最高人民法院和最高人民检察院协调建立了联席会议制度，以有效解决海上缉私执法办案中较为突出的法律疑难问题。

其次，通过对国家海洋局的管理职权不断进行优化调整，降低了各部门间涉海行政职权的交叉重叠。作为国家海洋行政主管部门，国家海洋局承担全国海洋环境的监督管理等事务，主要职责包括：拟订海洋发展规划，实施海上维权执法，监督管理海域使用、海洋环境保护等。在 2013 年的机构改革中，重新组建的国家海洋局整合了中国海监、公安部边防海警、农业部中国渔政、海关总署海上缉私警察的队伍和职责。此外，按"三定"规定，国家海洋局统一指挥中国海警队伍，其与中国海事局共同肩负着中国海洋环境管理执法的职能。但海洋环境管理的职能仍然分散于国土资源部门、交通运输管理部门、农业管理部门等多个职能机构中。《海洋环境保护法》中规定，除国家海洋局以外，中国海洋环境管理的相关职能部门还包括了作为国务院环境保护行政主管部门的环保部、作为国家海事行政主管部门的交通运输部海事局、作为国家渔业行政主管部门的农业部渔业局以及海军环境保护部门。在 2018 年的这一轮机构改革中，则进一步将国家海洋局的职责与环保部、交通部等 8 个部门的涉海管理职责进行了整合，纳入新组建的自然资源部进行统一综合管理，从而最大限度地避免了长期以来海洋治理职权严重交叉与多头管理等问题。①

此外，地方部门协调能力也在不断增强。例如，由原国家海洋局主导，与沿海各地方政府协调成立了海洋应急管理领导小组，在沿海各地方政府海洋事务分管领导与国家海洋局之间建立起直接沟通机制。并且，地方层面的跨部门协调也在快速推进。如广东惠州市海事局与市海洋与渔业局以及市边防支队于 2010 年 4 月共同签署了《海上执法协同配合协议》，共同建立了联勤、联防与联动的执法机制。

2. 横向改革特征：由"块块分割"管理逐步转向区域一体化治理

从横向角度观察，中国海洋环境治理体制长期以来的"块块分割"管理模式正逐步被打破，海洋环境区域一体化治理模式正在加快形成。中国海洋环境管理体制所呈现出的"块块分割"特征，就是简单按照行政区划对近岸海域进行分割，赋予沿海地方政府以特定海域的海洋环境管理职权。这种治理体制安排与海洋环境公地属性之间的冲突，导致海洋环境治理举步维艰。在此背景下，新一轮海洋环境治理体制改革强调将海洋多元管理主体及其职责进行有机整合，逐步实现"从单一走向多元，从分散走向协同，从分割走向整合"。推行海洋环境区域一体化治理，将地方政府海洋工作从"资源管理"转向"环境治理"，即由传统的注重海洋资源开发和利用管理，加快转向聚焦于共同保护海洋生态环境以及应对突发事件等公共事务的治理。② 在中央的大力推动和地方的自发协同两个力量共同驱动下，海洋环境区域一体化治理模式在多个海

---

① 王刚，宋锴业.中国海洋环境管理体制：变迁、困境及其改革［J］.中国海洋大学学报（社会科学版），2017（02）：22 - 31.
② 史春林，马文婷.1978 年以来中国海洋管理体制改革：回顾与展望［J］.中国软科学，2019（06）.

域开始逐步成型，主要包括：

长三角海洋环境一体化治理。为了有效应对东海环境问题，长三角地区正在加快推进区域海洋环境一体化治理。通过加强统一规划，强调长三角地区陆地和海洋环境的整体性，逐步打破过去"分割而治"的破碎局面，稳步转向"协同作战"的一体化。早在 2008 年，上海、江苏和浙江的环保局便共同签署了《长江三角洲地区环境保护工作合作协议》，通过提高污染物排放标准、健全区域环境监管联动机制、推进重点流域综合治理，加快了长三角地区生态环境保护一体化进程。沪苏浙三方海洋事务主管部门定期就长三角海洋生态环境保护工作进行协商，协同开展一系列治海行动。例如，三地共同编制了《长三角近岸海域海洋生态环境保护与建设行动计划》和《长江口及毗邻海域碧海行动计划》并加以实施，全面推进海洋特别保护区建设和长江沿岸地区以及杭州湾的污染综合治理。建立了以决策层为中枢、政府职能部门为主导，并由决策层、协调层和执行层共同组成的"三级运作、统分结合"的区域一体化治理协调机制。其中，决策层运作机制以长三角地区主要领导座谈会制度为主体，协调层机制以"长三角地区合作与发展联席会议"以及"长江三角洲城市经济协调会"等为主体，执行层机制以各省市的职能部门为主体。通过各专业委员会、市长联席会议等形式，协调解决海洋环境治理等长三角一体化过程中出现的重要问题①。

渤海综合治理。2017 年 5 月，国家海洋局印发了《关于进一步加强渤海生态环境保护工作的意见》，要求加强渤海入海污染物联防联控。一是加强区域联动，全面排查环渤海入海污染源，对非法和不合理入海排污口、入海河流等开展整治；二是强化近岸水质考核，在以天津为示范的基础上，在环渤海区域加快实施以改善海洋环境为目标的污染排放总量控制制度；三是强化"湾（滩）长制"与"河长制"的衔接联动，在秦皇岛市开展试点工作的基础上逐步推广至整个环渤海区域。2018 年 12 月，生态环境部、国家发展改革委、自然资源部联合印发了《渤海综合治理攻坚战行动计划》，强调开展"陆源污染治理行动、海域污染治理行动、生态保护修复行动、环境风险防范行动"四大攻坚行动，通过三

233

---

① 郁鸿胜. 长三角一体化发展，要有怎样的新机制［N］. 解放日报，2018 - 01 - 23.

省一市三年的综合治理，确保切实扭转渤海生态环境持续恶化的局面①。

珠江区域联动推进珠江口海洋环境治理一体化。2013 年，珠海、中山以及江门三市签署协议，明确提出三市要通力合作，加强跨海区海洋生态和环境保护工作，建立科学开发海洋资源和保护海洋生态环境的长效机制。具体措施主要包括：加大投入力度，共同建立海洋防灾减灾体系；强化海洋与渔业污染事故共同调查，及时通报海洋污染事故情况和处理措施；加强跨界海域海洋环境信息资料的共享，不定期开展海洋环境监测技术、网络建设、实验室分析等技术交流等。

除此以外，国家海洋局还大力推行"湾（滩）长制"，推动建立全面覆盖沿海湾滩的基层海洋监管网络体系和定期巡查制度。在浙江省以及河北省秦皇岛市、山东省胶州湾、江苏省连云港市、海南省海口市开展试点的基础上，"湾（滩）长制"已经开始在沿海多个省市全面实施。"湾（滩）长制"主要以海洋主体功能区规划为基础，按照逐级压实的方式将区域海洋生态环境保护主体责任落实到地方党委政府具体责任人，从而构建起海洋环境保护监督长效联动网络机制，加快推动建立和健全"陆海统筹、河海兼顾、上下联动、协同共治"的海洋环境治理新模式②。

三、坚持陆海统筹优化中国海洋环境治理体制

为实现海洋强国建设战略目标，实现海洋可持续发展，必须进一步优化我国海洋环境治理体制。"把体制改革作为加强生态文明建设的突破口，用制度保护生态环境，充分发挥市场机制的关键作用"是建设海洋生态文明和实现海洋经济可持续发展的指导思想。③ 由于海洋环境不是单一的公共物品问题，因此海洋环境治理不能故步自封于依靠政府机制，

① 渤海综合治理攻坚战行动计划［N］. 经济日报，2018 - 12 - 12.
② 国家海洋局印发《国家海洋局关于开展"湾长制"试点工作的指导意见》［N］. 国家政府网，2017 - 09 - 14.
③ 中共十八届三中全会报告.

要从单中心管理模式转向多中心治理模式，从单一管理模式转向多元化治理模式，从碎片化管理模式转向系统性治理模式①。优化中国海洋环境治理体制应该遵循以下三个原则：首先，应从海洋环境的整体性出发，坚持"垂直综合"的原则，强化涉海部门职权统筹，压缩行政命令传导层级，加快提升海洋环境行政效率；其次，应从海洋环境治理中存在的外部性问题出发，坚持"陆海统筹"的原则，整合沿海地方政府的目标函数，逐步形成基于生态系统的海洋环境一体化治理体制②；最后，应从海洋环境治理的复杂性出发，坚持"多机制并举"原则，综合运用政府机制、市场机制和社会机制，提升海洋环境治理能力和治理效率。在上述原则指导下，中国海洋环境治理体制应该向"垂直治理、区域一体化治理、多元化治理"稳步转变。

（一）进一步强化海洋环境垂直治理

1. 充分发挥国家海洋委员会统筹作用

国家海洋委员会是海洋事务高层次议事协调机构，其负责研究我国海洋发展战略，统筹协调海洋重大事项。然而自 2013 年 6 月设立以来，国家海洋委员会并未公布其成员名单，其设立的办公室也鲜有开展公开活动，因此可推测该机构尚未开展实质性的运作。按照规定，国家海洋委员会的具体工作由国家海洋局承担，其办公室日常工作由国家海洋局战略规划与经济司承担。③ 但在 2018 年的机构改革中，国家海洋局已被归入自然资源部，只是对外仍保留着国家海洋局的牌子。因此，国家海洋委员会的具体工作已无法交由国家海洋局来具体推动，应采取措施强化国家海洋委员会统筹协调职能。首先，可考虑借鉴 2018 年新设立的中

---

① 沈满洪. 海洋环境保护的公共治理创新［J］. 中国地质大学学报（社会科学版），2018，18（02）：84–91.
② 王刚，宋锴业. 中国海洋环境管理体制：变迁、困境及其改革［J］. 中国海洋大学学报（社会科学版），2017（02）：22–31.
③ 国务院办公厅关于印发《国家海洋局主要职责内设机构和人员编制规定》的通知（国办发〔2013〕52号）.

央外事工作委员会的模式，设立独立的办公室或秘书处来承担国家海洋委员会日常工作。通过高层领导的重视和介入来推动国家海洋委员会进行实质性运作。其次，要强化国家海洋委员会的综合决策与宏观协调职能，在其主导下重新组建各类涉海部际联席会议机制，以便实现海洋决策与执行的有效统一。在 2018 年的新一轮海洋治理体制改革中，由于对多个原有涉海部门及其职能进行了调整，从而导致原来组建的涉海事务部际联席会议的成员机构发生了很大变化。因此，旧的部际联席会议机制亟须调整，应由国家海洋委员会主导，新设立的自然资源部、生态环境部与交通运输部等主要涉海部门牵头组建新的各类涉海部际联席会议，来加强对海洋资源、海洋生态环境、海洋应急响应等重大事务进行协调和综合治理。①

2. 压缩海洋行政层级

海洋行政层级过多是导致海洋行政命令传导不畅、海洋行政效率较低的主要原因，应将现有的海洋行政层级进行压缩，形成较为扁平的垂直治理结构。可考虑将各沿海地区市级和县级政府海洋环境治理机构进行整合，从上至下保留中央、省、市县三级组织架构。并且，应加快地方海洋环境管理部门与沿海地方政府之间行政层级上的"去隶属化"。加快推动省级以下生态环保机构垂直管理改革，实现地方海洋环境管理机构独立于地方政府，使两者之间由领导与被领导的关系转变为监督与被监督的关系，建立起"独立监管、行政直达"的体制。② 从属地化分散管理体制走向垂直化综合管理，并按监管与执行分开，能够有效落实海洋环境治理机构对地方政府及其相关部门的监督责任，解决地方保护主义对海洋环境监测督查执法的干预，规范和加强地方海洋环保机构队伍建设的问题，适应跨区域跨流域统筹海洋环境治理的新要求。

① 史春林，马文婷.1978 年以来中国海洋管理体制改革：回顾与展望 [J]. 中国软科学，2019（06）.

② 王刚，宋锴业. 中国海洋环境管理体制：变迁、困境及其改革 [J]. 中国海洋大学学报（社会科学版），2017（02）：22－31.

3. 厘清涉海机构权限

长期以来，由于按照行业划分来设置海洋环境保护行政监管主体，导致多个行政主体享有海洋环境行政权，相互之间的权限划分不明、相互重叠的现象比较严重。2018 年的国家机构改革方案中强调，要以推进"机构职能优化协同高效为着力点，改革机构设置，优化职能配置"①。据此，亟须对各涉海管理机构的职能设置以及权责关系进行重新梳理和界定，把职能交叉与业务趋同的涉海机构进一步集中，以避免出现多头管理与权限"打架"问题。

具体而言，可考虑进行以下几方面的调整：首先，进一步整合海洋执法职权。2018 年生态环境部成立后，其污染防治职能与中国海事局所拥有的海上设施与船舶污染防治职能产生了交叉重叠问题，需要进行优化调整。可将中国海事局的船舶污染防治的职责统一归并到生态环境部，从而实现对海洋污染问题的统一治理。并且，中国海警局与中国海事局都具有平行的海上执法权限，两个执法主体在许多执法权限上相互交叉重叠，原来长期存在的"五龙闹海"问题只是变成了"二龙闹海"，根本弊端仍未消除。因此，可考虑将中国海事局执法权收归中国海警局，令中国海事局侧重于海运安全事务专门管理，以实现海上执法综合性与统一性。其次，整合海洋防灾减灾救灾职能。2018 年的机构改革中新组建了应急管理部，将公安部、国土资源部等 9 个部门的消防、地质与水旱灾害防治、草原与森林防火、震灾救援等职责进行了整合，但并未涉及海洋防灾减灾救灾职能的调整优化。因此，应尽快将原来国家海洋局有关海洋防灾减灾救灾的职能、交通运输部所属救捞局及其救助与打捞专业力量以及中国海事局与中国海上搜救中心所有的专业搜救队伍等进行剥离，统一整合到应急管理部，成立专门队伍，以提升我国海洋防灾减灾救灾能力与应急水平。②

237

---

① 中共中央印发《深化党和国家机构改革方案》，2018.
② 史春林，马文婷.1978 年以来中国海洋管理体制改革：回顾与展望［J］.中国软科学，2019（06）.

（二）加快打破地区分割推动区域联防联治

打破原有的基于行政区划对海洋环境进行的分割，根据区域海洋生态系统的整体性构建海域环境责任共同体。这一改革的着力点在于促使区域内政府间的海洋环保合作机制由过去的"运动式治理"转变为"常态化治理"，使沿海地方政府的目标函数由偏重个体利益转变为注重区域整体利益，从而对区域海洋环境保护工作给予更多的关切。①

1. 构建海域环境责任共同体

具体而言，沿海各地市级政府可在自然资源部的主导下通过签订协议的方式分别成立黄渤海、东海以及南海等海域环境责任共同体，明确共同体成员的责任和权利，在科学的基础上对于各地方政府的污染减排责任、海岸带修复、渔业保护等海洋生态环境治理任务施加刚性约束。这种安排能够将各种海洋环境破坏成本内部化，促使各地方政府在决策过程中将区域整体利益考虑在内。而相应工作领导委员会和区域联席会议的成立又可对沿海地方政府间的潜在冲突进行调适，有助于进一步促进政府间采取协同治理，从而提升区域海洋环境治理的效率。②

2. 坚持陆海统筹治理

海洋与陆地之间的联系往往比人们所认识到的要更为紧密，其作为各种陆地"输出物"的汇集地的特点，决定了在不以陆地为着力点的情况下无法对海洋进行有效治理。在中共中央、国务院 2015 年通过的《生态文明体制改革总体方案》中已经明确指出要"建立陆海统筹的污染防治机制和重点海域污染物排海总量控制制度。"③ 但有关配套制度推进速度较慢，已经对海洋环境治理形成了较大制约。尤其在人口稠密的沿海

① 王刚，宋锴业. 中国海洋环境管理体制：变迁、困境及其改革 [J]. 中国海洋大学学报（社会科学版），2017（02）：22 –31.
② 彭彦强. 论区域地方政府合作中的行政权横向协调 [J]. 政治学研究，2013，（04）：40 –49.
③ 中共中央、国务院. 生态文明体制改革总体方案 [N]. 中央政府网，2015 –09 –21.

地带，各种生产活动和消费活动高度集中，海洋与陆地高度相嵌，两者之间的管理分界线模糊不清，导致海洋生态环境承受着越来越大的压力。例如，我国几乎所有沿海地区均实施了"排海工程"。所谓"排海工程"，就是将原本排入陆地上的河流、湖泊的污染物改变排放渠道，以更低的排放标准直接排入海洋，其实质是污染物排放地的转移，其目的是降低减排成本。除此以外，沿海各地区大量开展了填海围涂工程。从短期来看，因此工程增加了土地供给，解决了沿海地区耕地占补平衡问题，但其实际上很有可能是以损害海洋生态安全为代价。以上短视行为通常会对海洋的生产力造成巨大且不可逆转的破坏，总体而言是得不偿失的。因此，必须要有针对性地推动陆海统筹，加强有关部门相互协调，构建陆海联动、江海同步的综合治理体系。

3. 推行海洋区域治理

海洋区域治理理念基于海洋生态系统理论提出，是一种在全球发达国家得到普遍应用的新型海洋治理模式。具体而言，海洋区域治理是指以政府为主导、企业及社会公众共同参与的多元主体，基于维护区域海洋生态系统的完整性以及区域共同发展利益的目标，综合采用法律、行政和市场等多种手段，统筹协调区域内政府、相关组织以及各利益相关者之间的涉海行为，以促进区域共同面临的海洋问题而进行的治理活动。[1] 与其他形式的海洋治理模式相比，海洋区域治理的最大区别在于采用不同的方式来确立治理边界，即它突破了传统的行政区划边界的限制，以生态系统视角下的特定海洋区域为治理范围。其治理目标强调实现可持续发展，维护区域海洋生态系统的完整机能和健康运行。[2] 实行海洋环境区域治理需要建立强有力的跨行政区协调机制。具体而言，这一协调机制的建立需由区域利益协调主体（各地方政府）依据上级法律法规或政府间共同协商订立契约，并依托一定的组织机构来推动运行。在实践操作中，可在已经建立区域海洋环境责任共同体的基础上，逐步

239

---

① 王琪，丛冬雨. 中国海洋环境区域管理的政府横向协调机制研究 [J]. 中国人口. 资源与环境，2011，21（04）：62 - 67.
② 王琪，陈贞. 基于生态系统的海洋区域管理 [J]. 海洋开发与管理，2009，26（08）：12 - 16.

拓展和深化共同体成员的协作广度和深度，推进信息共享、技术共享和资源共享，最终实现区域一体化治理。

（三）构建"政府—市场—公众"联动的海洋环境综合治理体系

党的十九大报告指出："构建政府为主导、企业为主体、社会组织和公众共同参与的环境治理体系。"[①] 传统的单中心管理模式无法实现海洋环境有效治理，必须转向多中心治理模式，形成以政府、企业和公众三种主体相互制衡，政府机制、市场机制和社会机制三种机制相互协同的海洋环境综合治理体系。[②]

1. 着力推动政府主体海洋管理职能"减负增效"

创新政府机制，根据"有限政府、有效政府"的原则政府退出部分管理领域，提升政府海洋治理能力。尽量精简海洋行政审批事项，为海洋环境市场化和社会化治理留下充足的发展空间。并非所有海洋环境问题都是公共物品问题，因此不应按照"一刀切"的惰性思维将所有海洋治理任务归在政府的肩上。要根据海洋环境的具体属性，采取多元化治理机制和模式提升治理效率。政府机制应该聚焦于具有典型公共物品属性的海洋环境治理领域，努力做好以下工作：首先，科学制定、严格落实海洋规划，划定海洋生态红线；其次，尽快完成海洋资源确权登记工作，加快建立现代海洋资源资产产权制度；再次，强化海洋生态环境保护督查，加快建立严格的海洋环境损害赔偿制度；最后，加快建立和实施逐年递减的入海污染物总量控制制度等。而对于那些不具备公共物品的非排他性与非竞争性属性的职能，则要加快打破海洋行政性体制安排与行业垄断。例如，应逐步将海洋资源管理职能与海洋资产经营管理相分离，因为后者并非严格意义上的海洋行政职能，应通过市场机制发挥

① 习近平. 决胜全面建成小康社会夺取新时代中国特色社会主义伟大胜利——在中国共产党第十九次全国代表大会上的报告 [N]. 人民日报，2017－10－27（01）.
② 沈满洪. 海洋环境保护的公共治理创新 [J]. 中国地质大学学报（社会科学版），2018，18（02）：84－91.

作用，以最大化国有资产经营效益。此外，中国海事管理机构仍承担着船舶检验与船员培训等职能，但这两项职能性质并不具备公共物品属性，交由政府部门承担并不利于海运市场健康发展。因此应将这类行政管理职能尽快剥离，通过市场机制来运作。

2. 充分激发市场主体在海洋环境治理中的活力

随着技术的不断进步，许多资源环境产品的测量和定价越来越清晰，使得市场化治理由过去的不可能成为可能。要充分发挥市场机制作用，积极探索海洋生态产权和海洋环境产权的界定，在产权明晰的前提下鼓励市场化运作，从而优化海洋资源配置，高效解决海洋环境问题。积极推动海洋环境第三方治理，鼓励市场主体在海洋环境治理中发挥积极作用。例如，可尝试将原来由政府机构承担的一些公共服务职能交由企业承担，如一般性的海损事故溢油清理工作可由有关企业来开展，从而降低治理成本，提高效率。在积极推动海洋环境市场化治理的过程中，政府应做好以下三个方面的基础工作：首先，要加强海洋生态环境损害信息公开，打破信息不对称情况；其次，及时出台相关法律法规，厘清海洋环境损害主体与第三方治理企业的责任边界；最后，提高市场准入标准，对第三方治理项目的合同履行情况进行严格监督。

3. 积极引导社会公众参与海洋环境治理

随着海洋事务的公共性日益凸显，社会公众对海洋公共服务的需求也在日益增加，中国海洋公共服务中存在的供给方式单一、数量不足与水平较低等诸多问题亟待解决。因此，要着力构建现代海洋公共服务供给体系，积极促进海洋环境社会化治理。要将社会组织、公民等利益相关方主体纳入海洋环境治理体系当中，实现合理分工，让政府承担自己本应履行的职责，也让社会组织和公众履行好其应尽的义务。通过加强政府社会引导，充分发挥社会组织在海洋环境治理中的作用，提高社会公众参与海洋环境治理的广度与深度。首先，加强政府海洋环境信息公开。建立严格的海洋环境信息采集和定期披露制度，构建包括网络、报刊等在内的多平台、多维度海洋环境信息公开体系。其次，积极引导海洋生态环境保护非政府组织开展活动。与其他国家相比而言，我国有关

241

海洋环境保护的非政府社会组织数量较少、规模较小，专业人员也非常短缺，发挥的作用比较有限。海洋环境的治理不应当完全依赖于政府，需要在引导和培育社会组织方面下功夫。[①] 再次，加强海洋宣传教育，提高全民海洋环境意识。充分发挥各种媒体和宣传渠道的作用，加强海洋生态环境知识宣传教育和普及，传播海洋生态环境理念。提高公众海洋生态保护意识，从而促进其积极参与海洋环境保护公共政策与规划制定，并形成维护与监督政策执行的主动性。最后，建立并拓宽公众交流与参与渠道。在相关法规条例中要对海洋政策制定程序中的公众参与进行明确规定，为提升公众参与度提供法律保障。政府应通过举办听证会等多种方式让各类社会组织与公众积极参与海洋事务规划、决策和执法活动，提高公共服务供给效率。

① 梁亮. 海洋环境协同治理的路径构建 [J]. 人民论坛，2017（17）：76–77.

第八章
中国海洋环境治理的机制设计

海洋环境治理的机制性危机包括市场机制失灵、政府机制失灵和社会机制失灵，在极端的情况下，还面临着三个机制同时失灵的危险。海洋环境保护的机制创新，既要推进市场机制创新、政府机制创新和社会机制创新，还要推进三大机制之间的相互协调和彼此制衡。因此，海洋环境保护要从单中心管理模式转向多中心治理模式，从单一管理模式转向多元化治理模式，从碎片化管理模式转向系统性治理模式。

一、中国海洋环境治理"市场失灵"的矫正

（一）中国海洋环境治理"市场失灵"问题

1. 海洋环境产权界定存在困难

海洋环境资源属于共有财产，属于集体所有。因为海洋财产资源的公共属性，人们在使用这些财产资源时会考虑到这并非属于自己的私有

财产，而是属于公共的财产。所以时常担心在自己还未能充分使用这些资源时，它们就已经被消耗殆尽。这种情况促使拥有所有权的集体成员一哄而上去争夺使用资源的优先权力，由此必然导致共有财产资源因这种竭泽而渔的行为而濒临枯竭，甚至被超前使用殆尽。在现实中，类似现象层出不穷，比如海洋渔业过度捕捞，破坏了海洋的生物多样性；过度挖掘海底矿产资源，造成局部海洋污染与海洋矿产资源耗竭。著名新制度经济学家科斯指出，在产权界定足够明确、交易费用足够低的情况下，当事人之间就可以采用协商等方式将外部性"内部化"，让共有财产资源外部性问题得到合理解决。所以市场本身具有解决"外部性"的可能机制。然而在现实情况下，海洋资源产权模糊且不具有排他性，造成海洋生态资源生产与消费中的权利和义务相分离，边际成本和边际收益之间产生脱节。由于海洋资源的产权界定不明确，产权主体不明确以及没有对海洋生态资源的进入和使用进行合理的管控，使得公有财产变成了无主财产，造成对海洋公共财产资源过度开发利用，产生了"市场失灵"的情况。

我国《宪法》第九条规定："矿藏、水流、森林、山岭、草原、荒地、滩涂等自然资源都属于国家所有；由法律规定属于集体所有的森林和山岭、草原、荒地、滩涂除外，国家保障自然资源的合理利用，禁止任何组织或者个人用任何手段侵占或者破坏自然资源。"① 据此看，海洋资源应当归国家所有，从法律意义层面来看，海洋资源的所有权似乎是清晰的。

海洋生态资源产权的不明确性主要体现于对海洋资源的所有权和使用权的泛化，这实际上意味着"谁发现，谁开发，谁所有，谁受益"。由于产权的非排他性特点，导致难以确定海洋资源开发、使用和保护过程中的权责利关系，这具体表现在以下几个方面：第一，海洋资源所有权代表地位不够具体，各类产权关系界定不明确，故难以平衡沿海各个利益主体间的经济关系。第二，因为产权在实际经济运行中的虚化模糊，也就意味着"谁发现，谁开发，谁所有，谁受益"，实际上部门、集体或者个人在资源开发时从中获取了巨额收益，那么与此同时国有资产收

244

---

① 中华人民共和国宪法（全文）. https：//zj. zjol. com. cn/red_boat. html? id = 100509888.

益也就大大流失。第三，所有者和经营者之间的权责利关系无法确定，赋予经营者相关使用权时又没有与之相对应的责任对其加以限制。产权界定的模糊所引发的微观经营者开发资源过程中的强盗行径和毁坏行为屡禁不止，这些都使得海洋资源的开发使用难以实现可持续性。同时，正因为这种模糊性特点，让以开发海洋资源为职的经营者无法明确自己所使用的权力，这在一定程度上让这些经营者失去了对海洋资源进行长期投资、保护和管理的主动性。第四，产权权利不明晰，由此导致资源配置低效率。国有资源产权分布在不同的政府部门之间，条块分割格局下我国海洋资源产权的自由转让遇到阻碍，因而难以集中于边际生产率高的资源使用群体，造成资源配置效率低下。

综上，虽然从法律层面看，国家是海洋资源产权的所有者，然而事实上，因为对资源产权认识的模糊且缺少有效的管理，国家产权基本形同虚设，每个人都可以进入或使用却无须承担相应的责任，由此引发的资源破坏及浪费情况十分严峻。因为所有权、行政权和经营权三权难以区分，导致各种产权关系界定不清晰，所有权管理被行政权和经营权管理取代，产权虚设、弱化，由于未能平衡各大利益主体间的经济关系使得权益纠纷源源不断地涌现。

2. 公共物品问题造成的公地悲剧

公共性来自对公共物品与私人物品的分类。萨缪尔逊和诺德豪斯曾给公共物品和私人物品下了很好的定义："公共物品是这样一些物品，它们的利益不可分割地被扩散给全体社会成员，无论个人是否想要购买这种公共物品。相反，私人物品是这样一些物品：它们能够加以分割然后分别提供给不同的个人，并且不对其他人产生外在利益或外在成本。"[①] 根据这个定义，判断一个物品是公共物品还是私人物品，可以根据排他性、强制性、无偿性和分割性等四个特征来判断。所谓排他性就是这种物品只能供它的占有者来消费，而排斥占有者以外的人消费。所谓强制性就是某种物品是自动地提供给所有社会成员消费的，不论你是否愿意

245

---

① ［美］萨缪尔森（P. A. Samuelson），［美］诺德豪斯（W. A. Nordhaus）. 微观经济学（第8版）［M］. 萧琛译，北京：人民邮电出版社，1995.

接受。所谓有偿性就是消费者消费这种物品必须付费。所谓分割性就是这种物品可以在一组人中按不同方法进行分割。典型的公共物品具有非排他性、强制性、无偿性和不可分割性等特征，典型的私人物品具有排他性、非强制性、有偿性和可分割性等特征，而有些物品也许介于公共物品与私人物品之间或者说具有一定的公共性。环境资源由于不可分割性导致产权难以界定或界定成本很高，往往属于公共物品，或具有一定的公共性。

海洋资源是自然资源，是属于全人类的财富，从性质上说海洋资源应归为公共产品类别，它具有公共产品所有的一个或多个特性，即效用不可分割性、非竞用性和非排他性。当人们在对海洋资源进行开发利用的过程中，这些特性使每个人都想成为"免费搭车者"，他们只想享受或利用而不愿意为此提供或者支付成本。由此看出，以价格为基础的市场机制在这种情况下根本无法正常运作。从更深层次来看，在海洋经济的发展过程中或多或少会产生资源使用超出合理范围的问题。当面对无须任何成本的随时可以享用的环境资源时，使用者将会不计后果地使用这些资源直至自己的边际效用为零为止。

"先下手为强"式的使用而不考虑选择的公正性和整个社会的意愿，一些海洋环境资源如海洋渔业资源正在变得日益稀缺。结局可能是所有的人无节制地争夺有限的海洋环境资源。英国学者哈丁在1968年指出了这种争夺的最终结果。他说："如果一个牧民在他的畜群中增加一头牲畜，在公地上放牧，那么他所得到的全部直接利益实际上要减去由于公地必须负担多一吃口所造成整个放牧质量的损失。但是这个牧民不会感到这种损失，因为这一项负担被使用公地的每一个牧民分担了。由此他受到极大的鼓励一再增加牲畜，公地上的其他牧民也这样做。这样，公地就由于过度放牧、缺乏保护和水土流失被毁坏掉。毫无疑问，在这件事情上，每个牧民只是考虑自己的最大利益，而他们的整体作用却使全体牧民破了产。"[1] 每个人追求个人利益最大化的最终结果是不可避免地导致所有人的毁灭，这种合成谬误被哈丁称之为"公地悲剧"。在现实中，类似现象层出不穷，比如海洋渔业过度捕捞，破坏了海洋的生物多

246

---

[1] Hadin, G. The Tragedy of the Commons [J]. Science, 1968 (3).

样性；过度挖掘海底矿产资源，造成局部海洋污染与海洋矿产资源耗竭。

3. 外部性问题导致的资源配置扭曲

海洋环境的外部性问题主要是指单个涉海主体在开发利用海洋资源时，损害了其他经济主体的利益，造成不良影响，然其却没有为此付出代价，或者即使付出了代价，这些代价也小于海洋环境污染治理时所付出的代价，导致整个海域内所有的主体共同承担海洋环境污染造成的损害。

由于外部性造成的成本外溢现象，从社会整体层面出发分析得出的最佳资源配置方式所需条件和从个别经济主体自身层面出发所得出的最佳资源配置方式所需条件并不相同，因此，当私人边际成本小于社会边际成本时，便降低了资源配置的效率。以海洋渔业为例，海洋渔业资源的外部效应来源于其作为公共资源的属性所导致的其为此付出的较高的产权界定成本。物品的公共属性与外部效应两者存在着紧密联系，一旦私人利益与社会利益，或者个人成本和社会成本存在差异时，就会诱发外部效应（见图 8-1）。在图 8-1 中，S_0 为完全竞争环境下行为主体的供给曲线，S_1 表示存在负外部性的环境下整个社会的供给曲线。$S_1 > S_0$，表示当私人经济行为产生的总效益小于总成本，由此产生了总成本高于私人的成本。这个时候，Q_1 为整个社会的最优产出。$Q_0 - Q_1$ 则表示了超负荷捕捞量。渔业资源的公共物品属性，使得每个人都从自身利益最大化出发，尽自己所能得捕捞，导致 $Q_0 - Q_1$ 形成的超负荷捕捞越来越严重。一方面，海洋渔业的过渡捕捞超过了海洋生态系统维系自身运行所能提供的最大渔业资源供给量。一旦超过了海洋生态系统渔业捕捞的阈值，海洋渔业多样性会受到严重的损害，导致海洋生态系统的失衡。另一方面，海洋捕捞行业转型比较慢，且其转型代价比较高。相比于高额的转型成本，渔民提高自身收益的最有效办法就是提高捕捞量。在缺乏管制的情况下，渔民为了继续生存必然会加大捕捞力度，因而电鱼、毒鱼、炸鱼及偷捕等违规现象屡禁不止。

每个企业或个体都是理性的，在寻求自身利益时缺乏全局意识而目光短浅，但这种目光短浅并非是因为人天性如此，而是直接源自于外部效应影响下的市场体制发出了错误的价格信号。这些信号导致企业或个

247

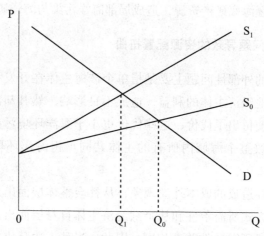

图 8-1　存在外部性时海洋渔业资源供求均衡状况

体做出不正确的决策而造成损失。因此，为避免因此造成的亏损，很多企业和个体不断探索新的决策依据，最后他们自主地屏蔽了价格信号，将目标转向了对竞争对手的行为的分析。这种决策行为导致了各个竞争主体之间存在着非合作博弈。在海洋资源不断减少时，这些竞争主体的决策对自身及他者产生的影响也就是非合作博弈的影响会愈渐增大。当一家企业自身的利益提高了，那么与此同时其他同类企业的生产成本也会相应提高，也就意味着提高了社会成本。

4. 海洋环境资源无市场和自然垄断

首先，海洋环境资源无市场。海洋环境资源市场尚未发育成熟或者根本不存在。有些海洋资源的价格为零，因而被过度使用，日益稀缺，例如，海水环境质量等。有些海洋资源的市场虽然存在，但市场价格偏低，只反映了劳动和资本的成本，没有反映海洋环境资源损耗的机会成本。例如，计量海洋渔业成本的时候往往只会考虑人工成本和捕鱼设施的成本，没有去计算海洋渔业生物多样性损失等生态成本。此时，价格信号在市场上不能充分发挥作用，如当价格为零或价格很低时，环境资源必然会被浪费。企业被错误的市场价格信号所诱导，其制定出的往往是错误的经营策略。这些企业采取不合理的海洋资源使用方式，致使海洋环境遭到损害并因此承受着重大的损失。

其次，海洋环境资源市场上的自然垄断问题。由于海洋环境资源的稀缺性以及海洋产业的规模效益和范围经济效益等特点，从事海洋环境资源的开发以及利用的企业往往通过不断扩大生产规模的方式，实现成本的缩减以及利益的最大化。因此，海洋环境资源市场上，买者和卖者的数量很少，从而他们之间的竞争关系比较弱。如果市场上竞争者太少，那么市场竞争就不是完全的。不完全竞争市场就会导致效率损失。而且，环境资源市场往往是自然垄断市场。自然垄断指的是这样一个行业，它的大规模生产优势使得只要一家厂商就能以比几家厂商共同生产还要低的成本生产整个市场的需求量。由于这些行业取得了垄断地位，导致价格上扬、服务质量反而下降，并且不太顾及环境代价。

（二）中国海洋环境治理"市场失灵"矫正的机制设计

1. 明确海洋环境资源产权界定

首先，需要对海域资源产权进行清晰界定。资源的产权包括资源的所有权、占有权、支配权和使用权，其中所有权和使用权最为重要。同样，海域资源的所有权和使用权是海域产权中的最根本权利。长时间以来，海域资源产权不明确，权属不明晰。我国《宪法》规定，海域所有权归国家所有，却并没有对此有进一步清楚地界定。由于国家是海域资源产权的所有者，海域资源产权实际上也就缺失了人格化代表。这就造成了国家对与海域所有权的支配能力减弱。海域使用权被海洋的开发者肆意占用，因而海域使用的无序、无度、无偿问题源源不绝。所以只有对海域资源产权制度进行清楚的界定并且确保其有效实施，才能从根本上解决我国海域使用的混乱局面并且规范使用的秩序。明确海域资源产权的概念，有效分离海域所有权和海域使用权。如此，国家便可以因《宪法》所赋予的对我国海域所有权所有者的地位，把海域使用权有偿转让给海域使用者，从而实现海域资源的资产价值。

其次，对海域资源产权进行合理的初始配置。由国家对于海域使用者的受让方进行首次分配海域使用权。初始分配时，需要同时考虑效率性原则和公平性原则。对于海域资源使用效率高的地区，可以适当多分

249

配一些指标。同时，也需要依据生存权和发展权平等的原则，保障所有地区都有基本的海域使用资源。分配的方式可以采用市场和政府混合配置的模式，不仅包含拍卖、投标等市场手段，也包含行政审批等政府手段。

最后，建立海域使用权的流转机制，推动形成海域资源产权市场。为充分实现海洋资源的优化分配，实现海洋资源的高效利用，需要实现海洋资源在不同的海洋主体之间的流通机制。所以当建立起海域使用权的流转机制，便可以通过交易手段使海域使用权自由流通，由此可促使海域资源向着高效率的使用方式和使用主体集中，提高资源的利用效率，缓解海洋资源过度消耗的问题。在允许海域使用权转让时，需要对转让进行必要的监督管理和限制。应尽快出台海域资源产权的交易制度，防止垄断行为的发生。

2. 积极探索陆海统筹的排污权交易机制

海洋和陆地是一个有机的整体，海洋经济是陆域经济向海洋的延伸发展，陆域经济是海洋经济的依托与保障，两者相辅相成，相互依托。海洋环境的恶化会极大程度的限制陆地经济的发展。海洋环境危机的源头，在于陆源污染物的排放。因此，需要积极探索陆海统筹的排污权交易机制，做到"谁高效，谁使用"。

首先，完善排污权交易监督管理体制。尽快出台国家范围内污染源实物量和环境污染价值量核算指南，并据此统一主要行业的污染物排放量和环境污染价值量的核算方法和核定技术，以明确全国各地区分行业单位污染物的治理运行成本；建立健全企业污染物数据库，完善并发挥排污权交易管理机构监督与审核职能，发挥其监督、审核职能；加快构建独立统一、系统完备的排污权交易和污染物监测平台，培育更多第三方认证机构，按流域、区域设置环境监管分支机构，打破环境行政区划管理和地方政府束缚并实现信息及时公开；出台并完善污染治理项目等领域的排污权交易资金收支管理细则和监管机制；建立污染物交易政策评估制度并对实施情况定期分析总结；健全鼓励对排污交易相关问题的举报制度；发挥公众、媒体等对排污交易过程的监督作用；建立环境损害鉴定评估机制，确保鉴定测算合理性；大力培养排污权交易相关人才及环境政策法规研究团队的。

其次，健全排污权交易市场机制。实行企业污染物排放总量严控制度，推进行业和区域性污染物总量控制；加快出台国家范围内的污染物初始排污权核定和分配技术规范；深入研究排污权交易定价机制，利用价格上下限、安全阀机制等方式完善排污权交易市场价格管理机制；明确排污权交易主体资格，积极鼓励个人、环保组织等主体参与排污权交易市场；制定合理的排污权使用年限和折旧措施；加强监管场外交易市场，完善电子竞价制度及其交易系统，参考资本市场报价机制，探索更公正的报价方式；加强省际协作，探索跨省排污权交易市场新模式，探索构建环太湖流域跨省排污权交易市场体系，加快京津冀及其周边、长三角区域碳交易市场的建设步伐，为建设全国统一的排污权交易市场奠定基础。

最后，完善排污权交易法律体系。健全排污许可、应急预警、法律责任等方面制度；优化新建项目总量前置审批工作，从根本上解决排污总量处罚力度问题，明确排污权交易制度的定位；进一步研究容量总量控制与目标总量控制对改善区域环境质量的作用及进行多指标多行业的排污权交易的可行性，以更科学地判断排污权交易指标和参与行业；改革生态环境保护管理体制，试行"环保大部制"改革；加强行政执法与司法部门的衔接，推动环境公益诉讼；推广合同环境服务和环境污染第三方治理制度，增强企业污染减排的积极性，并加强与排污权交易制度的衔接。

3. 完善海洋生态补偿机制

第一，完善海洋生态保护补偿机制，做到"谁保护，谁受益"。通过建立健全海洋生态补偿法律体系以及相关立法，完善海洋生态补偿长效机制，修订《海域使用管理法》中有关海域使用权制度和征收海域使用金的规定，修订《海洋环境保护法》中有关海洋生态补偿的规定，依照"谁开发谁保护，谁受益谁补偿"的原则，推动海洋生态建设以及生态补偿，给予失去发展机会的社会机构、法人和自然人一定的补偿，并给予因保护海洋生态而转产转业的法人、自然人一定补助，要加快研究起草生态补偿条例的进程，明晰海洋生态补偿的基本原则、主要领域、

251

补偿范围、补偿对象、补偿标准等问题。

第二，建立海洋环境损害赔偿机制，做到"谁损害，谁赔偿"。将《生态环境损害赔偿制度改革方案》《最高人民法院关于审理海洋自然资源与生态环境损害赔偿纠纷案件若干问题的规定》作为指导性文件，建立起海洋环境损害赔偿机制，做到"谁损害，谁赔偿"。对于因私人赔偿造成损害的，应根据损害行为与损害结果的因果关系、损害程度等要素，以赔偿损失为原则，科学界定赔偿的金额。对于生态环境造成损害的，应以及时恢复为第一要义。生态损害者应当承担在海洋生态破坏后的污染治理和生态恢复的责任。

第三，探索海洋生态保护补偿与海洋环境损害赔偿的耦合机制。探索海洋生态保护补偿与海洋环境损害赔偿的耦合机制，实现互补性机制"1+1＞2"的效果。在完善海洋生态服务价值评估体系的基础之上，科学评估海洋生态服务价值，考察其对于提高海洋生态服务价值，以及其带来正外部性的经济行为。进行海洋生态补偿，以鼓励更多的经济主体投身于海洋环境保护中去，对于损害海洋生态服务价值，带来负外部性的经济行为，实行海洋生态损害赔偿，对损害海洋生态的行为进行惩罚以减少损害行为的发生。

二、中国海洋环境治理"政府失灵"的矫正

（一）中国海洋环境治理"政府失灵"问题

1. 政府之间的信息不对称问题

各层级政府、同一层级不同地区在应对与解决海洋环境污染问题时，其侧重点不同。而正因为各地方政府以及中央与地方政府之间的这些侧重点的差异化，使得政府之间由于信息的不对等、不全面而存在着一定程度上的博弈行为。

首先，上下级政府的目标不一致。中央政府从国家利益和作为整体的国家海洋环境角度出发，制定应对环境污染问题的相关方针政策，其目的在于实现经济的可持续发展，寻求整体海洋环境污染问题的最优解决方案。而地方政府仅代表当地的利益，着眼于局部问题的解决。地方政府固然应当服从于中央政府的领导，但海洋环境污染问题是一个应当因地制宜去思考的问题，而地方政府对于当地海洋环境的了解程度必然比中央政府更深更全面，同时中央政府也无法比当地政府更了解当地的民意，故而在面对某一特定地区的海洋环境污染治理问题时，该地地方政府应当有更多的话语权。纵观当下的海洋环境污染治理，中央政府制定相关政策，各地方政府依据中央制定的这些政策出台当地的治理政策，而这些政策却往往不能完全符合当地海洋污染情况。同时，在片面追求地方经济发展的模式下，各地政府为了实现当地的经济发展很可能忽略因为发展经济造成的对环境的污染，甚至影响到除当地以外地区的海洋环境，即环境污染中的负外部性。并且，无论是在发展工业过程中单纯的为减少成本而进行的违法排污行为，还是纯粹的索取海洋资源的行为，都折射出地方经济发展过程中存在的问题，都是牺牲海洋资源以期在短时间内获得某一地区经济快速发展的目光短浅的行为，这些问题都亟待解决。从长远的利益出发，这种片面追求经济发展模式都不具备可持续性，在其发展过程中造成的污染，会使得其事后治理需要投入的成本远超前期预防过程中所投入的经济成本，造成更大的经济损失。

其次，同级政府之间存在利益冲突。各地方政府在治理当地的区域海洋环境问题过程中，其相互之间的关系呈现出一定的利益冲突。表现为同级地方政府在应对各自管辖的地区的海洋环境问题方面只关注各自的利益，缺乏希望彼此互利协作共同改善环境问题的积极性。海洋不是私有财产，其一大重要特性便是公共性，故而所有人都可以在无须支付成本的情况下向海洋索取资源寻求收益。海洋环境的特殊性和政绩考核与 GDP 的高度挂钩，致使各个政府主体为了各自的利益获取海洋资源时的积极性与在面对当地的海洋环境污染治理时的消极态度形成鲜明对比，因而想要实现各地区在海洋污染问题治理过程中为着公共利益主动寻求合作的期许还任重而道远。

假定 X、Y 两个地区临近同一片海域。若两地政府都通过利用该海

253

域的海洋资源的方式来获取高额的财政收入，与此同时，这个依靠海洋发展起来的产业会对该海域造成污染，这些污染又间接造成经济损失。X、Y 两地的政府都有主动选择是否治理海洋污染的责任，假设 X、Y 两地通过经营该产业获得的经济收益分别为 π_X、π_Y，两地排放污染造成的经济损失分别为 L_X、L_Y，治理污染的成本为 C_X、C_Y，则两地的收益矩阵如表 8 - 1。

表 8 - 1　　　　　　　　地方政府海洋污染治理博弈矩阵

X 地区	Y 地区	
	治理污染	不治理污染
治理污染	$\pi_X - C_Y$，$\pi_Y - C_Y$	$\pi_X - C_X - L_Y$，$\pi_Y - L_Y$
不治理污染	$\pi_X - L_X$，$\pi_Y - C_Y - L_X$	$\pi_X - L_X - L_Y$，$\pi_Y - L_X - L_Y$

地方政府海洋污染治理博弈存在四种结果：

第一，X、Y 两地都不治理海洋污染。此时，X、Y 两地的最终收益为 $\pi_X - L_X - L_Y$，$\pi_Y - L_X - L_Y$。

第二，X 地区治理海洋污染，Y 地区不治理海洋污染。此时，X 地区的最终收益为 $\pi_X - C_X - L_Y$，Y 地区的最终收益为 $\pi_Y - L_Y$。

第三，Y 地区治理海洋污染，X 地区不治理海洋污染。此时，X 地区的最终收益为 $\pi_X - L_X$，Y 地区的最终收益为 $\pi_Y - C_Y - L_X$。

第四，X、Y 两个地区同时选择治理海洋污染。此时，X、Y 两个地区的最终收益为 $\pi_X - C_X$，$\pi_Y - C_Y$。

通过上述分析可得，（$\pi_X - L_X - L_Y$，$\pi_Y - L_X - L_Y$）即为完全信息静态博弈时两地区的纳什均衡。为了实现地区利益最大化，选择不主动治理海洋污染，任凭海洋污染损害经济发展是 X、Y 两地的最优决策。这就是个体理性情形下造成集体的不理想，造成了海洋环境治理的"囚徒困境"。海水的流动性促使海洋环境污染不会单纯得影响某一个区域，整片海域的行为主体都会受到影响。

2. 多部门管理造成的效率低下

在海洋综合管控方面，我国海岸线绵长，涉海管理综合部门较多，陆海统筹协调发展机制尚未完全建立。国家海洋管理部门、国家水利部门、海洋管理与流域管理部门、海域使用管理与土地管理部门、海岛开发管理与地方行政管理部门缺乏有机衔接与融合，资源与环境管理缺乏协调耦合机制。[①]

　　除上述国家海洋环境管理机构之外，我国还有海洋分局、环境保护督察局、驻区流域管理机构、渔政渔港监督管理局、区域海事局和海军等区域环境管理机构（见表8-2）。我国的海洋管理存在高度的分散化，在相当长的时间内存在"九龙治海"的现象。海洋环境治理体制性安排依旧模糊。就职责而言，并非权责明确，各机构间尚存在重合，如生态环境部和自然资源部海洋局同时负责海洋环境保护的监督管理的职责，交通运输部海事局和农业部渔业局同时负责非军事船舶污染海洋环境的监督管理的职责。而就管辖区域而言，不同的机构间管辖范围出现重合的问题尤为严重，在同一海域，可能会涉及不同部门的区域机构，甚至同一部门的多个区域机构之间出现管辖范围重复。我国中央涉海部门有环保、海洋、海事、渔政及军队五大部门，但不同地方政府对于海洋部门有所不同，因此地方政府部门的职责也存在或多或少的差异。地方政府存在着涉及海部门组织机构不健全，职能交叉重叠与职能缺失的现象并存，海洋环境的管理的难度为此大大加大。

　　综上，我国海洋环境管理部门结构冗杂，看似全责分明，实则存在相当大的职能重复问题。那么，分散的海洋环境管理只能使得海洋环保工作执法存在条块分割的问题，无法实现海洋环境的一体化治理，从而造成海洋环境治理缺乏效率。地方政府与企业之间存在共谋风险。

表8-2　　　　　　　　我国海洋环境管理机构及其对应职责

海洋环境管理机构和部门	职责
国务院环境保护行政主管部门（生态环境部）	作为对全国环境保护工作统一监督管理的部门，对全国海洋环境保护工作实施指导、协调和监督，并负责全国防治陆源污染物和海岸工程建设项目对海洋污染损害的环境保护工作

255

---

　　① 刘洋，姜义颖，王悦. 我国海洋生态文明建设的供给侧改革路径研究［C］//海洋开发与管理第二届学术会议论文集. 2018.

续表

海洋环境管理机构和部门	职责
国家海洋行政主管部门 （自然资源部、国家海洋局）	负责海洋环境的监督管理，组织海洋环境的调查、监测、监视、评价和科学研究，负责全国防治海洋工程建设项目和海洋倾倒废弃物对海洋污染损害的环境保护工作
国家海事行政主管部门 （交通运输部海事局）	负责所辖港区水域内非军事船舶和港区水域外非渔业、非军事船舶污染海洋环境的监督管理，并负责污染事故的调查处理；对在中华人民共和国管辖海域航行、停泊和作业的外国籍船舶造成的污染事故登轮检查处理。船舶污染事故给渔业造成损害的，应当吸收渔业行政主管部门参与调查处理
国家渔业行政主管部门 （农业农村部渔业渔政管理局）	负责渔港水域内非军事船舶和渔港水域外渔业船舶污染海洋环境的监督管理，负责保护渔业水域生态环境工作，并调查处理前款规定的污染事故以外的渔业污染事故
军队环境保护部门 （海军）	负责军事船舶污染海洋环境的监督管理及污染事故的调查处理
沿海县级以上地方人民政府	行使海洋环境监督管理权的部门的职责，由省、自治区、直辖市人民政府根据本法及国务院有关规定确定

资料来源：该表格依据《中华人民共和国海洋环境保护法》（2017年修正）编制。《中华人民共和国海洋环境保护法》（2017年修正），http://zfs.mee.gov.cn/fl/201805/t20180517_440477.shtml.

3. 地方政府与企业之间存在寻租风险

以维护社会公共利益为己任的政府应自始至终恪守职责，不偏不倚、公平公正，同时尽量减少社会个人到集体各个层面的利益冲突，实现社会和谐发展，从而实现海洋管理的最优效果。然而各个政府主体和政府官员始终与一些企业集团存在着或大或小的利益牵扯，一旦这些企业集团的利益与公众利益发生矛盾，此时如果没有对政府实行完备的监督措施，那么当身处国民生产总值中海洋经济贡献率不断攀升的大环境下，政府在管理海洋环境时，为了达到与GDP水平紧密联系的绩效指标，便有很大的概率将公众利益抛诸脑后，以发展经济为先而宽容惩治这些企业。这就使得这些制造海洋环境污染的企业认为自己处于政府的保护伞之下，得到了政府因自身利益对他们的"偏心"。在政府这种面向污染企业优先发展经济的治理力度下，这些企业通过违法行为获取的收益远比以合法行为获取的收益要高，对比两者所付出的成本，企业自然会选择缴纳少量罚款而将收益最大化，也不会遵守法规为了减少污染而投入大量资金去改进技术。这样，双方便达成了"合谋"的默契。企业因为政府偏袒而获得更多的利益，同时这种"合谋"默契又因为企业的寻租行为和各个政府主体之间的互便互利关系得到了巩固。

海洋中孕育着许多稀缺资源，对于这些资源的开采，政府通常会制定一系列管理措施，如颁发许可证、配额、批文等。政府作为海洋资源管理者，有权依据海洋环境的承载能力限定开发人数和资源使用量。透过政府这些管理方式，其背后产生了潜在租金，那么资源开发主体自然会通过各种寻租行为如贿赂和游说来获取对海洋稀缺资源的垄断地位和垄断权力，这样便能够凭借垄断获取超额利润。并且这种垄断权力与稀缺资源一样，也可以看作是一种稀有的资产，且具有排他性的特点，这一资产带来的垄断利润正是租金。海洋资源开发主体通过寻租行为所付出的成本低于社会成本，同时，因为寻租行为产生的社会成本又通常不是短期的，而具有隐蔽性和长期性。从社会层面来说，事实上通过寻租行为获得垄断稀缺资源权力的资源开发主体取得的利益根本不足以弥补其为社会增加的经济成本。

海洋寻租行为造成的社会净损失可以用图 8-2 来说明。在图 8-2 中，供给曲线是完全弹性的，代表完全竞争市场。在完全竞争的情况下，产量为 Q^*，销售价格为 P^*，价格等于边际成本等于平均成本。可是，当政府赋予垄断权时垄断者为了追求利益最大化，就会将价格设定为 $P_M = MC$，即根据边际收益等于边际成本的原则确定产量 Q_M，每单位垄断利润为 $P_M - P^*$。海洋资源垄断问题造成的经济损失为三角形 abc 的面积。对于单个海洋寻租者来说，其愿意为争取垄断地位而付出的代价可能接近垄断地位带来的所有超额利润。而在激烈的海洋资源开发权的争夺上，寻租的代价甚至会接近或者等于全部垄断利润。这就意味着涉海企业对地方政府的寻租行为对整个经济带来的损失。这些经济损失不仅包含垄断损失 abc，还包括垄断利润 $P_M P^*$cb，图中阴影部分面积就是海洋寻租行为对整体经济的总体损失。

257

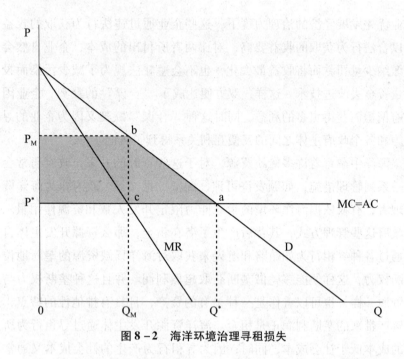

图 8-2　海洋环境治理寻租损失

（二）中国海洋环境治理"政府失灵"矫正的机制设计

1. 协调政府间利益矛盾，建立海洋综合管理机构

总体上看，海洋环境治理不容乐观，存在上下级政府、不同地区政府利益不一致等问题。妥善解决这些问题刻不容缓。为此，必须建立有效的海洋环境治理协调机构。实施综合型海洋政策，其目的在于让海洋开发和利用等各方面的制度在内容上能够得到统筹协调；使不同层级的海洋政策在任务与目标上能建立密切的联系，在体现出一定层级性的同时也重视它们之间的联系；与此同时还旨在能够更有效地实施国家综合型海洋政策，让其在海洋环境管理中发挥的作用日益强大。在一定意义上看，解决由于利益冲突造成的开发秩序紊乱以及国家海洋权益受损问题的唯一有效途径便是有效地运行利益整合机制，如此方可确保各级各类海洋行政机构在制定和执行相关政策的时候以国家利益为先，以国家利益为出发点和落脚点，而非是个人、部门和地方利益，方可有效制止

258

由于利益而导致的在政策制定及执行过程中发生的一些偏离目标的行径，同时促进海洋政策体系的有序运行。

首先，协调上下级政府关系。只依赖中央政府的力量治理海洋环境污染是远远不够的。海洋环境治理不单是中央政府的职责，也是地方政府的职责。故此，中央和地方政府需要进行清楚的权责划分，上下级政府之间需要建立一套信任机制。这样便可以基于彼此直接相互的信任、信息互通、权利重构等机制来实现。从中央政府角度出发，应当在厘清其与地方政府分工的基础上，统筹沿海地方政府对海洋环境污染进行治理。中央政府应当完善相关法律法规，给地方政府一定的财政支持，为了使其能最大程度地利用自身相较于中央更能明确把握当地海洋环境状况和当地民意反馈的优势，中央还应在一定程度上合理地减少对地方政府的行政干预。地方政府应当以当地现实情况为依据，采取符合当地实际情况的方式治理海洋环境污染，且与此同时，其制定的海洋环境污染治理方案应当与中央政策保持一致，转变以往的为追求政绩达标而以"经济效益"为重的观念，贯彻实施绿色 GDP 理念，推动建立生态受损终身追责制度。

其次，建立跨行政区域组织如区域海洋环境管理委员会。我国的《海洋环境保护法》第八条规定："跨区域的海洋环境保护工作，由有关沿海地方人民政府协商解决，或者由上级人民政府协调解决"①。据此，可以建立由中央政府直接设立或者间接授权成立的负责海洋环境区域综合管理的机构"区域海洋环境管理委员会"。因为该委员会是以国家立法形式建立的，而且法律对它的地位和职责有明确的规定且确保它能够自主行使职权，使其可以最大程度地调解区域内跨界、跨部门的纠纷，发挥对海洋环境的管理作用。区域海洋环境管理委员会身为区域海洋环境管理的综合协调机构，其主要职责是由委员会内各个利益相关主体一起协商制定有关海洋环境的区域管理计划，并且对各个行政区域实行监督，使每个行政区域都依据这些管理计划在该区域进行有效的管理和实施；区域海洋环境管理委员会的最终目标是希望搭建一个能够听取各级

259

①　中华人民共和国海洋环境保护法. http：//ocean. qingdao. gov. cn/n12479801/n12480099/n12480162/181126091125464582. html.

政府、各部门和社会各界利益表达与平衡的平台，构建地方政府、不同涉海部门、企业与社会公众之间的利益协调机制，同时在维护整个区域海洋环境的基础上作出具有法律约束力的决策，并保证所有利益主体都能遵守这些决策内容①。

最后，建立行政区内部组织如海洋环境管理办公室。当冲突发生在同一行政区域内部的不同涉海部门之间时，可以在行政区域内部设立一个具有权威性和专业性的跨行业海洋环境保护协调组织，即海洋环境管理办公室。从各个涉海行业自成体系的现状来看，即使各个部门都确保能实现完全严格执法，在这些部门管理下所有涉海开发活动全部遵从法规规定的情况下，仍然时常会出现整个海域的环境受到破坏的现象；而且如前所述，海洋环保部门的级别问题使其并不能充分发挥约束其他部门对所管辖涉海活动的环境破坏行为的作用。对此，需要提升海洋环境管理办公室的地位，对区域内各个涉海行业之间的关系进行协调，并且使海洋环境管理活动符合法规规范。同时，应当设立由省长（市长）、各涉海部门共同构成的海洋环境管理办公室，在符合区域海洋环境管理委员会的区域规划的基础上，制定本行政区域情况的海洋环境保护总体规划，发挥防范治理海洋污染和维护生态环境，调节各部门之间矛盾的作用；此外，要确保公开的各个涉海部门环境监测指标是透明的甚至是统一化的，以便各个部门之间彼此监督从而推动海洋环保工作的进行。

2. 完善海洋环境治理政府职能

第一，全面建立并落实海洋生态红线制度。我国的《海洋环境保护法》规定："国家在重点海洋生态功能区、生态环境敏感区和脆弱区等海域划定生态保护红线，实行严格保护。"② 为了有效维护海洋生态健康，确保生态安全，法律把重点海洋生态功能区、生态敏感区以及生态脆弱区划定为重点管控区域，并且对此进行严格的分类管控，实施最严格的海洋生态红线制度。一旦被归入海洋生态红线管控范围内，就会依

260

---

① 丛冬雨. 我国区域海洋环境管理的协调机制研究［D］. 中国海洋大学，2011.
② 中华人民共和国海洋环境保护法. http：//ocean. qingdao. gov. cn/n12479801/n12480099/n12480162/181126091125464582. html.

据"从严保护"的原则，禁止生态红线管控核心区和缓冲区，限制生态红线管控自然保护区的试验区以及特别保护区的适度利用区、生态与资源恢复区和预留区的经济活动，由此杜绝为实现经济目的不断削减、切割保护区现象的发生。同时，保护海洋生态并不仅仅只是保护生态环境和物种，要建立和保护保护区或红线区所牵涉的范围十分广泛，比如海洋航行、海洋渔业等生物资源开发、海底矿场等非生物资源、海岸及近海开发利用等，实现其海洋生态安全维护功能的核心在于通过海洋生态红线整合海洋管理①。全面建设并落实海洋生态红线制度，实施最严格的海洋生态环境保护制度，形成蓝色经济的绿色发展模式。

第二，建立入海污染物总量控制制度。污染物总量控制制度是我国治理环境污染，尤其是水环境污染治理方面的重要手段。海洋污染物总量控制制度也是近岸海域环境质量保护最重要的制度之一。依照海洋污染物总量控制制度的程序，首先应当调查全国各地区陆海污染总量并进行核算，据此建立陆海主要污染源台账，而后确立 2020 年水质控制的考核目标在不低于近岸海域水质的水准，同时依照技术指南计算最大的允许入海污染物排放总量，再落实经过所在地人民政府审议通过后发布的地区排污总量控制方案，把总量分配到相关区域和污染源，最后通过入海排污口整治，落实节能减排措施、排污许可制度以及生态修复治理等多种方式促进减排。实施海域污染物总量控制，需要从以下几个方面对相关制度进行完善：一要加强入海污染物总量控制法律法规规范建设。在改善海洋环境质量的核心基础上，依据近岸海域水质考核指标确定污染物总量控制指标，依据海洋环境质量改善的目标以及管理要求确定陆域海域减排控制要求。通过发布入海污染物总量控制的技术标准、行业规范等文件，实现入海污染物总量控制标准化建设。二要建立我国海洋产业进入和退出机制。通过总量控制制度，淘汰那些海洋资源利用率低、缺乏市场竞争力的企业，引领海洋产业生态化、高端化、集约化发展。三要建立污染物总量控制目标责任制度。完善对于企业的总量控制绩效考核，完善入海污染物总量监督体系。并建立相应的奖惩机制，激励企

261

---

① 胡斌，陈妍. 论海洋生态红线制度对中国海洋生态安全保障法律制度的发展 [J]. 中国海商法研究，2018，29（04）：96 – 103.

业提高资源的使用效率。四要建立海洋污染物总量控制逐年递减机制，逐年提高对污染企业的减排要求，直至海洋环境质量达到理想的程度。

第三，建立海洋环境绩效考核制度。为切实保证海洋环境监管人员履行相关责任，完善的海洋环境绩效考核制度是必不可少的。应当转变只以经济发展水平作为唯一考核指标的情况，树立科学的政绩观，对地方政府官员进行全面考核。在绩效考核主体方面，应当充分考虑社会监督的重要性。引导沿海居民、海洋环保组织等社会机会机构参与政府海洋环境绩效考核。社会参与可以提高海洋绩效考核的活力，促进海洋环境绩效考核制度公正化公开化。在海洋环境绩效考核指标上，应当用扣除海洋资源成本和海洋环境成本的绿色 GDP 取代以往的 GDP 增长，以前者作为绩效指标相比之下可以提高地方政府对海洋环境保护重视程度，让地方政府在注重海洋经济发展的同时更重视海洋环境保护。实施海洋环境保护责任追究制度，对海洋产业建设单位和领导干部进行监督，对破坏海洋生态环境的行为给予严厉追究。

三、中国海洋环境治理"社会失灵"的矫正

（一）中国海洋环境治理"社会失灵"问题

1. 公众参与海洋环境治理意识淡薄

公众对于参与海洋环境治理的意识淡薄可分为三种类型：第一种类型是盲目乐观型。公众尚未认识到海洋环境问题的严重性，因此认为海洋环境问题无须治理，没有参与海洋环境治理的必要性。吉登斯在书中提出了一个自己名字命名的概念：吉登斯悖论（GiddensPara‑dox）①。它认为，由于气候变化问题在人们的日常生活中不具体、不可见、不直

---

① Anthony Giddens. The Politics of Climate Change [M]. Routledge, 2009.

接，很少有人能认识到其严重性，并为此采取积极的行动。吉登斯悖论的共时性冷漠在海洋环境治理困局中表现得更为明显。① 即使因为人类肆意排放污水已经造成了海水水质的急剧下降和海洋生态的严重破坏，仍然还有相当一部分公众认为广阔的海域空间拥有极强的自净能力，海洋环境容量依然还可以承载现在的人类社会发展，他们确信陆源物质排入海水后会"消失"，污垢能够被每天都运动变化着的潮汐、海浪和海风处带走，他们相信海洋环境如此广袤，必然可以消受这些海洋垃圾，其自净能力强大到不会被污染，给环境造成危害，因而缺乏对海洋垃圾处理的重视。

第二种类型是事不关己型。即公众虽然认识到了海洋环境污染问题的严重性，甚至直接受到了海洋环境问题的困扰，却认为海洋环境治理是国家和政府的职责，并不关自己的事，只需要专注于家庭的生产发展即可。因为我国长期实行计划经济体制，由此形成了政府主导的政治模式，所以民众对政府的依赖较强，大家都认为"环境保护靠政府"，因为这种错误的环境保护意识，故而公众参与环境保护和治理的积极性很低，处于这样的大环境下，公众对海洋环境保护的意识也很淡薄。沿海地区的海洋环境的污染程度已经威胁到了人类的生存环境，沿海居民虽然受此困扰，却还是不断将生活污水或者工业废水引入海洋中，由此可见其海洋环保观念的匮乏程度之深。

第三种类型是自我否定型。有些公众比如渔民、养殖户，他们的受教育程度较低，虽然捕捞养殖技术好，但是治理海洋垃圾的能力缺乏，在这种情况下，他们固然是海洋环境治理的直接利益相关者，却因为他们认为自己在海洋环境治理中处于弱势地位②，在主观上放弃了参与海洋环境监督和治理的权利。有许多分散的没有组织的公众，依据自己的常识进行判断，认为自己作为一个个体，即便参与了海洋环境管理，也没有能力影响最后的决策，长此以往便直接放弃把自己的时间和精力投入到海洋环境管理中。

263

① 许阳. 中国海洋环境治理政策的概览、变迁及演进趋势——基于1982—2015年161项政策文本的实证研究 [J]. 中国人口·资源与环境. 2018, 28 (01): 165-176.
② 陶旭. 我国近岸海域陆源污染防治管理体制问题研究 [D]. 上海海洋大学, 2018.

2. 公众参与海洋环境治理途径有限

我国《海洋环境保护法》第一章第四条规定:"一切单位和个人都有保护海洋环境的义务,并有权对污染损害海洋环境的单位和个人,以及海洋环境监督管理人员的违法失职行为进行监督和检举。"① 《中国海洋21世纪议程》明确提出:"保护海洋生态环境,单靠政府职能部门的力量是不够的,还必须有公众的广泛参与,其中包括教育界、大众传媒界、科技界、企业界、沿海居民以及流动人口的参与。"② 从上述法律规定中可以看出,这些规定都属于一般的原则性规定,并没有具体确切地指明公众参与海洋环境治理的途径、保障等问题,所以要根据这些法律规定真正地让公众投入到海洋环境保护中是很困难的。

在现阶段公众参与海洋环境治理的方式主要有以下三种:第一种是传统的方式,即公众通过参加一些由法律规定或者民间海洋环保团体自主开展海洋环保活动。例如,全国近岸海域海洋垃圾清理活动,海洋环境保护宣传教育活动,全国海洋环境学术论坛、研讨会等。然而这些活动的参与人数都十分有限,公众参与的广度和长效性也受到限制。第二种是调查方式,即公众参与第三方机构或者个人对于海洋环境问题的调查。该参与方式多为问卷调查,并且问卷的问题类型往往都是选择题,其内容及格式设计都十分单一,选择题的形式让公众在填写问卷时只能以被动的姿态根据设计问卷和调查的人所表述的意思去填写答案,加上专业和时间的局限性,公众实际上并不能表达出自己内心对海洋环境问题的意见和建议。第三种是线上方式,根据中国互联网络信息中心第44次《中国互联网络发展状况统计报告》③,截至2019年6月,中国网民数量达到了8.54亿,互联网普及率达到了61.2%,手机网民数量达到了8.47亿。另外,在2018年第十七届中国互联网大会上,中国互联网协会

① 中华人民共和国海洋环境保护法. http://ocean. qingdao. gov. cn/n12479801/n12480099/n12480162/181126091125464582. html.
② 国家海洋局. 中国海洋21世纪议程 [M]. 北京:海洋出版社,1996.
③ 中国互联网络发展状况统计报告. http://www. cac. gov. cn/2019 - 08/30/c_1124938750. htm.

发布的《中国互联网发展报告 2018》[①] 中显示，截至 2017 年底，中国微信和新浪微博用户使用率分别为 87.3% 和 40.9%。在这个互联网新媒体迅速发展的时代，线上参与方式已经拥有了良好的基础，可是大多数相关的线上参与途径仍然仅仅局限于在海洋环保部门和海洋管理部门门户网站下开设领导信箱、投诉、意见建议等栏目，而相比之下，通过微博、微信和手机 APP 等渠道进行线上参与的方式更加便捷，也更加普遍，但对这些途径的开发却很落后。总而言之，公众参与海洋环境治理的途径十分单一，参与的范围也相对有限。

3. 海洋环境信息披露制度不健全

海洋生态经济系统是一个比较复杂的网络系统，故而有关海洋环境的信息量十分有限，迄今为止人们对海洋环境还知之甚少，尽管人类有意识地去寻找海洋环境信息，对此有一定的需求，但是海洋环境信息量却不足以满足人类的需求。同时，当公布海洋环境信息阻碍了人们保障自身利益的最大化时，人们往往更多选择不公开信息，由此占据了信息优势以此获取私人利益。这种对信息的封锁行为造成了海洋环境信息不对称。例如，相较于受污染者，制造污染者自身对其污染情况和污染物危害等状况的了解程度会更多，然而污染者为了谋求私人利益最大化，封锁了相关信息，并且继续制造污染。当社会公众对海洋环境浑然不知，便难以对政府的环境保护情况进行有效监督。相比之下，政府却占据信息的优势地位，那么在缺乏监督的情况下，很可能会凭借这个优势谋求不正当利益。公共选择理论指出，选民作为理性的经济人，他们对于是否投票和给谁投票这些方面的决定，都是基于事先对自己的成本—收益进行了考量和分析的前提下才做出的[②]。海洋环境信息是公众参与海洋环境治理的重要前提，而海洋环境信息的披露机制不见得全则是导致海洋环境治理社会机制失灵的重要原因。

第一，海洋环境监测数据不够系统全面。我国有关海洋环境监测数

[①] 中国互联网发展报告 2018. http：//www. cbdio. com/BigData/2018 – 07/13/content _ 5763809. htm.

[②] 李杨. 海洋环境管理中信息不对称问题研究 ［D］. 中国海洋大学，2008.

据方面存在诸多问题：一是数据信息分级分类模糊。因为我国从未对海洋环境监测数据信息做过分级和分类，导致数据信息级别和类别都不明确，同时也并未建立起一个依据清晰、科学合理的分级分类体系，故而对于这些数据信息的管理和应用、共享以及服务等内容找不到相关的依据，这在一定程度上限制和降低了海洋环境监测数据信息的使用效率。二是公布的数据信息内容单一。我国发布的海洋环境监测数据基本上不是原始的数据，而是事先经过了整理、统计和分析的评价类的信息，而且在其事先处理数据的过程中，并未与海洋环境监测的发展特点以及社会经济变化密切联系，在此基础上对其公布的信息作出及时合理的调整，如此便导致其公布以及共享的数据信息类型缺乏丰富性，甚至其内容多年都未做过变动。三是有关信息共享管理的岗位缺乏专业的技术人员。这在一定程度上造成了信息管理不及时、新型共享形式不丰富、缺乏创新性等问题。四是海洋环境监测数据与公众的需求不匹配。虽然在海洋环境监测数据信息管理管理层面已经渐渐思及有关社会影响大、公众关注程度高的数据信息的发布方面的内容，并且明确制定了一些关于专题数据信息发布的规定，但是从整体层面上考虑，海洋环境监测数据的发布仍然较少，其共享程度也较低，这就限制了公众对海洋环境实际情况的把握，一定程度上未能保证公众的知情权。

第二，环境事故信息公布不够及时主动。如果权利主体拥有知情权，那么国家机构及其工作人员和企业就应当履行公布相关信息的义务。《中华人民共和国政府信息公开条例》第一章第六条规定："行政机关应当及时、准确地公开政府信息。行政机关发现影响或者可能影响社会稳定、扰乱社会管理秩序的虚假或者不完整信息的，应当在其职责范围内发布准确的政府信息予以澄清。"[①] 然而现状却是，信息公布不及时，公布的信息浅显而缺少实质性内容，公众对公布的信息兴趣缺失，真正想获取的信息却未被公布。由于海水的流动性特点，污染爆发时，水体中的污染物会随着洋流快速扩散。若海洋环境信息公布不及时，不主动，可能会进一步加大海洋事故的污染程度，造成更加严重的损失。对此，国家海洋主管部门应当保证公布相关预警信息的及时性，让潜在受害者可以

---

① 中华人民共和国政府信息公开条例. http://www.gov.cn/xxgk/pub/govpublic/tiaoli.html.

第一时间获取信息从而采取行动，最大程度地减少由于海洋环境污染而产生的危害。同时，责任企业也应当主动并且及时地公开污染信息，一方面自觉接受公众监督，不至于加剧污染；另一方面，让公众作出判断，是否采取污染防护措施。

4. 海洋环保 NGO 的作用未充分发挥

社会公众参与海洋环境治理的一个有效途径是非政府组织（NGO），作为拥有除政府、企业的第三方地位的非政府组织，其在宣传倡议、协调沟通、拟定议题以及普及海洋环保知识等方面对公众拥有着独一无二的"教化"功能。《中国海洋 21 世纪议程》中突出强调了非政府组织在沿海和海洋区以及其资源的综合管理和可持续发展方面所发挥的重要作用。[1]

根据中国海洋环保组织名录 2018 版的统计数据[2]显示，自新中国成立以来，我国海洋环保组织在 1996 年之前成立的有 22 家，这些组织大多是在政府的扶持下成立的。自 1996 年以来成立的民间海洋环保组织的数量不断增加。2011—2015 年所成立的海洋环保组织数量多达 63 家。2016—2018 年成立的涉海环保社会组织达 28 家，且仅在 2018 年成立的涉及海洋环保的组织就有 7 家（见图 8 - 3）。从成立时间的分布情况来看，有超过 90 家海洋环保组织是在 2010 年之后成立的，这在海洋环保组织中占比很高。这表明我国海洋环保组织从整体来看成立的年限还较短，尚处在组织成长时期；同时也表明我国社会组织已经越来越关注和重视海洋保护领域。由于我国社会组织的发展在很大程度上受到国家经济、整治和社会政策等宏观制度环境的影响，我国海洋环保组织数量的迅速增长也能够反映出国家对海洋环保领域和整个环保事业的关注度的不断攀升。海洋环保 NGO 活动的主要内容是宣传、保护特定海洋资源、净滩实践和提供检测数据等等。如果不考虑其成效问题，这些活动通常可以经由 NGO 自己策划、组织以及实施。但一些需要获得社会广泛认可

267

---

[1]　国家海洋局. 中国海洋 21 世纪议程 ［M］. 北京：海洋出版社，1996.
[2]　中国海洋环保组织名录 2018 版 . http：//www. renduocean. org/yanjiuchengguo/rd＿ml＿2018. pdf.

中国

海洋环境治理研究

或者政府相关部门支持的活动，海洋环保 NGO 的参与出现明显的缺失。①例如，海洋环境事件公诉、海洋环保政策咨询服务、海洋领域相关的培训教育等活动。导致这种现象的原因在于，虽然中国海洋环保 NGO 数量不断上升，但是大多数的 NGO 却缺少社会支持，组织自身建设较为薄弱，存在许多问题和挑战，海洋环保 NGO 在参与海洋保护时以宣传教育和志愿者活动为主，却很少接触有关海洋环境的社会监督层面，因而并没有最大程度地发挥它应当发挥的作用。

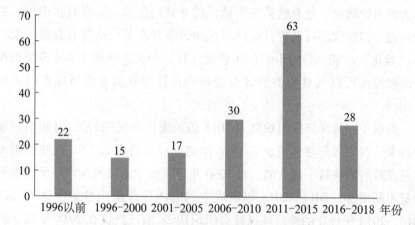

图 8-3　中国各时间段海洋环保组织成立数量（家）

　　第一，缺乏法律地位，难以进入政策过程。在过往几十年中，NGO 不断发展着，我国相关行政管理部门制定了关于环保 NGO 设立以及登记的一套比较严格的准入标准，当然在遵守这些相关标准的基础上，还要经过双重审批，也就是它必须同时通过行政主管单位以及业务主管单位两者的审批通过才能成立。然而我国行政管理体制本身存在着一些问题，使得环保 NGO 在申请阶段寻找他确定的主管单位时已经存在困难，何况审批时行政主管单位还面临着责任追究的风险，而许多行政主管单位并不情愿为此担负责任，所以环保 NGO 要取得合法地位是非常艰难的。我国环保 NGO 的建立主要存在两种模式：一种是自上而下的模式，这种模式的环保 NGO 主要由政府协助成立，它们拥有法律地位，不过正因此而

268

①　张继平，彭馨茹，郑建明. 海洋环境排污收费的利益主体博弈分析 [J]. 上海海洋大学学报.2016, 25 (06): 894-899.

与政府产生许多联系，纠缠不清，因而独立性不高；另一种是自下而上的模式，这些NGO完全是由民间成立的，因此得名"草根"NGO。这部分NGO很难得到政府部门的认可，难以取得合法地位，所以当它们组织进行活动时经常被认作是非法的，但是它们和政府的相关性不高，因而独立性较高，所以能获得更大的活动自由，相比之下更能在海洋环境治理方面显示其优越性，可是未获得法律地位，仅仅这一项就限制了"草根"环保NGO作用的发挥，导致其难以进入政策过程。

第二，没有得到公众认同，欠缺社会支持。任何社会组织的建立发展都需要得到社会公众的认同和支持，中国海洋环保NGO也是如此。公众的环境保护意识，特别是关于海洋环境保护方面的意识是左右人们是否支持以及支持程度大小最为重要的因素，然而当下我国社会公众的环保意识仍相对欠缺。公众环境参与意识、责任意识远远落后于环境忧患、权益意识，与此同时意识的不足又限制了环保行为，如此便造成了三方面的影响：一是公众对于参与环保活动的积极性不足。海洋环境保护宣传是中国海洋环保NGO的一大职责，缺乏社会认同就会影响公众参与环保活动的积极性。二是公众缺乏对环保NGO的信任。长久以来，我国社会公众普遍对公益事业饱含质疑。三是公众缺少深度获取海洋环保NGO相关信息的途径。因为环保NGO市场受到制度、活动经费等因素的限制，致使其活动的规模及宣传渠道都存在局限，在这种情况下，社会公众自然难以知晓环保NGO到底从事什么工作，开展什么活动。当这些关于环保NGO的消息不能被公众获知，那么自然而然公众也就对其越来越不关注，参与者的范围也自然受到了限制。

第三，自身组织建设薄弱，参与海洋管理能力不足。经费筹集不易是大部分环保NGO普遍需要面对的问题，而因为缺少经费又导致了更多问题，比如活动范围因此受限、人才短缺、缺少资金支持高投资项目的开拓等等。我国多数的环保NGO工作者在环保领域并不具备很高的专业素养，反而大多是非专职从事该工作的非专业人员、志愿者等，从事组织内负责人工作的大多数都是离职退休人员，由这些人来从事环保工作便导致组织因缺少专业人员和专业知识而不具有足够的政策参与能力。

一是人才短缺问题。海洋环保NGO组织内缺少有关海洋学科专业人才，超过半数的环保NGO内部仅仅只有一至两个工作人员是具备环保专

269

业背景的。可见无论从人员的数量还是专业素养上来看，现阶段的状况都很难让组织得以发展，很难让职能范围得到扩展。截至 2018 年，在已建立的 202 家海洋环保组织中，有 60 家海洋环保组织填写了组织内部全职员工或兼职员工的信息，43 家填写了志愿者的信息。据此得到的数据显示，我国海洋环保社会组织的全职、兼职员工多为 10 人以下，规模不大。在 54 家提供全职员工信息的组织中，有 44 家组织的全职员工都在 10 人以下，其中有 8 家组织没有全职员工。全职员工人数在 11—20 人的有 6 家组织，而只有 4 家组织的全职员工超过 20 人。在 50 家提供关于兼职员工数量信息的组织中，共有 45 家组织的兼职员工不超过 10 人，其中 10 家组织没有兼职员工，3 家组织的兼职员工人数在 11—20 人，只有 2 家组织的兼职员工人数超过 20 人。在 43 家提供志愿者信息的海洋环保组织中，超过半数组织（22 家组织）的志愿者人数不超过 200 人，其中 18 家组织的志愿者人数不超过 50 人；志愿者人数超过 1000 人的组织数量有 7 家，其中，海南省义工互助协会的志愿者数量最多，有 11000 人。从获取的数据总的来看，我国海洋 NGO 组织内志愿者人数并不是很多。见图 8 - 4。

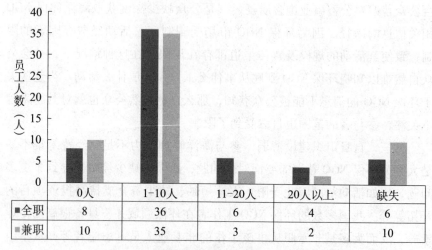

	0人	1-10人	11-20人	20人以上	缺失
■全职	8	36	6	4	6
兼职	10	35	3	2	10

图 8 - 4　中国海洋环保组织全职、兼职员工人数

二是资金运行困难。大部分海洋环保 NGO 的资金收入主要源自于基金会资助、政府委托或资助、企业购买服务等。根据 34 家海洋环保组织提供的关于年度收入、支出的数据显示，年度收支在 1000 万元以上的组织有 5 家，它们是国内 5 家涉及海洋环保行业资助的基金会。年度收支在 100 万—1000 万元内的组织数量有 11 家，其中 10 家组织的收支都在 100 万—300 万元。超过半数组织（18 家组织）的年度收支水平都在 100 万元以下，其中，年度收入的数据显示，8 家组织的年度收入在 10 万元以下；还有 8 家组织的年度收入水平高于 10 万但低于 50 万元；有 2 家组织年度收入高于 50 万但低于 100 万元。年度支出的数据同样显示出，7 家组织的年度支出在 10 万元以下，9 家组织的支出水平超过 10 万元但低于 50 万；2 家组织的年度支出水平在 50 万—100 万元内。同时，我国大部分海洋环保 NGO 的活动领域跨度大，并不集中，很多组织并不是专注于对海洋环保这一个专业领域的深入研究，而把精力分散在诸多领域中。这很可能是因为我国的海洋环保 NGO 在发展的过程中因为资源受限而想通过扩大活动领域的方式来获得多方面的资源以支持组织的生存和发展，当然组织本身开展项目活动时为了满足资源提供方的不同的要求而不断扩大活动领域，而难以在单独一个专业领域进行深耕发展。

三是环保组织人员的合作主动性较弱。环保 NGO 相互之间缺乏有效的沟通与合作。正因为如此，环保 NGO 相互孤立，难以实现信息的沟通和资源的共享。这主要是因为海洋环保 NGO 的职能范围存在局限性，其发展空间也较为有限，不是被圈在其各自所在地域，便是为争取有限的政府项目及社会支持发生利益矛盾而影响了相互关系。而且海洋环保 NGO 时常依凭着对自己的身份认知而把自身放在一个边际位置，这样便难以实现与政府的合作，也难以自己解决复杂问题。[①]

（二）中国海洋环境治理"社会失灵"矫正的机制设计

1. 加强教育宣传，培养公众海洋环境治理的意识与能力

要想让社会公众积极主动地参与到海洋环境治理中来，必须采取措施提高公众关于海洋环境治理的意识和能力。这便要求加大对海洋环境

271

---

① 张继平，彭馨茹，郑建明. 海洋环境排污收费的利益主体博弈分析［J］. 上海海洋大学学报. 2016，25（06）：894 – 899.

保护的宣传力度，以此来进一步提高公众参与海洋保护的意识。

第一，必须要提高舆论宣传的力度，让社会公众在海洋环境保护方面拥有更深入的自我认知。长期以来，公众对自身在海洋环境保护方面所扮演的角色、所处的地位认知模糊，因此缺乏保护海洋环境的主动性、积极性，故而应该加大舆论宣传和教育力度，能够让公众明晰自己的责任和义务，提高他们在参与海洋环保活动时的责任感和使命感。一方面，公众作为海洋资源产品的消费者，提高海洋环境治理意识有助于更好地监督政府履行海洋环境保护职责的情况。另一方面，公众也作为海洋环境产品的生产者，提高海洋环境治理意识有利于公众在生产过程中，以积极的行为来减少资源消耗以及污染的排放。

第二，通过有关海洋环境方面的教育活动，增强公众参与海洋环境治理的技术能力。为此学校可以把海洋环保知识加进学校教育内容中去，让学生拥有相对较系统的海洋环保知识，同时编写有关环保教育的读本，将其变成关于青少年道德教育不可或缺的内容之一，这样便可以让海洋环境保护意识从学生开始就渗透到他们的思想中，让他们能够积极主动地投身到海洋环境保护的实践中去。在社会不断进步以及科学技术快速发展的背景下，海洋环境问题也源源不断地涌现出来，这必然会让更多公众意识到海洋环保问题的重要性且积极主动投身到治理活动中去。所以海洋环境教育人群应当包含各大群体，各个职业阶层，让更大范围的公众都具备基本的海洋环境保护知识，这样有能力为此尽一份心力。

2. 丰富公众参与海洋环境治理的方式

当今世界处在一个信息爆炸、网络飞速发展的时代，网络成为公民参与的新兴形式。通过其网络平台的互动活动，让公众的参与需求能够获得及时有效的关注和适时的引导，如此公众的需求便得到了最大程度的支持，让越来越多的人皆可以一种合法的身份参与到社会的公共生活中去，发挥人民群众主人翁的地位。让公众进一步参与海洋环境治理网络活动的主要方法有以下几种：

第一，领导信箱。这是政府机关各级领导与社会公众之间沟通最直接的途径，领导信箱作为一种亲切的沟通方式，展现出的是人民政府与人民群众之间距离的缩小，执政者可以更广泛地听取人民群众的声音，为人民政府的决策提供第一手直观信息。

第二，民意征集。在政府即将出台有关海洋的法律条文时，可以通过政府门户网站提前发布相关内容，向整个社会征求意见和建议，提高政策方针的合理性和可实施性。

第三，网上调查。即在政府网站上发放调查问卷，以此征集社会公众的意见建议，来完善其决策内容，这比较适用于一些需要依据统计分析获取信息才能进行的决策。

第四，在线访谈。政府事先在网上发布一些人民群众较为关注的热点事件，并且约定时间，邀请相关厅局负责人，在政府门户网站展开访谈，这样便让关键性政府信息能够最大程度地被公众获知，由此公众便能对这些政策和热点事件有了更加深入更加权威的认知理解，让公众参与到政府公共管理中去，确保能够及时获取合理的公众意见和反馈。

第五，公众论坛。设置"公众论坛"的政府网站数量日益增加，通过论坛构建起党和政府与社会公众之间沟通的桥梁，及时把握基层实际情况，知晓民间百态和人民群众的想法情绪，让政务活动透明度更高，向群众传达政府信息，帮助百姓理解相关方针政策和一些重要的举措，解答人民群众的重大关切。比如大海环保公社在其网站开通了环保视界论坛、海洋生态论坛等板块，为网民们提供了就海洋环境信息进行讨论交流的有效平台。

3. 完善海洋环境信息披露制度，强化海洋环境管理监督机制

要实现海洋环保 NGO 有效地参与政府海洋环境政策，首先要确保其能够获取充分并且真实的海洋环境信息。

第一，需要提高环境信息公开效率，确保海洋环境信息的披露及时、准确、完整。海洋环境信息的披露是保证公众及时、准确地了解海洋环境信息，有效参与海洋环境治理的基础。各级海洋政府部门应切实根据《中华人民共和国政府信息公开条例》，健全海洋环境信息公开机制。海洋环线信息公开的范围不仅包括如海水水质、海洋垃圾情况等海洋环境统计信息，还包括海洋环境法规、规章，海域使用权审批信息，用海项目环境影响等一系列与海洋有关的信息。此外，应及时准确地将海洋环境信息在政府公报、新闻报刊、互联网、电视等大众媒体上公开。

273

第二，要加强公众对海洋环境治理部门政府权力的监督。公众不仅要系统监督相关部门的海洋环境决策内容、程序和决策过程及决策后的实施情况，还要监督海洋环境治理工作以及工作人员，并且若在监督过程中，公众发现海洋环境政策和决策行为中存在着不合理或者会带来负面效果的问题时，可以对此进行质询、提出异议、检举揭发或诉讼，当然这些都是为了能够让公众的监督作用得到最大程度的发挥，在其全方位全过程的监督下，海洋环境治理决策便能够最大程度地体现公共利益。作为海洋环境监督维护中最有效且作用范围最大的监督者，公众在海洋环境治理方面的能力应当得到不断提高，这样才能使公众更加积极主动地参与其中，进一步提高海洋环境治理效果。

4. 完善海洋环境 NGO 建设

首先，深化环保 NGO 管理制度改革。应当对环保 NGO 的设立条件适当放宽要求，在环保 NGO 递交材料进行登记注册申请过程中，应当剔除一些烦琐的程序以缩短环保 NGO 的成立时间。并且，为了防止环保 NGO 开展的活动出现违法乱纪、不遵守秩序的现象，相关部门可以设立对环保 NGO 的活动进行统一管理工作的行政机构。可以设立一个具有权威性的环保 NGO 监管委员会对其进行监管，由该监管委员会取代现在的业务主管单位的监督管理职能，并在此基础上构建起一套完备的社会组织监管体系，以便对不同部门的民间环保 NGO 监管问题的权责进行协调，防止出现政出多门、职能错位等现象。

其次，为环保 NGO 的环境参与权提供法律保障。法律在赋予环保 NGO 以环境参与权的基础上，还应当更进一步清楚确切地将环境参与权规定为环保 NGO 的一项基本权利，如此方可让环保 NGO 在投身海洋环境保护中时能够有法可依，同时也以法律的形式确保了环保 NGO 代表公众利益参与政府海洋环境政策过程的权利。相关法律应当对环保 NGO 在对海洋环境政策参与过程中的身份资格以及法律地位作出明确规定，让它们可以依靠法律更加有效地参与政策，尤其是能够让其政策参与行为获得权威性认可的海洋环境政策参与权、海洋环境决策权、海洋环境诉讼权等，凭借这种权威性，社会公众及政府部门便会逐渐提高对其的认同度，并予以更多支持。

四、从"三个失灵"到"三个有效"的机制构建

（一）从单中心管理模式转向多中心治理模式

海洋环境是一个复杂的生态系统，海洋经济是一个复杂的经济子系统，海洋社会是一个复杂的社会系统。实施海洋强国战略，必须做到海洋经济、海洋环境、海洋社会三个子系统的可持续发展且三个子系统之间的相互协调。在发展海洋经济中采取"政府办企业"的做法是行不通的；在海洋环境保护中采取"政府办社会"的做法也是行不通的，还是要共同发挥政府、企业、公众（非政府组织）的作用。在以往的海洋环境保护中，往往坚持政府单中心管理的思维。这有其特定的时代背景：一是问题认识上的局限性。总以为海洋环境问题属于公共物品或具有外部效应，公共物品就需要政府管理或政府供给，外部效应就需要政府管理或政府矫正。随着新制度经济学等新兴学科的快速发展，传统理论认为的"市场失灵"的领域未必采取政府管理手段，市场机制同样可能矫正"市场失灵"。二是技术水平的局限性。以往海洋环境污染到什么程度、主要污染物是哪些、谁在污染等问题是模糊不清的。随着技术的进步，这些问题逐渐清晰而且可以监控、可以检测、可以计量。技术的进步、信息的披露，使得企业和公众逐渐具备了参与治理的条件。随着科学思维的突破和科学技术的进步，这些时代背景均已发生巨大的变化。因此，海洋环境保护不可固守传统的单中心管理模式，而要转向多中心治理模式。所谓"多中心治理"，就是要采取以政府为主体的政府机制、以企业为主体的市场机制、以公众和非政府组织为主体的社会机制，形成三个主体、三种机制、三足鼎立、相互协同、相互制衡的格局。在建立多中心治理模式时，需要明确"三大定位"，建立"四大关系"。"三大定位"指：政府的主导者定位，市场的参与者定位，公众的参与者与监督者定位。"四大关系"指：上下级政府相互信赖关系，区域政府间

275

良性竞争关系，企业与企业荣辱与共关系，政府、企业、公众互利共赢关系。

政府作为海洋环境治理的主导者，存在三大职能：第一，确定海洋发展总体规划、完善法律法规。政府应该总体布局，从海洋经济可持续发展为出发点，不断出台和完善海洋法律法规，为海洋环境治理提供充分的法律基础和依据，从政策层面进行充分指导，从而实现中国海洋经济、社会以及环境效益的和谐统一。第二，为社会提供海洋环境公共产品和服务。政府提供海洋环境公共产品和服务时，决定哪些公共产品和服务由自身提供，哪些公共产品和服务由自身提供可以交给市场和公众。同时也决定为那些主体提供，以及提供公共物品的数量。第三，建立综合协调管理机制，调节海洋主体间的冲突问题。当不同主体存在利益纠纷和冲突时，需要政府进行协调和统筹。引领各个主体通力合作，共同推进中国海洋经济协调稳定发展。

企业是海洋环境治理的参与者。企业与海洋环境具有双向关系，一方面，海洋资源是企业重要的生产要素，海洋是企业索取的对象。在追求利益的过程中，企业的生产活动或多或少或直接或间接对海洋生态环境造成损害。另一方面，企业是技术创新的主体，通过清洁技术创新，企业可以改进生产工艺，提高资源的利用效率，是海洋环境治理的有力参与者。

公众是海洋环境治理的参与者和监督者。公众首先是海洋环境治理的参与者，公众配合政府宣传普及海洋环境保护知识，增强公众海洋环境保护意识，从治理效果中受益。[①] 另一方面，公众通过掌握参与环境治理的信息和知识，主动参与到各种海洋治理听证会、讨论会、公众评论等海洋环境治理活动中去，并通过网上评论、留言等手段对海洋环境政策效果进行评价，对政府海洋环境治理进行社会监督。

上下级政府相互信赖关系。中央政府是海洋环境治理体制中的核心主体，但若仅仅依靠中央政府单方面对海洋环境问题进行决断，决策可能存在瑕疵，造成这种情况的原因是上下级政府之间的信息沟通不足。上下级政府间应当构建相互信赖机制，通过建立上下级政府相互信任、

---

① 宁凌，毛海玲. 海洋环境治理中政府、企业与公众定位分析 [J]. 海洋开发与管理. 2017, 34（04）：13 - 20.

信息互通、权力重构等机制来实现。同时，上级政府应该适量放权给下级政府，以此避免一些上级政府决策武断的问题。

区域政府间良性竞争关系。区域政府间的合作和竞争是两个紧密联系的整体。两者的经济竞争中少不了相互的合作，合作里也缺不了竞争带来的激励。[①] 在区域海洋环境治理中，同一海域内的两个地方政府通过合作与竞争可以促进海洋治理的共同发展。区域内不同城市或者省份互通有无，优势互补，可以促进整个区域协调发展，提高综合经济发展实力。

企业与企业荣辱与共关系。位于同一水域的企业，存在一荣俱荣一损俱损的利益关系，一家企业肆意排放污染物，可能在短期内获得利益，但是从长远上看，整片水域可能沦为一潭死水，整片水域上的企业最终全部走向消亡。从长远的视角出发，引导企业改变其环境价值观，提高环境保护行为的自觉性和主动性，从而实现海洋环境管理中个体理性与集体理性的相互统一。同时，提高企业间的合作。同类型企业，或者位于上下游的企业可以通过兼并、合作等手段，促进外部性内部化，以实现私人与社会的边际成本相一致。不同类型的企业，可以通过排污权交易等手段，提高资源使用效率，降低污染排放水平。

政府、企业、公众互利共赢关系。由于利益追求和社会觉得的不同，政府与企业、公众以及海洋环境社会组织长期处于双方对立当中。在海洋环境治理中，政府代表的是公共利益，以社会综合效益最大化为目标，而企业往往以自身利益最大化为原则，社会公众以及海洋环境社会组织更加看重海洋环境效益。达成伙伴关系，共同合作，政府广泛听取企业代表、社会团体、公众及学者的意见建议，在海洋治理过程中提高企业、公众和社会组织的参与积极度，有利于实现政府、企业、公众的互利共赢。

（二）从单一管理模式转向多元化治理模式

一般而言，海洋环境就是公共物品，公共物品面临的"公地悲

277

---

① 全永波. 海洋污染跨区域治理的逻辑基础与制度建构 [D]. 浙江大学, 2017.

剧"——每个人最求自身利益最大化的结果导致整个社会人人遭殃的动作。① 一个自然的逻辑就是,"公地悲剧"需要政府拯救。确实,在很多场合,公共物品需要政府供给。但是,也有不少场合,公共物品需要"多中心治理"。而且,海洋环境未必都是公共物品。它可能是私人物品,也可能是俱乐部物品和共有物品。因此,要根据海洋环境的物品属性采取多元化治理理念、机制和模式。

综合经济学家对物品分类的研究,大致可以把所有物品分成四个类型:一是具有竞争性和排他性的纯私人物品,如渔民的收获量;二是具有非竞争性和非排他性的纯公共物品,如大海中的灯塔;三是具有竞争性和非排他性的共有物品或公共池塘资源,如局部海域的渔业资源;四是具有排他性和非竞争性的俱乐部物品,如海岛高尔夫球场。② 不同物品属性是采取不同治理机制的前提条件。

对于私人物品属性的海洋环境,就应该采取市场机制的模式,这是被古典经济学和新古典经济学所反复证明了的,私人物品属性的海洋环境,其具有明确的产权,在交易成本为零或者很小的时候,无论在开始时将财产权赋予谁,市场均衡的最终结果都是有效率的,都可以实现资源配置的帕累托最优。例如,涉海主体海洋环境污染对于养殖户造成的产量损害,按照"谁损害谁赔偿"进行生态损害赔偿。

对于具有俱乐部物品属性的海洋环境,就应该采取市场机制和社会机制相结合的模式。俱乐部物品相对于外部是一个市场主体,排他性公共物品特性之一是价格排他③,价格的排他决定了该类公共物品具有市场供给的特征。俱乐部内部是一个"小社会",社会规则的应用可以避免俱乐部物品存在"拥挤效应"和"过度使用"问题。比如高山草场的伐木与保护规则,韦尔塔的用水规则,地下水的开采规则,渔场的作业

① Hadin, G. The Tragedy of the Commons [J]. Science, 1968 (03).

② 沈满洪,谢慧明. 公共物品问题及其解决思路 [J]. 浙江大学学报 (人文社科版), 2009 (12).

③ 埃莉诺·奥斯特罗姆. 公共事物的治理之道——集体行动制度的演进 [M]. 余逊达, 陈旭东译. 上海: 上海三联书店, 2000. [E. Ostrom, Governing the Commons: The Evolution of Institutions for CollectiveAction [M], trans. by Yu Xunda & Chen Xudong, Shanghai: Shanghai Joint Publishing Company, 2000.]

规则。在这些规则背后，还有一系列的保障措施、惩罚措施、部落规则等。虽然此类规则非常脆弱，但这些小组织内的成员还是努力推动着制度变迁，重构当地区域的制度供给体系，形成公共池塘资源高效、合理、可持续的发展格局。

具有公共池塘资源属性的海洋环境问题可以转化为俱乐部问题和私人问题进行处理。当公共池塘资源具有使用者规模小，相应产权容易界定，或者奖惩机制可以有效运行时，公共池塘资源就可以转化为私人物品进行处理，即可交易的公共池塘资源；当公共池塘资源使用者规模巨大，但可以有效排他时，公共池塘资源就可以转化为俱乐部物品进行处理。对于具有共有物品属性的海洋环境，就应该采取社会机制和市场机制相结合的模式，由社会主体解决资源配置的高效化。

对于具有典型公共物品属性的海洋环境，就应该采取政府机制、市场机制和社会机制相互配合的模式。政府机制依旧是应对典型公共物品属性的海洋环境的主体方式。市场机制可以提高解决典型公共物品属性的海洋环境的效率，例如，各种环境产权的交易。同时，不能忽略社会机制中教育、宣传与监督的作用。

模式的借鉴和移植只适用于相同的内、外部条件和环境，一旦条件和环境发生变化，就要进行模式创新。海洋环境的物品属性的多样性决定了海洋环境治理的供给方式是私人供给、社会供给和政府供给的配合与融合，海洋环境保护必须从单一管理模式转向多元化治理模式。

（三）从碎片化管理模式转向系统性治理模式

碎片化管理必然导致条块分割、相互扯皮。按照"山水林田湖是一个生命共同体"[①] 的理念进行治理，就需要用系统论来指导。海洋是一个巨大的生态系统，也是一个生命共同体！但是，这个生命共同体被碎片化管理了。仅从政府机制举例，在海域，在相当长的时间内存在"五龙治海"的现象，中国海监、中国渔业渔政局、海关缉私局、中国海事

279

---

① 习近平. 关于《中共中央关于全面深化改革若干重大问题的决定》的说明［N］. 人民日报，2013 – 11 – 16.

局和公安海警五个执法部门经常发生扯皮现象，呈现由"五龙治海"到"五龙闹海"的分散型治理格局。① 发展较久的政府机制尚且如此，市场机制和社会机制呈现出更加不成熟状态，政府机制，市场机制和社会机制之间相互孤立。只有按照生命共同体的理念建立起既相对统一又相互制衡的系统性治理模式，才可能以尽可能低的成本实现尽可能好的治理效果。海洋环境系统性治理模式的核心在于建立海洋环境治理共建共享机制。

第一，建立海洋环境治理共建机制。建立协调政府、市场和社会的海洋环境综合治理委员会。政府、市场和社会是中国海洋环境治理体系的基本组成部分。政府是海洋环境资源的管理主体，负责制定海洋环境治理总体规划，提供公共物品。市场在资源配置中起决定性作用，对海洋自然资源的使用方式和流向趋势具有主导作用。社会是海洋环境治理的参与者和监督者，直接影响海洋环境治理的效益。政府机制、市场机制、社会机制三者有机协同、功能互补、相互配合、协调发展，是克服海洋生态治理中的政府失灵、市场失灵和社会失灵等问题的有效途径。政府应主动整合散落在各个部门的海洋环境职能，并以委托、授权等形式放权给海洋环境综合治理委员会。海洋环境综合治理委员会作为多中心治理中的核心主体，承担海洋公共服务职责。公众是海洋环境综合治理委员会的重要参与者，通过听证会、名义调查、上访等多种方式提出海洋环境治理建议，参与海洋环境治理决策的监督。企业通过承担海洋环境综合治理委员会分配的海洋环境治理业务，履行企业社会职责，参与海洋环境治理。

第二，打造海洋环境管理信息一体化机制。整合各个环节的海洋环境信息，将碎片化的海洋信息资料集中管理，形成统一的标准并严格执行。形成海洋环境治理网络数据库，各级政府与科研机构的局域网相互连接，实现全国海洋环境管理信息一体化。不同区域间海洋信息共享，并实现数据的畅通传输，让有关方面第一时间了解海洋管理的具体、真实、完善的情况，为正确决策提供数据支撑。

---

① 吕建华，高娜. 整体性治理对我国海洋环境管理体制改革的启示 ［J］. 中国行政管理，2012（05）.

第三，建立海洋环境治理共享机制。开展海洋发展规划研究与应用，为海洋可持续发展指明方向。政府及相关海洋研究智库机构共同推动制定以促进蓝色经济增长为目标的海洋发展规划，同时分享海洋生态文明建设科学方法与评估结果，鼓励社会各利益主体在海洋环境治理论坛中畅所欲言，为中国海洋生态文明建设建言献策。

第九章

中国海洋环境治理的制度创新

　　制度是决定做事成败的关键，制度是构建长效机制的核心。海洋环境治理体系和治理能力现代化重心在于制度体系的建设。海洋环境治理制度包括管制性制度、选择性制度和引导性制度。中国海洋环境治理制度建设不仅是单一的制度设计，更是制度体系构建和制度结构创新。基于三类制度的基本内涵和地区实践并总结其成效和不足有助于提出并细化制度创新的具体内容；通过构建政府、企业、公众"三制度三主体"的制度矩阵有助于明晰制度对主体的作用机理和可能效果；梳理制度之间的替代关系和互补关系有助于确定中国海洋环境治理制度建设的创新方向。

一、中国海洋环境治理的管制性制度建设

282

（一）中国海洋环境治理的管制性制度内涵与实践

　　管制，在学术界亦与"规制""监管"代替使用。王俊豪将其定义

为："具有法律地位的、相对独立的政府管制者（机构），依照一定的法规对被管制者（主要是企业）所采取的一系列行政管理与监督行为。"① 海洋环境治理的管制性制度是一系列别无选择的强制性制度，指海洋环境的管理者当局通过法律或行政手段对不同经济主体进行"命令—控制"式的刚性约束，从而实现海洋环境治理和生态环境保护目标的制度和政策。② 海洋资源和环境容量是有限的，对海洋的开发利用和污染排放超过一定限度将会造成海洋资源枯竭，海洋生态环境破坏，危及生态安全。为防止海洋生态功能的丧失，需要划定海洋生态红线以严格保护海洋生态环境，实施入海污染物总量控制以保证海洋产业可持续发展。针对海洋具有的不同功能，为有效利用海洋资源、保护海洋环境，需要合理规划海洋功能区，出台相应利用标准，提高海洋资源的优化配置。海洋资源环境管理中政府机构是起主导作用的，其行为将直接影响海洋环境治理成效，因而需要对其进行监督和追责。由此可见，海洋环境治理的管制性制度主要包括：海洋生态红线制度、入海污染物总量控制制度、海洋功能区划制度、领导干部海洋环境离任审计制度等。

1. 海洋生态红线制度

生态红线是我国在区域生态保护和管理中提出的一个新概念和新举措，是中国环保实践的一项创新制度。普遍接受的生态红线定义是国家环境保护部2014年发布的《国家生态保护红线—生态功能基线划定技术指南（试行）》所定义的："在提升生态功能、改善环境质量、促进资源高效利用等方面必须严格保护的最小空间范围与最高或最低数量限值。"③ 可见，生态红线制度是一项针对生态安全、政府强制执行的管制性制度。海洋生态红线制度是生态红线在海洋生态环境保护中的推广运用，也被普遍认为是海洋保护区制度的一种完善创新。海洋生态红线制度的主要目标是控制海洋资源开发利用规模，保护海洋生态健康，扭转生态环境恶化趋势，维持海洋生态系统功能的完整性和

283

① 王俊豪. 管制经济学原理［M］. 北京：高等教育出版社，2007.

② 沈满洪，郅玉玲，彭熠，等. 生态文明制度建设研究（上下卷）［M］. 北京：中国环境出版社，2017.

③ 王社坤，于子豪. 生态保护红线概念辨析［J］. 江苏大学学报，2016（03）：50-56.

连通性。① 这项制度的作用在于对具有生态和经济价值的海域进行划区，如渤海海洋生态红线区划分为禁止开发区和限制开发区，并根据区划实施分类指导、分区管理和分级保护。② 海洋生态保护红线是新时期我国海洋环境治理实践的一项创新举措，已经上升至国家战略并被新修正的《中华人民共和国海洋环境保护法》所确认。

生态红线最早源于 2000 年浙江省安吉县实施的红线控制区，涉及海洋生态环境的"生态红线"概念在 2011 年《国务院关于加强环境保护重点工作的意见》中首次提出并要求"在重要生态功能区、陆地和海洋生态环境敏感区、脆弱区等区域划定生态红线"③。2012 年，国家海洋局印发的《关于建立渤海海洋生态红线制度的若干意见》首次提出海洋生态红线概念，且在 2013 年 1 月的全国海洋工作会议上进一步明确建议实施海洋生态红线制度；同年，山东省印发《山东省渤海海洋生态红线区划定方案》，率先在渤海海域实施海洋生态红线制度。2016 年国家海洋局印发《关于全面建立实施海洋生态红线制度的意见》和《全国海洋生态红线划定技术指南》，指导全国沿海省市全面完成红线的划定工作；同年，新修正的《中华人民共和国海洋环境保护法》正式在法律层面上确认海洋生态红线制度，将其纳入海洋生态保护基本法。2017 年，我国已在沿海 11 个省（区、市）基本完成海洋红线划定工作，海洋生态红线制度全面建立。海洋生态红线制度发展历程如表 9 - 1 所示。

表 9 - 1　　　　　　　　海洋生态红线制度发展历程

时间	海洋生态红线事项
2011 年	《国务院关于加强环境保护重点工作的意见》首次提出涉及海洋生态环境的生态红线概念
2012 年	国家海洋局印发的《关于建立渤海海洋生态红线制度的若干意见》首次提出海洋生态红线概念

① 高月鑫，曾江宁，黄伟，等．海洋功能区划与海洋生态红线关系探讨［J］．海洋开发与管理，2018（01）：33 - 34．曾江宁，陈全震，黄伟，等．中国海洋生态保护制度的转型发展——从海洋保护区走向海洋生态红线区．生态学报，2016（01）：1 - 10.
② 张自豪，朱龙海．关于海洋生态红线在山东省渤海海域划定的思考［J］．海洋开发与管理，2017（02）：115 - 118.
③ 白洋，郑承友．"生态红线"实施的制约性因素分析及制度完善［J］．科技管理研究，2016（17）：246 - 251.

续表

时间	海洋生态红线事项
2013 年	实施海洋生态红线制度，启动渤海海洋生态红线制度试点工作
2014 年	福建省印发《福建省海洋生态红线划定工作方案》
2016 年	国家海洋局印发《关于全面建立实施海洋生态红线制度的意见》和《全国海洋生态红线划定技术指南》；《海洋环境保护法》在法律层面上确认海洋生态红线制度
2017 年	浙江、江苏、辽宁等 11 个省（区、市）发布海洋生态红线规划相关文件，完成海洋生态红线划定

2. 入海污染物总量控制制度

总量控制指根据一定时间段内某区域自然环境和自净能力，依据环境质量指标，结合地区经济发展水平，计算和分配污染物排放总量将排污总量控制在一定范围内以满足区域环境质量要求。[①] 王金坑等（2010）给出的更具体的内涵界定是："建立在海洋纳污能力（环境容量）国家所有权和国家对海洋环境管理权基础上的综合性的环境资源管理制度，是调整海洋环境容量利用、控制海洋污染、管理入海污染物排放活动所产生的一系列社会关系和法律规范的总和；它由有关法律的条文和专门的法规、行政规章构成，包括管理机构及其出现和管理原则、办法、措施和程序等。"[②] 入海污染物总量控制制度的实施主要分为海域环境质量目标确定、海域环境容量计算、污染物允许排放总量的优化分配、确定排放总量削减和控制方案、总量控制反馈等，其中污染物允许排放总量的优化分配是制度的关键和核心。[③] 建立和实施这一制度将大大减少入海污染物排放总量，有效改善海洋环境质量，对保护和改善海洋生态环

[①] 尹炜，裴中平，辛小康. 现行水污染物总量控制制度存在的问题及对策研究 [J]. 人民长江，2019（08）：1－5，19. 邹涛. 夏季胶州湾入海污染物总量控制研究. 研究生论文，2012. 冯金鹏，吴洪寿，赵帆. 水环境污染总量控制回顾、现状及发展探讨 [J]. 南水北调与水利科技，2004（01）：45－47.

[②] 王金坑，陈克亮，戴娟娟，等. 我国海域排污总量控制制度建设框架研究 [J]. 海洋开发与管理，2010（09）：19－23.

[③] 赵骞，杨永俊，赵仕兰. 入海污染物总量控制制度与技术的研究进展 [J]. 海洋开发与管理，2013（02）：65－71.

境以及促进沿海地区海洋产业结构和发展方式的转变具有重大意义。

我国水环境总量控制制度始于1973年颁布的第一个水体污染物控制标准文件《工业三废排放试行标准》①，并在之后的实践中形成一套以浓度排放为主的排放标准。在海洋领域也颁布了一系列海洋污染物浓度排放及海洋环境质量标准、海洋环境保护法规及相关的多项政策，如《海洋石油开发工业含油污水排放标准》《船舶污染物排放标准》《海水水质标准》等。② 此类标准的建立为入海污染物总量控制制度作出了适当铺垫。经过松花江生物需氧量（BOD）总量控制标准的探索，白洋淀、胶州湾、泉州湾等水域以总量控制规划为基础进行的水环境功能区划和排污许可证发放标志着水环境总量控制制度逐步建立。③ 2008年，《全国海洋标准化"十一五"发展规划》突出了污染物入海控制、污染物排海监测、海洋环境容量评价等领域标准的制定。④ 2011年，《国家"十二五"海洋科学和技术发展规划纲要》明确将要"深入研究基于区域承载力的海域总量控制模型、基于近岸海域环境质量的流域污染总量控制技术等"。2018年，国家海洋局召开渤海生态环境保护工作专题座谈会，提出率先在天津启动入海污染物总量控制制度。入海污染物总量控制已逐渐成为我国实施海洋环境管理的重要措施。入海污染物总量控制制度发展历程如表9-2所示。

表9-2　　　　　　　　　　入海污染物总量控制制度发展历程

时间	入海污染物总量控制制度事项
1983年	发布《船舶污染物排放标准》
1985年	发布《海洋石油开发工业含油污水排放标准》
1997年	发布《海水水质标准》

286

① 尹炜，裴中平，辛小康. 现行水污染物总量控制制度存在的问题及对策研究 [J]. 人民长江，2019 (08)：1-5，19.

② 杨积武. 近岸海域实施污染物排放总量控制的理论与实践 [J]. 海洋信息，2001 (02)：24-26.

③ 赵骞，杨永俊，赵仕兰. 入海污染物总量控制制度与技术的研究进展 [J]. 海洋开发与管理，2013 (02)：65-71.

④ 戴娟娟，王金坑，詹兴旺，等. 入海污染物总量控制标准体系构建研究 [J]. 海洋开放与管理，2013 (08)：57-61.

续表

时间	入海污染物总量控制制度事项
2008 年	发布《全国海洋标准化"十一五"发展规划》，要求突出污染物入海控制领域标准的制定
2011 年	《国家"十二五"海洋科学和技术发展规划纲要》将海域总量控制模型、近岸海域环境质量的流域污染总量控制技术列为重点任务
2018 年	国家海洋局召开座谈会，建议率先在天津市启动入海污染物总量控制制度

3. 海洋功能区划制度

海洋功能区划是根据海域的地理位置、自然资源状况、自然环境条件和社会需求等因素而划分的不同的海洋功能类型区以指导约束海洋开发利用实践活动，保证海上开发的经济、环境和社会效益。① 海洋为人民生产生活提供生物、矿产、航道港口、海水、旅游等多种重要资源。随着海洋开发利用加深、海洋环境质量持续恶化、环境污染事件频发，为合理开发利用海洋空间和资源、保护海洋环境、协调各海洋产业、解决不同部门和行业间的用海矛盾，海洋功能区划制度应运而生。

中国海洋功能区划制度始于 1979 年全国海岸带和海涂资源综合调查工作。1982 年通过和 1999 年修订的《海洋环境保护法》第二条对海洋功能区划作出了原则性规定。1988 年，国务院将"组织拟定重要海区综合利用区划，会同沿海省、自治区、直辖市划定海洋功能区"的职责赋予国家海洋局。1989 年，国家海洋局制定《全国海洋功能区划大纲》《全国海洋功能区划简明技术规定》并选定渤海为海洋功能区划示范区，海洋功能区划制度开始建立。为了保证海洋功能区划制度的有效实施，财政部、国家海洋局于 1993 年发布《国家海域使用管理暂行规定》，要求根据海洋功能区划统一安排和监督管理海域的各种利用。1997 年出台的《海洋功能区划技术导则》成为强制性国家标准。1999 年国家环境保护总局颁布《近岸海域环境功能区管理办法》，对划定和管理近岸海域环境功能作了具体规定。2002 年，国家海洋局制定了具有法律效力的

287

---

① 王广卉. 浅析海洋功能区划 [J]. 法制与社会，2013（22）：166－167.

《全国海洋功能区划》，海洋功能区划制度正式建立且在全国实行。2012
年国务院批准了《全国海洋功能区划（2011—2020）》，2012 年批准广
西、山东、福建、浙江、江苏、辽宁、河北、天津等 8 个省区市的海洋
功能区划（2011—2020 年）。海洋功能区划制度发展历程如表 9 - 3
所示。

表 9 - 3　　　　　　　　海洋功能区划制度发展历程

时间	海洋功能区划制度事项
1979 年	全国海岸带和海涂资源综合调查工作启动
1982 年	我国《海洋环境保护法》第二条对海洋功能区划作了原则性规定
1988 年	国务院将会同沿海省份划定海洋功能区的职能赋予国家海洋局
1989 年	国家海洋局制定《全国海洋功能区划大纲》《全国海洋功能区划简明技术规定》，选定渤海为海洋功能区划示范区
1993 年	财政部、国家海洋局发布《国家海域使用管理暂行规定》
1997 年	国家海洋局出台《海洋功能区划技术导则》
1999 年	国家环境保护总局颁布《近岸海域环境功能区管理办法》
2002 年	国家海洋局制定《全国海洋功能区划》
2012 年	国务院通过《全国海洋功能区划（2011—2020）》

（二）中国海洋环境治理的管制性制度成效与问题

海洋环境治理的管制性制度是"命令—控制"型制度，其具有统一
性、强制性和见效快的优点。具体来说，海洋环境治理的管制性制度以
直接管制和行政命令为主，所有人必须遵守且人人平等，具有统一性。
海洋环境治理的管制性制度借助政府或法律的权威性得以实施，具有刚
性和强迫性。被管制的经济主体别无选择，处于被动地位，因此能有效
约束和规范经济主体的社会经济行为。管制性制度实施具有固定性和组
织性的特点，往往采取直接禁止、限期改进、罚款、停工、制裁等行政
管制举措，能够直接有效控制经济主体的环境污染行为，因此通常是见
效最快的制度。但是，由于海洋环境治理的管制性制度是建立在政府单
一主体管制基础之上，其强制性和权威性的特点也带来以下局限：一是

抑制主体创新。强制性制度下统一的标准限制异质性企业的自由选择行为，导致其主观能动性缺失，不利于激励企业推动环保技术创新，制度僵化风险较大。二是运行成本高昂。由于存在信息不对称，该制度科学合理的实施和建立合理的管制标准需要收集大量信息，这将带来高昂的社会经济成本。三是有效监督困难。由于管制主体和受管制主体间在数量和精力上存在着严重的不对等，政府面临巨大数量的受管制主体以及复杂烦琐的管制条款和管制程序，难以做到对受管制主体监督的全面性和严密性。出于晋升考核的考虑，地方政府具有重点发展经济的倾向，缺少对企业环保监督的积极性。由于制度发展从不完善到完善需要一定的过程，具体的各项管制性制度也存在短板需要通过改革创新来克服。

1. 海洋生态红线制度的成效与问题

2017 年海洋生态红线制度全面建立后，全国沿海 11 个省（区、市）基本完成红线划定，将全国 30% 以上的管理海域和 35% 以上的大陆岸线纳入红线管控范围，全国海岛保持现有砂质岸线长度，预计到 2020 年近岸海域水质优良比例达到 70% 左右。海洋生态红线的划定明确了我国海域海岛、湿地岸滩开发利用的底线，让管海用海者和执法者有最根本的遵循，让社会公众、海洋保护志愿者参与监督海洋生态环境保护有确定的目标和方向。海洋生态保护红线制度在保护海洋生态脆弱区、敏感区、特殊功能区等方面发挥着十分重要的作用，使我国重要的海洋生境、鱼虾蟹产卵场、滨海湿地，白海豚、红树林、海草床等濒危的海洋野生动植物资源及特殊的海岛、地形地貌等可以得到有效保护。① 对海洋生态安全具有重要作用的一些海洋生境，如河口生态系统、重要滨海湿地、重要渔业区域、大陆自然岸线等被纳入海洋生态红线保护的范畴有利于中国海洋保护区网络的形成，有利于中国整体海洋生态安全，尤其是大陆自然岸线的纳入更是极大地减少了海洋保护区所面临的陆源排放和污染的压力。

海洋生态红线制度在我国的建立刚刚起步，尚存诸多不完善之处，相关理论基础仍有待探索。首先，海洋生态红线制度的法律法规体系仍

289

---

① 林间. 海洋生态文明建设 仅仅守住红线是不够的 ［N］. 中国海洋报, 2019 – 01 – 06.

不完善。尽管 2016 年修正的我国《中华人民共和国海洋环境保护法》对
"生态保护红线"进行了法律确认，使海洋生态红线正式上升为一种法
律制度，但仅停留在要求"严格遵守生态保护红线"，缺少制度落地的
具体举措建议。另外，该法未对海洋生态红线的基本内涵加以明确，将
导致制度实施依据指向不明，使得在不同部门和领域的"红线"制度推
进出现相互交叉和"打架"的现象。① 其次，实际执行过程面临发展公
平问题。在制度实施过程中，红线区将实行最严格的保护和监管，区内
居民等用海者将承担海洋生态保护所带来的机会成本，如传统渔民面临
失海风险、红线区内传统居民被迫迁移等；过于严格和死板的保护措施
难以与当地经济社会发展相融合，影响当地居民收入和可持续发展，使
得政府面临两难抉择。最后，缺少公众参与机制。海洋生态红线制度的
实施除了依靠严格的执法与严苛的惩戒措施以保持制度刚性外，也需要
经济主体对红线制度及其价值的认同。只有社会公众参与生态红线制度
的创建和实施，认同其合理性与正当性，以及背后所代表的社会公众利
益，才能真正提升海洋生态红线制度的刚性。②

2. 入海污染物总量控制制度的成效与问题

入海污染物总量控制制度自 2018 年在天津市率先实施，其控制入海
污染排放初见成效。通过入海排污口综合整治，入海排污口自 2017 年的
18 个下降至 12 个；通过入海污染物排放总量的控制和削减，直排海污
染源废水排放量从 2017 年的 7037 万吨直降至 2018 年的 1866 万吨，减排
效果显著。天津市入海污染物的总量控制将有助于海洋生态环境的修复，
海洋环境恶化趋势得到遏制，沿海海域水质得以提升。

入海污染物总量控制制度仍处于尝试和探索阶段，仍有待完善。首
先，入海污染物总量控制的相关法律法规和配套政策缺失。关于重点海
域排污总量控制制度仅在我国《海洋环境保护法》中有原则性规定，尚
未建立一整套的法律法规体系，缺少相应的总量分配、核查监督和跟踪

① 胡斌，陈妍．论海洋生态红线制度对中国海洋生态安全保障法律制度的发展［J］．中
国海商法研究，2018（4）：96－103．
② 胡斌，陈妍．论海洋生态红线制度对中国海洋生态安全保障法律制度的发展［J］．中
国海商法研究，2018（04）：96－103．

评估机制，使得管理者具体操作时无所适从。[①] 其次，开展总量控制的综合管理机制有待完善。建立实施重点海域排污总量控制制度同时涉及环保、海洋、交通运输等污染监管部门和发改委、财政部等综合管理部门，还可能涉及不同地方政府的跨区域和跨流域合作，实现有效的总量控制和环境治理需要发挥多区域、部门、领域的合力，而这一套综合管理体制机制仍尚未建立。[②] 最后，缺少公众参与。公众是海洋环境质量的监督者和海洋环境污染控制行动的直接参与者，对入海污染物总量控制制度的监督和绩效评估应当有公众参与。[③]

3. 海洋功能区划制度的成效与问题

海洋功能区划制度自 2002 年在全国实施后已经运行了近 20 年。实践证明，较科学的海洋空间划分功能实现了海洋开发利用有序有度，提高了海域管理的科学性，遏制了海洋环境质量恶化。在海洋产业迅猛发展的过程中，海水质量较为稳定，污染水质面积并未明显扩大，海水养殖区、海水浴场、滨海旅游度假区、海洋倾倒区和海洋油气区等重点功能区环境质量保持良好。2018 年，符合一类海水水质标准的海域面积占管辖海域的 96.3%，近岸海域一、二类海水比例自 2002 年的 49.7% 上升至 2018 年的 74.6%，海洋水质得到显著改善。海域开发利用与海洋功能区划的符合性提高，不符合要求的用海项目逐步得到调整。[④]

海洋功能区划制度在取得显著成效的同时，也存在待完善和加强的方面。首先，相关法律法规存在空白和不完善。海洋资源的多样性使得海洋功能具有多宜性，同一海域可能存在两种以上或兼容或冲突的功能，强行规定某海域只适用一种功能是不合理的，但现有的法律法规文件仅

① 赵骞，杨永俊，赵仕兰.入海污染物总量控制制度与技术的研究进展 [J].海洋开发与管理，2013 (02)：65 - 71.
② 赵骞，杨永俊，赵仕兰.入海污染物总量控制制度与技术的研究进展 [J].海洋开发与管理，2013 (02)：65 - 71.
③ 于春艳，洛昊，鲍晨光，等.陆源入海污染物总量控制绩效评估指标体系的建立——以天津海域为例 [J].海洋开发与管理，2016 (12)：61 - 65.王金坑，陈克亮，戴娟娟，等.我国海域排污总量控制制度建设框架研究 [J].海洋开发与管理，2010 (09)：19 - 23.
④ 徐伟，刘淑芬，张静怡等.全国海洋功能区划实施评价研究 [J].海洋环境科学，2014 (03)：466 - 471.

划分各类功能区或海域主导功能，没有考虑海域的兼容功能。[1] 其次，区域划分体系不完善且缺乏可操作性。《海洋功能区划技术导则》从功能角度对海洋进行区分以达到保护环境和提高资源利用率的目的。但随着经济和科学技术的发展，海洋开发手段和方式更加多样化，现有海域功能类型无法覆盖海洋所有开发利用类型，例如，海洋资源中的风能、盐差能、温差能等尚未纳入区划类型；另外，其分类也与《海域使用分类体系》不统一，导致海洋主管部门无法准确审批用海项目是否符合要求。最后，缺少区域协调机制。我国沿海行政单位根据行政管理所划分的界限按发展需要各自对所辖海域制定海洋功能区划，同一海域可能隶属于不同的行政区域。缺乏沟通协调、各自为政的行政单位在相邻海域划定的海洋功能区可能无法兼容，例如福建漳州的东山县和诏安县对所辖的诏安湾各自划分为排污区和养殖区。[2]

（三）中国海洋环境治理的管制性制度创新

中国海洋环境治理管制性制度的普遍性问题主要包括针对制度的专门法律法规的缺位和不完善，相关配套制度的不健全以及公众参与机制的缺失。因此，管制性制度亟待改革创新的内容分为制定关于制度的专门法、建立健全相关配套制度以及建立公众参与机制。具体步骤根据不同制度运行情况而定，以海洋生态红线制度、入海污染物总量控制制度、海洋功能区划制度为例进行说明。

1. 海洋生态红线制度创新

首先，加快海洋生态红线制度的进一步法律化。完善海洋生态红线制度的法律法规体系需要适时出台和完善相关法律法规，及时实施配套政策。加快海洋生态红线在法律、地理、生态等方面的理论研究，出台和完善相关法律法规，为生态红线划定和管理工作提供依据，规范和统

① 朱晓燕，苏展. 浅析防治海岸工程污染海洋环境之海洋功能区划的完善 [J]. 山西省政法管理干部学院学报，2016（03）：5-9.
② 朱晓燕，苏展. 浅析防治海岸工程污染海洋环境之海洋功能区划的完善 [J]. 山西省政法管理干部学院学报，2016（03）：5-9.

一不同部门的工作；及时实施配套政策，如海洋红线区管控制度、政绩考核评价制度等，切实发挥海洋生态红线制度应有的效用。① 其次，建立健全海洋生态红线生态补偿制度。符合海洋生态红线保护要求的海洋生态补偿制度要求其符合生态红线的"刚性"要求，由于红线区内的海洋生态系统是具有独特性和重要性的海洋生态系统，其生态服务事关国家生态安全，既难以用异地修复重建、替换来获得同等生态功能，更不容在金钱补偿基础上加以开发利用。② 最后，建立公众参与机制。通过听证会、论证会、座谈会等形式强化公众对海洋生态红线制度构建与实施的参与；提高公众海洋生态红线管理的决策和执法参与，就红线区的选划、产业准入、环境管理标准设定、红线监督管理等要听取公众意见。③

2. 入海污染物总量控制制度创新

首先，加快入海污染物总量控制的法律法规建设。根据依法行政和建设法治型政府的要求，应由国务院制定入海污染物总量控制的相关条例，并组织编制一整套法规制度体系，同时各沿海省份根据国务院文件制定各自入海污染物总量控制的管理条例，让制度的实施有法可依、有章可循。④ 其次，建立综合管理体制机制。明晰不同部门的职责边界，协调各部门的管理工作，促使部门间相互配合，建立监督和考核制度，提高海洋环境管理效率。最后，加强公众参与。政府通过将海域监测信息通过媒体、网站和公报等多种形式向社会发布，使公众能及时监督政府和企业的环境保护行为及入海污染物总量控制实施状况，切实保障和扩大公众的参与力度。⑤

---

① 田志强，贾克敬，张辉，等. 我国划定生态红线的政策演进分析 [J]. 生态经济，2016，(09)：140 – 144.

② 胡斌，陈妍. 论海洋生态红线制度对中国海洋生态安全保障法律制度的发展 [J]. 中国海商法研究，2018 (04)：96 – 103.

③ 胡斌，陈妍. 论海洋生态红线制度对中国海洋生态安全保障法律制度的发展 [J]. 中国海商法研究，2018 (04)：96 – 103.

④ 赵骞，杨永俊，赵仕兰. 入海污染物总量控制制度与技术的研究进展 [J]. 海洋开发与管理，2013 (02)：65 – 71.

⑤ 于春艳，洛昊，鲍晨光，等. 陆源入海污染物总量控制绩效评估指标体系的建立——以天津海域为例 [J]. 海洋开发与管理，2016 (12)：61 – 65.

中国

海洋环境治理研究

3. 海洋功能区划制度创新

首先，应当完善法律法规，填补空白。完善海洋功能区划分规定，明确海域使用功能，允许主导功能和多种兼容功能并行，主导功能引导海洋开发利用的方向，兼容功能实现海洋立体开发，满足多种用海需求。其次，完善区域划分体系，增强制度可操作性。根据现有海洋开发利用现状和最新技术需求，通过修订或者制定一些补充性规定，及时革新海洋功能区划，增强地区对所辖海域进行功能划分的可操作性。同时，统一不同用海文件对海洋功能的划分标准和类型，保证海洋管理部门划分海洋功能和审批用海文件能够有章可循、准确高效。最后，建立区域协调的综合管理体制。海域管理可能是跨流域、跨部门的，因此需要通过区域合作、部门协调建立生态补偿等一系列区域间的配套制度，加强区域、部门之间沟通和工作衔接，实现海洋综合管理。

二、中国海洋环境治理的选择性制度建设

（一）中国海洋环境治理的选择性制度内涵和实践

中国海洋环境治理的选择性制度是管理者通过向各类经济主体提供一套经济政策使之通过趋利避害和优化选择实现海洋环境治理的政策手段。[1] 中国海洋环境治理的选择性制度是市场导向型制度，旨在通过政策组合的形式向经济主体提供直接或间接的利益作为驱动，促使经济主体根据成本收益作出政策选择。基于"庇古税"理论和产权理论，选择性制度可以分为财税制度和产权制度，也称为庇古手段和科斯手段。针对经济系统的外部性问题，庇古认为征税可以将负外部性内部化，补贴可以将正外部性内部化。财税制度还可分为财政收入制度和财政支出制

294

---

① 沈满洪. 生态文明制度的构建和优化选择 [J]. 环境经济, 2013 (12): 18 - 22.

度。产权理论的创始人科斯认为只要谈判成本可以忽略不计且受影响的消费者可以自由协商（当受影响的各方人数很少时），法院（或管理机构）把权利分配给任意一方都能实现有效的结果，其决定的唯一效果是改变受影响各方的成本和收益分配。这意味着可以通过明晰产权来解决外部性问题。总体来说，中国海洋环境治理的选择性制度包括海域和海岛有偿使用制度、海洋生态保护补偿制度、海洋环境损害赔偿制度等绿色财税制度，还包括海洋资源产权制度、海洋环境产权制度、海洋气候产权制度等绿色产权制度。

1. 海域和海岛有偿使用制度

海域和海岛有偿使用制度是全民所有自然资源资产有偿使用制度的重要组成部分之一。海岛有偿使用制度，也称无居民海岛有偿使用制度，是指在保证无居民海岛国家所有的基础上，根据无居民海岛所有权与使用权分离的原则，国家与无居民海岛使用单位和个人之间依法建立一种租赁关系，无居民海岛使用者在使用期内，对指定的无居民海岛按年度逐年缴纳或按规定一次性缴纳使用金，保证无居民海岛使用权作为特殊商品进入市场流通的一种新型无居民海岛管理制度。① 海域有偿使用制度是在保证海域国家所有的基础上，根据海域所有权与使用权分离原则，将海域使用权作为特殊商品进入市场流转的海域管理制度。海域和海岛有偿使用制度具有所有者和使用者行为的合法性、使用者获取使用权的有偿性、使用权使用的有期性、使用权流动的市场性四大特点，使用权的商品化将国家与用海者从行政关系转变为一种平等、自愿、有偿、有期的民事权利义务关系，清晰的海岛和海域使用权责利关系将降低使用者开发的盲目性和风险性，同时引入市场竞争机制，激励使用者合理资源配置以实现海域资源利用规模化、效益化。

我国资源有偿使用制度的建立始于 1992 年里约环境与发展大会。会后，中国政府召开专门会议，明确提出"资源有偿使用原则"。按照会议要求，土地、矿产、草原等相关的资源保护法律都确定资源有偿使用原则，并建立相应的资源有偿使用制度。这些资源有偿使用制度为建立

295

---

① 本书编写组. 中华人民共和国海岛保护法释义［M］. 北京：法律出版社，2010.

中国
海洋环境治理研究

海岛有偿使用制度提供了参考。2003 年《无居民海岛保护与利用管理规定》的出台为无居民海岛合理开发利用提供了法律依据。海岛有偿使用制度正式建立始于 2010 年施行的《中华人民共和国海岛保护法》，其规定"无居民海岛属于国家所有，国务院代表国家行使所有权"，且"无居民海岛的利用，必须在规划确定可以利用的前提下有偿使用"。海岛有偿使用制度作为一项重要制度，首次以法律的形式确立。同年，财政部和国家海洋局联合下发了《无居民海岛使用金征收使用管理办法》。作为具体工作的指导性文件，它对无居民海岛有偿使用具体操作细节进行了规范，与《中华人民共和国海岛保护法》相辅相成。沿海省（区、市）结合地方实际，也针对无居民海岛有偿使用制定了相应的法律法规，例如《浙江省无居民海岛开发利用管理办法》《山东省无居民海岛使用审批管理办法》《海南省无居民海岛开发利用审批办法》等。海岛有偿使用制度已经初步形成从中央到地方的法律规范体系。

1993 年，《国家海域使用管理暂行规定》在总则第一条明确"根据国务院关于加强我国海域使用管理，实行海域使用证制度和有偿使用制度的精神"，并对海域资源的有偿利用作出相关规定。该规定首次以正式文件的形式确定中国实行海域有偿使用制度。2002 年实施的《中华人民共和国海域使用管理法》规定"国家实行海域有偿使用制度"，且明确规定海域属于国家所有，并确定以征收海域使用金的形式行使海域使用权，为海域有偿使用制度提供法律依据。至此，我国海域有偿使用正式开始。2017 年，中央全面深化改革领导小组通过《海域、无居民海岛有偿使用的意见》，对海域和无居民海岛有偿使用制度建设提出更加具体的要求。海岛有偿使用制度和海域有偿使用制度如表 9－4 和表 9－5 所示。

表 9－4 　　　　　　　海岛有偿使用制度的若干重要时间节点

时间	海岛有偿使用制度事项
1992 年	明确提出"资源有偿使用原则"
2003 年	出台《无居民海岛保护与利用管理规定》，为无居民海岛合理开发利用提供法律依据，为海域有偿使用制度提供法律依据

续表

时间	海岛有偿使用制度事项
2010 年	施行《中华人民共和国海岛保护法》，海岛有偿使用制度作为一项重要制度，首次以法律的形式确立
2017 年	《海域、无居民海岛有偿使用的意见》对无居民海岛有偿使用制度建设提出更加具体的要求

表 9 – 5　　　　　　　　海域有偿使用制度的若干重要时间节点

时间	海岛有偿使用制度事项
1993 年	实施《国家海域使用管理暂行规定》，以正式文件的形式确定中国实行海域有偿使用制度
2002 年	实施《中华人民共和国海域使用管理法》，规定"国家实行海域有偿使用制度"
2017 年	《海域、无居民海岛有偿使用的意见》对海域有偿使用制度建设提出更加具体的要求

2. 海洋生态保护补偿制度

海洋生态保护补偿是海洋生态补偿的重要组成部分，包括"人对海"和"人对人"两方面："人对海"的海洋保护补偿是指人类通过物质和能量的投入等人为干预手段对被破坏或污染的海洋生态环境进行修复，使之恢复并维持其生态系统动态平衡的经济活动；"人对人"的海洋保护补偿是指一种将海洋生态保护和修复行为的外部经济性内部化的机制，旨在保护和改善海洋生态。海洋生态保护补偿是依据"庇古税"理论设计的环境经济手段，通过补偿这一激励机制加强海洋生态保护者的保护力度，实现海洋生态保护私人最优和社会最优的一致，即海洋生态保护正外部性的内部化。[1] 海洋生态保护补偿包括两方面的补偿：对保护、修复海洋生态行为本身的成本、产生的社会经济效益进行补偿；对因保护、修复海洋生态行为而放弃发展机会的损失进行补偿。[2]

297

---

[1]　沈满洪. 海洋生态损害补偿及其相关概念辨析 [J]. 中国环境管理，2019（04）：34 – 38.

[2]　李晓璇，刘大海，刘芳明. 海洋生态补偿概念内涵研究与制度设计 [J]. 海洋环境科学，2016（06）：948 – 953.

1982年，我国将环境保护纳入基本国策，之后陆续制定了一系列与海洋环境保护相关的法律法规，最基本的法律是《海洋环境保护法》。该法对损害海洋环境质量、破坏海洋生态平衡的行为进行了规定，但是海洋损害事件仍频发。在海洋生态损害背景下，海洋生态补偿制度作为重要的海洋生态保护机制应运而生，受到政府和学界重视。2013年全国人大常委会上两位委员提出"应重视海洋生态补偿制度建设"。海洋生态补偿制度散见于我国《宪法》《环境保护法》《海洋环境保护法》《渔业法》《海域使用管理法》以及《福建省海域使用补偿办法》《山东省海洋生态补偿管理办法》等。虽然海洋生态补偿制度没有单行立法，但是各级地方政府已相继出台行政法规进行试点，大量的实践为制度建立提供了基础。

3. 海洋产权交易制度

海洋产权包含海洋资源产权、海洋环境产权和海洋气候产权等。产权是经由物的存在以及关于它们的使用所引起的人们之间的相互认可的行为关系的基本规则，是一组包括所有权、使用权、收益权和转让权等权利在内的权利束，这些权利具有排他性并且可以平等交易。[1] 李晓光等将海洋产权定义为"一种通过社会强制并赋予保护而实现的、对某种与海洋有比较密切关系的财产或资产的多种用途进行选择的权利"；王淼等则将海洋空间资源性资产产权定义为产权主体对海洋空间资源性资产的一个权力束，包括所有权、使用权、收益权和处置权。[2] 显然，海洋产权是产权概念在海洋领域的延伸，是对海洋资源的所有权及与其相关的财产权、使用权、转让权等。

海洋产权是自然资源资产产权的一部分。20世纪80年代，我国自然资源资产产权制度正式创立。我国《宪法》对自然资源资产产权进行了规定。但《森林法》《草原法》《渔业法》《矿产资源法》等涉及自然资源的法律最初对自然资源使用权的规制并不充分。经过不断修订，对

298

---

① 全国科学技术名词审定委员会，术语在线：http://www.cnctst.cn/syfw/.
② 李晓光，孙志毅，张丰奇. 海洋产权及其交易 [J]. 东岳论丛，2011（09）：140 – 143. 王淼，段志霞. 关于建立海洋生态补偿机制的探讨 [J]. 海洋信息，2007（04）：7 – 9.

资产产权制度的规定逐渐增多，自然资源产权制度逐步确立。2013 年，《中共中央关于全面深化改革若干重大问题的决定》首次提出要健全自然资源资产产权制度；2015 年，《生态文明体制改革总体方案》把健全自然资源资产产权制度列为生态文明体制改革八项任务之首；2019 年，《关于统筹推进自然资源资产产权制度改革的指导意见》指出到 2020 年自然资源资产产权制度基本建立。在此过程中，海洋资源产权制度也在不断探索和实践。根据海域和海岛资源有偿使用原则和使用权市场化交易的需要，部分地区对海域和海岛进行产权界定和初始产权分配，尝试通过招标、拍卖、挂牌等方式推进产权交易。2011 年，国家发改委批复的《山东半岛蓝色经济区改革发展试点工作方案》明确指定"在烟台筹建海洋产权交易中心"，并于 2015 年正式建成，海洋产权交易市场开始建立。

（二）中国海洋环境治理的选择性制度成效与问题

海洋环境治理的选择性制度是利用市场力量的制度，通过政策手段改变经济主体的成本收益，促使其根据自身利润最大化自主选择最优的经济环境行为。这种择优选之的制度具有灵活性，通过将海洋环境治理的责任给予经济主体，让其有充分的自主选择权利，因而容易调动其积极性和主动性，提高经济活力并激励创新。同时，由于强化了企业和居民的主体作用，可以避免政府单方面决策的盲目性和标准设置的偏差。另外，这类制度能够充分发挥市场机制配置资源的作用，有效避免信息不对称，制度成本相对较小。虽然如此，这类选择性制度在实施上也存在问题。一是信息不对称下，政府难以知晓经济主体的成本收益曲线、难以确定税率和补贴额度、难以确定海洋产权；二是选择性制度在我国仍处于探索实践阶段，大多并不完善且缺少法律法规基础和相关配套制度；三是选择性制度实施依赖成熟的市场机制，但海洋资源资产的市场化程度不高，且经济主体对市场的反应存在时滞，难以应付突发海洋环境事件。

1. 海域和海岛有偿使用制度的成效与问题

近年来，我国海域和海岛有偿使用制度成效十分显著，制度覆盖范围不断扩大，海域确权面积自 2002 年的 222473 公顷扩大至 2016 年的291308.2 公顷，增长约 31%；批准无居民海岛利用数量从最初的 4 个，2016 年已达到 17 个，用岛面积达到 1762.2 公顷。海域使用金征收逐年递增，从 2002 年的 1.2 亿元增长至 2016 年的 65.5 亿元，累计征收超过885.5 亿元①；同期的单位确权海域面积的海洋生产总值从 0.05 亿元/公顷增长到 0.24 亿元/公顷，增长了近 4 倍；2011 年以来，无居民海岛使用金征收额已超过 5 亿元。② 使用金的征收对维护国家所有者权益、促进海域海岛资源保护发挥了积极作用，也激励使用者提高资源利用率，优化海洋产业结构，增加海洋经济产出。

海域和海岛有偿使用制度实施已有十多年，制度相对完善但也存在一些问题。首先，海域和海岛的价值评估体系不完善。健全的价值评估是保证海域和海岛使用权市场正常运作的基础，海域和海岛的价值评估缺少专业机构、技术标准和专业人才，价值评估的配套制度不完善。海域价值评估虽有 2013 年出台的《海域评估技术指引》，满足了对于单体项目的评估要求，但对区域的价值评估仍缺少技术标准③；海岛价值评估仅有 2016 年广东省出台的省级地方标准《无居民海岛使用权价值评估技术规范》，缺少权威的国家标准。不科学和不合理的海域和海岛使用金征收标准致使海域和海岛使用金与使用价值相违。其次，市场决定性作用发挥不充分。由于所有权人不到位、权利体系不健全、权能不完整，海洋资源配置中的市场机制发挥不充分，影响海洋资源有效开发利用。④海域和海岛所有权归属国家虽已在法律上得到确定，但在有偿使用制度具体实施过程中，确权海域和出让海岛尚未实现全覆盖，部分无居民海岛开发利用未办理任何手续⑤；海域和海岛使用权出让方式也不科学，

---

① 加快建立健全全民所有自然资源资产有偿使用制度 [J]. 青海国土经略, 2017 (01): 28 – 30.

② 加快建立健全全民所有自然资源资产有偿使用制度 [J]. 青海国土经略, 2017 (01): 28 – 30.

③ 林霞，王鹏，于永海，等. 关于海域资源调查核算与海域有偿使用关系的思考 [J]. 海洋开发与管理, 2017 (09)：30 – 34.

④ 加快建立健全全民所有自然资源资产有偿使用制度 [J]. 青海国土经略, 2017 (01): 28 – 30.

⑤ 吴姗姗，王双. 无居民海岛有偿使用管理亟待规范 [N]. 中国海洋报, 2016 – 08 – 10.

海域有偿出让以行政审批为主①，无居民海岛招标拍卖挂牌出让缺少法律依据。最后，海域和海岛有偿使用金的征管不规范。不同地区、不同部门对相同用海类型的使用金征收标准不一致，存在较大随意性，在海域使用金征收和使用上也存在缴纳不及时、拖欠严重、上缴数额不足、自收自支以及未用于海域整治、保护和管理等不规范现象。② 在海岛有偿使用制度实施过程中，由于无居民海岛使用权出让最低价标准落后或违法者故意隐瞒出让面积，居民海岛使用权出让最低价存在偏差，征收的出让价款与现实价值相违。

2. 海洋生态保护补偿制度的成效与问题

2010 年起，我国相继开展了海域海岸整治修复工程和海岛的整治修复工程，通过财政转移支付为生态补偿提供资金保障，有效保护了海洋资源环境，提升了资源环境承载能力。国家和地方通过设立海岛保护、海洋捕捞渔民转产转业等基金对有利于海洋生态保护和建设的行为进行资金补贴和技术扶助，激励经济主体加强海洋环境保护；通过直接实施重大海洋生态建设工程，为海洋自然保护区、海洋特殊保护区、海洋公园内的民众提供资金、物资和技术上的补偿，有效减轻了区内生态环境压力。③

但是，海洋生态补偿体制机制尚不健全，海洋生态保护补偿制度作为组成之一也存在共性问题。首先，法律制度供给不足。海洋生态补偿制度的实体法和程序法缺位，关于海洋生态补偿的专门法尚未制定，《宪法》《海洋环境保护法》《海域使用管理法》等对海洋生态保护仅有原则性的描述，具体规定略显不足；各级地方政府虽然出台生态补偿管理的一系列行政法规，但在补偿申请、补偿标准、补偿方法等程序上都没有形成统一。其次，海洋生态保护补偿的形式单一、资金来源受限。我国

---

① 蔡悦荫，赵全民，王伟伟. 中国海域有偿使用制度实施现状及建议 [J]. 海洋开发与管理，2012 (11)：9 - 13.

② 张偲，王淼. 我国海域有偿使用制度的实施与完善 [J]. 经济纵横，2015 (01)：33 - 37.

③ 郑苗壮，刘岩. 关于建立海洋生态补偿机制的思考 [J]. 改革与战略，2014 (11)：11 - 13，31.

海洋生态补偿主要是政府主导，主要通过行政手段强制性解决海洋生态补偿问题；对海洋生态保护的贡献者或牺牲者的生态保护补偿，主要是通过财政转移支付和专项基金进行补贴和奖励。① 这样单一的、依赖政府财政的投融资渠道也使得海洋生态补偿资金受限，政府的财政补贴等行政手段难以保证其连续性，影响海洋生态保护的进度和效果。最后，海洋生态补偿的监管体制不健全。现行海洋生态补偿的管理涉及渔业、环境保护和航运等不同部门。海洋综合管理政出多门，而问责制又不完善，部门间、区域间缺少协调合作，相互推诿责任大大阻碍了生态补偿制度的实施。②

3. 海洋产权交易制度的成效与问题

海洋产权交易制度的探索和实践要求明晰海洋资源资产产权主体的权利关系。海洋产权的确定可以理顺经济关系，减少复杂经济环境带来的不确定性，使市场中各权益主体在海洋资源交易活动中拥有稳定预期，减少短期化行为③；海域和海岛等海洋资源资产在确权过程中明确的产权主体权责边界将海洋市场中的外部性内部化，能够有效激励和约束主体经济行为，提高海洋资源开发利用效率，减少环境污染。海洋产权交易中心的建立为海域、海岛等使用权，海砂、矿产等海洋资源开采权，海洋知识产权、涉海金融资产权益等多样化产权交易提供平台，从而发挥市场配置海洋资源的功能，提高资源利用效率。

海洋产权交易制度的问题主要体现在以下几个方面：首先，海洋产权交易制度的法律制度体系还未健全。④ 国家层面还没有针对海洋产权的专门法律，也没有指导海洋产权界定、分配、交易的技术指导或管理

---

① 郑苗壮，刘岩. 关于建立海洋生态补偿机制的思考 [J]. 改革与战略，2014 (11)：11 – 13，31.

② 居占杰，王玫. 中国海洋生态补偿机制研究 [J]. 河北渔业，2015 (03)：55 – 59. 曲亚图，李佳. 海洋生态补偿的行政法规制研究 [J]. 湖北开放职业学院学报，2019 (15)：102 – 103.

③ 戴桂林，王雪. 我国海洋资源产权界定问题探索 [J]. 中国海洋大学学报（社会科学版），2005 (01)：15 – 18.

④ 刘冬，王波. 服务海洋经济发展，建设海洋产权市场 [J]. 产权导刊，2015 (12)：39 – 41.

条例，仅在《中华人民共和国海域使用管理法》等法律法规中规定所有权归属国家，在具体操作中却没有人格化的权利主体，海洋产权实体法和程序法都呈现缺位状态，相关海洋产权交易的规定散见于各地基于探索和实践出台的海洋管理相关法规，如《浙江省招标拍卖挂牌出让海域使用权管理暂行办法》《山东省无居民海岛使用权招标拍卖挂牌出让管理暂行办法》等。其次，海洋产权界定还未完成。具有流动性的海水和海水中的生物资源等均属于共有资源，海域的环境资源、渔业资源、旅游资源等资源又紧密关联；同一海域从海面至海底拥有多种资源，这些海洋资源的特殊属性使得海洋产权界定存在较大障碍。[①] 推进较快的海域和无居民海岛确权尚未覆盖全国所有海域海岛。最后，海洋产权交易市场还不完善。虽然已通过烟台海洋产权交易中心尝试建立海洋产权交易市场，但是产权业务体系仍不健全，交易品种有限，招标、拍卖、挂牌出让的交易模式还未全面推广，交易网络未涵盖全国范围。与海洋产权交易市场相配套的服务体系也尚未得到发展，包括域（海岛）价值评估、环境评价资质机构和拍卖、招投标、评估公司、会计师事务所、律师事务所等中介机构。

（三）中国海洋环境治理的选择性制度创新

中国海洋环境治理选择性制度的主要问题包括部分制度的专门法和程序法缺位、海洋交易市场不完善以及相关配套制度不健全。选择性制度需要进行专门法和程序法制定、海洋交易市场完善和配套制度建立等制度改革创新，具体以海域和海岛有偿使用制度、海洋生态保护补偿制度、海洋产权交易制度的创新为例。

1. 海域和海岛有偿使用制度创新

首先，完善海域和海岛的价值评估体系。结合前期海域和海岛使用金征收的实践，开展海域和海岛的空间资源调查，探索海域和海岛资源

303

---

① 戴桂林，王雪. 我国海洋资源产权界定问题探索 [J]. 中国海洋大学学报（社会科学版），2005（01）：15-18.

资产核算工作，明确价值影响因素、评估方法和评估程序，建立科学合理的海域和海岛价值评估体系，并出台相关评估管理规定，规范评估活动。① 其次，推进海域和海岛使用权市场化出让和流转。加快海域和海岛的确权工作，完善海域和海岛开发利用管理体系，将海岛开发纳入有偿使用制度体系；国家层面出台海域和海岛使用权招标、拍卖、挂牌出让的管理政策，明确出让范围、适用情形、价值评估等具体内容，合理确定中央和地方使用金的财政分成②，提高地方政府以招标、拍卖、挂牌形式出让使用权的积极性，逐步提高市场化出让比例，充分发挥市场在配置资源过程中的决定性作用。③ 最后，加强海域和海岛使用金的监督管理工作。落实完善海域基准价格制度和无居民海岛使用权出让最低价标准动态调整机制，统一海域使用金和海岛出让金的价格标准，规定相对合理的价格范围；建立完善的使用金、出让金征收和使用的监督管理和惩罚机制，规范使用金、出让金征收、上缴和使用工作，严格惩罚海域和海洋使用权市场化过程中的违法行为。

2. 海洋生态保护补偿制度创新

首先，加快制定国家层面的海洋生态补偿法律法规。总结各地方海洋生态补偿的实践经验，制定海洋生态补偿的专门法律规章，将其确认为海洋环境保护的基本法，出台统一补偿申请、补偿标准、补偿方法等标准的程序法，填补海洋生态补偿立法的程序法空白。④ 以国家层面海洋生态补偿法律法规为参考依据和统一标准，各地方政府应当根据已有实践经验和现实情况加快地方立法工作，规范地方海洋生态补偿工作。其次，建立多样化的海洋生态补偿形式和融资渠道。尝试探索政策优惠、税收优惠、信贷优惠、技术援助等多种形式的补偿形式，降低政府财政

① 林霞，王鹏，于永海，等. 关于海域资源调查核算与海域有偿使用关系的思考［J］. 海洋开发与管理，2017（09）：30 – 34.

② 张偲，宋珊珊. 我国海域有偿使用制度的实践与启示［J］. 商，2013（13）：289 – 289.

③ 吴姗姗，王双. 无居民海岛有偿使用管理亟待规范［N］. 中国海洋报，2016 – 09 – 07.

④ 曲亚囡，李佳. 海洋生态补偿的行政法规制研究［J］. 湖北开放职业学院学报，2019（15）：102 – 103.

压力，同时引导民间和社会团体组织参与生态保护①；加快推进多元化筹措海洋生态补偿资金，除了财政转移支付和专项基金，还可以尝试建立海洋生态保护者和受益者的一对一直接补偿模式、以企业为基础的生态补偿基金、国际环保组织基金、鼓励和支持民间资本和商业性金融参与海洋生态建设等多种资金筹措方式。② 最后，健全海洋生态补偿的监管机制。合理配置中央和地方对海洋生态补偿管理的层级结构，中央政府从宏观视角构建海洋生态补偿战略框架，协调地方处理海洋生态补偿的问题③；明确各部门职权范围，杜绝政出多门，建立综合管理体制，协调部门工作衔接；引入非政府组织、当地社区和社会公众等主体广泛参与海洋生态补偿的管理，实现由"政府直控型"治理模式向"多元共治型"治理模式转型。

3. 海洋产权交易制度创新

首先，健全海洋产权交易制度的法律法规体系。根据各地方海洋产权确权和交易的实践，加强海洋产权的理论研究，制定国家层面海洋产权的专门法和关于海洋产权界定、分配、交易等标准的程序法，为地方海洋产权立法和实施提供依据。其次，建立海洋产权管理组织体系。加强加深海洋产权界定和分配的理论研究，明晰海洋资源产权关系，建立科学合理的海洋产权管理组织体系，完善产权分配和代理制度，设立国有海洋资产经营公司、国有资产独资、控股、参股企业，保证产权交易活动中存在国家所有权主体人格化。最后，建立健全全国海洋产权交易市场。以烟台海洋产权交易中心为基础，尝试建立各沿海地方海洋产权交易中心，各地产权交易中心联网互通，形成交易网络遍及全国的海洋产权交易市场。同时，吸纳海洋产权相关中介机构成为海洋产权交易中

---

① 王桂梅. 中国海洋生态补偿机制存在的问题及完善建议 [J]. 学术交流，2014（08）：118 - 121.

② 肖侠，路吉坤. 海洋强省战略背景下江苏省海洋生态补偿机制研究 [J]. 淮海工学院学报（人文社会科学版），2017（11）：91 - 94. 王桂梅. 中国海洋生态补偿机制存在的问题及完善建议 [J]. 学术交流，2014（08）：118 - 121.

③ 朱炜，王乐锦，王斌，等. 海洋生态补偿的制度建设与治理实践——基于国际比较视角 [J]. 管理世界，2017（12）：186 - 187.

心会员，创新产权交易种类，建立招标、拍卖、挂牌交易模式，建成配套服务完善、交易种类齐全、交易模式市场化的海洋产权交易市场。

三、中国海洋环境治理的引导性制度建设

（一）中国海洋环境治理的引导性制度内涵和实施

中国海洋环境治理的引导性制度是指管理者通过对各种经济主体的道德教育并使之转化为内心信念从而实现海洋环境治理目标的政策手段。[①] 公众是海洋环境的利益相关者，且我国《宪法》和《海洋环境保护法》规定公众广泛参与环境保护的权利和需要，公众参与是海洋环境治理的重要环节。公众意识对海洋环境治理具有重要影响，因此需要对公众进行环境教育和生态道德教化，引导公众树立正确合理的环境意识。当公众具有较高的环境保护意识，认同和理解环保政策时，海洋环境治理的成效往往更佳；当公众缺少环境保护意识和生态道德观时，可能忽视甚至抵触政府环保举措，海洋环境治理效果不佳。引导性制度是通过环境教育使公众形成对环境保护的认识，将外在的道德义务内化为内心的道德规范，形成意识上的软约束，使其尽量不做产生环境外部性的事，并参与环境保护行动。中国海洋环境治理的引导性制度包括海洋环境公众参与制度、海洋环境科学教育制度、海洋生态道德教化制度等。

1. 海洋环境公众参与制度

海洋环境公众参与制度是指社会群体、社会组织、单位或个人作为主体，通过一定的程序或途径参与一切与海洋环境相关的决策活动和实施过程，参与一切创造海洋环境治理成果的实践活动，最终使国家和个

306

---

① 沈满洪．生态文明制度的构建和优化选择［J］．环境经济，2013（12）：18–22．

人的经济行为符合公众利益①。引导和保障公众参与海洋环境保护既是保障公民环境权的需要，也是加强海洋环境治理科学决策的重要一环。海洋环境公众参与制度的主要内容包括海洋环境信息获取、海洋环境立法参与、海洋环境行政参与等②，建立健全海洋环境公众参与制度是完善环境法律、保证公民环境权、提高环境保护效率的需要。

1973 年，我国第一次全国环境保护会议提出依靠公众参与环保工作的方针，而 1989 年的《环境保护法》进一步对公众参与环境保护作出规定，例如该法提出"一切单位和个人都有保护环境的义务，并有权对污染和破坏环境的单位和个人进行检举和控告"。之后，相关环境立法都提到这一规定。1999 年施行的《中华人民共和国海洋环境保护法》对海洋环境公众参与制度建立提供一定指引。相应环境保护规章、规范性文件等对公众参与的形式和途径等作出规定。2008 年起施行的《政府信息公开条例》为公众环境信息获取奠定了法律基础；《海域使用权管理规定》则详细地规定了海域使用的论证和预审制度，为公众参与提供可能途径。但是，海洋环境公众参与尚未有专门法律明确海洋环境保护中公众的参与权和参与程序，海洋环境公众参与制度还不够完善。

2. 海洋环境教育制度

海洋环境教育是依靠海洋教育，即海洋开发领域与海洋保护相结合的综合教育，加强对于国民进行海洋环境相关知识的教育学习，提高国民对海洋的关心和对海洋及沿岸地域开发、利用、保全等的理解和支援，保障国家海洋利益的实现③。海洋环境教育的主要目的：一是培养国民海洋环保基本理念和热情，也就是建立国民的海洋环境道德伦理观；二是培养国民海洋合理开发和环境保护的相关科学知识和技能④。引导国民建立正确海洋环境道德伦理观、学习相关科学知识的主要途径可分为

---

① 沈满洪，郑玉玲，彭熠，等. 生态文明制度建设研究（上、下卷）［M］. 北京：中国环境出版社，2017.

② 刘惠贤. 我国环境法公众参与制度之研究［D］. 汕头大学，2010.

③ 宋宁而，姜春洁. 日本海洋环境教育及其对我国的启示［J］. 教学研究，2011（04）：9－14.

④ 宋超，孟俊岐，赵晓霞. 日本海洋环境教育机制研究［J］. 山东理工大学学报（社会科学版），2015（06）：86－90.

正规教育和非正规教育。正规教育是指中小学义务教育中海洋常识和科学知识的基础教育和高等院校中海洋学科专业知识和技能的高等教育；非正规教育是指海洋自然保护区、海洋环境教育基金、社会公益组织等社会组织机构的环境教育宣传活动。①

我国的环境教育起始于1973年，该年国务院批准的《关于保护和改善环境的若干决定》明确要求"有关大专院校设置环境保护的专业和课程"，标志着中国环境教育的开端。1994年，为落实联合国环境发展大会的《21世纪议程》，我国出台《中国21世纪议程》，提出建立具有中国特色的全民环境教育体系基本框架。之后，《中华人民共和国环境保护法》《中华人民共和国清洁生产促进法》等国家法律和《宁夏回族自治区环境教育条例》《天津市环境教育条例》《洛阳市环境保护教育条例》《哈尔滨市环境教育办法》等地方法规条例对环境教育均作出相关规定。海洋环境教育是环境教育的一部分，其正式提出是在1996年制定的《中国海洋21世纪议程》，该议程是《中国21世纪议程》在海洋领域的深化。它指出教育界和大众媒体参与海洋可持续发展，以提高全社会尤其是沿海地区公众的海洋意识和普及海洋知识，提高劳动者的海洋科学文化素质，培养沿海地区公众参与海洋资源和环境保护的自觉性，并对具体行动做出规定。此后，我国采取各类海洋环境教育实践，包括开设海洋教育地方课程、组织编写《青少年海洋意识教育指导纲要》、建立海洋意识教育基地、开展海洋意识教育活动、组织重大海洋文化活动等，但海洋环境教育法治建设相对落后，更没有专门立法支持，海洋环境教育制度建设还任重道远。

（二）中国海洋环境治理的引导性制度成效与问题

海洋环境治理的引导性制度是对管制性制度和选择性制度的补充。作为一种非正式制度安排，它着重通过教育培养公众海洋环境知识和能力，引导社会力量参与海洋环境保护，辅助海洋环境治理工作。相较于前两种制度，引导性制度对经济主体的信息需求较低，能够弱化信息不对称带来的不利影响，降低制度成本。公众树立正确的海洋环境观念、

---

① 于蓉. 我国海洋环境教育体系探讨 ［D］. 南京师范大学，2005.

积极参与海洋环境保护工作有利于在全社会形成良好的海洋环境保护氛围，提高政府决策的科学性和权威性，监督政府执法和企业经济行为，对违法行为形成威慑，提高海洋环境保护效率。这种公众的力量是基础性的，普遍认同的海洋环境伦理道德和环境保护参与意识将成为海洋环境治理坚实的基石。这一制度的最大局限性在于完全依靠公众的环保观念发挥作用，具有自发性和非强制性的特点。此外，缺位的法律法规与薄弱的公众环保意识和参与意识将大大降低引导性制度的实施和效果。

1. 海洋环境公众参与制度的成效与问题

公众参与环境保护已被广泛接受且在各国环境保护中有所实践。公众参与我国海洋环境保护可以有效提高海洋环境治理的可接受性和合法性，提高决策效率，切实改善海洋环境。信息公开制度的建立能够保障公众的知情权，使公众对海洋环境现状有基本的了解，唤起海洋环境保护的积极性，培养现代环境公益意识和环境权利意识。[①] 公众参与监督也能够提高对环境违法行为的威慑力，敦促政府海洋管理部门严格执法，规范其在环境保护方面的工作行为，提高工作效率。另外，公众参与海洋环境治理和管理决策有助于公众和政府间的相互信任理解，提高政府决策科学性和民主性、降低政府行政成本、提高社会效益和生态效益。[②]

公众参与海洋环境保护也面临参与权与参与机制不健全、参与层次和范围有限、公民环境意识薄弱等问题。首先，公众海洋环境参与权和参与形式不明确。我国《环境保护法》《海洋环境保护法》都为对公众环境参与权的概念和内容作出明确规定，《海洋环境保护法》赋予公众环境保护的义务却没有赋予参与环境保护的权力，赋予公众监督检举权却没有落实监督检举权的具体做法。[③] 同时，各项海洋立法中公民的公

---

① 梁亚荣，吴鹏.论南海海洋环境保护公众参与制度的完善 ［J］.法学杂志，2010 （01）：22 - 28.

② 沈满洪，郏玉玲，彭熠，等.生态文明制度建设研究（上、下卷）［M］.北京：中国环境出版社，2017.

③ 梁亚荣，吴鹏.论南海海洋环境保护公众参与制度的完善 ［J］.法学杂志，2010 （01）：22 - 28. 金亮，曾玉华，赵晟.海洋环境保护中的公众参与问题与对策 ［J］.环境科学与管理，2011 （12）：1 - 4.

益诉权、控告检举权、协助公务权、程序抵抗权、救济权等权利也是缺失的，普通公众丧失了参与环境保护的司法途径，无法通过上诉参与环境保护。其次，公众参与海洋环境治理的层次和范围有限。海洋环境保护公众参与的程度有限，除了环境保护公众参与的一般规定以外，并没有特别规定。海洋环境保护法规定的海洋环境监督管理制度、海洋生态保护制度、防治海洋环境污染损害制度等三大主要海洋环境保护制度的制定、实施和监管过程都由政府主导，缺少公众参与。由于我国《海洋环境保护法》没有对公众参与海洋环境保护的范围和主要内容做出明确规定，公众应该和能够参与的环境保护范围不明晰，因此大多海洋环境管理法规文件制定的论证和意见收集，如《倾倒区管理暂行规定》《海域使用权管理规定》等，都忽视公众的参与。[①] 最后，公众参与意识不足。在海洋环境治理和生态保护工作中，我国一直采用政府主导，导致公众被排除在环境保护工作之外，没有培养公众参与环境保护的意识和主动性。[②] 虽然公众参与制度逐步建立，但公众海洋环境保护的参与途径和参与范围受到限制，参与效力和参与程序的保障机制欠缺，难以有效调动公众参与的积极性，出现公众参与海洋环境保护"有力无处使"甚至热情减退的现象。

2. 海洋环境教育制度的成效与问题

推行海洋环境教育旨在提高公众海洋环境知识的普及度，培养现代海洋道德伦理观。已有的海洋教育实践已然取得一定的成效，海洋教育地方课程的开设和海洋环境教育教材的编写均在一定程度上提高了青少年的海洋环保意识、培育了现代海洋环境观；高等院校海洋专业的设置，尤其是海洋环境专业的设置，以及海洋环境教育，在增强大学生海洋环境法制观念和社会责任感、引导建立正确的海洋环境意识的同时，也教授其海洋方面的专业知识和技能，大大提高了大学生参与海洋环境保护的意识和能力；政府、高校、海洋公益组织等教育活动、文化活动，加

---

① 梁亚荣，吴鹏 . 论南海海洋环境保护公众参与制度的完善 [J]. 法学杂志，2010 (01)：22 – 28.

② 梁亚荣，吴鹏 . 论南海海洋环境保护公众参与制度的完善 [J]. 法学杂志，2010 (01)：22 – 28.

强了对社会大众的海洋宣传教育，提高了公众的海洋环保意识和素养，提高了公众对海洋环境相关政策的关注和参与海洋环境保护的积极性。

尽管如此，海洋环境教育制度尚不健全，其实践的主要问题如下。首先，海洋环境教育立法缺失。海洋环境教育仍停留在地方实践上，法制化和制度化建设严重不足。国家既缺少专门法律，地方海洋环境教育也缺乏统一性。相关原则性规定、具体行动等的依据仅能参考环境教育的相关法律规定，缺少对海洋领域的针对性。[①] 其次，海洋环境教育效果不理想。我国高等学校的海洋环境教育效果不够理想，未能向大学生普及海洋环境的基本常识、树立正确的海洋环境道德伦理观。共青团中央曾对上海大学生做过一次抽样调查，结果显示许多大学生不清楚领海、大陆架、专属经济区等海洋国土的基本概念，不了解海洋环境保护方面的基本常识。[②] 面向社会大众普及海洋环境知识的宣传活动取得的成效也相对有限。公众参与海洋环境政策决策、法律制定的意识仍然淡薄。最后，海洋教育推进不全面。我国海洋环境教育实施主要以学校教育为主，旨在通过海洋环境知识和专业技能的教学教授学生海洋环保知识、增强海洋环保热情。辅以社会组织的体验式环保活动，向公众普及海洋环保知识，树立海洋环保观念。在学校和社会全面推进的同时，忽略了居民家庭和工作场所的海洋环境知识和环保观念普及，海洋环境教育工作不够深入，未能形成深入全社会的海洋环境教育体系。

（三）中国海洋环境治理的引导性制度创新

不同制度具有不同特点和目标，其创新重点也各有不同，以海洋环境公众参与制度创新、海洋环境教育制度创新举例具体说明。

1. 海洋环境公众参与制度创新

首先，建立健全海洋环境管理的公众参与法律法规。国家在《环境

311

---

① 王琳琳. 中国大陆与台湾地区环境教育法律制度比较研究［D］. 长安大学，2016.

② 康佳宁，郭桂贤，崔家浩. 大学生海洋环境教育的内容与途径［J］. 航海教育研究，2013（04）：110－111.

保护法》和《海洋环境保护法》等海洋环境相关法律中明确了公众的环
境参与权和参与形式；地方政府在海洋环境管理的立法中明确规定了公
众参与的权利、环节、途径、方式、程序等，建立了环境宣传教育制、
环境举报有奖制、环境保护投资制、环境公益诉讼制等多元化的参与途
径和方式。① 其次，扩大公众参与海洋环境保护的范围和程度。在《海
洋环境保护法》中明确公众参与海洋环境保护的范围，在各类海洋环境
管理政策法律的制定过程中，都应明确规定公众参与的权利和具体程序，
保证公众能够广泛参与海洋环境保护的各个方面，包括重大海域环境政
策、海洋规划、海洋建设项目、生态工程、海洋行政处罚、海洋行政许
可制度、海域使用权、海洋生态补偿等。另外，在参与程度上，应当制
定公众参与的专门条例，保证公众能够参与海洋环境保护的各个环节。
除了参与海洋环境违法行为的监督举报外，公众还应能参与重大海域环
境决策、海洋规划的制定、海洋保护区的划分、海洋建设项目的论证和
实施、生态工程的论证实施、海洋行政处罚的决定与执行、海洋行政许
可的设定、海域使用权的设定、海洋生态补偿决定和实施等政策法规的
制定过程以及其执行过程。最后，建立海洋功能环境保护的公众参与保
障制度。通过实行海洋环境信息公开、公众参与途径程序明晰、决策落
实过程透明，建立海洋环境保护的公众参与保障制度，通过海洋环境信
息公开增加公众对海洋环境治理的现状和相关政策举措的了解，引导公
众对海洋环境的关注；通过明晰公众参与程序，明确参与的形式和渠道，
引导公众有序参与海洋环境管理；通过决策落实过程透明，明确公众参
与的效力，提高公众对参与海洋环境管理的信心和积极性。除了保证公
众的知情权和参与途径，还要让公众意识到参与海洋环境保护的效力，
真正保障公民参与。

2. 海洋环境教育制度创新

首先，要加强海洋环境教育立法。重中之重是加快在国家层面的海
洋环境教育立法工作，制定专门的《海洋环境教育法》或《海洋环境教

312

① 金亮，曾玉华，赵晟. 海洋环境保护中的公众参与问题与对策［J］. 环境科学与管理，
2011（12）：1-4.

育条例》，为海洋环境教育提供法律依据和法律地位；修改相关海洋环境法律法规，将统一的海洋环境教育原则、内容、行动等纳入其中，增强海洋环境教育的针对性和可操作性。其次，参考日本在海洋环境教育的有益经验，建立多元化的教育途径，实现大众教育与精英教育的引导与实践相结合、全民教育与终身教育的广度与深度相结合，全面深入贯彻海洋环境教育。大众教育在于普及海洋环境常识以引导公众对海洋环保的基础认识，精英教育在于培养海洋环境保护的专业知识和技能以提高公众参与海洋环境保护的能力；全民教育的普遍性和终生教育的持续性相结合能够在全社会形成海洋环境保护的良好氛围。① 最后，建立完善的海洋环境教育推进机制。参考日本的成功经验，建立以实施学校教育计划奠定基础、以实施社会教育计划项目引领支撑、以增进家庭及工作场所教育充实整体，形成共同参与、全面协作的海洋环境教育整体联动推进机制。② 这一机制通过学校、社会、家庭和工作场所的海洋环境教育，能有效渗透公众活动的各个方面，充实海洋环境教育。

四、中国海洋环境治理的制度矩阵及优化选择

（一）中国海洋环境治理的制度矩阵

中国海洋治理的制度创新既包括各个子项制度的创新，也包括各类综合制度的联合创新。各子项制度创新有其面临的特殊情形，需要单独考察。在强制性制度、选择性制度和引导性制度的框架下可以分别考察各子项制度的创新方向和创新举措。与此同时，各类制度的联合创新要求梳理中国海洋环境治理的制度矩阵并基于矩阵进行不同制度的优化选

---

① 宋宁而，姜春洁. 日本海洋环境教育及其对我国的启示 [J]. 教学研究，2011（04）：9-14.

② 宋超，孟俊岐，赵晓霞. 日本海洋环境教育机制研究 [J]. 山东理工大学学报（社会科学版），2015（06）：86-90.

择。中国海洋环境治理制度按刚性程度从硬到软分为管制性、选择性和引导性三类制度，每种制度又分别涉及政府、企业和公众三类主体，按针对的不同主体区分三类制度，形成"三制度三主体"的制度矩阵。①

1. 针对政府主体的海洋环境治理制度

针对政府主体的管制性制度包括海洋生态红线制度、海洋功能区划制度、海洋自然保护区制度、海洋环境保护目标责任制度、政府信息公开制度等。这一系列的管制性制度对政府海洋环境治理的内容、目标、行动等有相应要求。其中，海洋生态红线制度、海洋功能区划制度、海洋自然保护区制度等制度历长时间的实践已然在全国建立，如到2016年全国建立各级海洋自然/特别保护区260余处，已在2002年全国实行海洋功能区划制度，到2017年也在全国正式建立海洋生态红线制度。制度相对较完善。但也有部分制度，如洋环境保护目标责任制度等，尚还处于探索阶段，主要框架内容和配套的管理措施和实施机制还有待完善。由于政府官员出于晋升考核的考虑，其政策偏好于促进经济增长，而选择忽视海洋环境保护，因此针对政府主体的管制性制度通常难以单独发挥作用，需要建立完善海洋环境损害责任终生追究制度等惩罚制度以改变政府官员"重经济，轻环境"的倾向。针对政府主体的选择性制度包括政绩考核奖惩制度、领导干部海洋环境离任审计制度等制度，通过环境绩效引入考核制度和检查、审核在任期环境责任对政府官员行为起到激励和约束作用，促使其个人利益与社会利益相一致，提高官员加强海洋环境治理的积极性。针对政府主体的引导性制度包括绿色生态港口创建制度、绿色公务员评比、绿色办公制度等，这类制度意在加强政府官员的海洋环保意识，从而加强政府在海洋环境治理上的作为。但是由于政府官员不同于一般居民，其发展经济的偏好将大大降低道德约束的作用；另外在海洋领域的引导性制度还较为欠缺，在一定程度上也限制了制度应有的效果。

314

---

① 沈满洪，郑玉玲，彭熠，等. 生态文明制度建设研究（上、下卷）［M］. 北京：中国环境出版社，2017.

2. 针对企业主体的海洋环境治理制度

针对企业主体的管制性制度包括入海污染物总量控制制度、海洋倾废许可证制度、海洋环境影响评价制度、伏季休渔制度、海域使用许可证制度、海砂开采管理制度等一系列制度，这类制度依靠法律和政府的权威性强制企业遵守海洋环境治理的政策举措，限制企业污染排放。但是由于这类制度与企业利润最大化目标相冲突，企业可能选择不顾污染排放限制的违法行为和道德风险，需要政府进行道德教化使其自主遵守环境保护相关规定，并建立有效的监督机制加以威慑。针对企业主体的选择性制度包括海域和海岛有偿使用制度、海域和海岛使用权交易制度、海洋生态保护补偿制度、海洋环境损害赔偿制度等制度，这类制度以海洋资产资源的价值为基础征收使用费，以海洋产权为基础建立交易市场流转海洋使用权，以市场机制配置海洋资源实现海洋经济和环境的协调。但是海洋产权的确定、初始分配和市场建立还存在技术和政策的难题，海洋产权交易市场一时还难以在全国建立。针对企业主体的引导性制度包括绿色产品认证制度、绿色企业创建制度、"海洋公益形象大使"授予等，这类制度是通过消费者的绿色标识产品和企业的偏好影响企业行为，促使企业在生产过程中注重节能减耗和清洁生产，减少污染排放。

3. 针对公众主体的海洋环境治理制度

针对公众主体的管制性制度包括限塑令、禁用含磷洗涤剂、禁止食用海洋濒危野生动物等制度。这类制度是在海洋污染和生态破坏后，为防止环境污染和破坏加剧而管控环境污染破坏的源头。要保证这类制度的实施效力，关键还是需要海洋环境治理的引导性制度配合，通过提高公众的海洋环境保护意识和环保知识更新海洋环境保护观念从而自发地遵循规章制度。针对公众主体的选择性制度包括垃圾处理收费制度等，向污染者收取垃圾处理费既可以减少海洋垃圾污染，也可以为海洋环境治理筹集资金。海洋环境领域中这类制度较为稀少，主要原因可能是海洋开发利用和污染破坏主要以企业为主，或者说以生产者为主，作为消费者的公众参与较少，公众只能以消费偏好和社会压力影响企业。针对公众主体的引导性制度包括海洋环境公众参与制度、海洋环境科学教育

315

制度、海洋生态道德教化制度、海洋环境保护宣传教育等。这类对公众普及海洋环境知识、保障公众参与海洋环境保护的制度较多，也是引导性制度主要方面。但是培养公众的海洋环境保护观念和环保行为仍偏向日常性，要发挥引导性制度的作用最关键的是建立起公众参与制度，通过公众参与海洋环境保护决策、法律法规制定、执法监督等各个环节，才能最大限度发挥公众力量，推动海洋环境保护发展。表9-6给出了海洋环境治理的制度矩阵。

表9-6　　　　　海洋环境治理的"三制度三主体"矩阵

主体	管制性制度	选择性制度	引导性制度
政府	■海洋生态红线制度 ■海洋功能区划制度 ■海洋自然保护区制度 ■海洋环境公报制度 ■环境保护目标责任制度 ■海洋和海岸工程环境保护管理制度 ■海洋环境保护管理信息系统 ■海底电缆管道管理 ■政府信息公开制度	■领导干部海洋环境离任审计制度 ■政绩考核奖惩制度	■绿色生态港口创建制度 ■绿色行政、绿色办公制度 ■绿色公务员评比制度
企业	■入海污染物总量控制制度 ■海洋倾废许可证制度 ■伏季休渔制度 ■海洋执法监察制度 ■海洋环境影响报告审批制度 ■消油剂检验核准制度 ■捕捞许可制度 ■注册海洋工程师执业制度 ■海域使用申请审批制度 ■海域使用资质管理制度 ■海域使用许可证制度 ■海洋环境标准制度 ■无居民海开发利用许可制度 ■海砂开采管理制度	■海域和海岛有偿使用制度 ■海洋生态保护补偿制度 ■海洋环境损害赔偿制度 ■海洋资源产权制度 ■海洋环境产权制度 ■海洋气候产权制度 ■海域和海岛使用权交易制度 ■海洋石油勘探开发超标排污费制度	■绿色产品认证制度 ■绿色企业创建制度 ■"海洋公益形象大使"授予制度

续表

主体	管制性制度	选择性制度	引导性制度
公众	■禁止使用含磷洗涤剂 ■禁止猎捕海洋濒危野生动物 ■限塑令	■垃圾处理收费制度	■海洋环境公众参与制度 ■海洋环境科学教育制度 ■海洋生态道德教化制度 ■海洋听证制度 ■专家咨询制度 ■海洋人物颁奖 ■海洋环境保护宣传教育

（二）中国海洋环境治理的优化选择

中国海洋环境治理的不同制度安排存在着错综复杂的关系，主要包括替代关系和互补关系。当两个不同制度可以独立发挥作用，并且所产生的效果相近或相同时，这两个制度之间便具有替代关系。[1] 海洋环境治理的制度之间也存在着替代关系，如海洋排污费制度和海洋环境产权制度，两者都起到减少海洋环境污染的作用，但是其发挥作用的途径和机制不同，在不同的市场环境下其减少污染的效果也存在差异。当两个不同的制度可以作用于同一事物的不同方面，并且政策效果的充分实现需要它们共同实施时，这两个制度之间便具有互补性。制度间的互补关系意味着制度之间要求相互配合，亦即一种制度需要另一种制度的共同实施，两者的结合可以达到更好的效果，反之亦然。[2] 海洋环境治理制度的互补关系包括管制性制度与选择性制度的互补、管制性制度与引导性制度的互补、选择性制度与选择性制度的互补、选择性制度与引导性制度的互补。具体来说，包括海洋环境标准制度与海洋生态保护补偿制度的互补、海洋环境标准制度与公众参与制度的互补、海域和海岛有偿使用制度与海洋生态保护补偿制度的互补以及海域和海岛使用权交易制

317

① 沈满洪，郑玉玲，彭熠，等. 生态文明制度建设研究（上、下卷）［M］. 北京：中国环境出版社，2017.
② 沈满洪，郑玉玲，彭熠，等. 生态文明制度建设研究（上、下卷）［M］. 北京：中国环境出版社，2017.

度与公众参与制度的互补。根据制度之间的不同关系，针对具有替代关系的制度，需要根据市场环境进行优化选择；针对具有互补关系的制度，应当重视制度之间的耦合强化，通过制度组合发挥更大政策效用。

海洋环境治理制度的优化选择是根据不同制度作用机制和市场环境的匹配程度选择对海洋环境治理更为有效的制度安排。因此，虽然替代关系的制度可能暂时同时存在，但是长期来看最终还是将选择具有更好环境治理效果的制度。海洋排污费制度和海洋环境产权制度都是将市场的外部性内部化，激励企业将有限的环境资源用于生产率最高的地方，达到减少海洋环境污染的目的。这两种制度的替代关系本质上就是庇古税和产权交易的替代关系，实现海洋环境治理的具体途径有所不同。海洋石油勘探开发超标排污费制度的理论基础是庇古税，通过依靠政府征收环境税费将排污的环境负外部性内化为企业的生产成本，改变企业的成本收益决策，迫使其减少对海洋环境的污染。海洋排污权交易是根据科斯的产权理论，通过明晰海洋环境产权，并以市场交易配置海洋排污权，从而让排污企业根据自身生产情况自行买卖，直至企业的边际产出与边际治污成本相等，从而实现环境资源的优化配置。海洋排污费征收依赖于政府的强制性，而海洋环境产权制度主要依靠环境产权的市场交易。由于我国海洋产权的界定存在困难，市场化程度也不高，缺少成熟的海洋产权交易市场，因此海洋排污费制度是初级阶段的较优选择。海洋排污费制度面临着很高的组织成本，政府监督数量众多的排污企业也存在困难，而海洋产权交易制度的组织成本的较少，因此当中国市场化程度到一定阶段，海洋产权交易市场成功建立，海洋产权交易制度将成为较优选择。

优化选择基础上的耦合强化是海洋环境治理制度创新的必然要求。由于每一种海洋环境治理制度都有其局限性，单独实施的效果相对较差，需要通过其他制度的组合使用实现优势互补。实践表明，不同制度耦合强化所产生的效果通常优于单一制度的实施。以海洋环境标准制度与海洋生态保护补偿制度、海洋环境标准制度与海洋环境公众参与制度、海域和海岛有偿使用制度与海洋生态保护补偿制度以及海域和海岛使用权交易制度与海洋环境公众参与制度分别举例说明。

在国家海洋自然保护/功能区建设中，政府强制推行海洋自然保护/

功能区制度，实施严格的海洋环境标准将带来社会不公问题，区内居民由于环境保护而必须放弃部分经济发展的权利，这部分成本理应予以补偿；而海洋环境生态保护补偿按照"谁保护，谁受益"的原则，对区内居民因海洋环境保护造成的经济损失进行补偿，保证居民享受均等化的基本社会服务，提高区内海洋环境保护的积极性。海洋环境标准制度与海洋环境生态保护补偿制度的耦合可以更好地保护海洋生态环境，实现经济发展与环境保护的协调。

海洋环境标准制度与海洋环境公众参与制度也存在很强的耦合关系。海洋环境标准制度的实施是以保障公众健康安全为前提的，但制定科学合理标准仅靠政府是难以实现的，标准的实施也需要很高的管理成本，且可能出现政府执法不严、不到位等问题。海洋环境公众参与制度可以有效弥补海洋环境标准制度的不足。一方面，公众参与海洋环境标准的制定和修改，根据其所掌握的环境风险事实和需求进行沟通，增加环境标准制定的科学性和民主性；另一方面，公众参与海洋环境标准制度的实施，对政府和企业形成有威慑力的监督，既督促政府积极执法、严格执法，又弥补政府监管能力有限、监督不到位等问题。海洋环境公众参与制度能够有效弥补海洋环境标准制度的不足，组合实施可以保证海洋环境标准制度切实有效保护海洋环境。

海域和海岛有偿使用制度与海洋生态保护补偿制度具有明显的互补关系，一方面海域和海岛有偿使用制度通过征收使用金增加政府财政收入，并部分转化为海洋生态保护补偿资金，按照"谁保护，谁受益"的原则补偿海洋环境保护的贡献者，激励其继续保护海洋生态环境；另一方面，海洋生态保护补偿制度激励下所实现的海域和海岛资源环境的可持续利用为海域和海岛有偿使用提供现实的基础。海域和海岛使用权交易制度与海洋环境公众参与制度也存在一定的互补关系。海域和海岛使用权交易制度的实施处于政府审核和监督之下，但在实际操作过程中，政府在人员、资金、硬件设备和相应法律法规不完善情况下，其监督不能面面俱到，而公众作为海洋环境利益的相关者，可对企业的海洋开发利用起到监督作用，大大降低政府的监管成本、提高监管效率和实现长效管理。因而海洋环境公众参与制度的监督作用能有效弥补海域和海岛使用权交易制度的缺陷之处，实现制度的耦合加强。

（三）中国海洋环境治理制度创新的重点

面对海洋开发利用过程中的环境污染和生态破坏问题，国家已然探索和建立多种不同的海洋环境治理制度，但是政府拥有的财力和精力是有限的，针对突出问题同步推进各方面的制度建设容易造成重点不清、精力分散问题，浪费政府财政资金；另外，推进所有制度需要庞大的社会资源，可能导致各项制度建设进度缓慢，反而延误海洋环境治理，造成社会损失、经济损失和环境损失。因此，面对众多的海洋环境治理制度，政府需要选择最关键的单一性制度和组合性制度重点推进，从而有效解决海洋环境治理问题。

重点的单一性制度包括管制性制度重点、选择性制度重点和引导性制度重点。管制性制度的重点是实施最严格的入海污染物总量控制制度，这一制度直接对企业污染物排放的总量进行限制，从而减少海洋环境的污染物总量，是海洋环境治理最直接有效的制度，理应作为重点加快建设完善。入海污染物总量控制制度的实施应制定科学严格的污染物标准和排放控制体系，根据入海污染物种类和海洋环境容量慎重选择国家排放总量控制体系，根据海域行政所属要求对应省份、城市分配入海污染物总量控制目标，建立区域入海污染物总量控制体系，根据行业排放绩效公平合理分配污染物排放指标，从而建立并实行"国家—区域—行业"入海污染物总量控制体系。选择性制度的重点是加快建立海洋产权交易制度。我国经济的市场化改革正不断推进，随着市场的完善，海洋产权交易制度将成为海洋环境治理选择性制度的最优选择。海洋产权交易制度建设需要根据海洋资源资产的彻底调查和理清国家所有权的地方代理者，全面推进包括资源产权、环境产权和气候产权等海洋产权的确定；推广海洋产权交易制度，建立完善海洋产权交易市场，通过产权交易市场提高海洋资源资产的配置效率。引导性制度的重点是加强海洋环境公众参与制度。海洋环境公众参与制度最关键的还是相关国家法律法规的制定，需要明确公众参与环境保护的权利及其行使的途径、程序和形式，并要求政府根据实际情况制定切实可行的地方公众参与条例和办法。在法律保障下，政府应当完善信息披露制度，加强政府和企业在环保领域的信息公开程度，保障公众的知情权；另一方面，还要加强公众海洋环境教育，采取一定的奖励措施，提高公众参与的自发性和积极性。通过政府和公众两头推进，切实保证海洋环境公众参与制度的落地。

　　重点的组合性制度主要包括入海污染物总量控制制度和海洋产权交易制度、入海污染物总量控制制度和海洋环境公众参与制度、海洋产权交易制度和海洋环境公众参与制度的耦合加强。入海污染物总量控制制度具有很强的制度刚性，依靠政府和法律的权威强制执行，没有给予企业自主选择的权利，由于该制度的目标与企业追求利润最大化的目标相冲突，企业可能会铤而走险出现偷排的违法行为，而海洋排污权交易制度具有相当的灵活性，可以让企业根据自身排污情况，自主买卖海洋排污权，从而实现利润最大化。通过入海污染物总量控制制度与海洋排污权交易制度的组合实施，可以实现两种制度的优势互补。具体来说，入海污染物总量控制制度要求合理制定入海污染物总量目标，并将排污份额标准化分配给企业，海洋排污权交易制度根据标准化的排污份额建立排污权交易市场，推广企业排污权交易，从而实现海洋环境治理。海洋环境公众参与制度能够对入海污染物总量控制制度、海洋产权交易制度的制定和实施起到积极作用。具体来说，在制度制定时公众参与能够增强制度的科学性，在制度实施时公众参与监督能够保证制度的有效实施。因此，在建立入海污染物总量控制制度和海洋产权交易制度时需要在法律法规中明确规定公众参与的权利，并规定公众参与的途径、程序和形式，从而加强海洋环境公众参与制度与入海污染物总量控制制度、海洋产权交易制度的耦合。

第十章

中国海洋环境治理的督察工作

海洋环境督察对于推进海洋生态文明建设和实施海洋强国战略具有重要意义。本章在对海洋环境督察的历史发展脉络与现实运行情况进行梳理的基础上，对其未来走向进行展望。具体而言，本章包括"海洋环境督察的历史回顾""海洋环境督察的阶段成果"和"海洋环境督察的未来走向"三部分，对我国海洋环境督察的制度构建和实践运行进行系统梳理和科学展望。

一、中国海洋环境督察的历史回顾

（一）海洋环境督察的内涵及意义

海洋环境督察是指国家法律规定的海洋行政主管部门及其工作人员所实施的监督监察，强调的是对督察对象的行为是否符合有关规定的审核检察，督察大多运用于上级对下级公权力行使的监督。① 海洋环境督察的内容包括国家部署的有关海洋环境资源政策贯彻落实情况、国家海洋环境资源相关法律法规的落实情况、突出问题的处理情况三大内容，突出问题如环境问题持续恶化、海洋环境污染严重、海岸线破坏等重大问题。督察的对象主要为沿海各省（自治区、市）、设区的市级人民政府以及相应的海洋行政主管部门、执法机构。关于海洋环境督察的内涵，2011 年 7 月印发并实施的《海洋督察工作管理规定》第二条专门对其予以界定，指出海洋环境督察是指上级海洋行政主管部门对下级海洋行政主管部门、各级海洋行政主管部门对其所属机构或委托的单位依法履行行政管理职权的情况进行监督检查的活动。②

　　就运行情况看，我国海洋环境督察以海洋行政主管部门为主导，协同海洋环境保护组织、利益相关企业对海洋行政管理工作的主体、内容、程序以及方式进行监督检查，同时对海洋环境治理状况进行监控，以达到有效预防和及时发现海洋环境问题的目的，充分发挥海洋环境督察在提升地方政府及其海洋行政主管部门在贯彻落实国家政策法规，实现海

---

①　虽然在不同场合中，学界常有人将"督查"与"督察"混同表达，如潘波在"说说'督察'与'督查'"（秘书工作［J］. 2016（7）：78 – 79 页）中指出，但这里统一适用"海洋督察"的表述。因为，一定程度上，督察更强调自上而下的监督检查，具有权威性、官方性，而督查指监督、检查，其主体范围更广，更强调多主体的广泛参与。因此"督查"的范围更加广泛，包括具有权威性、官方性的"督察"。同时，《海洋督察工作管理规定》《海洋督察工作规范》《海洋督察方案》等规范性文件，也均使用"督察"一词。同时，若将其加以细致区分，可以说督查即督促检查，是一项社会活动，涉及领域广泛，强调的是督促检查这一行为，无论是党政机关、企事业单位还是社会组织等都可以运用这一方式促进任务的落实、推动目标的实现。督查的运用范围相对于督察更为广泛，首先实施主体上不同，督查不仅仅局限于政府机构，还包括外部社会组织对政府的督查，而督察只是政府管理体制内的监督；其次侧重点不同，督查既重落实，又具监督作用，伴随决策的制定、实施、调整和终结的始终，全程监督、介入灵活、处理及时；发现问题，立即整改，事前出谋划策，事中弥漏洞，事后及时改正，监督作用明显。督察是注重于对政策实施过程中是否符合标准的进行分析界定，对下级有关机关是否履行其职责的监督检查，含有较浓重的官方色彩和权威性、更严密的调查过程。

②　在本章中，所述的"海洋督察"专指"海洋环境督察"。《海洋督察工作管理规定》最早对海洋环境督察的内涵予以界定，对此界定进行分析可以发现，海洋环境督察的对象仅限于下级海洋行政主管部门、受委托或具有从属性质的海洋行政主管部门。而 2016 年 12 月印发的《海洋督察方案》中明确国务院授权国家海洋局代表国务院对沿海省、自治区、直辖市人民政府及其海洋主管部门和海洋执法机构进行监督检查，可下沉至设区的市级人民政府。根据这一规定，海洋环境督察的对象增加了省级人民政府和市级人民政府。下文对此内容也有相关评述。

洋可持续发展的作用。

尽管我国已经开始注重发挥海洋环境保护组织和利益相关企业的作用，但是，从我国海洋环境督察体制来看，大体上仍以海洋环境行政监察为主，采取的是以海洋行政主管部门实施海洋环境督察为核心的督察模式。就主体的多元化模式而言，尚未充分形成。这在一定程度受制于我国海洋环境督察比较短的发展历史。由于我国海洋环境督察的起步时间较晚，相关的体制机制并不健全，因此，就我国海洋环境监督检查的成熟条件及现实运行境况而言，"海洋环境督察"相较于"海洋环境督查"更为合适，条件成熟时，可采取"海洋环境督查"的多元主体协同共治的治理模式。

海洋环境督察对于海洋环境治理和海洋可持续发展具有重要意义。2013 年，习近平总书记提出"要把海洋生态文明纳入海洋开发总体布局中"①。这充分体现出海洋生态文明在海洋开发总体布局中的重要地位，在生态文明建设中具有的重要意义。

1. 开展海洋环境督察是实施海洋强国战略的时势所需

我国是海洋大国，领海是我国领土中神圣不可分割的一部分。领海资源由全体中国公民共同享有，海洋行政主管部门是国家海洋资源的代理者，其行使职权、履行职责的行为理应受到约束和监督。地方政府及其海洋行政主管部门作为海洋的管理者，其在履行职责的过程中，由于受到各种因素的影响，如基于地方经济发展的考虑、执法成本过高抑或执法过程中面临抗拒执法而能采取的有效的强制手段十分有限等，并不能完全保证其能够发挥应有的功能，甚至会出现行政机关明知违法而为之的现象。我国海洋环境督察的目的包括地方政府治理能力增强、行政机关依法行政以及海洋环境有效改善等方面的内容。因此，开展海洋环境督察十分必要。

---

① 2013 年 7 月 30 日，在中央政治局第八次集体学习时，习近平总书记强调要下决心采取措施，全力遏制海洋生态环境不断恶化趋势，让我国海洋生态环境有一个明显改观，让人民吃上绿色、安全、放心的海产品，享受到碧海蓝天、洁净沙滩。要把海洋生态文明建设纳入海洋开发总布局之中，坚持开发和保护并重、污染防治和生态修复并举，科学合理开发利用海洋资源，维护海洋自然再生产能力。

开展海洋环境督察是推进国家海洋治理的重要抓手。党的十八届四中全会已明确要求：各级政府必须坚持在党的领导下、在法治轨道上开展工作，加快建设职能科学、权责法定、执法严明、公开公正、廉洁高效、守法诚信的法治政府。① 对海洋环境的督察将极大提升下级政府及其海洋行政主管部门对国家法律、法规、政策和上级部门的规章、政策、要求的落实程度，确保相关政策能够在"最后一公里"被有效打通。对地方政府及其海洋行政主管部门的督察，能够避免行政机关在执法过程中不作为、乱作为，推动"依法行政"和"法治政府"建设。同时，我国还倡导进行行政体制改革，健全公权力的监督制约体系，加强政府自身建设，推进政府机构的职能转变，加强社会管理和公共服务的能力建设，提升人员队伍的素质水平。通过建立政府内部监督与外部督察的双重渠道，能够推动地方政府在海洋环境管理中落实保护海洋环境的法定责任，提高地方政府依法治海水平，推进海洋生态建设和海洋强国战略的实施。

开展海洋环境督察彰显我国对海洋治理的重视程度。海洋环境督察的实施，表明了我国对保护海洋环境的坚强决心，能够加深公众对于"海洋环境的优劣与生活质量高低和国家发展前景紧密相连"的认识，也有利于提高公众对海洋生态环境的关注度，激发公众检举揭发破坏海洋环境行为、自觉保护海洋生态环境的积极性。随着我国对海洋生态环境保护的认识程度和重视程度不断提高，有关海洋生态环境保护的制度逐渐健全，已经形成了涵盖法律、行政法规、地方性法规、规章、规范性文件的制度体系。② 同时我国海洋环境督察的频率和力度也得到不断提升，有关机关广泛动员、精心准备，以饱满的热情和昂扬的斗志投入到海洋生态文明建设这场"攻坚战""持久战"。

325

---

① 中国共产党第十八届中央委员会第四次全体会议公报.
② 我国海洋环境保护的法律体系涵盖《环境保护法》《海洋环境保护法》《渔业法》《海岛保护法》《福建省海洋环境保护条例》《浙江省海域使用管理办法》《山东省海洋环境保护条例》等，内容范围广、体系较为完备。

2. 开展海洋环境督察可以发挥海洋治理"预防针"功能

借用中医界的理论来说，下医医已病，中医医欲病，上医医未病。①我国海洋环境治理总体上仍处于"下医"阶段，有什么问题发生就督察该问题及其相关领域，出现"头痛医头，脚痛医脚"的现象，并没有达到考虑问题的根源和如何降低问题发生的可能性的程度。而需要构建的治理体系是在问题尚未发生之前，找出可能会发生问题的根源，注上强有力的预防针，有效防止海洋环境问题的发生。

我国海洋事业发展迅速，但是，海洋环境状况也频频亮起"红灯"，部分海岛海域资源开发粗放且效率低下，海洋产业多以初级产品生产与资源开发为主，产品的附加价值低，没有形成产业结构区块。其中以围填海问题较为突出，超出海洋环境的承载力进行"围填海"开发，但实际上有效合理使用围填海的面积相对于围填海的总面积来说所占比重并不大。而且，海洋生态系统遭受破坏严重，海—陆源的污染排放控制整体管控力度不强，仍有许多未发现的污染源在源源不断地向海洋排放污染物质。显然，需要海洋环境督察这一重要预防针的功能发挥。通过开展海洋环境督察可以及时发现仍未对海洋环境产生严重破坏的影响因素，并将其反馈给相关部门，后者在接收到督察结果中所反馈的潜在影响因素后，必须对其展开调查分析，如核实确当存在将对海洋环境造成不良影响的，应对有关单位和个人予以整改整顿的处理。

海洋环境督察可以预防不当的海洋监管行为。通过开展督察活动既可以对海洋环境管理中地方政府及其海洋行政主管部门的不当行政行为进行排查，及时制止或采取相应补救措施，同时也可以形成督察的高压态势，威慑海洋行政主管部门及其有关人员，防止其以牺牲海洋生态环境为代价换取地方一时的发展利益。在海洋环境督察中对地方政府的海洋环境管理工作进行评价反馈，作出客观、公正和准确的综合判断，指出地方政府采取的卓有成效的措施，充分肯定地方政府为推进海洋生态文明建设所做出的努力，从而提高地方政府的成就感和认同感，激发其

326

---

① ［清］程秀轩《医述》二引《千金方》. 参见张鲁原. 中华古谚语大辞典 ［M］. 上海：上海大学出版社，2011：245.

干事担当的勇气和信心，同时指出地方政府在海洋环境管理工作中存在的漏洞和不足，并给予相应指导，督促其整改落实，以纠正地方政府的错误行政行为，推动地方政府在依法行政、履职尽责的轨道稳步前行。

海洋环境督察可以预防排查海洋生态损害状况及损害海洋生态环境的违法行为。在我国海洋环境保护执法检查组公布的 17 个违规案例中，海南省崖州区镇海村海岸的养殖户非法向海洋排放养殖废水。村中16 家养殖户（包括 6 家养殖公司和 10 家个体养殖户）均未办理环境影响评估手续，未经处理的养殖废水直接通过暗管向海洋排放，许多废弃或者在用的白色水管遍布沙滩，甚至部分已经破损的水管还在源源不断地向外排放养殖废水，临近海域和沙滩环境破坏严重。①

我国海洋环境问题的产生是由方方面面的因素所引发，除了一部分已知的海洋环境影响因素，如围填海、海洋石油开发泄露及海洋船只生活垃圾的投放等，还有许多潜在的影响因素未能引起政府和相关部门的重视，甚至存在认识上的空白，但此类因素极有可能会造成海洋环境的污染破坏，如海岸地区地下暗藏的排污水管、海区渔场的生态系统保护措施不到位等。因此，在海洋环境督察过程中不仅仅是对政府行政管理上的监督管理，同时也需要注重环境本身是否存在被污染影响的现象，加强对海洋环境及其相关陆源海洋环境污染源的排查。

我国海洋环境督察的实施是海洋环境影响因素复杂多变，且存在不可预知性、隐匿性等特点所要求的，有助于对我国海洋环境中存在的危险源和隐患进行排查，在源头上遏制海洋环境问题的滋生，减少海洋环境恶化后高昂的修复成本，也有利于健全完善我国海洋环境管理体系，推动海洋环境督察制度的发展完善。

3. 开展海洋环境督察可以发挥海洋可持续发展"助推器"功能

我国十分重视海洋的可持续发展，强调海洋资源的长期规划和利用，力求在合理开发的基础上提高海洋资源的使用效率，积极探索海洋环境资源整合的新型途径。在这一过程中，通过实施海洋环境督察，可以及

327

① 全国人民代表大会常务委员会海洋环境保护法执法检查组随机抽查情况报告 . 2018 - 12 - 24. http://www.sohu.com/a/284585627_120065720，2019 年 11 月 3 日最后一次访问。

时发现并填补我国在海洋环境资源管理中存在的漏洞，推进海洋资源的合理配置，改变我国海洋资源粗放型开发的状况。同时也能够培养公众海洋环境保护意识，让更多的人参与到海洋生态环境保护当中，使其监督权和建议权在督察过程中得以充分发挥，形成全社会推动我国海洋生态文明建设的良好社会氛围。

海洋环境督察可以促进海洋资源可持续利用。虽然海洋环境资源是十分丰富多样的，且具有一定的自我调节能力，但并不意味着可以毫无节制地向海洋索取资源，一旦过度开发利用海洋资源，使海洋生态系统的负荷过重，海洋生态环境将走向资源枯竭。例如我国自然渔业资源的枯竭，海洋鱼类资源可持续生产能力大大下降，主要靠水产养殖来满足中国大量的市场需求，而渔业生产养殖在一定程度上也附依着海洋环境。通过开展海洋环境督察对海洋环境资源利用是否存在过度开采、影响周围海洋环境生态多样性、水体质量等进行评估。同时，海洋资源的可持续发展有利于我国海洋强国战略的建设，海洋生态环境是我国海洋经济高质量发展的支撑基础，保护海洋资源可持续发展的动力将给我国海洋经济发展提供源源不断的活力。

海洋环境督察可以促进海洋资源综合利用发展。以海洋整体利益为目标，各级政府及其海洋行政主管部门通过制定发展战略、规划，以达到提高海洋开发利用的系统功效、保护海洋环境、实现国家海洋权益的目的。而海洋环境督察是对各级政府及其海洋行政主管部门所辖区域内的海洋资源、生态环境等相关工作进行全面的监督，能够及时对海洋利用发展的情况进行及时的监测和反馈，保障海洋发展规划的实现。我国典型的海洋环境综合利用管理方式是建立多种类型的海洋特别保护区，既能为海洋生物提供栖息与繁育的场所，同时也作为科研、科普教育基地向大众展示，实现了海洋休闲及海洋旅游的多样性功能，推动地方海洋经济的发展，构建了海洋生态环境保护与综合利用的体系。

（二）海洋环境督察制度的设计

海洋环境督察须有政策作为支撑，政策的制定可以是制度建立和完善的来源；制度的形成是使政策的核心内容固定化，有利于保持政策的稳定性。海洋环境相关政策的出台对于我国海洋环境督察制度的创建完善具有十分重大的意义，使我国海洋环境督察工作日益趋于规范化、法治化。新中国成立初期，我国并没有建立专门的海洋环境督察机构。海洋事务统一由地方各级政府进行管理，政务院下设人民监察委员会，对地方政府实行行政监察。[1] 1950年10月24日发布的《政务院人民监察委员会试行组织条例》规定，人民监察委员会的职责是监督国家行政机关及其公务人员在执行公务过程中是否严格落实执行国家法律法规、规章政策，以及对公务人员是否廉政进行监察。随后的三年自然灾害和"文化大革命"期间，海洋环境督察几近中断，并未得到实质性的发展。

1. 海洋环境督察制度的创建

我国真正意义上的海洋环境督察制度创建于1979年，以《环境保护法》（试行）的出台为基本标志。该法律在对环境和自然资源保护作出规定的基础上，对海洋环境督察作了部分相关规定。如《环境保护法》（试行）第八条规定，公民对污染和破坏环境的单位和个人，有权监督、检举和控告。被检举、控告的单位和个人不得打击报复。[2] 第二十七条明确规定了地方环境保护机构的职责，其中涉及对所辖区域内负有环境保护管理职责的部门的检查和督促。[3] 2014年修订的《环境保护法》第二十四条规定了环境保护主管部门的职责及其为被检查者保守秘密的义务；[4] 第二十七条明确了人民政府向相应的人民代表大会及其常务委员

---

① 张新.海洋督察制度研究［D］.中国海洋大学，2013：81.

② 参见《中华人民共和国环境保护法》（试行）第八条。此处公民监督权的行使可以理解为广义上的督察，即采用"督查"的概念。

③ 参见《中华人民共和国环境保护法》（试行）第二十七条第二款：地方各级环境保护机构的主要职责是：检查督促所辖地区内各部门、各单位执行国家保护环境的方针、政策和法律、法令；拟定地方的环境保护标准和规范；组织环境监测，掌握本地区环境状况和发展趋势；会同有关部门制定本地区环境保护长远规划和年度计划，并督促实施；会同有关部门组织本地区环境科学研究和环境教育；积极推广国内外保护环境的先进经验和技术。

④ 参见《中华人民共和国环境保护法》第二十四条：县级以上人民政府环境保护主管部门及其委托的环境监察机构和其他负有环境保护监督管理职责的部门，有权对排放污染物的企业事业单位和其他生产经营者进行现场检查。被检查者应当如实反映情况，提供必要的资料。实施现场检查的部门、机构及其工作人员应当为被检查者保守商业秘密。

会的报告义务和接受监督的义务。①

  《海洋环境保护法》作为我国第一部综合性海洋环境保护法律，经1999 年、2013 年、2016 年、2017 年一次修订，三次修正，对我国海洋环境督察制度的完善发展具有重要意义。《海洋环境保护法》第五条明确了国务院环境保护主管部门、国家海洋主管部门、国家海事行政主管部门、军队环境保护部门的相应职责，并将县级以上地方人民政府的海洋管理职责的规定交由各省（市、自治区）确定。② 第十四条是对海洋环境行政主管部门和其他部门的职权的划分，即海洋环境行政主管部门负责对所辖水域的环境质量状况进行监测、监视，而其他部门负责入海河口和主要排污口的监测工作。③

  在 1979—2000 年，我国的海洋环境督察制度从无到有，从最初简单的环境保护监督检查，进而确立起专门针对海洋的环境督察的制度，完成了海洋环境督察制度的创建。

---

  ① 参见《中华人民共和国环境保护法》第二十七条：县级以上人民政府应当每年向本级人民代表大会或者人民代表大会常务委员会报告环境状况和环境保护目标完成情况，对发生的重大环境事件应当及时向本级人民代表大会常务委员会报告，依法接受监督。

  ② 参见《中华人民共和国海洋环境保护法》第五条：国务院环境保护行政主管部门作为对全国环境保护工作统一监督管理的部门，对全国海洋环境保护工作实施指导、协调和监督，并负责全国防治陆源污染物和海岸工程建设项目对海洋污染损害的环境保护工作。国家海洋行政主管部门负责海洋环境的监督管理，组织海洋环境的调查、监测、监视、评价和科学研究，负责全国防治海洋工程建设项目和海洋倾倒废弃物对海洋污染损害的环境保护工作。国家海事行政主管部门负责所辖港区水域内非军事船舶和港区水域外非渔业、非军事船舶污染海洋环境的监督管理，并负责污染事故的调查处理；对在中华人民共和国管辖海域航行、停泊和作业的外国籍船舶造成的污染事故登轮检查处理。船舶污染事故给渔业造成损害的，应当吸收渔业行政主管部门参与调查处理。国家渔业行政主管部门负责渔港水域内非军事船舶和渔港水域外渔业船舶污染海洋环境的监督管理，负责保护渔业水域生态环境工作，并调查处理前款规定的污染事故以外的渔业污染事故。军队环境保护部门负责军事船舶污染海洋环境的监督管理及污染事故的调查处理。沿海县级以上地方人民政府行使海洋环境监督管理权的部门的职责，由省、自治区、直辖市人民政府根据本法及国务院有关规定确定。

  ③ 参见《中华人民共和国海洋环境保护法》第十四条：国家海洋行政主管部门按照国家环境监测、监视规范和标准，管理全国海洋环境的调查、监测、监视，制定具体的实施办法，会同有关部门组织全国海洋环境监测、监视网络，定期评价海洋环境质量，发布海洋巡航监视通报。依照本法规定行使海洋环境监督管理权的部门分别负责各自所辖水域的监测、监视。其他有关部门根据全国海洋环境监测网的分工，分别负责对入海河口、主要排污口的监测。

2. 海洋环境督察制度的发展完善

为加强我国海洋行政执法监督，规范海洋行政执法的内容及程序，有关法律法规相继出台，使我国海洋环境督察制度得到不断完善和发展。2002 年 12 月国土资源部发布了《海洋行政处罚实施办法》。2007 年 5 月国家海洋局发布并实施《海洋行政执法监督规定》和《海洋行政处罚监督暂行办法》。该阶段督察制度的着力点在于使我国海洋行政主管部门的行政执法活动程序化、规范化。其中 2008 年 3 月由监察部、人事部、财政部、国家海洋局联合颁布实施的《海域使用管理违纪违法行为处分规定》（以下简称《海规》），针对在海域的管理和使用过程中违纪违法的有关单位及其领导人员、直接责任人员，以及其他有海域使用管理违法违纪行为的个人，明确其应当承担纪律责任，任免机关或监察机关依法对其作出处分处理。① 此外，《海规》还对案件移送制度进行了规定，第二十一条明确了任免机关、监察机关与海洋行政主管部门可以相互移送涉及海域使用管理的违纪违法案件。② 第二十二条是行政处分与党纪处分、刑事追责的衔接规定。③

3. 海洋环境督察制度的明确强化

为细化我国海洋环境督察的实施主体、对象、程序、方式和内容，2011 年 7 月国家海洋局发布并实施《海洋督察工作管理规定》，对海洋环境督察制度进行完善。该规定在强化政府依法行政的同时，也进一步巩固了以政府主管部门为主体的督察制度。《海洋督察工作管理规定》对海洋环境督察进行了内涵界定，④ 并进一步明确了海洋环境督察的实

---

① 参见《海域使用管理违纪违法行为处分规定》第二条。
② 参见《海域使用管理违纪违法行为处分规定》第二十一条。
③ 《海域使用管理违纪违法行为处分规定》第二十二条：有海域使用管理违法违纪行为，应当给予党纪处分的，移送党的纪律检查机关处理；涉嫌犯罪的，移送司法机关依法追究刑事责任。
④ 《海洋督察工作管理规定》第二条：海洋督察是指上级海洋行政主管部门对下级海洋行政主管部门、各级海洋行政主管部门对其所属机构或委托的单位依法履行行政管理职权的情况进行监督检查的活动。

施主体。^① 同时对海洋环境督察原则、督察范围、督察方式、督察实施程序等方面进行了较为系统的规定。

为全面推进海洋生态文明建设、加强海洋资源管理和海洋生态环境保护工作，强化政府内部层级监督和专项监督，健全海洋环境的督察制度，2016 年 12 月经国务院批准同意，国家海洋局印发《海洋督察方案》（以下简称《方案》），进一步健全和完善了我国海洋环境的督察制度。《方案》将沿海省级人民政府和设区的市级人民政府纳入到督察范围。^②督察的内容主要是地方人民政府对党中央、国务院海洋资源环境重大决策部署、有关法律法规和国家海洋资源环境计划、规划、重要政策措施的落实情况，突出问题及处理情况。^③ 督察方式为例行督察、专项督察和审核督察。^④ 督察程序分为督察准备、督察进驻、督察报告、督察反馈、整改落实、移交移送六大步骤。^⑤《方案》中对海洋环境督察提出了三方面的要求：一是坚持实事求是的原则；二是不能越俎代庖，超越督察权限履行地方政府及其海洋行政主管部门的职权；三是加强队伍自身建设，确保依法尽职履责。

从我国海洋环境督察实践看，国家海洋局^⑥不定时派出中央海洋督察组对沿海及陆源各省进行督察，同时省级海洋行政主管部门也可对市级海洋行政主管部门进行督察。我国正在走向综合监督管理与行业监督管理相互结合，拓展倡导社会组织、企业与个人多方参与的督察阶段。

（三）海洋环境督察在不同阶段显现的特点及所面临问题

根据我国海洋环境督察发展历程，总体上可以将其概括为"启蒙时

---

① 《海洋督察工作管理规定》第三条：国家海洋局主管全国海洋督察工作；各海区分局作为国家海洋局的派出机构负责实施本海区的海洋督察工作；沿海各级海洋行政主管部门负责本辖区内海洋督察工作。

② 参见《海洋督察方案》第二部分"海洋督察对象"。

③ 参见《海洋督察方案》第三部分"海洋督查内容"。

④ 参见《海洋督察方案》第四部分"海洋督察实施"第（一）项"督察方式"。

⑤ 参见《海洋督察方案》第四部分"海洋督察实施"第（二）项"督察程序"。

⑥ 2018 年 3 月，根据第十三届全国人民代表大会第一次会议批准的国务院机构改革方案，将国家海洋局的职责整合，组建中华人民共和国自然资源部，自然资源部对外保留国家海洋局牌子。

期、探索时期、推进时期、深化时期"四个阶段。通过对其进行系统分析，可以基本归纳出各个历史阶段我国海洋环境督察的鲜明特点以及面临的问题。我国海洋环境督察实践的深入推进对于海洋环境督察制度的发展完善具有重要意义，有利于探索形成具有中国特色的海洋环境督察道路。

1. 海洋环境督察启蒙时期的特点及所面临问题

（1）海洋环境督察启蒙时期的特点

20世纪50年代初到70年代末，我国虽没有正式建立海洋环境督察，但国家领导层已开始着手海洋管理的规划，成立了部分海洋管理部门，例如国家水产部门，成为我国改革开放之后发展海洋环境督察的一个重要铺垫。这一时期我国海洋环境督察的主要特点可以概括为：注重海洋环境资源的利用与管理，海洋环境督察意识开始逐渐形成。在这一历史时期，为求改变新中国成立初期的贫穷状况，我国的海洋环境资源成为其中一个新的动力供给点选择。各方面加大了海洋环境资源的开发力度，如渔业、石油开采和海洋航运等。与此同时，国家也着手成立相应的行业管理部门来规范地方的海洋环境资源开发利用活动。1964年，国家海洋局应运而生。当然，其最初的职能仅包括海洋环境监测、资料收编、资源调查和海洋公益等管理职能。但从根本上而言，整合地方分散的海洋管理力量，以此来提升国家海防管理的综合实力，无疑是成立国家海洋局的一个重要目标。

（2）海洋环境督察启蒙时期所面临的问题

这一时期所面临的问题是海洋环境资源保护意识薄弱、专门的海洋环境资源督察制度尚未建立。当时我国海洋科研处于刚刚起步状态，对于海洋资源的开发利用还没有整体认识，仅仅局限于渔业及海洋石油开发等方面，对海洋环境保护并未给予足够的重视。与此同时，海洋环境管理主体为地方各行业管理部门，因此更多考虑的是海洋资源的利用与开发而非对海洋环境的保护。

2. 海洋环境督察探索时期的特点及所面临问题

（1）海洋环境督察探索时期的特点

从 20 世纪 80 年代初至 20 世纪末，我国在海洋环境督察领域积极探索，随着涉及多个行业的有关海洋环境保护的法律法规的出台，国家海洋环境的督察制度开始逐渐形成。这一时期我国海洋环境督察的主要特点是：海洋环境督察综合性管理加强，层级体系明确。该时期国家海洋局纳入了国务院建制，其职能随之在不断扩大，更侧重于在宏观层面上进行协调、领导。地方各级海洋行政主管部门的职责得以明确，主要领域大致分为海洋行政、海事、渔业等。同时在法律层面上允许相关单位、个人监督检举海洋环境事宜，督察主体多样化得到加强，结构体系上形成了从中央到地方的国家海洋局—海区分局—海洋管区—海洋监察站的层级。

（2）海洋环境督察探索时期所面临的问题

在该阶段我国海洋环境督察显现的问题主要表现在督察程序不明确，相关单位和个人的监督检举渠道相对较为闭塞。由于各个领域的分工管理，统一的督察程序无法完全符合实际需要，程序制度化面临困难，督察部门在督察过程中的自主裁量权较大，进而导致地方海洋行政主管部门在督察事项上的不作为、乱作为，影响后续的及时反馈和整改落实的有效跟进，公众参与及社会监督的局面也难以有效打开。

3. 海洋环境督察推进时期的特点及所面临问题

（1）海洋环境督察推进时期的特点

海洋环境督察的推进时期自 20 世纪初至 2012 年。这一阶段的主要特点是：海洋环境督察及执法活动日趋严格、规范，社会监督和公众参与增强。针对上一阶段我国在海洋环境督察的具体实施过程中所存在的相关问题，海洋环境督察部门进一步规范了海洋环境督察的内容、程序以及方式等，同时上级部门对下级部门的监管力度也得以进一步加强。

（2）海洋环境督察推进时期所面临的问题

这一时期所面临的主要问题是：海洋环境督察执法过于僵硬，灵活性不足；海洋环境督察透明度不高，公众难以获取有关督察事项、督察进展、反馈情况等信息；责任追究机制还不完善，督察部门的自由裁量权较大，对于被督察对象的违纪违法行为尚未形成统一规范的责任追究的流程、方式。

4. 海洋环境督察深化时期的特点①

从 2012 年至今，我国海洋环境督察在方式、内容上得以不断深化。中央的"围填海"专项督察，频繁入驻沿海及陆源各省展开监督检查，不定时、不定向对各省（自治区、直辖市）突击检查，同时改变了重查不重治的做法，查治两手抓，既严格查处地方政府及其海洋行政主管部门的不作为、乱作为，又提出针对性的解决方案推动整改落实。总体而言，该阶段的主要特点为：社会力量参与度及方式多样化显著提高，督察产生的实效性日趋凸显。在海洋环境督察中，海洋环保组织、有关企业、专家学者等社会主体与地方海洋行政部门的联系日趋紧密。海洋环境督察方式科学化、灵活化，有利于提高督察效率，适应多变的社会现实需求。

二、中国海洋环境督察的阶段成果及问题分析

（一）海洋环境督察的实践成效

党的十八大以来，海洋生态文明建设被提升到前所未有的高度，海

---

① 鉴于本章第二节为"海洋环境督察的阶段成果及问题分析"，其中针对海洋环境督察深化时期面临的问题进行了较为详尽的总结及评述。为避免重复，在此不作阐述。

洋环境督察工作进入"深化期"。随着海洋生态文明建设的深入开展和海洋环境督察制度的日臻完善，海洋环境督察在实践中取得了丰硕的成果。①

1. 海洋环境督察的总体境况

我国海洋环境督察工作主要依据《海洋督察工作管理规定》《海洋督察方案》等规范性文件。《海洋督察方案》实施之前，主要体现为上级海洋行政主管部门对下级海洋行政主管部门以及其所属的机构、委托单位的督察，其中国家制定的法律、法规、政策和各省出台的海洋生态环境保护规划的实施情况成为海洋环境督察的重要内容。《海洋督察方案》印发后，国务院授权国家海洋局代表国务院开展海洋环境督察，督察的对象从原来的下级海洋行政主管部门扩大至省、自治区、直辖市人民政府，必要时还可下沉至市级人民政府。

海洋环境督察总体上分为三个层次，层层递进，逐步深化。一是省级海洋环境督察。省级海洋主管部门根据国家的法律法规、政策部署，结合本省制定的法规、规划等制度文件对市级海洋主管部门进行督察，有力保障了党中央、国务院重大政策和省级海洋生态制度文件得以具体落实。二是国家海洋环境督察试点。2012 年国家海洋局开展对地方海洋主管部门依法行政情况进行督察的试点工作，在试点基础上，全面展开督察实践，初步探索形成了较为健全的海洋督察工作机制。三是国家海洋环境督察全面启动。国家海洋局对下级海洋主管部门，省、市两级政府均有督察权，尤以 2017 年国家海洋局组建国家海洋督察组，对沿海 11 省区市开展的两批督察行动发挥了积极作用，取得了显著成效。

海洋环境督察在地方政府和海洋主管部门开展各项海洋生态文明建设推进工作中发挥了重要作用。沿海各省为落实海洋生态环境保护工作，积极担当作为，采取多种举措。

---

① 前已述及，我国海洋环境督察从发展历程看可分为四个阶段，即"启蒙时期、探索时期、推进时期、深化时期"，针对前三时期的海洋环境督察的研究属于历史研究的范畴，在此仅梳理"深化时期"，即党的十八大以来我国在海洋环境督察中取得的成效。

（1）出台地方性法规、发展规划

沿海各省份将海洋生态文明建设作为地方发展战略，体现在地方整体的工作部署中。福建省出台一系列有关海岸保护、水污染防治的规划、方案，并印发相应考核办法，将制度文件的落实情况纳入到领导干部的考核中，有力保障和推动了相关政策的落地生根。① 河北省专门制定有关海洋环境保护和海洋生态红线的相关规定，并通过推行"湾长制"试点加强环境保护的陆海统筹工作，取得了积极成效。② 海南省聚焦海岸保护开发和生态红线保护，出台了一系列的制度，采取了一系列的措施。③

（2）加大资金投入力度

沿海各省份高度重视海洋生态文明建设，加大资金投入，开展环境保护和治理工作。浙江省设立"两山"建设财政专项资金，于2017—2019年每年在生态建设上投入36亿元，累计安排生态环保转移支付资金142.8亿元。④ 福建省加大资金投入力度，在2012年至2016年五年内投入海洋生态文明建设的资金为27.65亿元。

（3）开展专项行动

为推进海洋生态文明建设，沿海各省份开展海洋环境整治专项行动以解决发展过程中面临的突出环境问题。河北省为治理陆源污染开展"百日会战"，浙江省开展"生态文明建设推进行动"（2011—2015）、

---

① 福建省出台《福建省海岸带保护与利用规划》《福建省水污染防治行动计划实施方案》《福建省海洋生态文明建设行动计划》等制度文件，印发《福建省生态文明建设目标评价考核办法》。

② 河北省制定《河北省海洋环境保护管理规定》《河北省海洋生态红线》等8个规定，推动河北省海洋管理工作。

③ 海南省颁布实施《海南省经济特区海岸带保护与开发管理规定》《海南省生态红线保护管理规定》等一系列地方法规制度，同时出台30条硬措施，为推动海南海洋经济可持续发展和海洋生态文明建设等做出政策引领和制度保障。参见"国家海洋督察组向海南反馈围填海专项督察情况". http://www.mnr.gov.cn/zt/hy/2017wthzxdc/xwzx/201801/t20180116_2102461.html，2020年1月12日最后一次访问。

④ 参见"中央第二环境保护督察组向浙江省反馈督察情况". https://baijiahao.baidu.com/s?id=1587646280355355219&wfr=spider&for=pc，2020年1月12日最后一次访问。

"美丽浙江建设行动"等行动。

2. 例行督察及围填海专项督察

自 2017 年 8 月 22 日起，国家海洋督察组分两批对 11 省（自治区、直辖市）开展专项督察和例行督察。第一批国家海洋督察组例行督察的对象是河北、福建、广东三省，围填海专项督察的对象是辽宁、海南、河北、江苏、福建、广西等六省区。第二批围填海专项督察的对象是山东、上海，浙江和天津。国家海洋督察组在地方政府和海洋主管部门的密切配合下开展海洋督察工作，除听取相关部门的汇报、调取用海项目审批等相关资料外，督察组十分重视发挥群众在督察中的作用，通过举报线索查找突出问题，并开展相关整治行动和启动追责程序。① 此外，国家海洋督察组还采用无人机、海域动态监管车等现代化先进设备开展核查工作，提高督察的精准度，保障督察的高效率。随后，国家海洋督察组将发现的海洋环境问题梳理形成问题清单后移交给被督察单位，并督促其整改落实。各省（自治区、直辖市）按照国家海洋督察组列出的问题清单，逐项对照，研究落实，制定整改方案并报送至国家海洋局。地方政府组织有关部门开展执法活动，并在发现的问题中涉及主管人员和有关直接责任人员的，启动追责程序，6 个月内将整改落实情况报送至国家海洋局。国家海洋督察组的进驻、督察、反馈，是对地方政府及其海洋行政主管部门履行海洋环境保护主体责任的有力鞭策，也是推动解决地方海洋环境治理中存在的突出问题的有力举措。

从例行督察和专项督察的情况来看，各省份在贯彻落实海洋生态文明建设和海洋强国战略上均采取了积极行动，取得了显著的成绩。从全国范围看，我国围填海总量呈现出明显的下降趋势。据统计，2017 年填海面积 5779 公顷，比 2013 年降低 63%。与 2013 年前五年相比，全国填海面积降幅近 42%。②

① 2018 年 1 月 17 日国家海洋局在"围填海"情况新闻发布会上公布："截至目前，6 省区政府已办结来电、来信举报 1083 件，责令整改 842 件，立案处罚 262 件，罚款 12.47 亿元，拘留 1 人，约谈 110 人，问责 22 人。"参见"首次国家海洋督察 6 省份 22 人被问责"。

② 参见"国家海洋局：将采取'史上最严围填海管控措施'"．https：//baijiahao. baidu. com/s?id=1589891021263629918&wfr=spider&for=pc，2020 年 1 月 12 日最后一次访问。

国家海洋督察组仍发现各省（自治区、直辖市）存在的一些突出问题，亟待解决：

第一，地方性规定与国家规定不符，即对国家政策要求搞变通、打折扣。如《河北省海洋生态红线》等文件中对海洋自然岸线保有率的设定远远低于经国务院批准的海洋功能区划中的设定值；海南省违规下放部分填海项目的审批权长达 7 年；2015 年海南省儋州市人民政府制定的地方性政策与国家政策不一致，导致大面积的海域使用权被违规出让。

第二，围填海用海项目的审批、监管存在漏洞。一些海洋主管部门不顾海洋功能区划的限定，违规审批用海项目，甚至在未取得海域使用权的情况下长期使用海域。一些执法部门执法活动失之于宽、失之于松、失之于软。部分项目存在未批先建、边批边建的情况。即使相关情况被海洋主管部门所掌握，也存在查处不及时、以罚代管等现象，不作为、乱作为现象仍旧突出，是重开发、轻保护的传统思维的体现。

第三，存在薄弱环节。如部分陆源污染物未经符合标准的处理便被排入海域，近岸海域的污染防治亟待推进；海洋保护区的管理体制机制不顺畅等。

针对上述问题，被督察省份按照国家海洋督察组列出的问题清单，积极推进整改落实，取得了显著成效。

海南省仅在国家海洋督察组进驻督察期间，便立行立改，采取责令整改、罚款、立案侦查、拘留、约谈、问责等措施，办结了绝大部分的信访案件。① 针对督察组移交的问题清单，在整改方案中开出"牢固树立新发展理念""严守海洋生态红线""严格管控围填海""严格用海审批监管""加强近岸海域污染防治"的"药单"，并对具体的问题设定整改目标、整改举措、整改期限和责任单位，有力地保障了整改落实工作

---

① 截至 2018 年 1 月 12 日，中央第四环境保护督察组交办海南的 2427 件信访件中，海南已办结信访件 2078 件，办结率为 85.62%，责令整改 1793 家，立案处罚 648 家，罚款 3922 万余元，立案侦查 19 件，拘留 49 人，约谈 409 人，问责 295 人。参见"动真格！国家海洋督察 6 省份，罚款 12 亿元，海南拘留 49 人，约谈 409 人，问责 295 人！" http://www.sohu.com/a/217623796_752782，2020 年 1 月 12 日最后一次访问。

中国
海洋环境治理研究

的深入扎实推进。①

浙江省专门印发《浙江省贯彻落实国家海洋督察围填海专项督察意见整改方案的通知》，采取规范围填海审批、严格管控新增围填海项目、依法依规处理历史遗留问题、加强海洋环境综合管控、加强近岸海域污染防治、推进海洋生态修复工作、严格海洋执法监管等具体措施，推动海洋生态环境保护工作稳步推进、逐步完善。针对国家海洋督察组反馈的问题，整改方案一一列举，明确所属单位、问题类型、督察事项、具体问题描述、责任单位、督导单位、整改时限、整改目标、整改措施等内容，保质保量推动相关问题的解决。②

国家海洋局结合督察整改工作，聚焦"十个一律""三个强化"，③采取严格的围填海管控措施，根除问题顽疾，巩固督察的成效，推动海洋生态文明工作迈向新的高度。

（二）海洋环境督察的理论成果

关于生态环境保护督察的理论与实践，学界研究成果较多，且从环境保护督察的主体、对象、程序、风险防控等方面切入，研究较为广泛，但学界鲜有专门针对海洋环境督察的研究成果。④ 尽管海洋环境督察与

---

① 海南省贯彻落实国家海洋督察反馈意见整改方案. http：//dof. hainan. gov. cn/zwgk/tzgg/201808/t20180808_2722215. html，2020 年 1 月 12 日最后一次访问。

② 浙江省人民政府关于印发《浙江省贯彻落实国家海洋督察围填海专项督察意见整改方案》的通知，2019 年 2 月 26 日 . http：//www. hzldzy. com/zh/articledetail. aspx？ detailid = 4311，2020 年 1 月 13 日最后一次访问.

③ "十个一律"是指：违法且严重破坏海洋生态环境的围海，分期分批，一律拆除；非法设置且严重破坏海洋生态环境的排污口，分期分批，一律关闭；围填海形成的、长期闲置的土地，一律依法收归国有；审批监管不作为、乱作为，一律问责；对批而未填且不符合现行用海政策的围填海项目，一律停止；通过围填海进行商业地产开发的，一律禁止；非涉及国计民生的建设项目填海，一律不批；渤海海域的围填海，一律禁止；围填海审批权，一律不得下放；年度围填海计划指标，一律不再分省下达。"三个强化"即坚持"谁破坏，谁修复"的原则，强化生态修复；以海岸带规划为引导，强化项目用海需求审查；加大审核督察力度，强化围填海日常监管。

④ 黄玲俐 . 海洋督察制度法治化研究 ［D］. 宁波大学，2018；华丽雯 . 中国海洋督察制度执行研究 ［D］. 大连海事大学，2015；张新 . 海洋督察制度研究 ［D］. 中国海洋大学，2013.

生态环境保护督察的主体、对象、内容均有差异，但由于海洋环境属于生态环境的重要组成部分，且同属于中央环境督察的制度性安排，因此相关研究对于海洋环境督察具有一定的借鉴意义。

1. 生态环境治理困境研究

从中央政府、地方政府、企业和社会公众的相互关系看，① 认为中央政府、地方政府、企业和社会公众目标的冲突导致行为上的偏差，从而产生生态环境治理的困境，其破解之道在于将环保督察从"运动式"转化为"常态式"、建立多主体参与环保督察的机制、增加环境治理在地方政府考评中所占的比重、建立激励企业进行环保科技创新的体制机制、提高公众参与环境保护和治理的积极性。

2. 生态环境保护督察研究

从不同地域所面临的环保问题看，存在下述不同层面的认识：不同地域面临的环保问题存在差异，主要原因在于督察模式的改变、生态文明建设处于"爬坡过坎"的历史时期和区域经济和资源的差异等；② 认为环保督察中存在的风险主要表现为抗拒执法、违法乱纪、不作为乱作为三种形式，需构建多元化治理机制、建立督察风险评估机制、提高督察人员素质；③ 认为应明确中央和省两级督察体制，督察主体的范围应更加清晰，督察组应享有"检察权、处置权、请求协助权、交办权、督察情况评述权、问责建议权"等权限，督察的对象应着重放在政府、相关职能部门和领导干部上，督察事项应既涵盖"事"又涵盖"人"，应着力构建"集中督查""'回头看'督察""专项督察""常态督察"的督察体系，并完善相关督察程序等；④ 认为督察队伍的权威性和专业性

①　汤金金，孙荣. 多制度环境下我国的环境治理困境：产生机理与治理策略 [J]. 西南大学学报（社会科学版），2019（02）：23 - 31.

②　罗三保，杜斌，孙鹏程. 中央生态环境保护督察制度回顾与展望 [J]. 中国环境管理，2019（05）：16 - 19.

③　于亚渤. 环境治理过程中环境保护督察的风险类型及消弭路径 [J/OL]. 治理现代化研究，2020（01）：91 - 96 [2020 - 01 - 12]. http://kns.cnki.net/kcms/detail/13.1427.d.20200107.1303.024.html.

④　代杰，王伟伟. 论生态环境保护督察制度的完善 [J]. 中国环境管理，2018（06）：132 - 140.

增强、地方党委的主体责任得以强化、督察的范围更加广泛、督察的影响力日益扩大、督察的制度日益完善、以生态环境的保护促进经济高质量发展的目标越来越清晰。环保督察推动了一大批生态环境领域突出问题的解决，使生态环境的质量得到显著改善；① 认为生态环境保护督察存在省级环保督察问责制度存在较多空白，实践中针对责任类型的认定把握困难，多元主体的问责机制并未建立等问题。②

3. 海洋环境督察制度研究

就海洋环境督察制度而言，认为海洋环境督察制度存在法律依据不足、监督范围狭窄、监督主体权限受限、执行力和独立性不足等问题，需在遵循效率原则、协调原则、民主决策原则的基础上，多部门联动"集权督察"、尝试发挥检察权的监督作用、完善公众参与机制等方面加以完善；③ 认为海洋环境督察制度存在立法层级不高，法律体系不完善，督察主体的法律地位不明确、督察责任追究机制不健全等问题，并提出采取混合式立法的立法模式为海洋环境督察建章立制，在有关法律法规中进一步明确督察主体的法律地位，理顺海洋环境督察组与地方政府和环境保护职能部门的关系，从启动、调查与核实、处理决定的作出和问责信息的公开等全过程完善海洋环境督察的责任追究程序等完善措施。④

（三）海洋环境督察实践与理论面临的问题

党的十八大以来，海洋环境督察进入"深化期"，这一时期的海洋环境督察在理论和实践上均取得了丰硕的成果。学界针对环境保护督察机制的设计、运行、成效的关注度明显上升，为环境保护督察机制的发

---

① 翁智雄，葛察忠，程翠云，等.我国生态环境保护督察制度的构成及其特征 [J].环境保护，2019，47（14）：17 – 22.

② 吕志祥，谯丽.环境保护督政问责制度研究 [J/OL].中国环境管理干部学院学报：1 – 4 [2020 – 01 – 12].https：//doi.org/10.13358/j.issn.1008 – 813x.2019.0920.02.

③ 张新.海洋督察制度研究 [D].中国海洋大学，2013.

④ 蔡先凤，童梦琪.国家海洋督察制度的实效及完善 [J].宁波大学学报（人文科学版）2018，31（05）：117 – 126.

展完善提供了理论支撑；海洋环境督察的实践不仅推动了一批海洋环境突出问题的整改落实，更加深了地方政府对海洋环境保护的认识，使其担负起海洋生态文明建设的主体责任，为海洋环境督察机制的理论研究提供了生动的实践素材，也为海洋强国战略的实现提供了有益的实践支持。

1. 海洋环境督察实践面临的问题

海洋环境督察在制度层面仍存在诸多空白，在实践层面仍面临诸多困境，主要体现在以下方面：

（1）督察制度的立法层级不高

海洋环境督察制度仅由《海洋督察工作管理规定》《海洋督察方案》等规范性文件规定，立法的层级不高，权威性难以保障。对此，学者多从加强海洋环境督察立法的角度提出建议，但对于海洋环境督察立法的层级、模式及其合理性缺乏相应的论证，须在理论和实践上加以推进。

（2）常态化督察机制尚未建立

我国的海洋环境督察呈现运动式治理，尚未建立常态化的督察机制。尽管《海洋督察方案》中明确了"例行督察、专项督察、审核督察"三种督察方式，但督察时间、督察频率、督察期限等并不明确，由此可能出现国家海洋督察组进驻时"集中"处理问题，离开后怠于行使职权，不愿担当作为的现象，有些地方甚至搞"平时不作为，急时一刀切"，① 严重损害企业和群众利益，损害党和政府形象。

（3）督察问责威慑力不足

海洋环境督察的问责对象层级不高，难以起到足够的震慑效应。海洋环境督察的问责对象多是直接参与违规、违法活动的海洋主管部门工作人员，或是对特定领域负有直接监管职责的主管人员和直接责任人员，

343

---

① 参见"生态环境部：专项治理'平时不作为急时一刀切'"，https：//baijiahao. baidu. com/s? id＝1643518575992753611&wfr＝spider&for＝pc，2020 年 1 月 13 日最后一次访问。

如对违规审批用海项目，对未批先建的项目怠于查处或以罚代管的海洋主管部门及工作人员进行问责。这固然会起到督促行政机关依法履职尽责的作用，但对于地方政府而言，"主管领导"的有效监督和主动担当也许才是更为根本的着力点。善于抓住领导干部这一关键少数，对于从根本上解决问题具有重要意义。

（4）督察标准不明确

海洋环境督察标准不甚明确，沿海省（自治区、直辖市）关于海洋环境保护的地方性规定、规划的体系十分庞大，海洋督察组在督察过程中依据的标准是否包含地方性规定并没有统一明确的规定，导致实践中各省份的督察标准不一致，或者同一省份不同批次的督察标准也不一致。甚至某些省份的地方性规定明显与国家关于海洋生态环境保护的规定或强制性标准相冲突，[①] 更导致了实践中的困境。

（5）自我监督机制不健全

对于督察人员自身的监督约束机制尚未完全建立。现有制度对于督察人员多是授权性的规定，即使对部分问题的督察程序进行了明确的规定，但对于其在督察工作中是否遵循法定程序、处理问题的合法性、合理性如何有赖于督察人员自身的素质，即使督察人员违反相应规定，处理措施至多是"给予批评教育""取消督察员资格"等，[②] 难以起到有力的震慑作用。对此，但家文主张"环境督察人员必须守纪律讲规矩"，[③]对于构建针对督察人员的追责体系具有推动意义。

（6）专业人才匮乏

海洋环境督察往往与其他领域问题相互交叉，相关的专业性人才十

① 如在国家海洋督察组向福建反馈例行督察和围填海专项督察情况时指出，福建省制定的《福建省海域使用金征收配套管理办法》等3个涉及海域使用金减缴的文件，扩大了海域使用金减缴范围，与国家有关规定不符。2012年至2017年6月，福建省审批的262个围填海项目中，有110个项目依据3个文件减缴海域使用金约2.11亿元。参见 http://www.mnr.gov.cn/zt/hy/2017wthzxdc/xwzx/201801/t20180116_2102463.html，2020年1月13日最后一次访问。

② 参见《海洋督察员管理办法》第十六条。

③ 但家文. 环境督察人员必须守纪律讲规矩 [N]. 中国环境报，2019 – 07 – 18（3）.

分匮乏。随着经济社会的不断发展和海洋资源利用强度的增大，海洋环境事务范围日益扩大。一方面，海洋环境督察的任务会日渐冗杂繁重；另一方面对督察人员的专业化水平提出了更高的要求。整体而言，我国的海洋环境督察队伍专业化程度不高，难以满足日益增长的对高素质人才的要求。因此，面对日益繁重的海洋环境督察任务，如何加强海洋环境督察队伍建设，无疑是当下所需要重点关注的问题。

2. 海洋环境督察理论存在的问题

就海洋环境督察的相关阶段性研究成果而言，在研究内容、研究深度、研究高度等方面还面临系列相关问题，其中主要呈现在以下几个层面：

（1）海洋环境督察研究成果相对匮乏

从研究内容看，学界多关注中央环境保护督察，而专门针对海洋领域的督察研究成果十分匮乏。尽管海洋环境督察与环保督察有一定的相似之处，但存在的问题却并不完全一致，甚至在某些领域二者存在较大的差异。如海洋环境督察中涉及违规企业或个人对海洋造成污染的程度的界定标准、损害赔偿数额的计算依据等，均与海洋的立体性、流动性等特性密切相关，非其他领域所涉及。

（2）海洋环境督察研究成果实践性欠缺

从研究的深度看，有关海洋环境督察的研究多是从制度层面寻找问题，进而提出相应的解决问题的思路，对诸多特定领域的问题"蜻蜓点水"，提出的制度建议一方面原则性较强，难以据此应用于实践，另一方面缺乏深入科学的论证。当然，理论的探讨总是对实践具有指引作用，不能苛求所有的研究都能超越现实的实践，细致入微地对未来实践的画面进行描绘。

（3）海洋环境督察研究成果理论性不足

从研究的高度看，有关海洋环境督察的研究成果多从具体的制度层面进行探讨，理论性稍显不足。现有成果未能从海洋环境督察的具体制度中抽象出一般的原理、原则，也并未从理论的高度对督察的具体制度进行深刻的反思、证成。

三、中国海洋环境督察的未来走向

（一）海洋环境督察的客观条件优化

1. 深化海洋环境督察的战略保障

海洋环境治理是国家治理体系的重要组成部分，而海洋环境督察制度的建立和完善是国家治理能力的重要体现，是对海洋环境治理成效的保障与促进。随着党的十八大将生态文明建设纳入"五位一体"总体布局和海洋生态保护力度的日益增强，海洋环境督察制度的内涵和理念也在发展中不断丰富。2011 年 7 月国家海洋局印发的《海洋督察工作管理规定》开创了我国的海洋监察制度，其第一条规定："为进一步规范海洋行政行为，保障海洋法律法规和国家政策的贯彻实施，根据《国务院关于加强法治政府建设的意见》和《海洋行政执法监督规定》等有关规定，结合海洋工作实际，制定本规定。"① 国家海洋局建立海洋环境监察制度的初衷是规范海洋行政行为，由上级海洋行政主管部门对下级海洋行政主管部门、各级海洋行政主管部门对其所属机构或委托的单位依法履行行政管理职权的情况进行监督检查。2016 年 12 月经国务院同意后国家海洋局印发的《海洋督察方案》的宗旨为："将海洋督察作为海洋生态文明建设和法治政府建设的重要抓手，推动地方政府落实海域海岛资源监管和海洋生态环境保护法定责任，加快解决海洋资源环境突出问题，促进节约集约利用海洋资源，保护海洋生态环境，推动建立有效约束开

346

---

① 参见《海洋督察工作管理规定》第一条。

发行为和促进绿色低碳循环发展的机制，不断推进海洋强国建设。"①

由此可见，《海洋督察方案》不仅强调对海洋行政行为的监督，更加强调海洋生态环境的保护和海洋强国战略的实现。2019 年 6 月中共中央办公厅、国务院办公厅印发的《中央生态环境保护督察工作规定》提出：为了规范生态环境保护督察工作，压实生态环境保护责任，推进生态文明建设，建设美丽中国，设置专职督察机构，开展包括海洋生态环境在内的生态环境督察。其将生态环境督察的目的提升至"推进生态文明建设，建设美丽中国"，体现了我国对于生态环境保护工作的高度重视和一以贯之推进生态环境保护工作落地生根、显现实效的坚强决心。在此背景下，发展和完善我国海洋环境督察制度，有利于监督地方各级政府和海洋行政主管部门依法依规开展海洋环境保护执法，有利于激发地方各级政府和海洋环境行政主管部门积极担当作为保护海洋生态环境，有利于推进海洋生态文明建设和"海洋强国"战略的实施。

2. 深化中国海洋环境督察的组织保障

海洋环境督察制度的运行离不开坚强的组织保障。《海洋督察工作管理规定》将海洋环境督察的权力授予国家海洋局、各海区分局和沿海各级海洋行政主管部门、实行"上级主管部门督察下级主管部门，各级主管部门督察所属机构或委托单位"的督察模式。海洋行政主管部门对于被督察单位存在违法行为的，应当向其制作海洋环境的督察意见书。被督察单位必须在 30 个工作日内将纠正情况通报给提出督察意见的部门，否则将承担相应的纪律责任和法律责任。若督察中发现有关人员存在违纪违法的行为，将移送纪检监察机关或司法机关处理。此外，上级海洋行政主管部门还可指令下级海洋行政主管部门对专门事项进行督察。下级部门应当按照上级部门要求，及时完成督察任务并上报督察结果。这一机制的设置赋予上级海洋行政主管部门以督察权，对保证督察的质量和实现督察后及时有效的整改落实发挥了重要作用。

从一定意义上讲，《海洋督察方案》赋予国家海洋局以更广泛的督察权，作为海洋行政主管部门，国家海洋局能够代表国务院对沿海省、

347

---

① 参见《海洋督察方案》第一部分"指导思想"。

自治区、直辖市人民政府及其海洋主管部门和海洋执法机构进行监督检查，可下沉至设区的市级人民政府。从理论上讲，国家海洋局作为海洋行政主管部门，无权对省级人民政府和设区的市级人民政府进行督察，但由于国务院的特别授权，使国家海洋局可以行使国务院的部分督察权，从而从组织上有力地保障了督察部门的权威性。由于地方政府在当地海洋环境保护和环境治理中发挥的重要作用，加强对其落实重大决策部署、有关法律法规和国家海洋资源环境计划、规划、重要政策措施的督察，能够确保地方政府对督察组反馈的问题进行及时有效进行处理，极大地提升了督察的效果。从 2018 年 7 月国家海洋环境的督察组向浙江、上海、广东、山东四省份反馈的围填海专项督察情况结果来看，包括省长或市长在内的省级政府主要负责人均参加围填海专项督察情况反馈会，并表明整改落实的坚定态度和决心。

3. 深化海洋环境督察的运行保障

就海洋环境督察运行保障而言，主要体现在"运行授权与运行经费、运行举措"等不同方面。

（1）在运行授权方面

2011 年 7 月 5 日，《海洋督察工作管理规定》授予上级海洋行政主管部门对下级海洋行政主管部门、各级海洋行政主管部门对其所属机构或委托单位的督察权。同日，国家海洋局即发布《关于实施海洋督察制度的若干意见》，其中对海洋环境督察的主要内容和主要方式给出了细致的规定。2011 年 12 月 1 日，国家海洋局印发《海洋督察工作规范》，对海洋环境督察工作的程序、实施的部门及其人员组成、卷宗查阅程序、约谈程序和列席会议程序等进行了详细的规定，确保督察机构的督察行为有法可依，并且严格按照法定的程序进行。同样，《海洋督察方案》对督察方式、督察程序均给出了明确的规定。

（2）在运行经费方面

《海洋督察工作管理规定》明确海洋环境督察工作的专项经费由各级海洋行政主管部门予以保障。《国家海洋局关于实施海洋督察制度的若

干意见》提出加强海洋督察工作的组织领导，将海洋督察作为海洋管理
的重要组成部分，对督察工作所需人员、经费等采取各项保障措施。就
国家海洋督察组例行督察和围填海专项督察的实践看，海洋行政主管部
门对海洋督察工作给予充分的经费保障，确保督察工作依法、有序、高
效开展。

（3）在运行举措方面

国家海洋环境督察组和各级海洋行政主管部门按照有关规定，实施
海洋环境督察，树立问题导向，将发现的海洋环境问题及时移送有关部
门，确保件件有回应，督促件件有落实。以国家海洋环境督察组的围填
海专项督察为例，国家海洋环境督察组既着眼大局，总结地方政府在海
洋环境保护方面做出的努力和取得的成就，并对地方政府接受督察、切
实整改的相关情况进行反馈，又能着眼特定地区、特定部门、特定问题，
提出符合法律规定和实际情况的意见建议。在海洋环境督察中，督察机
构不仅发挥了监督检察的利剑作用，也为地方政府开出"治病良方"，
地方政府能够结合督察组的意见建议研究相关整改方案，使问题得到切
实整改落实，也体现出海洋环境督察机构得到地方政府的充分肯定和积
极配合，得以顺利开展运行。

（二）海洋环境督察的发展完善

1. 加强立法保障

海洋环境督察须在法治的轨道上运行。诚然，海洋环境督察制度主
要由《海洋督察工作管理规定》《海洋督察方案》及其配套的实施办法
所建构，尽管做到了"有法可依"，但此法仅为政府部门制定的规范性
文件，效力性并不高。在《海洋督察工作管理规定》中，国家海洋局将
海洋环境督察权授予各级海洋行政主管部门，可以理解为国家海洋局对
地方各级海洋行政主管部门的职责、权限、功能的管理性规定，尽管这
一机制为规范性文件所创设，但并不能保证其稳定性和连续性。因此，
将海洋环境督察制度上升到法律层面，体现为国家意志，将对督察制度

349

功能的发挥和目标的实现起到根本性的保障作用。

　　从国家立法层面看，涉及海洋环境保护的法律有《环境保护法》《海洋环境保护法》《渔业法》《海岛保护法》等，尽管其中个别条款有对海洋行政主管部门进行监督检查的规定，但仅仅是基于上下级之间的监督管理关系，尽管可以理解为海洋环境督察，但与《海洋督察工作管理规定》和《海洋督察方案》中规定的海洋环境督察有着较大的区别，不可等同视之。①《海洋环境保护法》第五条明确规定："国家海洋行政主管部门负责海洋环境的监督管理，组织海洋环境的调查、监测、监视、评价和科学研究，负责全国防治海洋工程建设项目和海洋倾倒废弃物对海洋污染损害的环境保护工作。"此规定明确了海洋行政主管部门的职责。同时，该部法律明确了海洋行政主管部门对违反法律规定，破坏海洋生态环境的有关单位和个人的行政执法权，但并未对海洋行政主管部门的内部体系设置进行原则性的规定。从地方立法层面看，涉及海洋环境保护的地方性法规有《福建省海洋环境保护条例》《浙江省海域使用管理办法》《山东省海洋环境保护条例》等，仍未涉及海洋环境督察制度。以《山东省海洋环境保护条例》为例，其在法规中明确了用海单位和个人对于特定事项应当遵循的程序、规定，并赋予地方各级人民政府、海洋环境行政主管部门和生态环境主管部门等有关机关相应的职责，但在各部门"各司其职"的逻辑下并未也不会规定"跨级督察"制度。

　　因此，涉及海洋环境督察立法模式时，在此有两个选择：一是制定专门的有关海洋环境督察的法律法规；二是将海洋环境督察的制度规定纳入到现有法律法规体系当中。对此，有观点认为："我国《海洋环境保护法》《海域使用管理法》等法律，对海洋资源环境开发利用的监督管理均作了相应规定。因此，没有必要再制定一部海洋督察单行法。"② 诚然，若选择制定一部海洋环境督察单行法，可能会导致立法的重复、制度的衔接不恰、立

　　① 前文在述及海洋环境督察制度的创建时，将《环境保护法》（试行）中第二十七条的有关规定视为海洋环境督察制度创建的依据。此处的论证并不否认在此法中对海洋环境督察制度作出了相应规定，但当前阶段的督察已不再是该法中规定的简单意义上的上下级之间的监督检查。随着实践的发展，海洋环境督察的内涵也在不断丰富。

　　② 蔡先凤，童梦琪. 国家海洋督察制度的实效及完善 [J]. 宁波大学学报，2018（05）：117 – 126.

法过于分散等诸多问题。但是，对于海洋环境督察制度立法模式的选择不应一概而论。

对于国家层面的法律，选择在原有的法律体系中增加海洋监察制度，有其必要性和合理性。理由之一是，海洋环境督察制度的内容因各地区实际情况的不同而会有较大的差异，若单独出台一部海洋环境督察法，不利于各地结合自身特点进行制度设计；理由之二是，国家层面的立法效力层级较高，具有较强的稳定性，而海洋环境督察具有阶段性的特点，同时也会受特定时期政策、环境的影响，因此不宜事无巨细制定硬性规定。

对于地方立法而言，宜单独出台地方性法规对海洋环境督察加以规定。其一，现有地方性立法缺乏对海洋环境督察的基础性规定，若将其融入现有地方性法规，将破坏地方性法规的逻辑自恰性；其二，海洋环境督察的实施是一项系统性工程，对于地方海洋行政主管部门而言亟须内容完备、操作可行的法律规定，而单独的地方性法规能够满足这一要求；其三，海洋环境督察的实施领域具有特定性，且是对法律的基础性规定的进一步细化和落实，单独立法有利于维护基础性法律的权威性。

2. 厘清主体间的关系

海洋环境督察制度的完善需要解决相关主体的定位及相互之间的关系问题：一是对海洋环境督察机构进行准确定位；二是厘清其与海洋环境行政主管部门、地方政府和生态环境督察委员会的关系。海洋环境督察机构是国家海洋局和地方各级海洋行政主管部门设立的专门负责海洋环境督察的机构，其职责在于对下级海洋行政主管部门或者本级所属单位或委托机构就《海洋督察工作管理规定》第九条所列举的八大事项进行督察，[①]值得注意的是，根据国务院的授权，国家海洋局可以对沿海省、自治区、

---

① 《海洋督察工作管理规定》第九条：海洋督察涵盖海域使用管理、海岛开发保护、海洋环境保护、防灾减灾、权益维护、海洋执法等行政管理领域，主要包括：（一）法律、法规、规章、规范性文件的执行情况；（二）海洋战略、政策、规划、计划的落实情况；（三）行政许可、行政处罚、行政征收、行政委托等行政行为实施情况；（四）重大行政决策的程序规范情况；（五）行政行为涉及听证、政府信息公开的实施情况；（六）行政复议、诉讼案件办理以及影响社会稳定的群体性事件处理情况；（七）行政执法责任制的落实、执法人员的执法资格和作风纪律等情况；（八）其他应予以督察的事项。

直辖市人民政府进行督察，也可下沉至设区的市级人民政府。

（1）海洋环境督察机构与海洋环境行政主管部门的关系

海洋环境行政主管部门是负责海洋环境的监督管理，组织海洋环境的调查、监测、监视、评价和科学研究等海洋管理具体事项的主管部门和实施部门，海洋环境督察机构对其行政行为进行监督检查，并提出意见建议，然后由海洋行政主管部门负责整改落实。当然，海洋环境督察机构并非完全是"监督者"的角色，其在履行督察职能的过程中会采取定期与不定期、综合与专项、联合与独立、明查与暗访相结合等方式对海洋行政主管部门的工作进行整体把握，[①] 作出整体评价，同时聚焦重点领域、重点问题，进行深入调研，将发现的问题线索移交海洋行政主管部门，并向其提供解决问题的意见建议，最终由海洋行政主管部门制定整改落实的任务方案，并及时向督察机构反馈处理措施和整改落实成果。

（2）海洋环境督察机构与地方政府的关系

这需要从两个维度进行把握：其一，省级以下环境督察机构与地方政府的关系。地方政府依法行使海洋行政行政管理权，地方海洋行政主管部门是地方政府的组成部门。根据《海洋督察工作管理规定》，上级海洋行政主管部门设立相应的督察机构，对下级海洋行政主管部门依法履行行政管理职权的情况进行监督检查。由此可以看出，省级以下的海洋行政主管部门设立的督察机构只能对其下级的海洋行政主管部门进行督察，[②] 而与同级人民政府或下级人民政府不存在监督制约关系，也即省级以下海洋环境督察机构的性质为监督检查下级海洋行政部门履行行政管理职权的情况，可以视为"业务指导监督"，但在行使督察权的同时，督察机构也可能会与地方政府对接，当督察机关发现被督察单位的

352

---

① 参见《国家海洋局关于实施海洋督察制度的若干意见》（2011 年 7 月 5 日印发），第 12条。

② 当然，根据《海洋督察工作管理规定》的规定，各级海洋行政主管部门对其所属机构或委托的单位也可进行监督检查，但此处为厘清海洋督察机构与地方政府的关系，在此不作赘述。

违法行为，应当制作海洋环境督察意见书，被督察单位应当及时纠正违
法行为，若被督察单位拒不整改，海洋行政主管部门应当制作专项督察
通报，印发各有关部门，并抄送被督察单位的上级海洋行政主管部门或
其所属的人民政府。① 其二，国家海洋环境的督察组与地方政府的关系，
前已述及，根据国务院的授权，国家海洋局组建国家海洋环境的督察组，
可以对沿海省、自治区、直辖市人民政府进行督察，也可下沉至设区的
市级人民政府。由此可见，国家海洋环境的督察组能够对地方政府的海
洋行政管理权进行直接的监督，督促地方政府高度重视海洋环境保护工
作，推动地方政府及时解决督察中发现的相关问题。

（3）海洋环境督察机构与生态环境保护督察组的关系

中央生态环境督察的依据是中央深化改革小组审议通过的《环境保
护督察方案（试行）》，2019 年 6 月，中共中央办公厅、国务院办公厅印
发实施《中央生态环境保护督察工作规定》，对生态环境保护督察制度
进行了顶层设计，明确了例行督察、专项督察和"回头看"的督察方
式。海洋环境督察是生态环境督察的重要领域，中央生态环境保护督察
组在承担具体的生态环境保护督察的任务时，必然涉及海洋环境的督察，
两者之间存在一定交叉，但督察的范围大小有明显的不同。此外，生态
环境保护实行中央和省、自治区、直辖市两级督察体制。省级生态环境
保护督察作为中央生态环境保护督察的延伸和补充，旨在形成督察合
力，② 而海洋环境督察机构在各级海洋行政主管部门均可设立，对下级
海洋行政主管部门或派出机构、委托单位进行督察。鉴于两机构在海洋
环境督察范围内存在工作的重叠区，因此建立海洋环境督察机构与生态
环境保护督察组的联动机制，形成海洋环境保护的合力，是未来海洋环
境督察的重要内容。海洋环境督察机构应当将其督察中发现的问题，地
方政府和相关部门的整改落实情况报告生态环境保护督察机构，以供其
进行整体决策。生态环境保护督察组将其督察中涉及海洋的问题及时通
报海洋环境督察机构，以形成两机构对涉海环境问题进行合力监督、共

353

---

① 参见《海洋督察工作管理规定》第十八条。
② 参见《中央生态环境保护督察工作规定》第三十九条。

同推动整改落实的局面。

3. 明确海洋环境督察标准

海洋环境督察标准是衡量地方政府和地方海洋主管部门履行行政管理职权的合法性和有效性性的尺度，是海洋环境督察工作的先决问题。只有明确标准问题，才能准确把握海洋环境问题的症结所在，对症下药，开出良方。

（1）促进海洋环境督察标准的集中统一

《海洋督察工作管理规定》明确了海洋环境督察的内容是海洋行政主管部门履行行政管理职权的情况，其中涵盖了诸多领域的内容，其中第一项便是"法律、法规、规章、规范性文件的执行情况"，即督察的重要依据是法律、法规、规章、规范性文件的执行情况，而《海洋督察方案》的依据是党中央、国务院海洋资源环境重大决策部署、有关法律法规和国家海洋资源环境计划、规划、重要政策措施，可见两部规范性文件确定的督察标准过于模糊，在督察工作开展的过程中仍要结合具体领域的法律、法规、规范性文件的规定加以考察。当然，《海洋督察工作管理规定》《海洋督察方案》不可能将所有的督察事项和依据的法律、法规、规范性文件进行罗列，由于依据的规范有可能不断地创设、修改和废除，因此规定过于僵化也不利于保持法的稳定性。但督察标准若如此笼统地加以规定，很可能会导致标准的过于分散。

以第二批海洋环境的督察中国家海洋环境的督察组向浙江反馈的围填海专项督察情况中看，浙江省印发的规范性文件有《浙江省海洋生态建设示范区创建实施方案》《关于进一步加强海洋综合管理推进生态文明建设的意见》《关于加强公共用海备案管理的通知》《关于温台沿海产业带滩涂围垦项目申请缓缴海域使用金有关问题的通知》等，① 如此庞大的规范性文件的数量，若是在围填海专项督察中尚可准确适用，也能

354

---

① 中华人民共和国自然资源部. 国家海洋督察组向浙江反馈围填海专项督察情况. http://www.mnr.gov.cn/zt/hy/hydc/zxdcqk/201807/t20180705_2038156.html，2019 年 10 月 17 日最后一次访问。

够体现出浙江省政府坚决贯彻党中央、国务院关于生态文明建设和海洋强国建设的决策部署的坚定决心和切实行动。然而，如果对地方政府进行例行督察，涉及的海洋保护领域范围广，不同层级的规范性文件数量过于庞大，将导致适用上的难度增大，甚至会出现在特定事项上地方标准的严格程度低于国家标准，或者不同的规范性文件"相互打架"的情形，这需要通过加快推进海洋法律法规立、改、废、释工作，开展规范性文件清理工作加以解决，[①] 但这是一项系统的长期工程，就现实情况而言，过于模糊的督察依据将导致督察的工作效率甚至工作质量难以保障。

（2）增加海洋环境督察规则的灵活性

需要注意的是，在海洋环境督察标准难以具体确定的情况下，若生搬硬套"法律、法规、规范性文件"，只要不符合有关规定，便要坚决整改落实，很有可能出现"一刀切"的"悲剧"。增加海洋环境督察规则的灵活性，适量减少地方性过多规定性文件的适用，并非是否认地方规范性文件的效力，而是基于督察效率的考虑，适当对海洋环境督察标准进行限缩使用，且对地方政府不会产生过大的压力。例如，地方性的海洋保护标准严于国家标准，在督察组依据国家标准进行督察后通过验收，但并未满足地方性标准，地方政府和地方海洋环境行政主管部门完全可以依据地方规范性文件进行处理问责，只是这样的权力由地方行使而督察组不介入而已，并非是对其效力的否认。因此，2019 年 9 月 1 日至 11 月 30 日，生态环境部开展对群众反映强烈的生态环境问题平时不作为、专项整治"一刀切"问题，明确要求严格禁止"一律关停""先停再说"的敷衍应对做法，坚决避免紧急停工停业停产等简单粗暴行为。[②]

因此，在明确海洋环境督察标准问题上，既要避免标准过于分散，又要避免规则僵化，以牺牲和剥夺地方合理的自主决定权为代价换取表

355

---

① 阿东. 积极推进海洋督察制度的建立和实施 [J]. 海洋开发与管理，2015（09）：32.
② 李干杰. 坚决整治平时不作为急时"一刀切"问题 [N]. 中国纪检监察报，2019 - 11 - 28.

面上的统一标准。应促进海洋环境督察标准的集中统一，同时增加海洋环境督察规则的灵活性，以免标准过于分散或规则实施僵化，从而导致一些地方政府部门平时不作为，但在开展督察时，则依据"相关标准"简单粗暴，实行"一刀切"政策，致使相关企业陷入严重困境，进而破坏政府公信力。

4. 完善责任追究制度机制

海洋环境督察责任追究是海洋环境督察制度有效实施的重要保障。只有合理明确的责任追究制度设计，才能实现督察工作的制度化、规范化，最大程度发挥海洋环境督察的监督利剑作用。督察责任追究至少涉及下述两个方面的问题，应在未来的立法中加以明确规定。

（1）针对海洋环境督察机构内部工作人员的责任追究设计

有权必有责，用权受监督是全面推进依法治国的应有之义。《海洋督察工作管理规定》《海洋督察方案》等文件赋予了海洋保护督察机构广泛的督察权，却鲜有相关的约束机制。《海洋监督工作管理规定》针对督察人员的规定仅见于第八条，[①]《国家海洋局关于实施海洋督察制度的若干意见》对督察人员作了原则性的规定："各级海洋行政主管部门要选拔政治素质高、业务能力强、公正廉洁的现职工作人员从事督察工作。"[②] 2011 年 10 月国家海洋局印发的《海洋督察员管理办法》对海洋环境的督察员作了较为详细的规定，但涉及责任追究的仅见于第十六条，即"督察员违反本办法规定的，给予批评教育；情节严重的，国家海洋局取消其督察员资格；涉嫌犯罪的，移交司法机关处理。"而在《海洋督察方案》中，要求"建立健全各项规章制度，防止失职、渎职和其他违纪违法行为；对不认真履行职责，监督检查不力的，应追究相应责任。"[③] 经过对督察人员责任追究的有关规定梳理后发现，海洋环境的督察员的职权范围广，责任规定较为模糊，即使认为《海洋督察员管理办

---

① 《海洋监督工作管理规定》第八条："国家海洋局实行统一的海洋督察人员推荐、培训、考核、持证上岗制度，具体办法另行制定。"
② 参见《国家海洋局关于实施海洋督察制度的若干意见》第九条。
③ 参见《海洋督察方案》第五部分"工作要求"的具体规定。

法》中进行了相关规定，但"给予批评教育""取消督察员资格"显然不足以对其起到监督震慑作用，且没有明确相应责任的对应范围，而"移交司法机关处理"必须达到犯罪的程度，门槛过高，也暴露出责任追究内容设置梯度的不合理性。因此，在立法中明确督察人员的责任追究方式，使其与现有法律法规相衔接，具有现实的必要性和紧迫性。立法中宜将督察人员在督察过程中的失职、渎职行为进行相应分类，若其他法律法规未对特定行为进行明确规定，则可创设相应的责任追究类型，如留任察看六个月，取消督察员资格等，若国家法律法规或党内法规有相应的规定的，宜根据不同的违纪违法的类型和情节与其他规定进行相应的衔接，从而避免责任追究适用的随意性，甚至与其他法律法规相冲突。

（2）针对被督察人员违纪违法的责任追究设计

针对被督察人员违纪违法的责任追究，现有规范性文件中实体内容规定较为完善，但程序性规定不足。《海洋督察管理工作规定》和《海洋督察方案》直接将被督察人员的责任追究抛给"有关机关"进行处理，[①] 看似实现了与纪检监察机关和司法机关的有效衔接，实则不然。由于海洋行政管理工作具有较强的专业性，被督察机关的违纪违法行为是海洋环境的督察机构在履行督察职能中发现的，若直接将责任追究"抛出"，势必会导致责任认定的困难性，加大其他机关追究被督察人员违纪违法行为责任的成本。合理的做法是明确被督察人员违纪违法行为责任追究的程序，即不仅要追究最终处理结果的合法性，更要建构实现合法处理结果的路径与方法。宜将海洋环境的督察机构、纪检监察机关和司法部门共同纳入到责任追究程序中，协同参与，协调好违纪违法案件处理中公平与效率的关系。对此，也有观点认为应当从"海洋环境的督察问责的启动程序""海洋环境的督察问责的调查与核实程序""海洋环境的督察问责的处理决定程序""海洋环境的督察问责信息的公开程

357

---

① 《海洋督察管理工作规定》第二十二条："督察工作中发现被督察单位工作人员存在违法违纪行为的，按照有关规定移送纪检监察机关处理；涉嫌犯罪的，按照有关规定移送司法机关处理。"和《海洋督察方案》督察程序部分："对督察中发现的违纪违法行为，需追究党政纪责任的，移交纪检监察机关处理，涉嫌犯罪的，移送司法机关依法处理。"

序"等四方面加以建构,① 具有较高的参考价值。

5. 从环境督察到协同治理

海洋环境督察制度的建立,同样并非政府的独角戏,而是政府、企业和公民协同演奏的交响乐。党的十九届四中全会提出,建设人人有责、人人尽责、人人享有的社会治理共同体。② 海洋环境督察机制的发展完善,也是国家治理体系和治理能力现代现代化的重要内容。因此,需要推进协同治理,构建政府主导、企业参与、公民监督的协同治理新格局。

(1) 政府功能的发挥

海洋环境督察机构要从思想上高度重视企业和公民在海洋环境保护中的重要地位和在海洋环境督察中能够发挥的重要作用,善于倾听企业的心声,依靠公民的力量,做好海洋环境督察工作。现阶段,海洋环境督察最主要的力量仍然是政府,督察资源、督察手段、督察内容均由海洋环境督察机构掌握,因此培育社会力量,必须依赖于政府的体制机制创新和灵活有效的政策。

(2) 企业的有效参与

海洋环境督察实质上对相关涉海企业提出了更严格的要求,即必须遵守有关海洋环境保护的法律、法规和规范性文件,这不仅是对企业守法性的要求,也是企业履行社会责任的生动体现。意欲激发企业参与海洋环境督察的热情,可以尝试构建企业的自我督察制度,即涉海企业结合自身特点,就有关落实和遵守法律、法规、规范性文件关于保护海洋环境的具体要求的情况,进行自我督察,并提交自我测评报告。当然,这一制度构想十分依赖企业的诚信,但可采取配套的措施加以辅助,海洋行政主管部门在对涉海企业进行抽查过程中发现违法行为,与其所提

---

① 蔡先凤,童梦琪. 国家海洋督察制度的实效及完善 [J]. 宁波大学学报,2018 (05):117 - 126.

② 参见《中共中央关于坚持和完善中国特色社会主义制度 推进国家治理体系和治理能力现代化若干重大问题的决定》,中国共产党第十九届中央委员会第四次全体会议通过,2019 年10 月31 日。

交的测评报告不符的，可以就其违法行为和提交测评报告的不诚信行为进行行政处罚，以督促其纠正违法行为，恪守诚信底线。也可建立相关的黑白名单制度，对涉海企业的守法情况和测评报告的真实性进行审查，根据不同的情形予以奖励或处罚，从而激发企业的内生动力。海洋环境督察机构和海洋行政主管部门也应当深入企业调研，就企业在守法方面面临的问题和困难进行沟通、梳理，个别企业面临的问题可以"精准服务"，普遍存在的问题则应通过制度的设计加以解决，真正使政府成为企业的"知心人"。

（3）公众的积极参与

海洋环境的变化关系到沿海地区公众的切身利益，他们对海洋环境质量状况最有发言权。因此，调动公众积极主动参与到海洋环境督察中来，对于海洋环境督察组工作的开展，对于海洋环境督察制度体系的构建，对于海洋环境保护工作和海洋强国目标的实现都大有裨益。以 2018 年国家海洋环境督察组进驻广东省为例，短短一个月的时间里，督察组便收到群众举报件 322 宗，全部转办至各地市办理，及时解决了一批群众反映强烈的问题，群众满意度很高，也实现了目标和效果。① 因此，公众的监督对于推动海洋环境问题的发现和及时处理发挥着不可替代的重要作用。

359

---

① 李奕雯，金亚平，粤海渔. 国家海洋督察广东行结束［J］. 海洋与渔业，2018（01）：32－33.

第十一章
中国海洋环境治理的法治实践

　　海洋环境事关江山社稷和千家万户，是国家环境治理中的重要问题。海洋环境治理的法治建设需要系统推进：要完善海洋环境治理的立法，建立完善的海洋环境法律体系；要推进海洋环境治理的执法，实现海洋环境法律制度在实践中的高效、有效落实；要保障海洋环境治理的司法，使得海洋环境刑事诉讼与海洋环境民事公益诉讼顺利开展；要以多种形式推动和保障公民在海洋环境领域的积极守法。而且，要将海洋环境治理的立法、执法、司法和守法统合起来，与国家生态文明建设的宏伟蓝图相结合，构建起一个完善的海洋环境治理法律制度体系，共同推进国家海洋环境治理能力现代化。本章通过对立法、执法、司法和公众守法四个层面存在问题的研究，剖析了它们形成的原因与内在的机理，进而采用对涉海法律文本内容的规范分析、对其他国家海洋相关法律法规的比较研究和对典型案例的实证研究等方法探索了解决这些问题的方向与途径，为构建起完善的海洋环境治理法律制度体系、推进国家海洋环境治理能力现代化提供了政策建议。

一、完善中国海洋环境治理的立法

经过多年的探索，我国已经建立了以《海洋环境保护法》为核心的海洋环境治理相关法律体系。但是，也要看到这些法律中的许多条文依然是框架性的，并且相互之间也有所矛盾。因此，必须从制度层面进一步完善，才能为海洋环境善治提供法律制度支持。

（一）海洋环境立法的回顾

我国海洋环境治理的立法工作由来已久。早在 1952 年出台的《外籍船舶进出口管理暂行办法》中就对此有所涉及，1974 年出台的《防止沿海水域污染暂行规定》则对沿海水域的污染治理工作作出了系统的规定，这是我国海洋环保方面的首个规范性法律文件。20 世纪 80 年代开始我国在海洋环境治理的立法方面走上了快车道，1982 年《海洋环境保护法》出台，同年《海水水质标准》得以确立，此后《防止船舶污染海域管理条例》《海洋倾废管理条例》等一系列相关法律陆续出台。再往后，国家海洋局在 2007 年出台了《国家海洋局海洋法规制定程序规定》，并在 2017 年 12 月将其修订为《国家海洋局海洋立法工作程序规定》，这对海洋环境相关立法工作起到了很好的指导作用。

在现有的海洋环境治理法律体系中，最重要的法律无疑是《海洋环境保护法》。该法于 1983 年起开始施行，并于 1999 年、2013 年、2016 年、2017 年四次修订，是我国内水、领海、毗连区、专属经济区、大陆架以及管辖的其他海域的环境治理最直接适用的法律，也是制定其他海洋相关法律的基础和依据。同时，为使《海洋环境保护法》的相关规定能够有效地落实，我国陆续出台了《海域使用管理法》《领海及毗连区法》《渔业法》《环境影响评价法》等相关法律。此外，有关海洋环境的一些民事、刑事方面的规制则散见于我国《民法》《刑法》等相关法律。

为对上述法律进行细化和落实，国务院也陆续出台了相关的行政法规与部门规章。其中比较重要的有《防止船舶污染海域管理条例》《海洋倾废管理条例》《防治陆源污染物污染损害海洋环境管理条例》《海洋倾废管理条例实施办法》《海洋行政处罚实施办法》。此外，也推出了一系列标准，如《海水水质标准》《含油污水排放标准》等。

海洋环境保护地方法规的立法则相对不成体系。为因地制宜地落实《海洋环境保护法》和各行政法规的规定，各地方政府均出台了具有各自侧重点的相关法规和规章。比较重要的是沿海各省市普遍制定的《海洋环境保护条例》《海域使用管理办法》和《无居民海岛管理条例》等。

（二）海洋环境立法存在的问题

上述法律法规和规章构成了我国的海洋环境治理法律体系，这无疑推进了海洋环境治理工作。但是，也要看到现行法律体系尚存在诸多问题。首先，海洋环境法律体系本身并不完善，许多制度仅有原则性规定。其次，尚未实现海洋环境跨区域协同治理的立法，影响了海洋环境执法的有效实现。再次，在对公众参与海洋环境治理方面尚未实现法律层面的充分保障，不利于公众的守法与监督。最后，现有的海洋相关法律与民事和刑事部门法衔接不足，不利于对海洋环境的司法保障。

1. 所需细化的规范存在空白与滞后

我国海洋环境法律体系存在的最大问题无疑是细化规范的缺失，即法律法规虽然规定了某些制度，但是在具体的执行环节存在着大量的立法空白，这就造成了法律规定与实践之间存在相当的距离。《海洋环境保护法》就是其中的典型。其在许多方面的规定尚停留在框架层面，相关的法律法规也没有具体的细化规范。比如在衡量海洋污染的严重程度时，其涉及的海洋生态健康标准、生物多样性评价标准等指标尚未完善，具体执行时的一些具体测算办法也尚在探索之中。又比如，现有规定对不同管理部门在海洋环境管理某些具体事项上的执法资格与权限范围规定不明确，导致一些领域存在交叉管理的问题。这些问题的综合影响最终导致了部分环保措施在实践中无法有效落实，甚至最重要的环境损害赔偿工作也常常受制于此。

同时，由于我国大量的海洋环境法律法规是在 20 世纪 80 年代或 90 年代制定的，之后并未及时修订，导致一些配套规范存在立法上的滞后。比如《海洋环境保护法》的重要配套规范《防治陆源污染物污染损害海洋环境管理条例》是 20 世纪 90 年代制定的，但在其上位法《海洋环境保护法》进行了多次修订后，这一配套规范更显滞后了。

2. 海洋环境协同治理立法缺位

不同于陆地，海洋环境并非静态而是具有流动性和交互性。但长期以来在进行海洋环境治理时，往往由不同行政区划的沿海政府实施分段管理，这就在制度层面造成了海洋环境污染的"公地悲剧"，长三角沿海地区近岸海域严重的污染情况就是一个典型。究其根源，在法律层面缺乏具有可操作性的协同治理制度体系是重要方面。

我国已经在《海洋环境保护法》中对海洋生态环境的跨区域合作治理作出了一些规定，比如在该法第八条第二款中规定毗邻海域的政府可以建立区域合作组织。[1] 然而该款的规定过于原则性，对这些组织的具体组成、对海洋环境的监督管理职能和与地方政府之间的权属关系都没有明确。同样，该法第九条规定跨区域的海洋环保工作由各地政府协商解决[2]，但此条同样属于框架性的规定。与此同时，我国对于海洋环境协同治理的机制也尚处于探索阶段，并没有及时出台具有强制力且可操作的专门法律法规。而这种制度层面海洋环境协同治理立法的缺位，又致使对海洋环境跨区域治理的协同与监督机制的推进进展缓慢，导致各地方政府在处理跨区域环境事件时无法可依。

3. 与其他部门法衔接不畅

对海洋环境的保护涉及诸多法律部门。尤其在我国《民法》和《刑

---

① 《海洋环境保护法》第八条规定："毗邻重点海域的有关沿海省、自治区、直辖市人民政府及行使海洋环境监督管理权的部门，可以建立海洋环境保护区域合作组织，负责实施重点海域区域性海洋环境保护规划、海洋环境污染的防治和海洋生态保护工作。"
② 《海洋环境保护法》第九条规定："跨区域的海洋环境保护工作，由有关沿海地方人民政府协商解决，或者由上级人民政府协调解决。跨部门的重大海洋环境保护工作，由国务院环境保护行政主管部门协调；协调未能解决的，由国务院作出决定。"

法》中规定了许多与海洋环境相关的重要内容，但由于现有的海洋环境法律与这些部门法存在衔接不畅问题，往往使它们无法实现立法目的。比如，《刑法》第二百三十八条和两高的司法解释规定污染环境罪的定罪标准为非法排放、倾倒、处置危险废物 3 吨以上。这种标准在陆地环境或许合适并且较为容易测量和认定，但是在海洋倾废场景，不同污染物对海洋环境和海洋生物的损害不尽相同，并且在取证和测量倾废数量上均存在更大的难度。因此，为更有效地保护海洋环境，《刑法》第二百三十八条在具体实施时，可以与海洋环境的相关法律进行更有效地衔接，按照海洋环境相关法律规定的一些标准判定罪与非罪、重罪与轻罪。

4. 公众参与的保障制度机制不健全

法律制度的保障对公众积极参与海洋环境治理无疑是相当重要的。其中最重要的是对公众的知情权和监督权保障，以及对公众具体参与海洋环境保护的路径的规定。然而，在此方面的立法保障明显不足。首先，在海洋环境治理方面与公众参与相关的条文仅散见于《海洋环境保护法》与一些具体法规中，尚未在任何法律法规中占据单一章节，更不用说制定有专门法律加以规定。即便如此，这些条文的规定依然是原则性的，缺乏参与方法、途径和程序方面的配套制度，难以具备可操作性。其次，在知情权和监督权保障方面，虽然《海洋环境保护法》第四条规定了一切单位和个人有权对损害海洋环境者与监管失职者进行监督检举。第六条规定了相关部门应当依法公开海洋环境相关信息与排污信息。①但可以看出两个条文之间缺少了关键的一环，即对公众申请相关部门信息公开的规定。如此，公众的知情权是不完整的，往往仅能够知道相关部门想让其知道的信息。而在此基础上，公众监督权的实现无疑更为艰难。

---

① 《海洋环境保护法》第四条规定："一切单位和个人都有保护海洋环境的义务，并有权对污染损害海洋环境的单位和个人，以及海洋环境监督管理人员的违法失职行为进行监督和检举。"第六条规定："环境保护行政主管部门、海洋行政主管部门和其他行使海洋环境监督管理权的部门，根据职责分工依法公开海洋环境相关信息；相关排污单位应当依法公开排污信息。"

（三）海洋环境立法的完善

如前所述，我国已建立了以《海洋环境保护法》为核心，以《海域使用管理法》《渔业法》等为主体，以《海洋倾废管理条例》《防治陆源污染物污染损害海洋环境管理条例》《防止船舶污染海域管理条例》等为配套的法律体系。这些立法在海洋环境保护和污染防治方面发挥了明显的作用。但是，海洋环境立法中存在的问题也不可忽视。因此，需要从实践中探索出具有可行性的完善建议，从源头上真正做到依法治海，保障我国海洋环境的可持续发展。

1. 完善海洋环境治理法律体系

针对现有海洋环境法律体系存在的问题，需要重点从以下几个方面加以完善：

（1）填补空白的配套制度

首先，《海洋环境保护法》规定了诸多制度，而这些制度并非全部都有配套的专项法律制度。没有配套的法规或条例，在执行时往往只能依托各地政府各自出台的政策。比如在 2017 年修订时增加的海洋生态补偿制度，仅有部分地方政府出台了相关的条例而尚未制定专项法律。又比如，虽然保护海洋生物资源的呼声日渐加大，然而海洋生物资源保护相关条例却迟迟未能出台。

其次，这种配套制度缺位的现象在次一级的行政法规、部门规章、地方性法规中也大量出现，使得法规的内容过于原则化，缺乏对实际操作的指引能力。比如，生态环境监管制度、责任追究和赔偿制度虽已确立，但具体的实施细则仍未制度化。针对这些情况，需要不断依托实践经验，并把实践中行之有效的方法加以总结并上升为制度，以此制定和完善可操作的配套制度。

同时，许多专项的法律制度往往只从单一的事项出发加以考虑，而缺乏对整个海洋环境保护的考量。这种立法现状致使各专项法律之间各自为政，不能形成一个相互协调的制度体系。对此，需要以上位法的规

365

定为基准，在对下位法进行制定和修订时，有一个系统性的全盘考量。

此外，许多地方性法规或者规章是基于不同部门或行业各自的利益考量而制定的。这导致某些专项法律过分强调某些海洋资源或是海洋环境利益的重要性，而对其他海洋资源与海洋环境的整体保护考虑不足。为此，需要从维护海洋环境整体利益的视角出发，在全盘考量的基础之上，自上而下协调各涉海部门、行业和沿海居民等各方的利益。努力达成平衡，并将这种平衡体现到法规或规章的内容中。

（2）修订滞后的配套制度

在我国的海洋环境立法中，存在一些配套规范并未随同上位法一起修订的情况，甚至在上位法经过多次修订后仍停留在 20 世纪 80、90 年代的状态。针对这种现象，需要逐一检视过去制定的各项法规，将其中滞后的部分进行更新。《防治陆源污染物污染损害海洋环境管理条例》就是其中的典型。要将重点海域污染物总量控制、对低水平放射性废水排放的规制等《海洋环境保护法》已规定的与防治陆源污染直接相关的法律制度重新写入该条例之中，以实现上位法与下位法之间的有效衔接。①

（3）厘清不明确的规定

法律只有明确才具有可操作性，才具有威慑力和影响力。我国对海洋环境的治理一直存在一个"九龙治海"的困境，即使在 2018 年成立生态环境部并完成机构改革之后仍未彻底解决。这与立法层面对各部门的执法主体资格和执法权限的规定不清有直接关系。为此，需要在法律层面明确海岸工程、海洋工程等概念的分野，对各海洋管理主体（主要是环保部门和海洋部门）的权责进行合理的划分，使得各个管理主体各司其职，避免出现重复管理与交叉管理等情况。具体而言，考虑到与海洋相关的各部门或者地方政府均有制定部门规章或是地方性法规、规章的权力，可以通过对现有法律进行立法解释或者单独制定行政法规的形式

---

① 文丽琼. 我国海洋环境陆源污染防治法律制度探析［J］. 北方经贸，2010（02）：72 - 73.

对各方权责明确规定。

（4）制定特定海域的专门保护法

在实践中，对于某些特定海域的环境治理需要从全局高度进行考量，此时制定对特定海域的专门保护法相当必要，这也是一些沿海国家的通常做法。而这种专门保护法在我国尚有空缺。为此，需要因地制宜，针对专门海域的具体环境问题设计专项法规。渤海海域的治理涉及当地特有的生态资源、跨区域协同治理等诸多问题，具有特殊性和复杂性，在我国一直是一个研究的热点。因此，可以以此作为我国制定海域专门保护法的试点，先行探索渤海环境保护的专门法律。

2. 完善海洋环境协同治理相关法律

海洋环境协同治理强调在毗邻海域进行的海洋环境治理的各主体要在平时保持充分的沟通与数据信息共享，同时在遭遇污染事件时能够高度协作、共同应对。虽然我国《海洋环境保护法》的第八条和第九条规定了海洋环境跨区域协同的内容，但是仅仅简单规定了由相关的沿海地方政府协商解决，或者由上级政府协商解决，并没有具有强制力的并且可操作的协同治理立法。如此就无法将海洋环境跨区域协同治理机制制度化，在实践中很难实现海洋环境的跨区域治理。为此，可以从立法角度就以下方面做出尝试：

（1）国家层面出台海洋环境协同治理专门法规

跨区域海洋生态环境协同治理的达成必须建立在自上而下、全局统筹的基础之上，因此，需要尽快在国家层面出台全国性的海洋跨区域协同治理行政法规。具体而言可以规定如下几点：首先，要想促进区域间的海洋环境协同治理，必须在制度层面消除地区间固有的行政壁垒，为地方政府间的协同治理构建充分的依据。因此，国家立法应打破行政区划的束缚，构建从整体出发、有长远规划、符合生态文明建设要求的全局制度。其次，可以通过科学的规划，将沿海的城市划分为几个协同区域（对现已基本成型的区域，如长三角区域可给予法律上的明确），建立相应的海洋环境治理机构。并在法律层面对这些海洋环境治理机构的

367

权利范围、职责、运行程序等予以明确，使其各司其职。最后，也需要从全局层面构建一个对各地协同治理情况的监督和反馈体系，形成全国海洋环境协同治理的一体化。

（2）协调沿海各省市地方性法规的规定

我国沿海地方政府在制定海洋环境治理的地方性法规时，基本是各自出台各自的法规，未有联合出台地方性法规或是将区域间协同治理的内容写入自己的地方性法规的情况。而在这种立法各自为政的情况下，相邻省份在对海域进行管理和执法时也难免出现分歧和冲突。长三角地区沿海的两省一市的《海洋环境保护条例》立法现状就是其中的典型。比如，浙江省与江苏省各自出台的《海洋环境保护条例》对擅自改变海岛地形地貌、海滩及周围海域生态环境的规定并不相同，且对处罚金额上限的规定差距较大，而上海市的《海域使用管理办法》则对这一问题没有明确的规定。又如，浙江省与上海市的《海域使用管理办法》在对临时使用海域未按规定备案的处罚条件及金额的规定差别较大，而江苏省却未规定同类的行政处罚。① 这种地方政府间立法的不协调无疑会对海洋环境的协同治理带来问题。为解决这一问题，在跨区域海洋环境治理大势所趋的情况下，各地方政府之间可以经过协商，然后在各自的法规中明确政府间协作的范围与权利的界限，也可以协商制定合作协议并将其以立法的形式加以确定。比如长三角地区沿海两省一市就可以联合出台《长三角地区海洋环境保护合作条例》，在条例中可以确定合作的方式、规定各方的行为、明确各方的责任，同时也可以制定纠纷的解决机制。

（3）制定海洋环境协同治理信息共享法律制度

信息共享是海洋环境协同治理的重要环节。只有政府间对海洋环境的信息得到充分的共享，才能实现各方之间的有效沟通，进而达成对海洋环境的有效分管和协同执法。然而，与此直接相关的《政务信息资源

---

① 顾湘. 区域海洋环境治理的协调困境及国际经验 [J]. 阅江学刊，2018（05）：109 - 117 + 147.

共享管理暂行办法》中，尚未对海洋环境相关信息的共享做出具体的规定，也未对海洋环境的信息公开有专门的规制。为更好地实现海洋环境协同治理，在海洋环境协同治理信息共享方面应加快立法速度，可以由有需要进行海洋环境协同治理的各地政府经协商共同出台一个单独的信息共享条例，也可以将信息共享的内容作为一章写入各地政府共同出台的海洋环境保护合作条例之中。

3. 协调其他部门法的规定

实现对海洋环境的保护不仅仅是环境法或者海洋法的目标，刑法与民法对此同样能起到至关重要的作用。尤其是刑法具有的威慑力能够有效防止海洋环境污染行为的发生。因此，要完善其他部门法的规定，使之能够在海洋环境治理中充分发挥作用。

（1）加强刑法对遏制海洋环境污染的威慑力

刑法赋予的威慑力是海洋环境治理的重要一环，但是刑法的立法初衷往往是针对在陆地上的犯罪行为。海洋环境治理视域下的犯罪行为，尤其是环境污染犯罪行为具有特殊性，即污染行为对海洋生态系统造成的损害具有隐蔽性、持续性和影响的深远性。因此，要针对海洋污染犯罪的特殊性调整我国《刑法》第二百三十八条对污染环境罪的规定，或者单独设置污染海洋环境罪。具体如下：第一，海洋环境下的污染行为有其特殊性，需要基于海洋环境重新探讨并明确污染环境罪或污染海洋环境罪的构成要件，尤其是要件中客观方面的犯罪行为。比如在陆地上丢弃塑料袋或其他无毒塑料制品可能不会对环境造成严重污染，不应被认定为污染环境罪，但在海洋环境治理视域下，这种行为可能导致海洋生物大量死亡，造成海洋生态环境的严重损害。因此，必须对海洋环境治理视域下的行为明确罪与非罪的界限，使执法人员能够更清晰地界定哪些行为属于违法行为。第二，由于海洋环境治理视域下无法进行有效监控，取证难度较高，排放入海洋的污染物多少也很难完整计算，为有效地惩戒污染海洋的违法行为可以适当降低入罪的起刑点。第三，在适用的刑罚方面，考虑到海洋倾污往往是为了节省处理污染物的成本，可以加强财产刑的使用，对犯罪分子科以较重的罚金，以增加其犯罪的

成本。

（2）完善海洋环境公益诉讼立法

针对环境污染行为进行环境公益诉讼是一种常见的民事行为，在我国实施数年也获得了长足的发展，取得了相当的成果。但海洋环境治理视域下的环境公益诉讼尚处于萌芽阶段。一定程度上，在海洋环境保护立法上并没有与这一制度达成密切的衔接。虽然《海洋环境保护法》在第八十九条规定了海洋环境监管部门对海洋损害有权索赔。① 然而这一条文并未明确提到诉讼的概念，虽然被认为可以适用于海洋环境公益诉讼，但也有不少学者认为其直接指向的是生态环境损害赔偿制度。而这两种诉讼制度在诉讼主体、适用范围上都是有差别的。这种差别反映到海洋环境治理视域下将变得更为复杂，需要在立法层面加以进一步区分。而第八十九条规定的"行使海洋环境监督管理权的部门"本身所属何方也存有争议。具体而言可以出台专门的《海洋环境公益诉讼条例》，就环境公益诉讼在海洋环境治理视域下所面临的一系列特有问题加以明确。比如，污染涉及毗邻海域的多个行政区划时，如何明确索赔主体、如何分配赔偿金额？又如，与陆地环境下相比海洋环境下提起环境公益诉讼的适格原告的主体资格是否应当有所不同？再如，海洋环境公益诉讼与海洋生态环境损害赔偿诉讼如何衔接等？为此，需要在立法层面进一步完善海洋环境下的环境公益诉讼制度，从而使这一制度与现有的海洋环境立法能够有效衔接。

4. 完善公众参与的立法保障

在立法层面的肯定与保障是推进公众参与海洋环境治理的重要基础。一方面，需要在《海洋环境保护法》等法律中从原则层面肯定公民享有的环境权和海洋环境管理参与权。另一方面，在制度设计上可以在《海洋环境保护法》中专门设立一章，对公众参与海洋环境治理的内容加以

---

① 《海洋环境保护法》第八十九条第二款："对破坏海洋生态、海洋水产资源、海洋保护区，给国家造成重大损失的，由依照本法规定行使海洋环境监督管理权的部门代表国家对责任者提出损害赔偿要求。"

规定。也可以制定专门的条例对公众具体参与海洋环境保护的路径加以规定。而在对知情权和监督权的保障方面也可以出台相关的条例，比如，将听证会、座谈会等监督程序引入海洋环境治理的过程中，并将其以立法的形式加以保障。又比如，规定详细的海洋信息公开制度，明确海洋环境信息公开的主体、范围和方式。尤其是应清晰地划分主动公开和依申请公开的信息范围，也详细规定公众申请查询海洋环境相关信息与海洋环境信息公开的程序（比如申请方式、回复期限、费用收取等）。以此可以确立政府主动公开与公众申请公开相结合的海洋环境信息公开制度，充分保障公众的知情权。

二、中国海洋环境治理的有效执法

执法是海洋环境治理最终落实的执行环节也是关键环节，缺乏对沿海及海上污染的执法能力就谈不上对海洋环境的有效管控。然而相较于在陆地上的执法，沿海与海上的环境执法面临的情况更为复杂。海洋环境面积广袤、涉及沿海地区众多，且海洋本身具有流动性，这些均给违法排污行为的认定与污染情况的检测带来了难度，继而影响执法的质量。这就需要针对海洋环境治理的特点，整合执法力量、规划执法形式，在制度和技术层面共同努力，实现对海洋环境的有效治理。中央高度重视海洋环境执法难的问题。2018年国家机构改革后，生态环境部将国家海洋局及中国海监、公安部边防海警、农业部中国渔政、海关总署海上缉私警察的队伍和职责进行了统合。此举统合了海洋生态环境保护的职能，加强了我国海洋环境执法的力量，提高了海洋环境执法的效率，基本去除了我国在海洋环境执法上长期存在的"九龙治海"顽疾。2019年5月29日，生态环境部在例行新闻发布会上发布了将原环保部《近岸海域生态环境质量公报》和原国家海洋局《中国海洋环境状况公报》合并统一为《2018年中国海洋生态环境状况公报》，标志着我国已经将海洋环境治理中的近岸海域治理与海洋环境治理有效统合。这些举措确实有效提升了我国海洋环境治理的执法能力。然而，应当清晰地认识到，仅仅对

371

涉及海洋的部门的执法权限进行统合依然不够，海洋环境执法涉及的问题还有许多，执法能力的提升并非一蹴而就。要想实现对海洋环境治理的有效执法，还有许多路程要走。

（一）海洋环境执法存在的问题

执法难问题始终是我国海洋环境治理中的核心问题。在完成政府机构改革之后，我国海洋环境的执法困境主要表现在以下几方面：

1. 跨区域协同执法机制缺位

跨区域协同执法在海洋环境治理中具有重要意义。海洋环境治理的全局规划需要依托协同执法。不同于陆地，海洋是一个不断循环的生态系统。第一，由于水体的流动性，一处污染不仅会影响局部海域，更会影响邻近海域的生态环境。同时海洋拥有远超陆地的深度，在不同深度分布有不同的资源，对某个深度的资源进行开发时产生的污染，可能会引发对不同深度的资源的破坏。第二，海洋在空间维度上难以划分明确的物理边界，具有强烈的公共产品特征。① 这些因素共同导致污染物常呈现跨区域流动的特性，并且一处污染产生的影响可能会放大，最终影响的是整个海域的生态环境。这就导致海洋环境的执法也需要站在全局的角度加以统筹。第三，为集中执法力量需要协同执法。海上污染源的多重性、海洋的流动性和违法犯罪分子跨区域作案的特性对海洋执法提出了更高的要求，而跨区域的人力与技术、设备等的合作有助于缓解海洋环境执法人力物力上的不足。更何况，为提高执法效率、避免推诿也需要协同执法。在海洋环境治理视域下，确定违法犯罪的地点和污染物的影响范围并不容易。这就导致相邻区域的政府间可能会就跨区域的、难以确定位置的海洋污染的执法工作和后续治理相互推诿，而这种推诿重则可能形成海洋环境执法的不作为，轻则可能延误海洋环境执法的时机。

然而，现行的执法机制由于缺乏超越各地方政府的统合力量，在海

---

① 全永波. 海洋污染跨区域治理的逻辑基础与制度建构［D］. 浙江大学，2017：9.

洋环境执法中往往是各区域执法部门"单打独斗"。缺乏合作机制，也缺乏全局性的执法行动，难以达到对跨区域海洋环境问题的有效治理。具体而言，现行的海洋环境保护权属是依据区域和行业来划分的，一个海域的管理往往涉及多个省市的海洋管理部门（见表 11-1）。这样的割裂式管理模式既容易造成"山阴不管，会稽不收"，导致海洋环境执法效率低下，又分散了海洋环境执法力量，还在一定程度上导致了重复管理，浪费了宝贵的海洋执法资源。

表 11-1　渤海—黄海—东海—南海领域管理所涉及的环境管理部门

海域	涉及管理部门
渤海海域	辽宁省海洋与渔业厅、山东省海洋与渔业厅、天津市海洋与渔业局、河北省海洋局
黄海海域	辽宁省海洋与渔业厅、山东省海洋与渔业厅、江苏省海洋与渔业厅
东海海域	浙江省海洋与渔业厅、福建省海洋与渔业厅
南海海域	广东省海洋与渔业局、广西海洋局、海南省海洋与渔业厅

综上，跨区域协同执法机制的缺乏是我国海洋环境治理执法在制度层面上的显要问题，必须加以解决。

2. 数据收集与共享制度不完善

海洋环境数据的充分收集与共享是实现全局化、整体化海洋环境治理的必由之路，也是海洋环境执法的前提。确定违法者、计算环境损失和行政处罚等均要依托于准确、充分的海洋环境数据。只有实现了对海洋环境数据在收集、汇总方面的全局化，在总体层面对数据进行汇总和分析利用，才能实现对海洋环境的有效治理和有效执法。然而，在数据收集和共享方面依然存在一些问题，这些问题又是由于各自存在的深层次原因而导致的。

（1）数据收集缺乏统一规划

虽然以生态环境部为核心的"一龙治海"体制逐渐形成，但地方海洋环保相关部门仍然需要通过渐进的机构改革协调各自的职能。对海洋数据的收集工作仍是由各地的涉海部门和相关组织分别承担，各部门间尚缺乏统一的规划，具体存在如下问题：

第一，数据收集在空间上存在疏漏和重复。海洋环境执法所需的数据资料分散在多个政府部门、科研机构和国有企业中。由于各方在对海洋环境数据的收集方面职能划分不明确，既存在职能分散、许多数据无人收集导致的数据采集不完整问题，又存在不少职能交叉重叠导致的数据采集重复问题。这些原因最终致使海洋环境方面数据资料的收集缺乏全面性和系统性，这一点在许多涉海地区均有所反应。多方数据收集规划的相互冲突造成了数据收集和监测的资源浪费。

第二，数据收集的标准不统一。海洋环境执法涉及多项海洋环境的指标，其中最重要的是污染程度的相关指标。但对污染程度的确定和衡量标准并未统一，不同地区标准众多，且往往相互矛盾，在具体施行上更是存在诸多问题。① 这无疑会对海洋环境执法尤其是跨区域的执法产生直接而严重的影响。

第三，各部门在数据收集工作中没有整体规划。各个海洋管理部门以及许多科研机构和国企中的数据收集工作往往不成体系。这一点首先反映在数据收集的时间维度上。由于许多海洋环境指标提取的技术难度较大，数据统计的程序复杂，致使数据采集频率不足。同时，由于各种海洋自然资源本身的性质不同，在数据采集时不同的资源进行数据采集的频率是不同的，这可能导致某些数据的采集出现滞后甚至出现断档现象。而且，还反应在面对海洋环境状况的突然变化时，单一的部门很可能没有足够的力量进行及时的数据收集。这会致使海洋环境执法工作缺乏某方面的数据指标，影响海洋环境执法的开展。同时，不同部门在考虑问题的角度上往往有所差异，在对数据的收集上各自也会有所侧重。在没有整体规划的情况下，难免会导致多个部门在数据资料收集方面的交叉和冲突。

综上，缺乏对各部门数据收集规划的多规融合，缺乏一个完整、统一的海洋环境数据收集规划，就无法高效地完成海洋环境执法工作。

---

① 马思琦，杨晓晨，董望哲，等. 海洋污染法律规制——污染程度的确定［J］. 法制与社会，2015（08）：269-270.

（2）数据共享未实现

海洋环境数据的共享，是实现对海洋环境数据总体分析利用的又一前提。然而在实践中依然存在着下列问题：

第一，海洋环境数据依然散布于不同的海洋环境管理部门。虽然经过机构改革生态环境部统合了海洋环境治理职能，但地方海洋环保相关部门的职能仍在协调中，因此各方的海洋环境数据依然有待整合。

第二，不同地域的海洋环境数据未能集中。条块分割的体制壁垒下，"条"与"条"的矛盾、"块"与"块"的矛盾及"条"与"块"的矛盾在海洋环境治理中长久存在。生态环境部对下属省市的海洋管理机构是指导与被指导关系，而这些机构却又直接受地方政府领导。这种"天有二日"的情况，不但会对跨区域的联动执法形成干扰，而且会阻碍对海洋环境相关数据的调取，是跨区域信息数据共享的重要阻碍。

第三，中央和地方信息内容共享脱节。中央对海洋环境的管理基本是从宏观出发的，而地方在对海洋环境管理上具有很大的自主权。在这种情况下地方并未充分的将其获取的海洋信息共享给中央，使得双方对海洋信息的了解有所脱节。① 长此以往，中央和地方依托的数据不能进行有效的结合，难免给海洋环境治理的总体决策造成干扰。

（二）海洋环境执法的完善

面对上述问题，需要在制度实施层面加以探索，完善跨区域协同执法机制，形成数据收集与共享制度。

1. 完善跨区域协同执法机制

海洋环境相较于陆地环境存在相当的差异，考虑到区域生态系统之间的完整性、地理环境和生态系统之间的联系等因素，② 海洋环境治理

375

---

① 吕建华，张霜. 互联网背景下我国海洋环境管理信息共享机制构建［J］. 中国海洋大学学报（社会科学版），2018（01）：34 - 42.

② 钭晓东. 区域海洋环境的法律治理问题研究［J］. 太平洋学报，2011（01）：43 - 53.

视域下的执法需要进行跨区域的协同。而我国传统的跨区域协调往往是由中央在地方政府间实施科层协调。比如在出现突发海洋污染事件时建立中央一级管理机构，联合地方政府对污染事件进行处理。

这种机制针对应急突发事件尚可，却不宜成为长期海洋环境执法的机制。关键就在于科层制的协调机制无法长期平衡各地区在环境保护上的投入与获益。海洋可以视作一种跨区域的公共产品，一地污染全局受害，一地治理全局受益。在此情况下，率先进行技术投资、加大海洋环境执法投入的地方政府会落入一种一方负担起全局职责，其他地方政府只需要坐享其成的处境。更不利的是，其他地区在同时还可能基于经济利益考量继续放任排污，导致积极实施海洋环境执法的地区要为其他地区的不作为埋单。如此，彼此之间的利益难以协调，就难以产生互信，也会削弱地方政府大力投入海洋环境执法的积极性。

为此，需要构建一种新型的跨区域协调机制。这一协调机制应当能达成以下几个目标：一是能集结足够的海上执法力量；二是参与协同的各方政府具有高度重合的海洋利益；三是协同的区域应当适宜执法的人员调度，不宜过大，便于实现高效的协同执法。

为此，首先要明确海洋环境协同执法的范围，明确由哪几方政府参与对某片区域的协同执法。范围的划分既要考虑到海洋环境的生态完整性又要考虑到经济结构的完整性。前者即将生态系统相同的海域视为一个整体构成"区域海"，按照整体性治理理念构建海洋执法的基本架构。① 后者即将单个海洋产业尽量完整的包括在一个协同执法区域的范围内。避免出现协同执法后，反而在一个海洋产业涉及的区域存在两家执法主体的不利情况。

其次，要依据划分的范围，在每个"区域海"建立统一的海洋环境执法机构。由这个机构整合原属于各地的人力资源、环境信息和技术设备，集结力量共同实现海洋环境的高效执法。这种模式其实也并非首创。比如，美国的 8 个州就俄亥俄河的治理达成了协议，由相关政府间的 27 人组成领导委员会，由各州议会共同拨款提供预算，共同组成执行局实

---

① 全永波. 海洋跨区域治理与"区域海"制度构建［J］. 中共浙江省委党校学报，2017（01）：108 – 113.

施环境保护和环境污染治理。① 我国在这方面也已进行了一些有益的探索。比如为了解决鲁苏边界跨界河流污染纠纷，山东的临沂与江苏的徐州、连云港建立了污染防治磋商协调机制、鲁苏边界环境保护联席会议制度、环境污染联合处理机制和跨界污染联合防治若干措施等，逐步形成了鲁苏边界的联合污染防治机制、应急预警机制、信息共享机制、边界污染纠纷调解解决机制和环境监察互动机制。②

最后，在构建协同执法体系时，也要做好各方的利益分配与补偿机制。各地政府涉及海洋的产业规模不尽相同，各自具备的执法人员和配套资源也有差异。为了协调各方利益，可以事先由各方政府经过磋商探讨，共同就海洋环境执法的人员、物资、资金等达成协议。具体在资金方面，可以建立一个海洋环境协同执法基金，由相关地方政府分别派代表组成委员会实施管理。出资上应当遵循"获益多者多出资"的原则，在充分整合各方资源的前提下，由在共同的海洋环境执法活动中受益较多的地区更多出资，同时对收益较小而付出较多的一方予以适当的补偿。以此建立起各地政府间的长久信任关系。而在经过磋商达成协议以后，可以以立法的形式加以固定，并制定一个监督机制，加强彼此之间的相互约束。

2. 完善数据收集与共享制度

为了更好地为海洋环境执法提供数据支持，需要提高数据收集的效率和精确度并在实现数据的共享后建立一个海洋环境相关数据的数据库。只有这样，相关部门才能获得充分且及时的海洋环境数据，才能实现海洋环境下的高效执法。

(1) 建立统一的数据收集规划

建立统一的数据收集规划是实现对海洋数据全面收集的关键。建立统一数据收集规划在以下方面可以发挥作用：

377

---

① 王勇. 论流域水环境保护的府际治理协调机制 [J]. 社会科学，2009（03）：26-35+187.

② 顾湘. 海洋环境污染治理府际协调研究：困境、逻辑、出路 [J]. 上海行政学院学报，2014（03）：105-111.

第一，统一的规划可以明确各部门海洋环境数据收集的范围。一是能够使数据收集有明确的目的性和针对性，提高工作效率；二是能够取消对重复部分的数据收集，避免浪费人力物力；三是能够针对数据收集的疏漏之处，专门派员进行补充，使执法部门获取完整、全面的数据信息。

第二，统一的规划可以统一规定数据收集和计算的标准。海洋环境治理涉及的面相当广，一项综合指标的得出很可能需要多个地方和部门收集的数据，这就要求各个地方和部门在相关数据的收集上存在统一的标准，各项数据才能够通用。同时，不同指标之间往往有其界限，只有进行统一的标准界定，才能避免不同指标之间出现对某些部分的重复计算，保证指标的准确性。

第三，统一的规划有利于总体协调各项海洋环境数据的收集，合理分配数据更新速度，同时以整体的力量应对突发的海洋环境状况变化。保证各项数据的及时更新，避免出现数据滞后和数据断档。以此为基础才能够对各方面数据信息统合汇总，进而进行整体分析。

具体而言，可以在以下方面构建数据收集的统一规划：

第一，各部门监测范围的规划融合。具体实施中，在解决多个部门监测范围冲突的问题上，可以利用卫星划分海洋区域，通过计算机软件实现数据收集上对空间的无死角、无重叠覆盖。这样在保证不造成检测遗漏，导致数据采集不完整的同时，也能够做到避免数据收集的交叉重叠。

第二，各部门数据收集和计算标准的规划融合。在解决多个部门多规交叉和冲突导致数据不一进而导致无法统一计算的问题上，应当对不同的标准进行"多规合一"，从总体上确立一套统一的海洋环境与海洋自然资源指标体系。

第三，各部门数据收集工作的规划融合。在各部门数据收集工作的进行整体规划方面，可以由上级部门依据海洋环境执法对于数据的需求，统一制定各项海洋环境数据的收集频率，以此确保能够及时反映辖区内的海洋环境情况。此外，在遇到辖区内海洋环境状况发生重大变故时，为保证数据收集工作的高效与及时，进而确保海洋环境执法工作顺利开展，也可以由上级部门通过整体的统筹规划抽调其他部门的人员对某些数据进行收集。

(2) 建立海洋环境信息数据库

在实现对海洋数据充分收集的基础之上，就需要实现数据的共享和整合，最终形成的就是一个面向全局的海洋环境信息数据库。海洋环境信息数据库能够促使对海洋环境数据的有效利用，进而直接推动海洋环境执法工作。建立海洋环境信息数据库之后可以发挥以下作用：

第一，共享各方采集的海洋环境数据信息，并有利于对各方的数据信息统合汇总。使各政府部门、科研机构和国有企业互利互惠，起到"1+1＞2"的效果，尤其使得中央部门在进行整体海洋环境决策时能够更为精准。同时，这种数据的共享和统合也能使海洋环境的执法能够拥有充分的数据支持。

第二，有利于从总体上协调各项海洋环境数据的收集，合理分配数据更新速度，避免出现数据断档。

第三，在海洋环境信息数据库这个平台下，可以实现将上传的数据对应到具体负责的办事人员并由上级部门定期进行抽样复核。在上级部门和全体相关从业人员的监督下，既容易发现数据存在的问题，又提高了进行数据造假的成本，可以提高海洋环境数据的准确性和真实性。

第四，使海洋环境信息进一步透明化并可以通过这个平台进行对系统内部和系统外部的信息公开。既能使相关部门和社会公众对海洋环境的情况有所了解，又能使收集到的数据和收集数据的办事人员接受各方面的监督。

综上可见，海洋环境信息数据库对海洋环境治理和执法的意义十分重大，既是工具又是基石，即是推动机又是纠偏器。

三、中国海洋环境治理的公正司法

司法是海洋环境治理体系的重要组成部分，在完善了对海洋环境治理的立法之后，可以通过有效的执法来对海洋环境加以保护。然而执法的措施限于行政层面，很难对恶性海洋环境污染和破坏事件形成充分的惩罚，也难以在经济层面对海洋环境的后续修复形成充分的救济。这就需要完善海洋环境治理的司法体系，充分衔接现有的刑事诉讼和民事诉讼制度，使其能够在海洋环境领域发挥相应的作用。

（一）海洋环境司法存在的问题

司法既是海洋环境治理的重要保障也是海洋环境安全的最后防线。然而，我国对海洋环境事件往往只通过行政执法的方式加以处理，很少看到环境刑事诉讼和环境民事公益诉讼在其中起到作用。这是现有的海洋环境法律在与刑法、民法的立法衔接上存在问题。更重要的是，与一般的刑事案件和民事案件不同，海洋环境相关案件无论是提起刑事诉讼还是民事诉讼都在相当程度上有赖于海洋执法机关的移送。这就导致对海洋环境的司法保障产生了缺位，国家强制力在惩罚环境犯罪方面未能及时介入，同时对海洋环境的民事救济也难以落实。

1. 海洋环境刑事诉讼的启动难题

不同于陆地环境下对环境犯罪案件的立案可以基于群众举报和公安机关的自行侦查，在海洋环境下海洋环境刑事犯罪的发现者往往是海洋环境管理部门和执法部门。现有制度规定，海洋环境犯罪案件是由海洋执法部门在发现后移送公安机关。然而从司法实践来看，这种过度依赖海洋执法部门移送的方式，并不利于海洋环境刑事诉讼的启动。进入行政执行程序的海洋环境案件与进入刑事司法程序的案件数量相差悬殊就源于此。2011年渤海溢油事件的处理就是典型。此案中康菲石油违反总体开发方案，长期采用笼统注水而未分层注水，加之注水井井口压力监控系统制度不完善且对油田存在的多条断层未进行稳定性测压试验，最终导致注水油层产生高压、断层开裂，酿成了重大海洋溢油污染。[①] 如此严重的海洋污染明显涉嫌污染环境罪。然而该案最后仅根据《海洋环

380

---

① 蓬莱19-3油田溢油事故联合调查组关于事故调查处理报告. http://www.chinanews.com/gn/2012/06-21/3980404_2.shtml, 2019年9月11日最后一次访问.

境保护法》第八十五条的规定对康菲公司作出罚款 20 万元的行政处罚和海洋生态损害等方面的民事赔偿，未对康菲石油提起刑事诉讼。而这种现象无疑是有其内在原因的：

（1）制度设计导致公安机关介入滞后

《环境保护行政执法与刑事司法衔接工作办法》《行政机关移送涉嫌犯罪案件的规定》和《关于环境保护行政主管部门移送涉嫌环境犯罪案件的若干规定》均规定海洋环境执法部门发现涉及海洋环境犯罪的需要向公安机关移送。其中 2017 年出台的《环境保护行政执法与刑事司法衔接工作办法》相对较新，最能够体现最新的制度设计。该《办法》第五条规定向公安机关移送的涉嫌环境犯罪案件，应当有合法证据证明有涉嫌环境犯罪的事实发生。而第六条进一步详细规定环保部门向公安机关移送涉嫌环境犯罪案件时，应当附案件调查报告、现场检查（勘察）笔录、检验报告等。① 这一规定看似合理，但在海洋环境治理视角下却会产生一种尴尬，即海洋环境案件的调查和检验鉴定需要花费的时间相对漫长，而海洋执法部门往往并不具备公安机关对于犯罪侦查所具备的能力。这导致海洋环境执法部门在向公安机关移交案件，由公安机关介入时，会发现由于时间的推移许多适用于定罪量刑的证据已然消失或者因无法核实而仅能采信于海洋环境执法部门的结论。

---

① 《环境保护行政执法与刑事司法衔接工作办法》第五条："环保部门在查办环境违法案件过程中，发现涉嫌环境犯罪案件，应当核实情况并作出移送涉嫌环境犯罪案件的书面报告。……向公安机关移送的涉嫌环境犯罪案件，应当符合下列条件：（一）实施行政执法的主体与程序合法。（二）有合法证据证明有涉嫌环境犯罪的事实发生"。第六条："……环保部门向公安机关移送涉嫌环境犯罪案件时，应当附下列材料：（一）案件移送书，载明移送机关名称、涉嫌犯罪罪名及主要依据、案件主办人及联系方式等。案件移送书应当附移送材料清单，并加盖移送机关公章。（二）案件调查报告，载明案件来源、查获情况、犯罪嫌疑人基本情况、涉嫌犯罪的事实、证据和法律依据、处理建议和法律依据等。（三）现场检查（勘察）笔录、调查询问笔录、现场勘验图、采样记录单等。（四）涉案物品清单，载明已查封、扣押等采取行政强制措施的涉案物品名称、数量、特征、存放地等事项，并附采取行政强制措施、现场笔录等表明涉案物品来源的相关材料。（五）现场照片或者录音录像资料及清单，载明需证明的事实对象、拍摄人、拍摄时间、拍摄地点等。（六）监测、检验报告、突发环境事件调查报告、认定意见。（七）其他有关涉嫌犯罪的材料。对环境违法行为已经作出行政处罚决定的，还应当附行政处罚决定书。"

（2）海洋环境执法部门对移交缺乏动力

现有的制度设计使得海洋环境执法部门缺乏将案件移交给公安机关的动力。

首先，海洋环境执法部门和相关负责人有所顾虑。一方面，在实践中是否移交涉嫌环境犯罪案件基本是由环境执法部门的领导集体决定。另一方面，我国《刑法》中一直存在环境监管失职罪这一罪名，① 一旦相应监管人员监管失当导致重大环境污染事故，就可能直接被追究刑事责任。即使案件尚未达到重大环境污染事故的标准，也往往会牵涉环境部门负责人的领导责任。再加上法律层面对于海洋环境犯罪的罪与非罪标准又存在模糊性和争议性。在这种情况下，司法移交的决策无疑是具有风险的，而避免司法移交的理由又总能是充分的。出于对自身利益的考量和多一事不如少一事的"理性抉择"，海洋环境执法部门的领导层往往倾向于不把是否涉及犯罪两可的案件移交给公安机关。

其次，地方保护主义抑制海洋环境执法部门移交案件。在沿海地区，海洋产业是经济效益的重要组成部分。海洋环境刑事案件频发对于政府形象和当地的海洋经济均会造成负面影响。这无疑是地方政府不希望看到的。而海洋环境执法部门作为地方政府的直接被领导者，很难不受到当地政府的影响。往往倾向于对不严重的海洋污染事件仅予以行政处罚，以此"捂盖子"。

最后，具体的海洋环境执法人员也缺乏移交的动力。客观上，海洋环境执法人员长期从事的是行政执法的工作，往往缺乏对刑事法律知识的掌握。他们在刑事上罪与非罪的界限判定、对定罪量刑所需证据的收集等方面并不擅长，也往往依据固有的思路将环境违法普遍性的认定仅是行政层面的违法。主观上，海洋环境执法人员习惯于以行政处罚和行政强制措施的方式处理案件。而《环境保护行政执法与刑事司法衔接工作办法》第六条规定的移交所需的案件材料较行政处罚等流程更为复杂

---

① 《刑法》第四百零八条："负有环境保护监督管理职责的国家机关工作人员严重不负责任，导致发生重大环境污染事故，致使公私财产遭受重大损失或者造成人身伤亡的严重后果的，处三年以下有期徒刑或者拘役。"

繁多，海洋环境执法人员对此也较为陌生。这种移送无疑会增加执法人员的工作量，导致其更倾向于用行政方式处理案件。

（3）行政违法与环境犯罪难以区分

污染环境罪的规定见于我国《刑法》第三百三十八条。[①] 具体立案标准规定于《最高人民检察院、公安部关于公安机关管辖的刑事案件立案追诉标准的规定（一）》第 60 条[②]。其中，直接适用于海洋环境的主要是造成"公私财产损失"30 万元以上。而"公私财产损失"既包括污染环境直接造成的财产损毁、减少的实际价值，也包括为防止污染扩散以及消除污染而采取的必要的、合理的措施而发生的费用。

可见，行政违法与环境犯罪在客观行为上并不能加以区分，区分的标准仅仅存在于造成的损失。这就导致两个问题：一是海洋环境污染的直接损失难以计算。在海洋环境下，排放的污染物很快进入了海洋的大循环，造成的更多的是总体性的损失，而非对局部产生严重影响。对于排污直接造成的财产损失难以有效的测算。二是防止污染扩散及消除污染的费用难以计算。海洋生态环境修复是一个系统性的工程，可能需要漫长的时间，同时涉及许多方面的费用支出。包括应急处置费用、生态修复费用等许多方面。而除了应急处置费用以外，其他的费用往往需要根据实际情况进行变动，且对费用进行准确预估存在很大的技术障碍。

---

① 《刑法》第三百三十八条："违反国家规定，排放、倾倒或者处置有放射性的废物、含传染病病原体的废物、有毒物质或者其他有害物质，严重污染环境的，处三年以下有期徒刑或者拘役，并处或者单处罚金；后果特别严重的，处三年以上七年以下有期徒刑，并处罚金"。

② 《最高人民检察院、公安部关于公安机关管辖的刑事案件立案追诉标准的规定（一）》第六十条：违反国家规定，向土地、水体、大气排放、倾倒或者处置有放射性的废物、含传染病病原体的废物、有毒物质或者其他危险废物，造成重大环境污染事故，涉嫌下列情形之一，应予立案追诉：（一）致使公私财产损失三十万元以上的；（二）致使基本农田、防护林地、特种用途林地五亩以上，其他农用地十亩以上，其他土地二十亩以上基本功能丧失或者遭受永久性破坏的；（三）致使森林或者其他林木死亡五十立方米以上，或者幼树死亡二千五百株以上的；（四）致使一人以上死亡、三人以上重伤、十人以上轻伤，或者一人以上重伤并且五人以上轻伤的；（五）致使传染病发生、流行或者人员中毒达到《国家突发公共卫生事件应急预案》中突发公共卫生事件分级Ⅲ级以上情形，严重危害人体健康的；（六）其他致使公私财产遭受重大损失或者人身伤亡的严重后果的情形。本条和本规定第六十二条规定的"公私财产损失"，包括污染环境直接造成的财产损毁、减少的实际价值，为防止污染扩散以及消除污染而采取的必要的、合理的措施而发生的费用。

迄今为止，在评估这些费用方面并没有统一的标准，而采用不同的评价方法会造成巨大的数额差别。更重要的是，若要对海洋环境污染造成的各种损失加以准确评估，需要投入巨大的成本，若仅通过估算则难以达到刑事上对证据的采信要求。这种情况无疑也是海洋执法机关难以向公安机关有效移交案件的一大根源。

2. 海洋环境公益诉讼的启动难题

不仅仅是刑事诉讼如此，在海洋环境民事层面的环境公益诉讼同样具有启动方面的难题。虽然环境公益诉讼的运行已四年有余，但真正进入法院的案件数量仍然不容乐观。海洋环境公益诉讼更是如此。这一现状背后的原因同样指既有立法层面的衔接不足也有执行层面的制度问题。

（1）海洋环境公益诉讼适格原告顺位不明

依据《民事诉讼法》《海洋环境保护法》《环境保护法》和《检察机关提起公益诉讼改革试点方案》等法律和文件的规定，有权提起海洋环境公益诉讼的适格原告为海洋环境管理部门、环保组织和检察机关。但是除了《民事诉讼法》第五十五条第二款规定，检察机关只有在主管部门和环保组织不提起诉讼的情况下才能提起诉讼以外，对于其他适格原告提起诉讼的顺位并未加以明确。更尴尬的是，在实践中由检察机关提起环境公益诉讼的数量反而占比更多，将检察机关顺位后置的规定似乎形同虚设。

同时，《海洋环境保护法》第八十九条第二款的规定较为模糊。[①] 如果将这一规定视为海洋环境公益诉讼主体资格的依据，就带来了两个问题：其一，是否可以就此理解为在海洋环境治理视角下应当由海洋环境管理部门作为首要甚至唯一的适格原告？其二，该条款仅规定了给国家造成重大损失的情况，那么对于未构成重大损失的环境污染行为，是否海洋环境管理部门就不再是适格原告？

---

① 《海洋环境保护法》第八十九条第二款："对破坏海洋生态、海洋水产资源、海洋保护区，给国家造成重大损失的，由依照本法规定行使海洋环境监督管理权的部门代表国家对责任者提出损害赔偿要求。"

这种无法明确适格原告的顺位的情况，无疑会在海洋环境公益诉讼的启动方面造成相互推诿和无所适从，直接影响该制度的落实。

（2）海洋环境管理部门缺乏起诉动力

海洋环境管理部门作为海洋环境的直接负责机构，由其负责海洋环境公益诉讼似乎理所当然。然而就现有实践来看，海洋环境管理部门提起海洋环境公益诉讼的频次相当有限。类似于海洋环境执法部门在进行刑事诉讼司法移交方面缺乏动力的情况，海洋环境管理部门在海洋环境公益诉讼方面也缺乏起诉动力。

首先，海洋环境管理部门本职工作是对海洋环境进行监管和执法，其工作人员的固有思路也是用行政方式处理海洋环境案件。而参与司法活动并非是其核心与本职工作，海洋环境公益诉讼也难以得到充分重视。

其次，海洋环境管理部门日常已经需要进行海洋环境污染与生态破坏的预防、受损海洋生态环境的修复和行政强制、行政处罚等一系列工作。其主要精力均集中于此，上级重点关注的领域也在于此。在本身人手和资源紧张的情况下，很难强求其花费大量精力参与海洋环境公益诉讼。

再次，海洋环境管理部门缺乏提起海洋环境公益诉讼所需的人才资源和诉讼经验。其现有的工作人员缺乏对环境公益诉讼和相关民事法律知识的掌握，很难由这一部门独立完成海洋环境公益诉讼，往往还需要邀请检察机关或者律师参与其中。如此，大大地减低了其独立起诉的意愿。

最后，地方保护主义难以避免。这同样也会对海洋环境管理部门提起环境公益诉讼产生抑制作用，使得其不愿提起海洋环境公益诉讼。

（二）海洋环境司法的完善

在认识到上述问题之后，就要对这些司法程序的启动加以制度保障，使得海洋环境下也能够以刑事诉讼和民事诉讼保障生态环境安全。

1. 完善海洋环境刑事诉讼衔接程序

针对海洋环境刑事诉讼启动方面存在的问题，可以在以下方向加以改善，以便对海洋环境行政执法与刑事诉讼加以衔接。

（1）在制度层面解决侦查部门介入滞后问题

对于如何使侦查部门及时介入海洋环境犯罪案件的问题，许多学者提出了自己的意见。这些意见主要可以归纳为海洋环境执法部门及时通知公安机关介入、海洋环境执法部门内部成立刑事侦查机构和建立专门的海洋环保警察机构三种。

首先，不少学者主张不另设机构，而是由海洋环境执法部门在发现环境犯罪线索后通知公安机关及时介入。如此，便可以不必等待海洋环境执法部门完成整套移送流程后再开始侦查，避免了公安机关介入滞后的问题，可以及时开展案件侦查和证据收集。这种模式优势是明显的，但带来的最大问题就是会耗用大量的公安人力与时间成本。一是在难以判定是否构成犯罪、是否需要就此方向深入调查时，海洋环境执法部门稳妥的考量就是直接请求公安机关介入。二是对于海洋环境犯罪的侦查往往需要出海并且会持续相当的时间，同时判定是否能够入罪又需要依赖大量的检验鉴定，这也需要占用相当的时间。在海洋环境治理视角下如果公安机关从发现案件线索就介入侦查，其占用的人力资源和干警的时间成本可想而知。

其次，也有学者主张在海洋环境执法部门内部成立刑事侦查机构，由这一机构对海洋环境执法部门发现的线索进行侦查。[①] 理由是其具备相应的专业性，可以在很大程度上避免错失对刑事诉讼具备价值的线索和证据，在案件移交后公安机关能够顺利地开展工作。但这种模式仅仅是对现有制度的简单变通，而在内部成立的机构又很难独立于海洋环境执法部门，不能从根本上解决现有的问题。

最后，也有学者借鉴了国际经验，建议设立专门的环保警察机构，

386

---

① 周梓萱. 海洋生态环境的刑法保护 [J]. 广州航海学院学报，2016（03）：29 - 31 + 59.

由其直接介入环境执法，将事后执法转变为过程执法。比如韩国的海洋警察厅就既是警察组织，又包含了对海洋污染的监视、防止、分析和应急反应职能。① 还有学者也赞同建立专门的队伍，但是认为可以将海洋环境案件的侦查权赋予中国人民武装警察部队海警总队，即中国海警局。② 其主要理由在于：第一，其本身具备海洋环境保护、打击海上犯罪的职权。第二，其内部已经设立了"刑侦处"，可以直接使用。第三，其下属直属海区分局和地方海警总队，基本覆盖了我国海域。第四，其隶属武警部队，能够较好地避免地方保护主义。

由此可以得出如下结论：在现阶段为了尽快提高海洋环境刑事诉讼的启动率，赋予海警局海洋环境案件的侦查权不失为变通的好方法。并且若海洋环境执法部门发现很可能涉及犯罪的案件线索时，也可以直接申请海警局介入。当然，海警局毕竟隶属武警部队，与公安警察在职责上存在区别。基于长久考量还是需要另行筹划建立一个专门的海洋环保警察机构，或者将海警局经过锻炼成熟的"刑侦处"加以分立，形成单独的机构。

（2）加强海洋环保执法部门组织建设

在已然涉及海洋环境案件司法移送的情况下，想要提高刑事诉讼的启动率，就必须加强海洋环保执法部门内部的组织建设。

首先，需要对工作人员加强刑事法律方面的培训指导，使其对哪些案件可能涉及刑事犯罪具有敏感性。同时对工作人员也需要加强司法移送流程的指导，使其能熟练地掌握这一机制。并且执法部门与侦查部门也可以共同探索对移送流程的简化处理。

其次，为了敦促海洋环保执法部门自觉移送可能涉及犯罪的案件，同时避免地方保护主义的干扰，监察部门和审计部门应该加大对海洋犯罪司法移送的考核检查，将其定为一项重要的考核指标。海洋环保执法部门则要对涉及的案件进行严格的备案，之后由主管部门对各地的海洋

387

---

① 朱建庚.韩国海上执法机制探析 [J].太平洋学报，2009（10）：75 – 86.
② 王吉春.海洋生态环境犯罪的刑事法规制——以渤海为中心的考察 [J].东方论坛，2018（05）：95 – 103.

环保执法部门进行不定期抽查。若发现应当移送而未移送的案件就需要对该部门及相关负责人员予以相应处罚。其中涉及滥用职权和玩忽职守的需要追究相应的刑事责任。

（3）明确海洋环境犯罪相关指标的评估方法

只有统一入罪标准的评估方法，才能够明确海洋环境犯罪与非罪的界限，才能够使得海洋环境执法部门准确的判断是否应当将案件移交给侦查机关。相关部门需要尽快出台具有司法指导意义的评估方法，避免对相似案件罪与非罪的界定形成同案不同判的尴尬局面。

同时，针对当下难以界定污染行为造成的损失的情况，可以采取相对保守的指标评估方法。在确保损失已经达到入罪标准的情况下，也可以在人身刑方面有所谦抑，而重点采用财产刑。盖因刑法应当敬畏其谦抑性，在自身评价标准未明确的情况下，不应武断地对他人的行为作出评判。

2. 完善海洋环境公益诉讼启动程序

针对上述海洋环境公益诉讼存在的适格原告顺位不明和海洋环境管理部门缺乏起诉动力的问题，直接明确在海洋环境公益诉讼中采取检察机关作为首要适格原告的模式更为适合。同时，在检察机关提起海洋环境公益诉讼时也可以邀请海洋环境管理部门和相关海洋环保组织参与其中。

首先，这一设计在法律层面并无法问题。我国《环境保护法》第二条规定："本法所称环境，是指影响人类生存和发展的各种天然的和经过人工改造的自然因素的总体，包括大气、水、海洋、……等。"第三条规定："本法适用于中华人民共和国领域和中华人民共和国管辖的其他海域。"我国《民事诉讼法》第四条规定："凡在中华人民共和国领域内进行民事诉讼，必须遵守本法。"可见《环境保护法》和《民事诉讼法》文义下的"环境"无疑包括海洋环境。[①] 如此，从体系层面解读，《民事

---

① 陈惠珍，白续辉．海洋环境民事公益诉讼中的适格原告确定：困境及其解决路径［J］．华南师范大学学报（社会科学版），2018（02）：162－169．

诉讼法》第五十五条规定的可以针对污染环境等损害社会公共利益的行为提起诉讼的"法律规定的机关和有关组织"，《环境保护法》第五十八条规定的环保组织①，就应当也能够在海洋环境下提起其海洋环境公益诉讼。而不能仅依据《海洋环境保护法》第八十九条第二款的规定将海洋环境管理部门认定为海洋环境公益诉讼的唯一适格原告。如此，由检察机关作为海洋环境公益诉讼的适格原告并无问题。当然若这一模式能够发挥良好的效果，则需要尽快对《海洋环境保护法》进行修订，在法律层面进一步明确检察机关提起海洋环境公益诉讼的主体资格。

其次，在执行层面由检察机关提起海洋环境公益诉讼相较于其他两个主体具有明显的优势。专业的事必须由专业的人来做。检察机关拥有丰富的法律相关人才和资源，对于海洋环境公益诉讼能够有效落实。而提起诉讼作为检察机关的本职工作无疑能受到充分的重视，也完全可以作为检察机关的日常业务。事实上，即使由其他主体提起该诉讼，由于检察机关在诉讼上的专业性，其依然要在该过程中提供充分的指导。如此则不如直接由检察机关提起诉讼，并由其对海洋环境主管部门和环保组织的力量加以协调，以使海洋环境公益诉讼得以高效、有序地开展。相较之下，海洋环境管理部门的优势主要是在发现违法行为、调查取证、评估损失等方面具有专业优势与便利条件。② 但是这些便利条件在海洋环境管理机关完成行政执法层面的工作之后，就已经呈现为报告或材料的形式为所有准备提起该诉讼的适格原告所共有。从现有实践来看由海洋环境管理部门作为适格原告会带来的问题则相当棘手。并且就被起诉方的感官而言，在海洋环境执法部门对其进行了行政处罚之后，依然由同一个主体对其提起环境公益诉讼，很容易使对方产生一种"一事再罚"的感觉，容易形成抗拒和反弹。因此，将海洋环境主管部门作为海

---

① 《民事诉讼法》第五十五条："对污染环境、侵害众多消费者合法权益等损害社会公共利益的行为，法律规定的机关和有关组织可以向人民法院提起诉讼。"《环境保护法》第五十八条："对污染环境、破坏生态，损害社会公共利益的行为，符合下列条件的社会组织可以向人民法院提起诉讼：（一）依法在设区的市级以上人民政府民政部门登记；（二）专门从事环境保护公益活动连续五年以上且无违法记录。"

② 石春雷. 海洋环境公益诉讼三题——基于《海洋环境保护法》第90条第2款的解释论展开［J］. 南海学刊，2017（02）：18-24.

洋生态环境公益诉讼的辅助者更为合适。而由海洋环保组织提起环境公益诉讼也存在非常明显的问题。这种模式在国外较为常见，但遗憾的是，我国海洋环保组织无论在数量还是质量上均难以承担这一重任。因此由环保组织提起环境公益诉讼的模式在陆地上或许可行，但在海洋环境治理视角下尚缺乏实现的土壤。当然，若未来海洋环保组织通过长久的发展，能够具备足够的力量独立提起海洋环境公益诉讼，检察机关功成身退为其提供辅助也并非不可。

四、中国海洋环境治理的公众守法

海洋环境治理相较一般环境治理牵涉的问题更为复杂，也更强调治理多元主体间的协同合作，尤其是社会力量的广泛参与。公众对海洋环境治理的守法实质是公众依据海洋环境法律的规定参与到海洋环境治理之中，既包括被动的遵纪守法也包括依法监督和积极的参与海洋环境治理。由于我国长期存在的政府主导环境治理和重陆轻海思想的深刻影响，在海洋环境法治建设和对海洋环境保护的宣传教育方面有所滞后。这导致当下公众的海洋环保意识不强，在海洋环境治理中公众的参与程度与参与积极性也不高。然而，海洋环境治理日渐转向多主体参与的变革，因此，重视环境公民权、推动环境治理的多元化，从单一的政府治理逐步走向政府与公民及各类社会组织共同治理，将会是海洋环境治理的未来发展方向。①

（一）海洋环境下守法的内涵

要实现中国海洋环境治理的自觉守法，首先要明确"守法"的内涵，即守法的内容与守法的对象。

---

① 赵宗金. 从环境公民到海洋公民——海洋环境保护的个体责任研究 ［J］. 南京工业大学学报（社会科学版），2012（06）：18 - 27.

1. 守法的内容

公众在海洋环境治理中的角色具有双重性：一方面公众是海洋环境治理中的被管理者，也可能是潜在的海洋环境污染者。企业在沿海排污，沿海居民和海员在海中丢弃生活垃圾等行为一直未能杜绝。积少成多造成的海洋污染不能忽视。因此需要对公民的行为加以约束和引导，使得其自觉守法。另一方面，公众也可以是海洋环境安全的监督者与维护者。在海洋环境监督方面，面对广袤的海洋相较于海洋环保专门机构稀少的人员和监测点，公众在事实上能够更清晰地了解海洋的污染情况、更及时地发现海洋污染行为和污染海洋的人员。而在海洋环境保护工作中，发动广大人民群众的力量是政府海洋环境治理的有效补充。尤其是一些环保社会组织和志愿者团体在日常的海洋环境治理中能够发挥有效的辅助作用。

2. 守法的对象

若对上述与海洋环境治理相关的"公众"加以细分，海洋环境治理守法中的对象可以大体分为企业、公民和社会组织。其中社会组织在广义的概念下还包括大众传媒、民间组织、志愿者团体等。这些主体在海洋环境治理的守法方面，除了存在上文所述的共性，也存在一些各自的特点。

（1）企业

海洋环境问题与沿海企业的生产经营活动紧密相关。部分企业为降低生产成本向海洋违法排污，对海洋造成了严重的污染。也有部分企业由于海洋环境受到污染，导致原材料和生产环节受到严重的影响。可见，企业既可能是海洋环境问题的加害者又是可能是环境污染的受害者，两者其实是一种共生的关系。基于此，企业的海洋环保意识和社会责任意识对海洋环境保护和其自身的长远发展有重要的影响。要加强企业及企业家的海洋环保意识，一方面，能够积极接受政府指导和规范，自觉遵守法律法规，严格遵守清洁生产的规定，降低对海洋生态环境的污染。另一方面，使其能充分理解保持海洋环境安全对其自身的可持续发展的

重要意义，以促使其自觉履行社会责任，通过资金技术方面的援助，协助政府开展海洋环境治理。

（2）公民

公民尤其是沿海公民与海洋环境关系更为密切。中国自古以来有句老话叫"靠山吃山，靠水吃水"，海洋对沿海居民的意义不言自明。可以说相当部分海洋居民的收入来源与日常生活都离不开海洋的馈赠。在沿海地区，小型渔船出海捕鱼往往是当地居民的主要收入来源。据统计仅浙江省内的小型渔船约有 6000 艘左右，往往由夫妻二人共同使用一艘小型渔船。[①] 若海洋环境受到污染无疑会直接影响海洋的渔业资源，直接影响沿海居民的收入与生活水平。而这些公民由于其与海洋直接接触的特点，为避免海洋环境的恶化直接或间接的影响自身的利益，对海洋环境的敏感性与参与海洋环境治理的意愿是相当强烈的。经过合理引导就能够使其自觉规范自身行为，避免对海洋进行污染。同时，政府部门可以引导沿海公民通过微博、论坛、公众号、视频网站等多种渠道展现海洋生态环境的第一手资料，对海洋环境治理实施公众监督，并与政府进行沟通与互动，对海洋污染的行为加以举报，为政府的海洋环境治理献计献策。

（3）社会组织

与企业和公民不同，社会组织自身一般不会是海洋环境的潜在污染者，更多的是需要引导其在海洋环境治理中发挥积极作用。合理引导并鼓励支持社会组织参与海洋环境治理可以有效地整合全社会力量，为海洋环境保护提供人员、技术、资金和设备方面的支持。在这些社会组织中，最重要的是环保组织和相关的志愿者团体。在日常环境下他们可以协助政府进行海洋环境安全的宣传教育，引导群众参与海洋保护，对海洋环境污染问题加以预警、监控并进行简单的海洋环境维护，也同时监督政府的海洋环境决策。面对突发的海洋污染事件时，则可以帮助政府

---

① 王贵彪，万会发，张海波，等．浙江沿海小型渔船现状分析及研究［J］．中国水运，2017（11）：41-42.

整合所需的资源、信息并动员社会力量参与到应急处理中。此外，由于他们非政府组织的性质，在一些政府部门难以发挥效用的领域可以起到很好的补充作用，如可以作为联系政府和群众的中介，消解群众的对立情绪，实现两者的沟通。媒体也是海洋环境治理中不可忽视的一支力量。虽然其自身无法直接对海洋环境进行维护，但是其宣传教育、监督预警与促进信息公开沟通的中介作用非常显著。在日常推进海洋环境治理与处置突发海洋环境污染方面能起到重要作用。

（二）海洋环境下公众守法存在的问题

改革开放以来，随着生活水平的不断提升，社会公众的环保意识和法制意识在不断的增强，对生态环境重要性的认识也在不断深化。然而我国自古以来是一个重陆轻海的国家，对海洋环境的重视不足导致了许多问题。

1. 海洋环保意识薄弱

我国公民在海洋环境治理的守法方面参与度不高最主要的原因就是海洋环保意识较为淡薄。不少人认为海洋环境保护与自己没有什么关系，从而对海洋污染现状采取漠视的态度，对海洋污染行为也抱着多一事不如少一事的心理。造成这种状况的原因较为复杂，但较为显著的是以下几种情况：

（1）海洋环保宣传教育不足

长期以来，我国都缺乏对海洋环境保护具体内容的教育，使得青少年对海洋环境安全的重要性认识不足，对如何以自身力量参与海洋环保也并不了解。同时，我国对海洋环境保护的宣传存在力度不足、形式单一的问题，尤其是在沿海地区缺乏对海洋环保知识的系统宣传。不少渔民的海洋环保知识相当欠缺，对海洋环保政策的知晓程度也很低，甚至认为其与自身生活没有太大关系。[①] 在这种现状下，陆源排污、垃圾抛

---

① 曾慧. 海南省渔民海洋环保意识调查研究［J］. 绿色科技，2017（18）：121 – 122 + 125.

海、围填海等情况普遍存在，不少群众无法意识到自身行为会造成环境污染，也不会对这种行为进行监督举报。即使部分渔民、养殖户能够体会到环境污染对沿海居民造成的负面影响。但依然由于宣传教育的不足，他们往往既难以认识到自己可以切实地参与到海洋环境的治理之中，也缺乏对海洋污染加以处理的相关技能。

（2）"公地悲剧"与政府依赖心理

"公地悲剧"是环境治理中的一个典型问题，当每个个体都对公共资源无节制地利用时悲剧就会发生。海洋作为一种典型的公共资源也难以避免这一问题，对海洋的无序开发利用和过量排污一直存在。究其原因无非是每个个体都基于自身的利益出发，保持着一种公共资源就应当"不用白不用"的心理，鲜少从整体层面和可持续发展的视角考虑问题。加之，我国在环境治理中长久以来存在的是政府主导的自上而下治理模式，这进一步使得一些群众产生了一种海洋环境治理是政府的责任，万事有政府兜底，无论如何政府都会处理好海洋环境污染的心理。甚至部分沿海居民认为自己需要做的是专注于生产，而上交的赋税中本已包括了这部分污染处理的费用，因此在违法排污时心安理得。

（3）重陆轻海思想

我国在传统观念中一直自认为是一个陆地国家，对于海洋这一蓝色国土的重要性认识一直不足，海洋环境保护受重视的程度也远远不及陆地环境保护。同时相较于陆地环境污染造成危害的显而易见，由于海洋的广袤与流动性，海洋环境污染的严重后果往往不会当即显现。尽管由于工业污水和生活污水过度排放导致海洋生态损害严重、海域水环境质量恶化、赤潮多发、海洋动物因误食垃圾或生态破坏大量死亡等新闻报道不断出现，但仍有许多沿海居民不予重视。认为祖祖辈辈都是从海洋中获得资源也同时向海洋排放生活污水，但海洋一直没有出现过问题，可见海洋的纳污能力和自净能力相当充足，以后也不会出问题。并且认为污染物进入海洋后就会随潮汐和海流飘走，不像陆地污染一样会形成堆积和发酵，不会污染到本地水域也不会造成严重危害。

2. 知情权未得到充分保障

知情权是公众参与海洋环境治理的基础之一。但现有的法律法规中对公众在海洋环境方面知情权的规定有所不足。虽然《海洋环境保护法》第四条规定了一切单位和个人有权对损害海洋环境者与监管失职者进行监督检举。第六条规定相关部门应当依法公开海洋环境相关信息与排污信息。① 但其中却没有规定公众可以申请相关部门公开这些信息。在这种态势下，公众的知情权是否能够顺利实现是存在疑虑的。在此基础上，仅依据相关部门主动公开的海洋环境信息，公众想要行使监督和检举的权利难度无疑会更高、效果也显见的不会好。事实上这种损害知情权的情况并不鲜见。就以南海为例，自《2009 年南海区海洋环境质量公报》首次发布以来，每年公布的南海区近岸海域海洋垃圾监测数据都不完整，而 2010 年和 2011 年的《公报》则根本未对外公布，海洋垃圾数量、种类、来源等监测数据也多有缺失。②

3. 公众参与治理的路径不健全

由于我国长期存在的政府主导海洋环境治理的模式导致普遍忽视了公众在环境治理方面的价值，也使得公众缺乏有效参与海洋环境治理的模式与路径。这种情况下无论是个体的公民还是民间海洋环保组织等都难以汇集并发挥自己的力量。

（1）公民缺乏参与监督治理的有效途径

公众作为单独的个体往往不具备充分的影响力和参与海洋环境治理的实力，因此需要有合理的路径能够倾听他们的声音、汇聚他们的力量，以此达到社会监督的良好效果。公众参与海洋环境治理决策与监督的方

---

① 《海洋环境保护法》第四条规定："一切单位和个人都有保护海洋环境的义务，并有权对污染损害海洋环境的单位和个人，以及海洋环境监督管理人员的违法失职行为进行监督和检举。"第六条规定："环境保护行政主管部门、海洋行政主管部门和其他行使海洋环境监督管理权的部门，根据职责分工依法公开海洋环境相关信息；相关排污单位应当依法公开排污信息。"

② 张影，张玉强. 南海区海洋垃圾治理的公众参与研究［J］. 海洋开发与管理，2018（11）：46 –51.

式主要是以下两种：一是参加海洋环境影响评价等海洋事务相关的座谈会、听证会、研讨会。二是通过政府的举报网站和举报电话进行信息反馈。首先，就实践经验来看这两种方式均有些流于形式，不能有效发挥公众的力量。能参加座谈会听证会的人毕竟是少数，而且大部分公民往往缺乏对听证会于何时何地召开、主要内容为何、如何参与听证等相关信息的了解，难以避免对这些参与听证人员选择公正性的质疑。而通过网站和电话进行举报，往往反馈周期较长并且难以获得直接的明确的回复。其次，现有的这些方式途径单一且过于传统老旧，对于新媒体渠道的开发利用不足，难以适应充分整合民间力量参与海洋环境治理的要求。

（2）海洋环保社会组织发展滞后

就国外经验来看，海洋环保社会组织，包括非政府组织（NGO）与非营利组织（NPO），在海洋生态保护方面能够发挥许多政府部门无法发挥的作用，起到良好的辅助作用。随着海洋环保意识的提高，也有许多有识之士建立了海洋之友、蓝色家园、大海保护公社等优秀的海洋环保社会组织，为海洋环保事业作出了贡献。然而，从整体来看，面对广袤的海洋，专门致力于海洋环境保护与海洋垃圾处理的社会组织仍是少之又少。并且，其中大部分由于专业人才匮乏、资金短缺和设备不足，在海洋环境监测、海洋环境影响评价、海洋垃圾处理这些直接参与海洋环境保护的工作中力量不足，只能以开展宣传教育、发动沿海民众参与简单的海洋环保活动为主要业务。同样由于专业人才和资金设备方面的不足，这些海洋环境保护组织很难自行获取一手的海洋环境数据资料，这就导致他们很难像国外的海洋环保社会组织一样起到良好的社会监督效用。因而他们被政府的认可度和社会认同度方面难免较低，对公众的影响力和对政府决策的影响力也不理想。总而言之，他们在当下的海洋环境治理中很难发挥重要作用，只能成为点缀。海洋环保社会组织已然力量不足，志愿者组织就更是如此，基本只能在宣传教育和沿海垃圾清理方面发挥一些作用。至于媒体方面也因为上述的原因很难获得一手数据资料，仅能依托零散的民间人士提供的线索开展监督。

（3）企业对加强环保投入有顾虑

涉海企业在海洋环境治理方面能做的主要是加强自身排污管理，同时在力所能及的情况下，进行一些监管和治理方面的辅助工作。对于后者，虽然相较于公民个体和社会组织在人力物力上的尴尬，企业在这方面无疑具有一些优势，然而其同样会遇到上文所述的尴尬情况，并且企业的本职工作还是生产经营，应当更多地在生产环节推动企业加强环保力度。现实中，涉海企业在生产环节上往往仅实施达到国家标准的排污处理，而很少有企业考虑为了海洋环保在排污控制上更进一步。这无疑是有内在原因的。最表层的原因无非是一些企业，尤其是粗放型发展的中小型企业，海洋环保责任意识淡薄，缺乏社会责任感，并且担心实施海洋环保会增加企业的成本。但是更重要的是以下两方面的原因：

一方面，技术条件不允许。企业要实施高标准的排污处理离不开先进科技的支持，但是大部分相关企业其实都缺乏相应的技术与设备。如果需要为此专门引进技术、购买设备或者需要专门拨款并派出人员来研发匹配生产环节的高效环保技术，甚至需要改变企业的生产经营思路，就很容易招致股东的分歧也可能影响企业的生产经营。这点在相当程度上降低了企业的积极性。

另一方面，基本看不到收益。海洋环保属于公益性的行为，实施海洋环保本身很难获得经济利益上的回报。不仅如此，不少企业在进行海洋环保时，连非金钱方面的收获也很难获得。首先，公众对企业的刻板印象往往是环境污染者，尤其对从事海洋资源开发利用等与海洋相关产业的企业更是如此。媒体往往对企业造成的环境事故大肆报道，而对企业保护环境的先进事迹避而不谈。其次，社会公众虽对保护海洋环境的重要性有了一定的认识，但这种认识尚处于萌芽阶段。大众很少将这种认识与自己的消费活动相联系，优先购买环保产品，也并未将大力投入环保视为企业美誉度的重要组成部分。因此，企业对海洋环境的付出和所做的贡献在当下无法得到正确的衡量和充分的肯定，难以在社会形象和品牌美誉度方面获得收益。这种积极投入海洋环保却无法得到认可和回应的现状，也是企业不愿加强环保投入的一大原因。

（三）海洋环境下公众守法的实现

在明确了上述问题的存在之后，就要探索相应的措施加以解决。既要在思想层面加强海洋环境保护宣传教育，提高公众的海洋环保意识，又要在制度层面加强信息公开、完善公众的参与渠道，还要大力扶持海洋环保相关的社会团体，推进海洋治理民主化，并从物质支持和技术完善视角保障公众参与海洋环境治理的可行性。

1. 加强宣传教育

由于海洋环境保护宣传教育的滞后，海洋环境治理对于许多群众来说依然是一个新鲜事物。要想使公众自觉的守法并积极地参与海洋环境治理，实现社会监督，就必须先让公众海洋环境的意义与海洋环境治理的内容有相应程度了解。因此，在义务教育和高等教育中加强海洋环保教育的内容是有必要的。尤其是对沿海城市的学生可以以选修课的形式加强教育，不仅在理论上进行教导，也要进行海洋环境保护的实践教育。自小培养沿海居民的海洋环保意识，加强他们的海洋知识和环保技能。

在宣传方面，要侧重说明保护海洋环境对可持续发展与居民生活的重要意义。要针对社会公众能够通过怎样的实际行动参与到海洋环境治理加以宣传。在宣传途径上要实现多渠道宣传，尤其应当多利用新媒体，在门户网站、微信公众号、今日头条、新浪微博、短视频 APP 等多种平台进行宣传。在宣传形式上应避免枯燥的说理文章形式，以形象生动的表现形式，如微电影、微动画和漫画等加以宣传。同时，还需要针对不同年龄层次的公众设计有针对性的宣传模式，用让他们容易接触并容易接受的方式讲好海洋故事。比如对儿童可以去学校、幼儿园开展一些演出和互动活动，采用生动活泼的方式在寓教于乐中对他们潜移默化。对于中老年群体可以多开展一些社区宣讲活动并分发相关的宣传纪念品。

面对媒体对海洋环境治理"报忧不报喜"的情况，需要加强正面宣传的力度。对公众参与海洋环境治理的先进事迹多加宣传，以此树立模范，发挥模范效应。也可以设立专门基金和荣誉称号，对先进模范给予荣誉和物质上的奖励。以这种正向激励的方式，既感谢其保护海洋环境的行为，又以鲜活的例子激励其他公民、企业和社会组织向他看齐。

2. 完善信息公开制度

知情权是公众参与海洋环境治理决策、监督等活动的前提。想要保障公众的知情权就必须完善落实海洋环境方面的信息公开制度。要实现有效的信息公开，首先就需要保障公民有申请信息公开的权利。这就需要在法律规定海洋相关部门有义务接受公众对海洋信息的查询和公开信息的申请，并在制度层面明确依申请信息公开的相关制度。尤其要明确海洋环境信息公开的义务主体、公众可申请公开的范围、政府的回复期限、查询费用等重点事项。只有实现政府主动公开与依公众申请公开相结合的双重管道，才能使公众的知情权得到充分保障。在具体信息公开方式上，则要尽量通过多个途径公布，以确保信息的准确、及时。尤其是为避免过往信息公开渠道单一、陈旧的顽疾，政府部门可以借助发达的现代传媒，以微信、微博、今日头条等新媒体为依托，通过这些大流量的渠道进行信息公开。

3. 完善监督机制、沟通机制与决策参与机制

对政府部门海洋环境治理工作的监督既包括系统内部的监督又包括系统外部的社会监督，而后者应当是前者的有力补充。发挥社会监督的效用有助于集全社会之力做好海洋环境的监督与治理。

社会监督的主要形式包括：公民个人的监督、社会团体的监督、公司企业的监督和新闻媒体的监督。其中公民个人的监督方式包括申诉、举报、和信访等。为了方便公民进行监督可以设立专线电话、网络举报等制度，同时还可以在微博、微信等新媒体平台上开设监督举报渠道。为了提高公民主动对海洋环境安全进行监督的积极性可以设立海洋环境保护基金实施有奖举报制度。基金的来源主要有两个方面：一是可以从财政部门拨付给海洋环境执法部门的办案费用或补助资金中单项列支，实行专款专用；二是可以吸收社会资金。在具体操作方面可以借鉴江苏省、陕西省等地的环境污染有奖举报管理办法，按举报人提供线索的价值分为重大、较大与一般三个级别，分层次给予奖金。甚至更进一步，考虑到许多严重的海洋环境污染事件，往往是企业在生产、排污过程中

故意或过失导致的。为了加大举报人的动力，在针对与企业相关的海洋环境污染问题时，可以借鉴美国针对食品安全问题出台的《吹哨人法案》，在政府部门查明举报属实后，将对企业的罚金按一定百分比给予举报人。

在社会团体的监督方面，则需要大力发展民间海洋环保组织，让其成为监督的主力。政府可以与海洋环保组织达成合作，在海洋环境治理决策时邀请海洋环保组织派员参与，也可以定期听取这些组织对海洋环境保护现状的反馈。企业的监督是相对特殊的一种监督。企业本身是具备海洋污染检测的技术和物质条件的，而同行业的企业之间又常常存在着竞争关系。可以从此点出发，引导企业之间相互监督。事实上，企业是最了解本行业以及行业内的其他企业的，一旦某些企业采用了违法排污等方式降低生产成本，其他企业很可能会自发地对此进行监督。在完善了企业监督渠道之后，同行业的企业之间就能够起到有效的相互制约作用。新闻媒体的监督则是指上述各类主体通过报纸、网络等媒体向社会曝光海洋环境及海洋环境治理中出现的问题，从而引起全社会的关注。

公众除了在出现海洋环境问题时应当加以监督，在平时也可以与政府之间形成一个良好的对话机制，维持畅通的沟通渠道。这有利于政府汇集零散细节的信息，同时直接倾听到来自方方面面的意见，也有利于调动公众参与海洋环境保护的积极性。具体而言，政府可以充分利用网络来与公众进行沟通，比如采用领导信箱、网上调查、网上听证、在线访谈、官方环保论坛等形式进行交流。也可以定期在网络上以直播的形式召开发布会，邀请政府部门、企业、专家、社会团体参加。而网友可以通过直播平台就他们身边的海洋环境问题和感兴趣的相关问题进行反馈和询问。对于网友提问中需要调查和核实的问题，政府部门可以加以记录并事后在网络上予以回答。在此基础上也可以更进一步，邀请公众参与一些政府海洋环境治理的决策。比如政府在制定政策时和将开展大型海洋执法行动时，可以采用听证、随同参与等形式邀请公众直接或间接地参与其中，使海洋环境治理更科学、更民主、更透明。

4. 扶持海洋环保组织

作为个体的公民参与海洋环保力量单薄，难以摆脱时间成本、经济成本和技术条件的桎梏，很难发挥影响力。因此，由海洋环保组织汇集有志于环保事业的公民的力量，就能够集中力量办大事。能使得民间的声音更多的汇集，对海洋环保部门产生更大的影响。因此，需要加快扶持海洋环保组织，减少制度上的限制，提供有效的支持。具体可以从以下几方面入手：

首先，需要改善海洋环保组织注册难的问题。政府应当深刻认识到海洋环保组织在海洋环境治理中的有效辅助作用，改变海洋环境治理由政府单一主导的陈旧思想，推进海洋环境治理的多元化主体协同治理体系。政府应当为海洋环保组织的建立提供更为宽松的政策环境，促使有志于海洋环保事业的团体积极注册。

其次，需要赋予海洋环保组织更多的独立性。在现行制度下，每个社会组织都会有一个上级主管单位。但一些上级主管单位往往控制过严，对社会组织的运行产生了不良影响，不利于发挥社会组织的积极性。因此对海洋环保组织不能采取强硬管理，需要保障其独立性和自主性，削弱其官方色彩，推动它们成为成熟的非政府公益组织。如此才能真正发挥其作为民间组织可以实现的辅助效果。

最后，需要加大资金、物质和技术支持。海洋环境保护不同于其他公益项目，往往需要投入比较多的专业设备和活动资金，对人员素质和技术水平也有较高的要求。针对海洋环保组织力量小、不正规的现状，政府可以在资金、物质和技术方面加以适当的扶持，尤其在组织建立初期，尚未能吸收大量社会捐款时更要加大投入，以促进其茁壮成长。

5. 引导企业加大环保投入

引导企业加大环保投入需要多管齐下。第一，海洋环境责任意识是促进企业加强环保投入的基础。政府需要对涉海企业管理者与员工持续开展海洋环境法律法规、政策和海洋环境保护对企业可持续发展的意义等方面的宣传教育。引导他们重视保护海洋环境对企业发展的意义，提高他们在海洋环保方面的决策水平和参与意愿。第二，需要完善企业在海洋环境保护方面的奖惩制度。既要对在海洋环境保护方面加大投入、作出贡献的企业加强正面宣传，给予评奖评优，通过官方途径联系相关媒体报道先进事迹，使得企业在环保方面的投入能够切切实实地化为美

401

誉度和社会的认可。又要对于造成海洋环境污染的企业加重处罚，以此可以倒逼企业在日常生产中对于环保更加重视，促使其提高排污标准。第三，为解决企业在技术条件和资金成本上的后顾之忧，政府可以联系科研机构为企业提供技术上的指导。相应成本可以由政府建立的专项基金和企业共同分担。而对于企业在设备采购和改善生产环节上可能需要增加的支出，可以由政府提供银行贷款并由政府承担部分费用。第四，为了进一步减轻企业的资金压力并提升企业加大环保投入的积极性，政府还可以选出部分环保先进企业给予物质奖励或者适当的税收返还。从而积极推进企业参与意愿及能力基础上，充分发挥其的作用。

中国海洋环境治理的能力建设

　　党的十八届三中全会提出"推进国家治理体系和治理能力现代化"，并将其作为全面深化改革的总目标。党的十九届四中全会通过了《中共中央关于坚持和完善中国特色社会主义制度 推进国家治理体系和治理能力现代化若干重大问题的决定》。"国家治理能力"的内涵是运用国家制度管理社会各方面事务的能力，治理能力是一个国家制度执行能力的集中体现。建设海洋强国，必然要以推进海洋强国治理体系和能力建设作为根本保证。提升国家海洋环境治理水平是实现生态治理现代化的主要内容。然而，中国海洋环境治理能力存在诸多方面不足。相对于海洋强国的建设目标，我国存在的突出问题是海洋环境治理的人才队伍能力不足、科技创新能力不足、基础设施能力不足及公众参与能力不足等问题。本章通过人才队伍、科技创新、基础设施、公众参与等四个维度的能力建设分别分析了中国海洋环境治理能力建设并提出相应对策。

一、中国海洋环境治理的人才队伍能力建设

　　海洋人力资源是建设海洋强国和创新型国家的主导力量和战略资源，

人才队伍是海洋环境治理能力的内在动力，海洋人才队伍的整体素质决定了国家海洋创新环境治理能力提升的速度和幅度。海洋环境的治理要求队伍建设为技术密集型和人才密集型，这使得提升海洋环境人才队伍的能力十分重要。

（一）海洋环境治理人才的定义解析及分类

从狭义上定义海洋环境人才是指具备高等教育学历，或海洋环境相关的知识和技能，能够使海洋环境得到有效改善的高科技人员，具有高端性、不可替代性、专业性；朱坚真[①]、龚虹波[②]等综合各类文献[③]，从广义上对他们将海洋环境人才定义为在海洋环境管理、科研、服务、教育领域，具有一定的专业知识和技能、为海洋环境事业作出贡献的人。海洋环境人才的划分可以加强对海洋环境的管理，因此将海洋环境人才划分为海洋环境管理人才、海洋环境研究人才、海洋环境专业技术人才与国际化海洋环境人才。

1. 海洋环境管理人才

随着我国海洋环境问题的日益增多，海洋环境管理工作的重要性日益突出，海洋环境管理人才的需求也日益明显。海洋环境管理人才要求具有现代管理意识和服务能力，要求是具备高素质、复合型的人才。

2. 海洋环境研究人才

广义上说，"研究人才"包括与海洋科学研究活动有关的一切人员，将不直接从事海洋科学研究活动，但对海洋环境科学研究提供支持和保障作用的相关人员也纳入在内。狭义上的"研究人才"指在海洋环境某些特定领域的科学研究活动中起着核心作用，具有相对专业的知识水平和研究经验的科技人才。不论是广义还是狭义的"海洋环境研究人才"，

---

① 朱坚真. 海洋管理学 [M]. 北京：高等教育出版社，2016：1-2.
② 龚虹波. 海洋政策与海洋管理概论 [M]. 北京：海洋出版社，2015：1-4.
③ 黄艺雪. 中国海洋人才政策研究—基于政策系统理论的分析 [D]. 华北电力大学，2015.

均包括海洋环境自然科学人才和海洋环境社会科学人才两大部分。

3. 海洋环境专业技术人才

海洋环境专业技术人才包含学术型海洋环境人才，也包括从事海洋环境调查、海洋资源开发等领域第一线或现场从事工作的技能型海洋环境人才。学术型人才主要包括：海洋环境工程装备技术人才，例如海洋监测观测仪器设备开发、深海工程装备等领域的人才；海洋资源开发利用技术人才，例如海洋新能源开发和海水综合利用等海洋技术的人才；海洋公益服务专业技术人才，例如海洋突发事件应急处理技术和复合型海洋信息技术等人才；技能型海洋环境人才主要有海洋环境观测员、海洋环境调查员等。

4. 国际化海洋环境人才

国际化海洋环境人才主要是根据国际海洋环境事件的需要，以培养熟悉国际海洋环境事件并在其中发挥重要作用的专业人才。重点是能够在国际海洋环境组织和机构中担任较高职务的高级人才，能够直接参与协调和处理相关国际海洋环境事件的管理人才，能够在重大国际海洋项目中起引领或骨干作用的专家型人才以及精通国际海洋法与国际惯例的海洋法律人才，这些人才能大大提高我国参与治理国际海洋事务的能力。

（二）中国海洋环境治理人才状况分析

1. 国家层面海洋人才发展规则指导明确

国家海洋局、教育部、科学技术部、农业部、中国科学院于 2011 年 10 月联合印发了《全国海洋人才发展中长期规划纲要（2010—2020年）》（以下简称《规划纲要》）。[①] 《规划纲要》是我国第一个海洋人才

---

① 原国家海洋局、教育部、科学技术部、原农业部、中国科学院. 国家中长期人才发展规划纲要（2010—2020）. ［EB/OL］. http：//www.mohrss.gov.cn/SYrlzyhshbzb/zwgk/ghcw/ghjh/201503/t20150313_153952.htm.

发展中长期规划，是一个时期我国海洋人才工作的指导性文件。制定实施《规划纲要》是贯彻落实中共中央关于坚持陆海统筹，实施海洋发展战略，提高海洋开发、控制和综合管理能力的指导方针的重要举措，对进一步加强海洋人才队伍建设，实现海洋事业跨越式发展、建设海洋强国具有重大意义。《规划纲要》提出，海洋人才发展要遵循"需求牵引、创新机制、以用为本、统筹开发、突出重点"的基本原则，力争用10年左右的时间使海洋人才总量稳步增长、素质大幅提升、结构趋于合理、发展环境逐步优化、效能明显提高，使海洋新兴领域专业技术人才队伍不断扩大，形成一支规模适度、结构优化、布局合理、素质优良的海洋人才队伍，不断提高海洋人才对海洋事业发展的贡献，使我国海洋人才发展总体水平达到主要海洋国家的中等发展水平。

2. 地方层面海洋人才导向明确

为更好实施《规划纲要》，完成既定人才目标，我国及地方各级政府还相继出台了一系列海洋人才引进政策与海洋人才激励政策。海洋人才引进政策主要包括海洋系统"十二五"引进留学人才计划；《国家海洋局引进高层次海洋人才实施办法》①。地方层面的有《福建省 2019—2020 年度紧缺急需人才引进指导目录》②《青岛市集聚海洋高端人才行动计划（2016—2018 年）》③、浙江舟山的《关于实施人才发展新政策打造海洋经济人才新高地的意见》④。海洋人才激励政策主要包括《国家海洋局青年海洋科学基金管理办法》⑤《中共自然资源部党组关于激励科技创

---

① 原国家海洋局. 国家海洋局引进高层次海洋人才实施办法（试行）［EB/OL］. http：//www. pkulaw. cn/fulltext_form. aspx？Gid = 185058.

② 福建省人力资源和社会保障厅. 福建省 2019—2020 年度紧缺急需人才引进指导目录［EB/OL］. http：//rst. fujian. gov. cn/zw/rsrc/201811/t20181107_4591011. htm.

③ 青岛市人力资源和社会保障局 青岛市集聚海洋高端人才行动计划（2016—2018 年）［EB/OL］. http：//www. qingdao. gov. cn/n172/n24624151/n24626255/n24626269/n24626283/161031150414533208. html.

④ 舟山市人力资源和社会保障局. 关于实施人才发展新政策打造海洋经济人才新高地的意见. ［EB/OL］. http：//www. qingdao. gov. cn/n172/n24624151/n24626255/n24626269/n24626283/161031150414533208. html.

⑤ 原国家海洋局. 国家海洋局青年海洋科学基金管理办法［EB/OL］. http：//blog. china-lawedu. com/falvfagui/fg22598/35382. shtml.

新人才的若干措施》①《国家海洋局数字海洋科学技术重点实验室 2019
年开放基金》②。

3. 海洋科研人员结构持续优化

海洋科研创新人员的综合素质决定了我国海洋科技创新能力，科研
机构的高层次人才是重要的海洋创新人力资源，反映一个国家海洋发展
人才资源的储备情况。2011—2017 年中国海洋科研机构科技活动人员学
历结构与职称结构持续优化，如图 12 - 1 和图 12 - 2 所示。可以看出，
海洋科研机构人员中硕士毕业生占比增长态势明显，博士生占比呈波动
上升趋势，2017 年博士、硕士毕业生分别占科技活动人员总量的
33.97%、33.96%，均比 2011 年有明显增加。从职称结构来看，高级、
中级职称人员占比明显高于初级职称人员占比，2016 年高级、中级职称
人员分别占科技活动人员总量的 41.85% 和 34.15%，说明从事海洋科研
的人员朝着高端人才发展。③

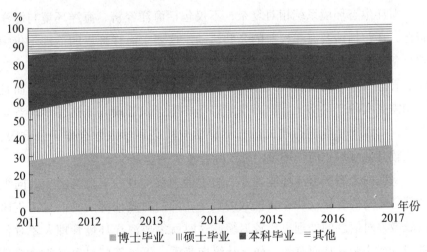

图 12 - 1 2011—2017 年中国海洋科研机构人员学历构成

---

① 自然资源部. 中共自然资源部党组关于激励科技创新人才的若干措施. [EB/OL].
http://gi. mnr. gov. cn/201901/t20190124_2389824. html.

② 国家海洋信息中心. 国家海洋局数字海洋科学技术重点实验室 2019 年开放基金发布.
[EB/OL]. http://www. nmdis. org. cn/c/2019 - 10 - 28/69479. shtml.

③ 国家海洋第一研究所. 国家海洋创新指数评估报告 [R]. 2012—2019.

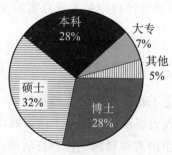

2016年海洋科研机构人员学历构成

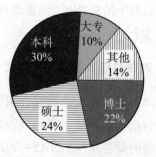

2011年海洋科研机构人员学历构成

图 12 - 2　2011 年与 2016 年中国海洋科研机构人员学历构成对比

（三）中国海洋环境人才队伍能力建设存在的问题

1. 组织协调能力亟待增强

海洋生态环境系统相对复杂，不仅包括海洋经济、海洋环境与海洋资源，还包括涉及海洋权益的公共活动。这要求海洋环境的治理不仅需要具备各专业背景知识的海洋人才，而且需要一批掌握环境、经济、法律、管理及外语的复合型人才，专业领域不仅要工科与理科交叉，而且迫切需要文科理科交叉。然而我国海洋环境组织管理人才往往学科背景单一，对海洋环境进行研究的自然科学与社会科学人才合作十分有限，相比较其他领域，海洋环境治理国际合作案例非常少。

从横向来看，海洋环境人才的组织能力要体现在有效沟通上，同级各部门之间的合作往往存在低效的现象，部门对其他部门的信息接收速度较慢，对信息的处理也比较迟缓，这时就需要海洋环境管理人才对各部门进行协调，从而有效合作。从纵向来看，下级部门对上级所给信息的反应相对较快，但下级将信息有效处理反馈上级时则较为缓慢。以2011 年康菲溢油事故为例，事故发生后，当时的国家海洋局（国土资源部）6 月 8 日收到下级汇报，但直到 8 月 5 日才作出要求康菲公司制定应急预案并限期清污的决定，从下级海洋管理人员汇报事故到制定事故的解决方案长达两个月之久，延误了事故的事后处理。因此需要行政管理人员提高事件处理效率，积极及时反馈上级部门，充分发挥管理人员的组织能力。

在国际合作方面，对海洋环境人才组织能力考验更大。海洋污染只是对该区域环境和经济可持续性的主要威胁之一，但各国现在普遍意识到需要综合考虑污染的长期影响和带来的其他生态威胁。因此，一些国家在海洋环境保护的方向和目标是一致的，但国际层面的合作涉及：部门之间、政府机构之间、地方政府之间、各国之间以及与各国和该区域民间社会组织之间的合作。处理国家间的海洋环境合作，要求海洋环境人才必须能清晰认识到利益相关方有哪些，各方具体代表的利益是什么，各利益间如何权衡。因此，海洋环境人才需要对外国文化、语言、政治经济等方面都有一定的了解，对海洋环境人才考验较大。

2. 技术研发与应用人才欠缺

《"十三五"海洋领域科技创新专项规划》① 提出要提升我国海洋环境安全保障能力，提高海洋环境灾害及突发事件的预报预警水平和应急处置能力等。技术的研发最终要得以应用才能体现其价值，技术应用是将知识转化为生产力的过程，技术应用能力是海洋环境人才能力建设的核心能力。技术应用能力分为海洋环境技术开发能力、海洋环境技术应用能力。海洋环境技术开发能力即研发阶段，海洋技术的研发多由高校或者研究院所的海洋科技人员承担，对海洋环境的研究多是分支，相比较大型的海洋科技装备研发项目，环境类海洋技术研发在人员及项目经费上不具优势，因此，对海洋环境科技研发的热情和积极性并不高；此外海洋技术人才大多更愿意从事产业化前景广阔、市场需求面广、能带来经济效益的海洋技术，而海洋环境技术大多属于公共物品，具有非营利性，人的趋利性导致从事海洋环境类研发的人才较为稀少，从而导致海洋环境质量监测系统、海洋环境信息系统技术需求严重大于供给。

海洋环境技术应用领域同样缺乏"特殊"人才，首先是缺乏领军人

409

---

① 科技部，国土资源部，国家海洋局. 关于印发《"十三五"海洋领域科技创新专项规划》的通知（国科发社〔2017〕129 号）. [EB/OL]. http://www.most.gov.cn/mostinfo/xinxifenlei/fgzc/gfxwj/gfxwj2017/201705/t20170517_132854.htm.

才，难以形成带动人才集聚，导致海洋环境领域长期缺乏高水平的技术创新团队；其次是人才流失严重，国外对海洋环境的重视和良好的培育条件，导致海洋环境方面的人才更愿意服务于其他国家的海洋科研机构；最后，现在高校的教育往往是重视理论研究，往往只注重科研成果研究领域的前沿性与实验设计的可靠性，而忽略实践中的技术应用对社会适用性和操作可行性。多种因素导致海洋环境技术研发与应用人才严重缺乏。

3. 执法能力有待提升

我国海洋环境管理及其执法曾经包括五大主体，即隶属国家海洋局的中国海监大队、隶属农业部的中国渔业渔政局、隶属海关总署的海关缉私局、隶属交通部的中国海事局、隶属公安部边防管理局的公安海警。这些执法主体职能存在很大的交叉，造成各部门之间利益博弈，有利则互不相让，无利则互相推诿。[①] 执法需有法可依，《海洋环境保护法》对海洋污染海洋环行为界定较为模糊，对大多数生态破坏行为给予行政处罚，因此我国海洋环境执法只有行政处罚与警告的权限，缺乏强制性，难以震慑严重的海洋环境破坏行为。此外，海洋环境污染不像空气污染与地表水污染，直接威胁到人们的切实利益与身体健康，因此海洋环境污染往往不受重视，对一些环境损害行为"视而不见"，这使海洋环境执法存在漏洞，并可能出现执法不严或滥用职权的问题。此外，海洋环境执法人员的专业素质不高也会导致环境执法有失公平，从而降低公众对执法队伍的信任程度。[②]

（四）促进海洋环境治理人才队伍建设的路径

1. 完善应急反应机制，提高海洋突发环境应急管理能力

海水具有流动性，某海域海洋生态环境一旦遭到破坏，污染物会随

① 沈满洪. 海洋环境保护的公共治理创新［J］. 中国地质大学学报（社会科学版），2018（02）：84 - 91.
② 房临旭. 海洋环境执法的问题与对策［J］. 法制博览，2018（32）：88 - 90.

海流、气流等媒介物质传播，扩散到其他海域，波及周边地区甚至引发全球性的环境危机，因此，海洋环境应急管理必须加强区域之间的合作与协调，提高海洋环境管理人才的区域合作管理能力。应急管理能力是海洋环境治理人才能力建设的重要内容，要求海洋环境人才具备应急管理能力，能应对突发海洋环境，最大限度地减少海洋环境灾害及突发事件带来的人财物等经济损失和海洋环境破坏等生态损失。典型的环境应急队伍应由指挥人员、实际操作人员、信息规划人员和后勤保障人员等组成，按照职责划分履行各自的职责，并相互配合、相互支持，共同应对环境突发事件。

　　提高海洋环境人才的应急管理能力，可以采取多种多样的方式，比如应急演练、教育培训等，但最重要的还是从现有海洋管理人才的再教育和培训入手，一般来讲，培训方式相对而言成本比较低，效果显著。海洋环境管理部门应为海洋环境人才应急管理能力的提升提供良好的外部条件，比如做好环境应急器械设备的储备，由其主导组织开展针对应急管理能力方面的培训，对应急管理培训的内容做详细的、统一的规划，明确培训的方式、机构、内容等细节问题。此外，海洋管理部门还应该对海洋应急管理的相关政策、法律法规以及应急预案的内容做好宣传，深入而全面的普及海洋应急管理的相关知识，提高海洋管理人才的应急管理意识。海洋社会组织也要承担在海洋应急管理中所应负的责任，协助海洋管理部门做好人员疏散等善后处理。当海洋环境突发事件发生后，管理人员应该积极面对：一是海洋生态的修复工作，通过科学、合理的手段对海洋环境进行弥补、避免造成二次污染。二是对事件的起因、发生发展状况、性质和影响等进行调查分析并总结经验教训，提高掌握海洋环境管理中的危机应对能力。现代海洋应急组织体系一般要求政府和社会公众的共同参与，包括建设相互合作的组织系统、有统一指挥、分工协作的环境突发应急组织结构、信息共享的预警系统和信息系统、强有力的后勤保障系统以及健全的海洋环境应急法律法规和预案等。海洋环境应急机制应该是一整套统一、协调、高效和规范的海洋环境突发事件应急机制，而政府及有关环境工作人员应具备处理海洋突发公共事件的能力。

2. 健全海洋环境执法体系，完善海洋环境执法权的缺失

整合前我国主要有五支海洋执法队伍，分别为海监、海事、缉私、边防海警以及渔政渔港监督。尽管这五支海洋执法队伍在职能上较好地覆盖了海洋管理的方方面面，但因为执法权分散的问题，带来执法质量不高、效率低下、资源浪费以及装备落后等问题，使得我国的海洋环境执法队伍难以开展综合执法，也缺乏参与国际海洋环境治理活动的能力，因此需要对现有的海洋环境执法队伍进行综合性改革[①]。在海洋执法队伍整合过程中，要对海洋执法人员以及装备等进行综合性调配，组建高水平的海洋执法队伍，实现资源的最大化利用。要想增强我国海洋环境执法队伍的执法能力，需要提升其硬件装备，主要是增加海洋环境监测设备与专用船舶，增强我国海洋执法队伍在海域的监管及执法能力。除了硬件的提升外，我国的综合性海洋执法队伍还应加强软件建设，主要是提升海洋环境执法队伍工作人员的海洋专业知识素养与海洋法律素养。

海洋执法的基本目的有效管理海洋，督促人们最大程度的遵守规章，执法可以不遵守规定的行为起着重要的威慑作用。采用罚款与标准化的处罚规定是新的执法举措，标准化的执法准则确保了执法的公平性，代替了原来的口头警告的处置权，也有助于污染主体确定污染行为会带来真正的后果。但仅依靠执法，无法根本上杜绝海洋污染行为，有效的立法、严格的规则制定以及对公众的教育都有助于实现海洋环境的有效治理。但事实上我国的法律并未给予执法强有力的支撑，亟须完善、修改。最后，要加强社会公众的对海洋环境执法的监督力度，进一步拓宽社会公众参与海洋环境执法的渠道，保证公众对中家海洋环境的执法有参与权，真正实现执法严谨。

3. 建立培训与自我管理相结合的能力提升模式

培训是促进海洋环境人才能力提升的重要方式。外部培训主要是政府、机构为提高海洋环境人才素质、工作绩效等，而展开的有组织、有计划的活动，是提升海洋环境人才能力的基本途径，对海洋环境人才和

---

① 阎铁毅，付梦华. 海洋执法协调机制研究［J］. 中国软科学，2016，（07）：1-8.

海洋环境部门都具有重要的意义。良好的外部培训是一种双赢的训练活动，不仅可以提高海洋环境管理人员的专业素养和工作技能，改善海洋环境人才的工作方法，而且可以增强海洋环境人才的组织认同感。但我国海洋环境人才外部培训大多没有取得良好的效果，敷衍了事，走形式的现象屡见不鲜，没有起到海洋环境管理人才能力的作用。因此，培训部门在策划培训方案时，要充分考虑培训的强度、进度、时间规划、内容安排以及方式方法的设置，尽量以简洁、易于理解的方式将知识内容、实际操作经验、理论科学知识传授给参与培训的人员。

自我提升主要是海洋环境人才通过自学的方式获得新的知识和技能，以便更好地管理海洋环境公共事务的活动，是通过海洋环境人才对自我提升的正确认识来推动海洋管理人才主动加强自我能力的方式。也就是说，海洋环境人才将内在能力提升的动力转化为能力提升的行动。这一内在动力来源于海洋环境人才对自身管理工作的认同，是一系列心理、性格、情感等方面的综合认识①。海洋环境人员对于所任职位、所做工作的认同和对海洋环境的发展、海洋环境行政管理以及政府领导的认同决定了海洋环境人才对于当下所做工作和自身素质能力开发提升的态度，而这些认同和认识来自海洋环境人才的知识结构和品质性格所决定的人生观、价值观和世界观。然而内因是事物变化发展的根本原因，因此除了外部培训之外，海洋环境相关人才自身还必须有主动能力提升的诉求，将外部培训与内部自我管理相结合，建立内外结合的能力提升模式②。

二、中国海洋环境治理的科技创新能力建设

海洋环境科技创新能力是指安排和组合的一系列经济和社会系统，使海洋环境创新多主体高效、协同运作，创造海洋环境新知识、新技术、

413

① 郝红枚. 我国海洋管理人才的能力提升研究［D］. 中国海洋大学，2016.
② 许欢. 浙江省海洋人才队伍建设现状和发展对策研究［D］. 浙江海洋大学. 2016.

新工艺和新技能,① 不断满足海洋环境治理事务的要求。建设海洋强国,急需推动海洋科技向创新引领型转变,较强海洋环境的科技创新能力体现为较高的海洋创新资源综合投入能力、较高的海洋环境技术运用与扩散能力以及较高的海洋环境效益影响能力。②

(一) 中国海洋环境科技创新能力总体上在快速提升

1. 科技兴海成效显著

习近平总书记在党的十八届中央政治局第八次集体学习时指出:"要发展海洋科学技术,着力推动海洋科技向创新引领型转变","要依靠科技进步和创新,努力突破制约海洋经济发展和海洋生态保护的科技瓶颈"。③ 中国依托海洋资源禀赋,积极寻求海洋科技创新,努力突破发展瓶颈,利用先进技术加快对传统海洋产业的转型升级,培育海洋高新技术产业,推动海洋战略性新兴产业的蓬勃发展。总体来看海洋科技自主创新能力有所提升,科技兴海成果显著。

国家海洋局和科技部对外公布的《全国科技兴海规划(2016—2020年)》指出:到 2020 年,我国将形成有利于创新驱动发展的科技兴海长效机制。海洋科技成果转化率超过 55%,海洋科技进步对海洋经济增长贡献率超过 60%,发明专利拥有量年均增速达到 20%,海洋高端装备自给率达到 50%。④ 该规划为实现总体目标提出了新引擎、新动力、新能力、新局面、新环境,即加快高新技术转化,打造海洋产业发展新引擎;推动科技成果应用,培育生态文明建设新动力;构建协同发展模式,形成海洋科技服务新能力;加强国际合作交流,开拓开放共享发展新局面;

---

① 邰骎. 浙江省海洋科技创新能力评价 [D]. 浙江海洋学院,2015.
② 刘大海,何广顺. 国家海洋创新指数报告 2017—2018 [M]. 北京:科学出版社,2019:92-93.
③ 中国海洋发展研究中心. 推动海洋科技向创新引领型转变 [EB/OL]. http://aoc. ouc. edu. cn/e7/a6/c9824a190374/pagem. htm,2018-05-11.
④ 国家海洋局,科技部. 全国科技兴海规划(2016—2020 年)[J]. 船舶标准化与质量,2017(01):16-25.

创新管理体制机制，营造统筹协调发展新环境。

根据《国家海洋创新指数报告 2017—2018》显示，2016 年海洋生产总值占国内生产总值的比重达到 9.51%，海洋科技进步贡献率达到 65.9%，超过预期规划目标；海洋科技成果转化率达到 50.0%，与规划目标的 55.0% 有所差距，科技创新成果转化能力较大提升空间。从图 12-3 可以看出，海洋的创新指数基本与海洋生产总值与国内生产总值保持一致，这说明海洋科技创新与海洋经济发展是相辅相成的，但海洋的创新指数的增率没有经济增长速度快，还有较大的发展空间。创新产出以论文、专利、著作等多种形式的体现成果，是科技创新水平和能力的重要体现。我国 2007—2016 年海洋科技论文总量保持增长，SCI 发文量呈现稳定递增趋势（如图 12-4 所示），这表示我国对海洋的科学研究与技术创新活动的重视程度持续加深。

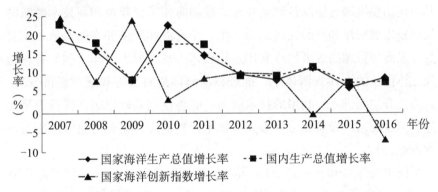

图 12-3 中国海洋生产总值、国内生产总值与国家海洋创新指数的增长率

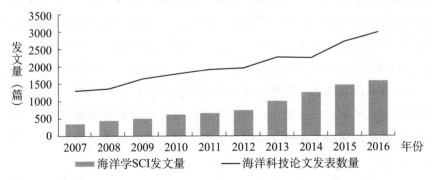

图 12-4 2007—2016 年我国海洋科技论文发文量与海洋学 SCI 发文量

415

2. 科技政策日趋完善

为推动海洋科技创新发展，我国先后颁布了《国家"十一五"海洋科学和技术发展规划纲要》《海洋事业发展规划纲要》《全国科技兴海规划纲要（2008—2015年）》《国家"十二五"海洋科学和技术发展规划纲要》《海水淡化科技发展"十二五"专项规划》等一系列涉及海洋科技的规划，为我国海洋科技创新的发展形成指引与规范。

进入第十三个五年规划以来，中国对海洋科技领域的政策不断完善。国务院2016年8月8日印发《"十三五"国家科技创新规划》，为我国未来5年科技创新作了系统规划和前瞻布局。为加快实施党的十八大提出实施创新驱动发展战略，国务院2019年5月19日印发了《国家创新驱动发展战略纲要》，更加详尽的提出创新战略的战略目标与战略部署。其中提出要发展智能绿色制造技术，推动海洋工程装备和高技术船舶的发展；发展海洋和空间先进适用技术，培育海洋经济和空间经济，主要为开发海洋资源高效可持续利用适用技术，加快发展海洋工程装备，构建立体同步的海洋观测体系，推进我国海洋战略实施和蓝色经济发展。大力提升空间进入、利用的技术能力，完善空间基础设施，推进卫星遥感、卫星通信、导航和位置服务等技术开发应用，完善卫星应用创新链和产业链[①]。

国家海洋局和科技部2016年12月联合印发《全国科技兴海规划（2016—2020）》，提出了中国到2020年科技兴海的总体目标和重点任务。海洋强国必须是海洋科技强国，要加快实现重大科学问题的原创性突破，加快核心关键技术的突破。科技部、国土资源部和国家海洋局2017年5月联合印发《"十三五"海洋领域科技创新专项规划》，明确了"十三五"期间海洋领域科技创新的发展思路、发展目标、重点技术发展方向、重点任务和保障措施，其中对海洋环境科技创新目标主要是：开展海洋环境监测技术研究，发展近海环境质量监测传感器和仪器系统以及深远海动力环境长期连续观测重点仪器装备，自主研发海洋环境数值预报模

416

---

① 中共中央，国务院. 国家创新驱动发展战略纲要 [EB/OL]. http：//www.gov.cn/gong-bao/content/2016/content_5076961.htm.

式,构建国家海洋环境安全保障平台原型系统。其他的"十三五"规划中涉及海洋环境的规划见表 12 - 1。

表 12 - 1　中国"十三五"系列规划中涉及海洋环境的规划

时间	政策	部门	涉及海洋环境的相关内容
2016 年 12 月 10 日	《可再生能源发展"十三五"规划》	国家发展和改革委	全面协调推进风电开发;完善沿海各省(区、市)海上风电发展规划;推进海洋能发电技术示范应用
2016 年 12 月 28 日	《全国海水利用"十三五"规划》	国家发展和改革委、国家海洋局	提出要提升海水利用创新能力;到 2020 年,海水利用实现规模化应用,自主海水利用核心技术、材料和关键装备实现产品系列化
2016 年 11 月 29 日	《"十三五"国家战略性新兴产业发展规划》	国家发展和改革委	增强海洋工程装备国际竞争力,推动海洋工程装备向深远海、极地领域发展。发展海洋创新药物。大力推动海水资源综合利用。加快海水淡化及利用技术研发和产业化,提高核心材料和关键装备的可靠性、先进性和配套能力
2017 年 1 月 12 日	《"十三五"生物产业发展规划》	国家发展和改革委	开发绿色、安全、高效的新型海洋生物功能制品;支持具有自主知识产权、市场前景广阔的海洋创新药物,构建海洋生物医药中高端产业链;深度挖掘海洋生物基因资源;推动海洋生物材料等规模化生产和示范应用

3. 应用领域迈向深蓝

自"十二五""十三五"以来,我国的海洋科学和技术取得了巨大的进步,在深海探测与作业技术方面实现重大进展,关键技术取得重大突破,初步具备 4500 米深海探测作业能力;海洋油气资源开发与利用技术上取得了较大突破,深海油气开发方面实现重大进展,形成了"海洋石油 981"等一批重大成果。

在海洋清洁能源领域,提升了对天然气水合物、油气资源的勘探、开发及综合利用的技术水平,在缓解能源紧张问题的同时保证了能源供应的清洁性,我国已具备天然气水合物、海底固体矿产深海取样能力,

417

对深海能源、矿产资源勘探开发共性关键技术研发及应用取得技术上的突破。根据《"十三五"海洋领域科技创新专项规划》，我国计划进一步提升深海生物资源探查获取能力，开展深海生命科学前沿与应用研究：深海生物资源勘探、获取、培养和保藏技术体系；深海生物生命过程及多样性演替机制研究；深海生物及其基因资源的应用潜力评价与产品开发。在海洋环境监测领域，计划以沿海重点区域、海洋关键通道和海上丝绸之路沿线战略支点、利益攸关区为重点，发展近海环境质量监测传感器和仪器系统以及深远海动力环境长期连续观测重点仪器装备。

此外，我国还全面实施了"全球变化与海气相互作用"专项，进行了大规模海洋科学综合调查，填补了我国在深远海领域的调查研究空白，对增强我国在国际深远海科学研究领域竞争能力、应对气候变化和防灾减灾工作提供了有力支撑。①

（二）海洋环境治理的科技创新体系存在的问题

1. 环境研究科研投入不足，缺乏有效的投融资机制

海洋科技创新能力直接影响海洋产业和经济发展，促进海洋经济环境的可持续发展，对海洋生态环境的改善更为重要。由于我国创新体系对海洋科技创新子系统重视不够，在一定程度上阻碍了我国海洋科技的发展，对海洋科技创新、海洋经济与产业发展等形成一定的阻碍，带来负面影响。② 截至2016年，我国海洋领域共有1个国家实验室（青岛海洋科学与技术国家实验室）、14个国家重点实验室、近40个部属重点实验室和20多个省级重点实验室。涉海高校仅有29所，如表12-2所示。涉海机构与科研院校仅占我国科技创新机构比例较小，而专门涉及海洋环境类的则少之又少。海洋科研投入不足导致在重大海洋科研项目的创新能力薄弱，海洋环境科技创新的投入与我国其他领域科技投入相比较差距比较大。

① 曲探宙. 我国海洋科技创新发展的回顾与思考 [J]. 海洋开发与管理，2017，34（10）：6-9.
② 张新勤. 国际海洋科技合作模式与创新研究 [J]. 科学管理研究，2018，36（02）：112-115.

表 12 - 2　　　　　　　　　　我国主要涉海高校

类型	院校
教育部直属高等院校	北京大学、清华大学、北京师范大学、中国地质大学（北京）、中国地质大学（武汉）、天津大学、大连理工大学、上海交通大学、南京大学、海河大学、浙江大学、厦门大学、中国海洋大学、武汉大学、中山大学、同济大学、华东师范大学、华中科技大学、华南理工大学
地方高等院校	上海海洋大学、广东海洋大学、大连海洋大学、浙江海洋大学、宁波大学、集美大学、南京信息工程大学、海南热带海洋学院
工业和信息化部 直属高等院校	哈尔滨工程大学
交通运输部直属高等院校	大连海事大学

　　海洋科技创新体系的建立需要来源渠道广泛、使用效率高的科研经费作为保障。但我国海洋科技创新资金来源较为单一，融资渠道多以政府拨款为主。政府在海洋环境科学研究的投资相对较小，涉海类项目尤其是更细分的海洋环境类项目申请比例较低，缺乏高层次的海洋人才也限制了我国海洋环境技术专利、论文、专注等成果的产出。海洋环境技术创新具有特殊性，高投入、高风险的并存，我国还没有对海洋技术创新风险制定法律法规，海洋技术创新缺乏有效投资。海洋技术创新不能得到持续的资金保障，对海洋环境技术的长期发展构成一定的挑战。

2. 环保科技成果转化率低，成果推广应用平台有待加强

　　海洋环境科技成果转化率即已转化的科技成果占全部科技成果的比率。根据《国家海洋创新指数报告 2017—2018》，我国 2016 年海洋科技成果转化率约为 50%，与《全国科技兴海规划（2016—2020 年）》计划的 55% 还有一定差距。海洋环境成果转化过程中面临着一系列障碍：首先，大多数成果靠海洋科研机构和海洋企业之间自发转让，尚未形成市场化的技术与成果的评估、推广与技术转移服务体系。[①]《国家海洋创新

419

---

　　① 姜勇，党安涛，胡建廷，等. 加强海洋科技创新支撑山东海洋强省建设的战略研究[J]. 海洋开发与管理，2019，36（09）：38 - 42.

指数报告》通过对国家部委、省市20余项科技成果转化政策进行系统梳理，对国内成果转化、专利管理工作走在前列的30余所高校院所的成果转化、专利管理政策进行调研，发现可借鉴的中国科学院西安光学精密机械研究所、清华大学、同济大学技术转移模式，即创新单元—技术经理人—技术转移机构"三位一体"的创新体系更符合海洋国家实验室科技成果转化的需要。我国已建立高技术产业基地和产业示范基地，但仍缺少高质量国家级的海洋科技成果推广应用平台和具有自主知识产权和较强核心竞争力的大型海洋科技龙头企业和产业园区，大部分海洋科技成果至今还停留在实验阶段和小批量生产阶段，距离科技成果产业化的最终目标尚远。其次，海洋科技成果转化过程中常遇到市场渠道无法打开、产业化资金不足、国内外用户对新成果的认可度较低等一系列问题，以致承接企业创新驱动力不够，无法预估新成果推广能否带来利润和效益，给海洋科技成果转化工作造成了很大的障碍。再次，因海洋环境科技研发人员通常是科研机构人员或高校人员，"善科研"但"不懂市场"，在科技成果的保护策略上、知识产权运营、对国内外技术转移现状及趋势判断的能力上，没有技术经理人专业，因此此类复合型人才继续培育。最后，因海洋环境科技创新成果转化成本过高，并且具有高风险的特征，导致许多企业在海洋科技创新过程中的"缺位"现象严重，不愿在科研成果转化上投入过多的研究费用。为解资金难题，青岛国信发展（集团）有限责任公司谋划发起海洋产业基金。该基金将主要投向海洋国家实验室等科研机构的科研成果早期孵化、转化项目，实现技术与资本的结合。面向海洋领域科研成果及专利技术，以科技研发、专利运营、产业孵化、风险投资为核心，逐步建设并完善成果转化建设体系。

3. 在制定海洋科技战略中对海洋环境重视不够

通过对以上科技政策梳理不难看出，我国在海洋环境科技的规划是相对较少的。相比较美国、英国等发达国家完备的海洋科技战略以及对海洋环境的重视（如表 12-3 所示①）可以看出，发达国家在制定海洋

---

① 高峰，王辉. 国际组织与主要国家海洋科技战略 [M]. 北京：海洋出版社，2018：56-240.

科技战略时均考虑海洋环境，甚至把海洋环境作为主要内容。我国对海洋科技还主要停留在海洋开发等技术的发展，很少涉及环境，因此，我国海洋环境的科技创新上还应尽早开展相关战略布局与规划。

表 12 - 3　美国、英国、澳大利亚海洋科技战略以及涉及海洋环境政策

国家	海洋科技战略	主要涉及的海洋环境问题
美国	《一个海洋国家的科学：海洋研究优先计划》	优先研究领域：海洋酸化研究、北极地区环境变化、提高自然灾害和环境灾害的恢复力、海洋运输业对海洋环境的影响、海洋在气候变化中的角色、提升生态系统健康
	《国家海洋政策执行计划草案》	计划：区域生态系统保护和修复、适应气候变化和海洋酸化
	《海洋变化：2015—2025 海洋科学 10 年计划》	确定了美国海洋科学优先问题，确立的 8 个优先问题中，海洋生态问题占 5 个
	《海洋学 2025》	海洋学重点研究问题：气候变化
	《联邦海洋酸化研究与监测计划评述》	对海洋酸化、海洋碳循环等 7 个问题进行评述
	《NOAA 未来十年战略规划》	愿景：建立有恢复力的生态系统
	国家海岸带海洋科学中心：《人类因素战略规划》	研究目标：提供人类因素方面重要知识，支持生态系统管理
英国	《英国海洋科学战略（2010—2025）》	战略目标与优先领域：海洋生态系统运作机制、气候变化与海洋环境的相互影响、维持生态系统带来的利益
	《英国国家海洋学中心中长期战略目标》	四大战略目标之一是：将海洋与环境相关知识转化为推动英国经济和社会发展的明显要素
	《英国海洋能源行动计划 2010》	愿景：海洋新能源开发、低碳电力与能源安全
	《海洋 2025》	英国自然环境研究理事会 5 年向该项计划提供大约 1.2 亿英镑的科研经费，重点支持 10 个重点领域的研究和开发活动，包括：气候、海洋环流和海平面；海洋生物地球化学循环；大陆架及海岸带过程；生物多样性和生态系统功能；大陆边缘及深海研究；可持续的海洋资源利用；健康与人类影响；技术开发；下一代海洋预测模式；海洋环境持续观测的集成

续表

国家	海洋科技战略	主要涉及的海洋环境问题
英国	《英国东部海岸及海域海洋规划（草案）》	具体目标中包含：海洋生态系统恢复、支持海洋保护区建设、推动气候变化适应及减缓行动
	《全球海洋技术趋势2030》	碳捕捉与碳封存、可持续能源发电、深海采矿
	英国科学技术办公室：《大科学装置战略路线图》	建立综合碳观测系统、生物多样性研究基础设施
澳大利亚	《海洋国家2025：海洋科学支撑澳大利亚蓝色经济》	阐明了澳大利亚海洋产业面临的挑战：能源碳排放、海洋生物多样性保护、应对气候变化等
	《澳大利亚海洋科学研究所合作计划2016—2020》	研究目标：建立一个健康有恢复力的大堡礁、发展澳大利亚热带可持续的沿海生态系统和产业、近海石油、天然气的可持续开发
	《澳大利亚海洋科学研究所2015—2025年战略规划》	揭示澳大利亚热带海洋生态系统的生物多样性及其连接性、预测生态系统对扰动的响应、理解多重因素对珊瑚礁生态系统的累积影响、提高环境风险评估能力、开发决策工具、有效和公平地对资源进行配置、为海洋监测和管理研发先进工具和技术、了解濒危和受胁迫物种的动态及其脆弱性
	《大堡礁2050长期可持续计划》	发展珊瑚礁生态系统复原力以应对复杂、多变的气候变化是该计划的关键目标

（三）增强海洋环保科技创新能力的路径

1. 增加海洋环境治理科技创新政策的供给

海洋环境治理科技创新活动与其他活动有所不同，具有一定的公益性，且我国海洋产业本身起步较晚，科技成果转化率较低，无论规模还是竞争力都与发达国家有较大差距。这就需要政府制定适当的产业政策予以特别支持和鼓励，以为各类科技创新主体营造良好的科技创新环境和市场竞争环境。具体如建立健全海洋环境治理科技创新方面的法律体系、扶持科研支撑体系建设、强化科技创新人才培养与引导、完善研发投入激励制度与补偿机制、加大研发资金保障力度等。为此，一是要建立健全政策法规体系尤其是知识产权保护体系，使科技创新主体的创新成果得到强有力的法律保障。二是要吸收借鉴国内外有益经验，建立"海洋环境治理科技创新发展基金"和对应的科技创新保障机制，支持符合条件的涉海主体利用资本市场开展融资，引导科技创新主体加大海洋环境治理科技创新投入，并解决科技创新中的问题，应对不确定性风险。三是要加快培养和引进国内外高层次涉海高层次人才，依托重大涉海科技创新平台与项目，建立可持续输出的海洋环境治理科技创新人才资源库和研发团队。此外，对于代表国家海洋经济发展战略与发展方向的海洋环境治理科技创新项目应建立配套的激励机制，从而激发各类创新主体的持续创新的积极性。

2. 壮大海洋环境治理科技创新的研发力量

创新主体培育、创新队伍建设是海洋环境治理科技创新的关键。一是积极寻求与世界综合排名靠前的涉海高校合作，以联合办学或独立设置等方式加速建设多所世界一流涉海大学，鼓励设立独立的海洋环境治理相关专业与学科，培育一批科技创新领军人才、学科带头人与团队。二是根据全国各地的特点，组建政府主导的特色海洋环境治理科研机构，提高前沿基础领域研究能力，形成高水平的海洋环境治理科技创新平台，并依托海洋科技产业综合服务平台，加速科技成果转化。三是支持涉海企业与高校、科研机构共建一批高水平海洋环境治理科技创新平台，打造一批特色产学研基地和公共技术服务平台。四是积极搭建科技创新支撑平台，引进国内外一流科研机构和人才团队，助力社会各界主导的海洋环境治理研究院、工程技术中心等的建设，合作开展共性技术和关键技术的研究与产业化应用。科技创新研发力量的壮大将加速推动海洋环境治理的科学、立体实施，促进海洋经济健康持续发展。

3. 提高海洋环境治理科技创新成果转化能力的建设

海洋环境治理科技创新成果的转化是科技创新的出发点和落脚点。我国科技成果转化率整体并不高，包括海洋产业在内的各行业科技创新

423

成果处于束之高阁的境地，并未能产生实际经济效益，很大一部分原因在于项目所处阶段不成熟、研究与实际应用脱节等。此外，科技中介服务机构力量薄弱，中介服务体系与平台不健全等亦是科技成果转化率低的重要原因。提高海洋环境治理科技创新能力，加速科技成果转化，应结合我国经济所处阶段和市场规律，完善产学研供需机制，做大做优一批科技成果推广与转化的中介服务机构，疏通成果转化渠道，建立适应市场需求的科技成果转化新体制和新机制，以加快科技成果转化为现实生产力的步伐。

4. 强化海洋环境治理科技创新主体间的协同

提高海洋环境治理的科技创新能力需要依靠良好的科技创新环境，作为实践科技创新的承担者，充分发挥科技创新主体的作用至关重要。海洋环境治理的科技创新主体主要包括政府机构，涉海类高校、科研机构、企业及中介服务机构。

传统治理模式下，政府是海洋环境治理科技创新过程中的主导者，政府主要研究什么是最好的解决办法并加以实施。在新时代，政府还应当考虑由哪些主体去做以及如何做到低成本高效率。即海洋环境治理科技创新应积极完成从政府主导到多元主体协同治理的思路转变。通过优化政策及资源配置，政府为科技创新主体营造良好的科技创新环境和营商环境，进而引导科技创新主体间的良性合作，共同参与海洋环境治理科技创新活动；此外，通过制度创新和法律约束，政府可以引导各主体朝着有利于科技创新发展的方向运行。涉海类高校、科研机构是海洋环境治理基础研究、前沿技术研究的主力军，是科技创新体系的源头，也是科研资源整合和科研人才培养的主体。通过组织科研活动，高校、科研机构承担着科技试验项目研发和成果转化前的各类工作。作为科技创新成果的需求主体和实践主体，企业是海洋环境治理科技创新的落脚点和归宿，科技创新成果亦通过社会各界应用于具体的海洋环境治理实践，从而使科技创新成果转化为生产力，推动海洋经济可持续发展。中介机构是科技成果的推广和转移主体，如海洋环境治理推广组织、海洋环境治理协会等非政府组织，是连接供需主体的纽带，协助供求双方完成科技创新成果的推广和转移。

通过推动涉海高校、科研机构、企业及中介服务机构的全面合作，聚集海洋环境治理科技创新的资源，开展广泛的协同创新，最终建立以政府为主导的体制机制创新、以高校和科研机构为主导的理论创新、以企业为主导的应用创新、以中介服务机构为主导的服务创新，创造出更多有效服务海洋环境治理的科研成果，真正使科技创新成为海洋环境治理的第一动力。

三、中国海洋环境治理的基础设施能力建设

健全与完善海洋生态环保设施和相关配套体系对海洋生态环境治理具有重要的现实意义。海洋生态保护所依托的各种基础设施，相互间需统筹规划，形成网络或集成系统，以充分其发挥作用。高水平的管理、运营、服务基础设施，将有助于推进海洋资源的集约化利用、生态化发展，因此，海洋环境治理基础设施的需进一步抓好关键性项目建设、改革创新规划运营制度，提升对海洋环境的服务水平。

（一）海洋环境基础设施定义解析与特性

1. 海洋环境基础设施的狭义与广义解析

海洋基础设施狭义而言是指固定设施、移动设备和管理利用系统。固定设施是基础设施体系的基础，包括海上平台、海底环保类建筑物、专用管道和缆线等，此类设施建立意味着位置基本不会轻易变更，不会因为外部因素的改变而轻易改变其空间区位。移动设备指的是依靠固定设施、可产生区位变化的环保类设施，如海洋环境监测船、治理污染专用机械设备等。管理利用系统是指按一定的规则与技术来维持固定设施与移动设备正常运转的机制或手段[1]，管理利用系统的建立是发挥先进

425

---

① 金凤君. 基础设施与经济社会空间组织 [M]. 北京：科学出版社，2012：1-7.

设备良好效益的重要途径。这三种要素是完备的基础设施体系是缺一不可的，三者之间相辅相成，相互作用才能使海洋环境基础设施发挥其作用，彰显经济、社会、环保效益。高质量的固定基础设施、高技术的环保设备是一个国家海洋生态环境治理成效的重要标志，也是海洋治理能力大小的体现。

海洋基础设施广义而言泛指一个系统，此系统涵盖了诸多子系统，例如海洋环境信息基础设施系统、海洋环境服务基础设施系统等，每个子系统具有一套完整的固定设施、移动设备和管理利用系统，在海洋环境治理过程中发挥着各自的作用，每个子系统有明显的层次性或主次之分。子系统之间相互关联，相互配合，共同为海洋环境保护而服务。

2. 海洋基础设施的特性

海洋基础设施具有基础性、服务型、长效性等特征。

一是基础性。基础设施是保护海洋环境的基础，是环保活动的载体，如对海洋环境进行监测、海洋污染物清理，都离不开基础设施的支持。基础设施是人们从事海洋环保活动的前期重要投入，相关船舶、工业的建设首先是基础设施建设开始的。海洋环保类基础设施往往建设周期较长、投资较大但收益较低，需要由政府投融资，以直接增强治理实力。因此，基础性是海洋环保基础设施最根本的特性。

二是服务性。基础设施是服务系统可以实现对空间经济的强化，对于海洋环境基础设施而言，指的是环保类基础设施的投入可以保护海洋的生态，增强环境效益。基础设施不能直接产生有形产品，仅能依靠人类的"消费"来提供的"服务"，海洋环保类基础设施的建设依赖于人类经济社会的发展，在此类建设基础设施时首先要对社会经济环境做出预测与判断，进而根据所得依据对基础设施进行投入建设。

三是长效性。海洋环境基础设施的长效性主要体现在基础设施通常对海洋环境具有较深远的影响力。有些基础设施可持续不间断地为人们服务，尤其是重大基础设施的建设，将直接影响沿海地区人们的生产生活活动。基础设施的建设有成果亦有失败的范例，因此对海洋基础设施的建设必须长远规划、统筹布局，要基于科学预见性、综合多因素考虑，兼顾海洋环境发展的代际公平，而非阶段性、间断性决策。

（二）海洋基础设施建设的矛盾性

1. 供给与需求间的矛盾

海洋基础设施供给与海洋基础设施需求是基础设施建设发展中的一对主要矛盾。矛盾主要集中在以下三方面：

首先，均衡供给与非均衡需求之间的矛盾。海洋环境基础设施一经建立，其供给能力在一定时间、空间范围内是固定的、均衡的。但人类由于社会经济活动而造成的污染则波动性较强，再加上地理、水文等自然因素的影响，人们对海洋环境基础设施的需求随时间的变动而变动。例如，人们的滨海旅游活动具有季节性，有淡季与旺季之分，旺季时期内会对旅游区的水环境带来较多的污染，这时对海洋环境清理的基础设施需求量比较大，淡季则相对较少。这一矛盾给海洋环境基础设施的建设与利用影响非常大，因此导致海洋基础设施在投入建设时面临一系列难题，即基础设施的投入建设要遵循最大需求，还是以最小需求为依据、如何达到海洋基础设施利用的最大效率、追求效率时如何兼顾地域之间的公平。这是各国各地海洋基础设施设计时面临的难题，但多数以平均需求为依据。

其次，空间供给与需求的不平衡矛盾。主要是指海洋环境基础设施供给与海洋环境基础设施需求在空间上的不匹配引起的供需矛盾。海洋基础设施往往具有扩散性，例如海洋信息网络、海洋交通网络通常覆盖范围较广泛，以便服务整个海域，但环境治理的需求往往具有集聚性，海洋环境事件多发生在特定区域，这造成了基础设施在需求与供给在空间上存在差异，这种差异会导致某一区域海洋基础设施的过剩而另一地区海洋基础设施短缺并存的现象。

最后，非优质供给与追求优质服务需求之间的矛盾。海洋环境的破坏威胁着海洋生物的安全，也威胁着人类的健康，但由于海洋基础设施的技术和管理利用水平不同，对海洋污染等环境事件的反应较慢，治理行动大多存在滞后，处理事件的能力参差不齐，因而就会产生需求与供给矛盾。

2. 投入与产出之间的矛盾

经济社会发展对海洋环境基础设施的需求表现出明显的矛盾性。基础上设施项目的建设总是期望用最少的投入获得最大的效益或最大的服务，使得海洋基础设施在少投入多产出中发展。海洋环境基础设施的投入可分为直接投入和间接投入，直接投入包括治理海洋环境投入的固定设施、海洋生态治理费用、生态补偿费用等，间接投入主要包括是人力的投入，例如环境监测人员以及环境监察人员等[①]，对于环境类基础设施来说，产出往往以环境效益体现，而非经济效益。涉及环境的产出无法用金钱衡量，可以用基础设施投入产生的环境状况的改进来衡量，例如海洋污染物的减少、海洋整体环境质量的提高等。一些地区由于资金有限，海洋基础设施的建设远远落后于经济、社会、环境发展的需求。

3. 长期效益与短期服务之间的矛盾

长期效益与短期服务之间的矛盾也是海洋环境基础设施建设中面临的主要矛盾之一。海洋基础设施的建设对海洋经济的发展具有较大影响力，如图 12 - 5 所示，海洋工程建筑业包括滨海电站建筑、海岸堤坝建筑、海洋隧道等设施建造和设备安装。在 2009—2018 年的十年时间，我国海洋工程建筑产值由（2009 年的）658 亿元增长至（2018 年的）1905 亿元，增长了 189.51%。海洋环境基础设施建设对海洋生态发展具有长期的影响周期，但其建设的目的主要是为了服务短期需求，例如对海洋突发环境事件处理所投入的一系列基础设施。这将导致以短期需求建立的海洋环境基础设施仅能满足当前需要，对未来发生的海洋污染状况无法应用或产生不适应，以长期环境效益为目标建设的基础设施亦有可能引起资源上的浪费，或因不可预见状况等因素的干扰，使具有长期效益的基础设施市区利用价值。因此，处理好海洋环境基础设施的长期效益与短期效益之间的关系是十分重要的。经济的发展与空间规划布局决定着未来对海洋环境基础设施的需求程度，技术的进步则决定着未来对海

428

---

① 刘研华，王宏志. 中国环境规制的投入产出分析［J］. 技术经济与管理研究，2011，(10)：7 - 10.

洋基础设施的利用力度，把握经济、技术两大重要因素，才能处理好海洋基础设施建设过作中的短期效益与长期效益之间的关系。

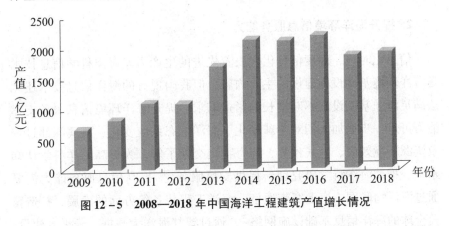

图 12－5　2008—2018 年中国海洋工程建筑产值增长情况

（三）统筹共建海洋环境治理基础设施

1. 增加硬件海洋基础设施，满足海洋环境应用需求

随着我国重大涉海项目相继建成，基础设施的支撑能力显著增强。但涉海基础设施统筹规划还有待加强。现有的海洋基础设施短板主要有海洋交通基础设施与海洋信息基础设施两个方面，涉及海洋环境的基础设施则非常少。我国只有一艘海洋生态环境监测船——中国海监108号，此船舶配备船员定员15人，科考定员23人，主要是在我国近岸和近海海域开展海洋生态环境监测及海洋综合调查等工作，可满足常规监测、应急监测及先导性研究监测等多种业务需求。[1] 此船舶的主要监测区域为渤海，这对拥有辽阔海域的我国，仅有一艘是远远不够的。国家级海洋环境安全保障平台尚属空白，实时服务保障体系尚未形成。因此，增强海洋基础设施的环保能力，不仅要加强对船舶漏油、化学品泄漏、爆炸等突发事故的监测，还要将重点放在建立健全海洋环境处理的硬件设

429

---

① 国际船舶网．生态环境部首艘海洋生态环境监测船正式出海［EB/OL］．http：//www.eworldship.com/html/2019/OperatingShip_0717/151145.html，2019－07－17.

施,增加海上污染治理船舶、专用码头,研发海洋环保类技术、引进国外海洋治理先进设备等等,以缓解少供给多需求的矛盾。

2. 提升海洋环境信息服务能力

信息化时代,高度信息化代表着先进的生产力。海洋科学信息技术是海洋环境基础设施建设的主要内容,但我国现有的海洋信息技术还无法满足海洋基础设施不断增长的紧迫需求。提升海洋环境信息服务支撑能力可进一步增加人们对全球变化下海洋生态系统变化、海底深部过程及资源环境效应、气候预测、陆海物质交换了解,为提高海洋科学认知水平、推动海洋科学研究创新提供支撑服务。[1] 提高信息服务能力需要通过海洋物联网、海上宽带通信、海洋工程装备等方面的发展,打造覆盖全球的海洋信息基础设施网络[2],通过智慧海洋大数据、云平台建设,实现对海洋信息技术海洋基础设施建设的指导和有效管理并提供服务。在建设海洋环境数据服务体系时需要注意环境需求导向,在环境关注度较高的领域应重点加强,并注重数据的开放共享,但现实中,数据的开放转化利用率是很低的,数据主要还是掌握在政府部门,政府应将非国家安全机密的海洋数据逐步向科研机构、高等院校、企业部门、社会组织以及公众开放。此外,要鼓励海洋信息服务产业发展,增加提供具有准确预测能力的信息应用服务开发平台和环境,形成涉海领域全面覆盖的信息服务体系。

3. 改善海洋环境基础设施建设的融资环境

制约基础设施建设的最大障碍就是资金短缺,政府应积极运用财政政策引导民间资本参与海洋环境基础设施建设。可以通过财政补贴、政府贴息等财政政策,降低海洋环境治理的成本,提高社会资金投向海洋环境基础设施建设的积极性,从而引入竞争机制,提高海洋环境基础设施的运营效率。吸引社会资本参与主要是创新投融资制度结构,主要包

430

① 李晋,蒋冰,姜晓轶,等.海洋信息化规划研究 [J].科技导报,2018,36 (14):57 – 62.

② 程骏超,何中文.我国海洋信息化发展现状分析及展望 [J].海洋开发与管理,2017,34 (02):46 –51.

括：PPP（Public Private Partnership）、机构融资以及多样性的证券化。[1]
财政投融资项目特点主要为项目周期长、风险大、利润小，刚好符合海
洋环境基础设施项目建设特征。[2] 在海洋类基础设施项目建设过程中，
PPP 模式传统投融资方式不可比拟的优点。[3] 传统的投融资模式中，政府
是主要负责体，既是监督者又是运行者，易产生"寻租"行为，造成基
础设施项目建设效率低下，滋生贪污腐败。PPP 模式由公司负责融资、
运营，政府是监督者，克服了政府缺乏市场有效判断，社会资本不愿承
担风险等诸多问题。PPP 模式主要是通过政府购买、特许经营和股权合
作三种形式实现利益共享、风险共担，可以提高海洋环境基础设施运营
效率，有效优化海洋基础设施资源配置。健全投融资机制还须完善相关
的配套政策，首先应注重海洋基础设施建设的投融资法律法规建设。以
恰当的方式引导民间资本参与海洋基础设施建设，加强风险监控、规范
融资渠道、严格监督项目运作，使海洋基础设施建设融资有法可依。海
洋环境基础设施投资的价值不仅在于为海洋环境作出贡献，社会资金的
注入还能进一步带动海洋经济的发展。

四、中国海洋环境治理的公众参与能力建设

　　海洋环境治理是政府机制、市场机制和社会机制三足鼎立的关系。
但是，相对而言，社会机制是一条短腿。不过，公众对海洋环境治理问
题的关注度正在逐渐提升。随着新兴社交媒体的蓬勃发展，以及公众参
与意识逐步提高，海洋环境事件的治理，尤其是海洋突发性事件成为公
众关注的热点，也成为多元主体参与海洋治理的新领地。公众参与能力
的提升有利于公众海洋环境保护意识的提高，在公众意识的带动下，从

431

① 王国平. 论产业升级的基础设施环境 [J]. 科学发展, 2017 (07): 32 - 39.

② 祝素月, 刘丽虾. 海洋经济建设中基础设施融资模式研究——以浙江省为例 [J]. 商
场现代化, 2012 (20): 107 - 108.

③ 刘丽虾. 我国海洋经济基础设施投融资体系构建研究 [D]. 杭州电子科技大学, 2012.

而促进我国海洋环境管理和海洋保护整体水平提高①。

（一）海洋环境治理中政府、企业与公众定位分析

1. 积极参与者

《中国 21 世纪议程》明确提出"公众、团体和组织的参与方式和参与程度，将决定可持续发展目标实现的进程。"海洋环境的复杂性与多样性有别于其他社会事件，需要包括政府、企业、NGO、公众以及专业涉海机构的积极参与，治理过程需广泛吸纳利益相关方的参与。公众参与海洋环境保护具备相应理论基础，需基于海洋生态契约观、海洋生态伦理观、海洋可持续发展观和海洋环境正义观②。公众参与环境治理是民主理念的体现和扩展③，遴选理性的公众进行协商、泛的听取、采纳公众意见能对政府治理行为形成约束、监督作用。但相比较一些海洋强国而言，我国公众参与海洋环境保护热情并不高，主要原因是我国对公众参与的法律制度和管理制度还不完善、甚至欠缺，其次是公众海洋环境保护意识的缺失，生活中通常难以直接感受到海洋环境破坏带来的经济损失与健康威胁，尤其是对于非沿海居民。出于惰性，公众对海洋环境保护的参与往不及空气、河水的环境保护与防治。

公众作为海洋环境治理参与主体之一，除以个体形式存在，还包括以集体形式存在的社会组织，即海洋环保 NGO。我国海洋环保 NGO 面临着许多困境，最突出的是合法地位仍未确定，相关权利未被明确赋予，因此导致参与渠道不够通畅，甚至难以介入事件。根据上海仁渡海洋公益发展中心编著的《海洋环保组织名录》收录的 111 家涉海类 NGO 中，我国海洋环保社会组织仅 28 家，国内涉海环保基金会仅有 6 家。NGO 在整合分散环保力量、政策倡导、推动和宣传方面具有不可替代的作用，

① 林千红. 区域海洋管理理论及其能力建设实践的研究 [D]. 厦门大学，2005.

② 陈开琦. 论公民海洋环境安全权——由渤海湾漏油事故引发的思考 [J]. 法律科学 – 西北政法学院学报，2013，31（02）：63 – 71.

③ 宁凌，毛海玲. 海洋环境治理中政府、企业与公众定位分析 [J]. 海洋开发与管理，2017，34（04）：13 – 20.

因此，要使公众积极参与到海洋环境治理中并发挥有效作用，必须建立政府与公众的良好合作关系，拓展参与渠道，实现参与方式多样化，建立对公民的激励机制，提高参与积极性。公众对环境事件的关注度会对自上而下权威模式形成强烈的倒逼效应。公众参与意识的不断攀升将会有效地推动海洋行政部门的反应机制与回应机制的健全。

2. 重要监督者

环境监督权是指公众在法律规定的范围内对国家环境行政管理行为进行监督的权利，包括环境立法、执法和司法监督权[①]。社会公众在海洋治理的过程中大多是监督者的角色，通过现代化手段传播信息和舆论反馈海洋治理的质量和满意度。对于公众来说，通常是通过参与听证会、讨论会、公众评论等方式，对海洋环境治理形成监督。对于NGO来说，主要是配合政府倡导、普及海洋环境保护知识，增强公众海洋环境保护意识，其次是通过与涉海企业的合作，提供咨询和信息服务，加强对涉海企业的监督。

通过监督行为，使海洋环境治理不再是政府的单一行为，提高公众主动性、积极性和责任感，成海洋环境保护所需的良好社会氛围。在我国，公众对海洋的监督仅是对污染海洋环境的行为和破坏海洋生态环境的行为的监督，很少涉及对海洋管理立法及执法进行监督，因此，政府需在海洋环境保护制度上使公众参与由事后监督扩大到事前监督和过程监督，这不仅可以实现公众对整个海洋环境治理的知情权与监督权，也实现了公众参与决策的需要。

（二）公众参与海洋环境治理能力建设的困境

1. "内在困境"致使参与能力滞后于参与愿望

公众参与能力建设的"内在困境"主要表现为公众参与能力的不足。生态环境是典型的公共物品，如果没有相应的保护机制与治理要求，"搭便车"现象将广泛存在。海洋环境治理伴随着环境问题的出现而出

433

---

① 施瑶. 公众参与海洋环境污染防治的法律机制研究［D］. 哈尔滨工程大学，2013.

现，在海洋环境事件发生时，责任企业碍于企业形象出发参与到部分的环境治理过程当中，但由于没有刚性约束，无法形成企业环境治理的长效机制与固定模式。海洋环境污染具有强负外部性，责任方企业的对污染成本无法计量，也无法以价格对所污染的环境进行补偿，导致污染成本分摊给享用环境的人们共同承担。一些海洋污染带来的破坏具有滞后性与非直接相关性，如滨海旅游区垃圾污染，人们对环境污染较长时间处于麻痹与未知状态。海洋环境污染物的日积月累是的环境问题以暴力的方式呈现出来，威胁到人们的切身利益时，人们从环境污染的结果中才开始注环保的问题。但由于没有合适的手段发现、调查、取证污染行为与污染结果的相关性，人们只能寄希望于政府主动进行采取环保行动，而缺乏自主行为的能力与渠道。

公众参与海洋环境治理受到各种因素的影响，公众自身原因来分析主要可以归因为海洋环境治理参与意识较为淡薄，认为我国海域辽阔，海洋的自净能力与纳污能力强大，海洋污染不会威胁到人们的生存条件；由于环境治理政府的长期主导模式，公众还存在自我否定意识，认为自身教育程度有限，海洋相关知识欠缺，相关技能更是不具备，无法参与到环境治理当中；当公众认为参与海洋环境治理所带来的成本大于收益时，付出大于所得时，往往会放弃采取行动。其次是参与方式不足，公众参与海洋环境事件的主要形式为参加座谈会、听证会等，以及一些海洋环境学术类研讨会，但参与人员多是海洋相关专业的人员，规模有限、长效性不足。

2. "外在困境"致使公众参与渠道有限

作为发展中国家，我国政府部门在环境治理过程当中虽然占据了绝对地位，在海洋环境治理过程中，政府扮演着公众参与的组织者与推动者的角色。在政府起主导作用的海洋环境治理公众参与中，公众处于相对弱势地位。因此，政府的能力对于公众参与作用的发挥和价值的实现尤为重要。政府不仅代表着公众利益，也有自身利益，因此在对一些海洋环境问题的立场与预期不会完全一致，政府希望公众有效地参与，以实现环境效益，但同时又顾忌公众的盲目参与阻碍治理行动进程，使政府自身的利益受到损害。

政府管理模式的局限性在环境类事件的管理与治理过程中往往能够

充分体现。首先，政府的能力也存在局限性，政府机构人员也存在资源有限、知识欠缺、信息不足等现实缺陷。理想型的政府要解决海洋环境问题是不计成本不计代价的，但按照最大需求来投入人力、物力和财力，将会造成政府在财力上无力维持、物力上的不可持续以及政府公务员职业倦怠；其次，海洋环境问题往往是复杂的，涉及海洋生物学、环境生态学等复杂的知识体系，新出现的环境问题都是需要多方知识共同作用才能辨析的，政府人员有限，知识结构有限，无法掌握解决环境问题的全部知识，需要进行社会分工才有可能解决；最后，所有政府的制度相对于新环境问题的出现来说，永远具有滞后性，海洋环境破坏事件的发生时，政府获得完全信息需要一定的时间，面临着信息获取困难与成本高昂等问题。政府能力的限制使其无法在获得不完全信息的条件下做出完全正确的治理行为，虽然出发点是正义的，但有时却会产生负面的结果，从而导致政府失灵。因此，完全依靠政府推进海洋环境治理并不是最优的选择。例如康菲石油渤海漏油事件，均在环境受到巨大损害后才被发觉，引发了人们对公司环境社会责任的深入思考，包括政府在内的社会主体对污染行为的查证与监管感到力不从心。政府长期主导模式以及政府治理的局限导致公众通常只能获得经过过滤和处理过的信息，一些重要观点、建议也无法得到真正的重视，表达渠道、监督能力都的局限导致公众参与的无效性。公众参与无法破解"政府失灵"便丧失了其最重要的价值。

3. "生存困境"致使参与的影响力过于局限

环保 NGO 在环境保护和治理方面具有不可替代的作用，但在我国涉及海洋环境保护的 NGO 非常少。海洋环保 NGO 的发展存在制度环境供给不足、社会支持欠缺、自身组织建设薄弱等诸多问题[①]。海洋环保 NGO 不仅在资金、人才、制度、政策等方面存在着先天不足，而且他们自身在运用社会资源、环保参与和自身能力等方面也存在着许多局限。例如，于 2002 年成立的海洋环保类 NGO 深圳蓝色海洋保护协会，直到 2015 年才设置全职岗位，截至 2019 年末仅有 4 名全职员工。从日本、美

435

---

① 张继平，潘颖，徐纬光. 中国海洋环保 NGO 的发展困境及对策研究［J］. 上海海洋大学学报，2017（06）：136－141.

国等成熟环保 NGO 的发展经验来看，资金来源渠道多样，最主要的三种是政府补贴与专项拨款、社会组织会费与业务所得、社会捐赠。但在我国，三种主要的资金来源均面临短缺问题。

我国环境保护类 NGO 成长大多是由政府扶持起来的，导致其对政府具有很强的依赖性。如资源上的依赖、活动经费的依赖、行政上的依赖等等。但为使 NGO 有独立的成长空间，政府对 NGO 的直接拨款或补贴方式正在逐渐撤离，"不以营利为目的"以及缺乏独立意识致使资金来源非常受限，导致参与环境治理的实力弱、协同性差。以红树林湿地保护基金会为例，该 NGO 成立于 2012 年，拥有 30 多名全职员工，是一家比较成熟的海洋环保 NGO。该组织面临的主要问题是募捐资金的不稳定，为拓宽筹资渠道，基金会开通了微信月捐这一稳定的筹款形式，以保障拥有稳定的捐款人。

我国海洋类环保 NGO 的核心业务多为：公众教育、海洋监测、海洋环境保护管理，对环境民事公益诉讼的意愿却不高，主要原因是 NGO 参与环保的司法过程存在障碍，我国对环保 NGO 参与环境监督权是十分有限的。其次，多数环保 NGO 不具备走司法流程的经济能力，自身往往缺乏具有环境保护技术基础的环保法律专业人才，聘请高水平、有专业基础的律师，难以支付高额的费用。

我国的 NGO 实行双重管理制度，对非营利组织的登记注册管理及日常性管理实行登记管理部门和业务主管单位双重负责的体制，我国环保类的 NGO 主管单位大多为环保局；此外，并且为了避免非营利组织之间开展竞争，我国规定禁止在同一行政区域内设立业务范围相同或者相似的非营利组织。这导致 NGO 的发展依然是政府主导，对公众参与海洋环境治理非常不利。同时，非竞争原则导致 NGO 无法在竞争、比较、合作中成长，限制了 NGO 的发展空间。

（三）提升公众参与海洋环境治理能力建设的路径

1. 培养公众参与海洋环境治理的技术与认知能力

公众的认知能力和接受教育的程度存在正向对应关系，认知能力往往决定于公众接受教育的程度。公众除了在对切实关系到自身利益的环境问题比较关注外，通常不会主动参与海洋环境污染问题的原因，根据专业海洋环保人员对事件信息的披露、解释、评论、引导，公众对事件的关注才会发酵，为了更好地实现公众参与海洋环境治理，需加强对公众的海洋环境教育，提高公众海洋环境保护意识和参与意识。

第一，要提高公众对海洋环境保护的自我认知能力。在海洋环境保护事件中，公众对自己的角色定位往往不够清晰。过去公众对海洋环境公共物品都是被动地接受，采取消极应对、事不关己的态度，导致我国没有形成公众积极参与海洋环境保护的良好社会氛围。因此，政府需加强舆论宣传，使公众进一步明确自身在海洋环境保护中扮演的角色，有助于提高公众参与的自觉性和主动性，也有助于增强公众参与海洋环境保护的责任感。[1]

第二，要提高公众的海洋文化素质。对海洋环境的教育关系公众参与海洋环境治理效果的好坏。海洋环境教育能使人们掌握海洋环境的基础知识、获得解决环境问题的基本技术能力，养成正确认识海洋环境、了解海洋环境、保护海洋环境以及优化海洋环境的意识。要加强对洋法律、法规的普及力度，利用网络、电视、杂志等多种形式普及海洋知识。通过官方宣传，公众能够了解到环保事件的最新动向，也知晓公民在环保行动中的权益。政府应发挥引导作用，使公众能充分地了解治理海洋环境所需具备的素质，以便更有效地的参与到海洋保护过程之中。

第三，要积极引导公众参与海洋环境污染治理活动，公众参与环境治理的重要内容，主要表现为对已经形成污染和破坏的行为进行检举和监督。此外，还要鼓励公众对损害海洋环境的行为进行检举和监督。公众的监督对象主要包括海洋环境的立法、执法和建设项目的实施等。

随着中国国民素质整体的提高，公众对环境事件的参与由"微观"层面逐渐转向"宏观"层面，这对海洋环境保护起到积极的作用。新《环境保护法》的颁布尤其强调了公众在环保监督中的作用，指出公众的监督举报权受到了法律的保护，动员公众参与环保监督中。公众参与海洋环境问题决策的制定和实施既使得该决策更加符合公众的切身利益，

437

———————————

[1]　李文超. 公众参与海洋环境治理的能力建设研究［D］. 中国海洋大学, 2010.

也是决策科学化的保障。海洋环境随着社会进步和科学技术发展不断变化，必将使得越来越大范围的公众关注并参与海洋环境的治理，公众参与过程也会愈加规范，能力逐渐提升，从而产生显著效果。

2. 加强海洋环境信息的披露与媒体舆论的导向及监督

交流和共享信息是实现海洋治理目标的关键步骤。海洋环保部门凭借收集到的信息进行决，公众以互动的方式发布信息和表达利益诉求。公众参与海洋管理的基础是透明的信息和公开的制度，信息公开的及时可避免虚假信息的传播，只有及时向公众提供充分、正确的信息，公众才能做出正确的选择，才能避免某些利益集团的诱导。海洋环境信息公开是确保公众及时准确了解海洋环境信息、有效参与海洋环境治理的基础。政府信息披露制度是海洋环境信息披露的主要方式。我国海洋环境信息的公开主要通过中华人民共和国自然资源部（原国家海洋局）与中国海洋信息网进行海洋环境信息披露。

在海洋环境问题中公众与责任方之间通常存在着明显的信息不对称，有时海洋环境突发事件会涉及大量的专业知识和科学论证，造成公众的认知困境。政府在信息的挖掘与搜集、信息的汇集与整理、信息的辨析与评估上发挥主要作用。政府通过调配人力、物力、财力通过对海洋环境问题的实地调研、科学论证可以帮助公众扫除信息障碍。但在信息公开过程中，政府也面临能力不足、公共服务意识较差、公开程度较低、信息质量不高等问题。政府部门在信息获取、收集、整理、传达等方面的具有独特的优势，政府掌握的信息越充分、越科学，公众获得的信息越完整。在海洋环境事件中，政府公职人员可能对海洋领域某一专业知识掌握不全面，但可以联系、咨询科研机构专家及高校学者，对海洋环境污染的具体问题深入了解，使公开的信息更具权威性。政府透明度表明政府愿意公开多少信息，以及信息公开的程度。政府在掌握海洋污染信息后的会根据自身发展的需求对信息进行处理，进行成本核算，有时会为了经费发展而牺牲环境，政府对于这些信息的透明度直接决定了公众可能获得信息的数量和获取信息的程度。政府的公共服务意识来自于政府对其与公众之间关系，如果政府是服务型政府，以群众的满意为目标来管理公共事务那政府及其工作人员的服务意识将会增强，会积极地向公众提供其掌握的信息。政府在愿意为公众公开信息的前提下，若受人财物所限，也会影响的信息的处理和公开。信息质量主要是信息的可读性和信息的方便性、及时性。如果政府提供的信息是普通公众难以读懂的专业术语，提供时间超过申请者特殊要求，信息存放的地点、方式不便于公众获取，那么公众享有环境知情权的程度将大大下降。政府会对一些海洋环境信息收取费用，费用越高，获取者或获取机构的积极性就会降低，导致一些人主动放弃得到信息。

此外，在对海洋环境信息公开过程中，要加强对信息的筛选。海洋环境信息公开是有限制、有区别的信息公开，如涉国家秘密的海洋信息不能公开。为了实现海洋环境信息的有效传递，政府需健全信息申请机制。要对公众可申请的信息范围、申请时间、是否需要收费以及收费标准作出明确规定，一方面规范公众信息获取途径，另一方面可规范政府信息披露流程。可建立一个中立的裁决委员会来解决信息公开中出现的问题，此委员会应由各利益相关方构成，需要涵盖环境专家、政府公职人员、学者与社会各个阶层代表组成。当出现海洋环境信息公开与否发生争议时，这一独立的行政机构可以做出独立的裁决。

3. 完善公众参与的知情权、参与决策权与诉讼权等

完善公众参与海洋环境治理的知情权、参与决策权与诉讼权，是公众参与能力建设的重要环节。环境知情权是知情权在海洋环境保护领域的具体表现。随着海洋污染问题的复杂性越来越高，获取真实信息障碍也随之提升，政府与社会公众均难以直观的获得环境破坏信息，客观上要求具有专业能力的部门提供权威信息。海洋环境知情权包括"知悉"和"获取"海洋环境信息两方面的权利要求。海洋环境知情权的有效实施还受制于信息公开的程度、公众的认知能力等因素。

参与决策是公民的言论自由权在海洋环境治理领域的体现。环境领域中的民主，就是公众在有关自己环境利益的事务中拥有决策的权利。公众是海洋环境破坏的直接或最终受害者，也是海洋环境状况的变化和海洋环境决策的优劣的关注者，所以公众能通过切身感受给予公正的评价。由于社会发展还未发展到全面治理的程度，公众与社会组织的制度化表达渠道较为欠缺，导致公众在海洋环境决策过程中的法律地位和参

439

与途径往往得不到有效保障，严重影响了公众及环保社会组织的参政积极性。这要求政府在制定政策过程中，给予公众充分表达自身建议的权利，在具体的海洋环境决策活动中，通过法律或者行政法规确立公众参与听证的程序，使海洋环境立法、执法更加科学、合理。

环境诉讼权体现了公众参与海洋环境治理的表达与反馈能力。根据《中华人民共和国海洋环境保护法（2017 修正）》第八十九条规定，对破坏海洋生态、海洋水产资源、海洋保护区，给国家造成重大损失的，由依照本法规定行使海洋环境监督管理权的部门代表国家对责任者提出损害赔偿要求。公众对海洋环境治理机构损害公众个体或海洋公共权益的行为，有权申诉、仲裁、复议、诉讼，要求政府海洋职能部门采取停止侵害、补救、赔偿损失等措施，承担民事、行政、刑事责任的法律规定和程序。公众及海洋环境社会组织参与环境诉讼，有利于更好地弥补权力机关在执法方面的不足，节约执法成本，提高决策水平。海洋环保NGO 相比公众往往具有更高的责任感、敏锐性和积极性，并且能够在一定范围内协调社会关系，有利于弥补个人在证据收集鉴定、合法维权等方面的知识和技术不足。因此，由环保 NGO 提起环境公益诉讼，可引领社会群众有序参与环境保护与治理、鼓励公众积极投入到保护环境的工作的过程，有利于提高公众参与环境保护的意识。我国环境保护立法和环境保护司法机制在不断创新及完善，让公众有序参与海洋环境保护和执法监督、畅通诉求渠道，不断提升公众参与环境治理能力。

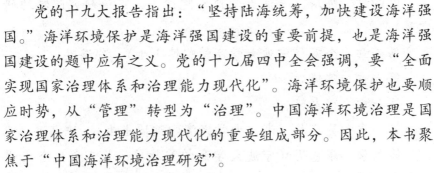

后　记

　　党的十九大报告指出："坚持陆海统筹，加快建设海洋强国。"海洋环境保护是海洋强国建设的重要前提，也是海洋强国建设的题中应有之义。党的十九届四中全会强调，要"全面实现国家治理体系和治理能力现代化"。海洋环境保护也要顺应时势，从"管理"转型为"治理"。中国海洋环境治理是国家治理体系和治理能力现代化的重要组成部分。因此，本书聚焦于"中国海洋环境治理研究"。

　　我从事资源与环境经济学、生态经济理论与政策等方面的研究25年。期间，主持国家社科基金重大项目2项、重点项目3项、面上项目1项，在《经济研究》《管理世界》等期刊发表学术论文200余篇，独著或第一著者出版专著30余部，近30项成果得到省部级领导的肯定性批示，17项科研成果获得省部级奖励，其中教育部高校优秀科研成果奖（人文社科类）二等奖2项、浙江省人民政府哲学社会科学优秀成果一等奖4项。由于取得一定的学术成就，分别于2017年被评为全国文化名家暨"四个一批"人才、2018年被评为国家"万人计划"哲学社会科学领军人才、2019年享受国务院政府特殊津贴。本书是全国文化名家暨"四个一批"人才自选项目的最终成果。

本书是团队合作攻关的成果。沈满洪提出具有章节的研究提纲，经课题组研讨后分工研究和撰写。各章形成初稿后，沈满洪逐章审读并提出详细修改建议，据此各章作者进行修改完善，有几章经历了几个轮回的"审读—修改"，最终全书由沈满洪审定。本书各章的分工如下：

第一章　沈满洪（宁波大学东海研究院院长、长三角生态文明研究中心主任）

第二章　王迪（宁波大学商学院研究生）、沈满洪

第三章　胡子韬（宁波大学商学院研究生）、程永毅（宁波大学商学院副教授、东海研究院特约研究员）、沈满洪

第四章　陈琦（宁波大学商学院博士、东海研究院特约研究员）

第五章　余璇（宁波大学商学院博士生）、沈满洪

第六章　陈琦

第七章　程永毅

第八章　吴应龙（浙江大学经济学院博士生）、沈满洪

第九章　谢慧明（宁波大学商学院教授、长三角生态文明研究中心副主任、东海研究院副院长）、马捷（浙江理工大学研究生）

第十章　钭晓东（宁波大学法学院教授、东海研究院执行院长）、黄秀蓉（宁波大学法学院副教授）

第十一章　钭晓东、黄秀蓉

第十二章　张潇（宁波大学商学院博士生）、沈满洪

本书的成稿和修改正是新冠肺炎防控时期。虽然新冠病毒是残酷无情的，但是，从中也说明生态环境治理之极端重要性。虽然疫情防控曾经需要足不出户，但是，正因为如此使得团队成员可以集中精力从事本书的最后的研究、撰写和定稿。对于

团队成员的敬业精神、合作精神和创新精神我由衷感到高兴！祝愿各位青年才俊在学业上不断取得进步！衷心期待本书的出版能够为我国生态文明建设和海洋强国建设有所裨益！

2014年我到宁波大学工作以来，为了着力彰显学校学科发展的"海洋化"特色，我自己带头将部分精力转向海洋社会科学的研究，主持了涉海的国家社科基金重大项目和浙江省社科基金重大项目，分别形成最终成果《海洋生态损害补偿制度研究》和《从海洋经济强省到海洋强国》，本书属于海洋社会科学专著的第三部。三者可称"海洋治理三部曲"。本书也作为浙江省新型重点专业智库——宁波大学东海研究院院长的我对该智库的一个贡献！

沈满洪

2020 年 5 月 8 日